深度学习高手笔记

卷1 基础算法

刘岩（@大师兄）著

人 民 邮 电 出 版 社
北 京

图书在版编目（CIP）数据

深度学习高手笔记. 卷1，基础算法 / 刘岩（@大师兄）著. -- 北京 : 人民邮电出版社，2022.11
ISBN 978-7-115-59631-4

Ⅰ. ①深… Ⅱ. ①刘… Ⅲ. ①机器学习－算法 Ⅳ. ①TP181

中国版本图书馆CIP数据核字(2022)第119991号

内 容 提 要

本书通过扎实、详细的内容和清晰的结构，从算法理论、算法源码、实验结果等方面对深度学习算法进行分析和介绍。本书共三篇，第一篇主要介绍深度学习在计算机视觉方向的一些卷积神经网络，从基础骨干网络、轻量级 CNN、模型架构搜索 3 个方向展开，介绍计算机视觉方向的里程碑算法；第二篇主要介绍深度学习在自然语言处理方向的重要突破，包括基础序列模型和模型预训练；第三篇主要介绍深度学习在模型优化上的进展，包括模型优化方法。

通过阅读本书，读者可以深入理解主流的深度学习基础算法，搭建起自己的知识体系，领会算法的本质，学习模型优化方法。无论是从事深度学习科研的教师及学生，还是从事算法落地实践的工作人员，都能从本书中获益。

◆ 著　　　　刘　岩（@大师兄）
责任编辑　孙喆思
责任印制　王　郁　胡　南

◆ 人民邮电出版社出版发行　　北京市丰台区成寿寺路 11 号
邮编　100164　　电子邮件　315@ptpress.com.cn
网址　https://www.ptpress.com.cn
廊坊市印艺阁数字科技有限公司印刷

◆ 开本：787×1092　1/16
印张：17　　　　　　2022 年 11 月第 1 版
字数：455 千字　　　　2024 年 10 月河北第 7 次印刷

定价：109.80 元

读者服务热线：(010)81055410　印装质量热线：(010)81055316
反盗版热线：(010)81055315
广告经营许可证：京东市监广登字 20170147 号

谨以此书献给生命中的亲人和挚友

序 1

假如问近 10 年来计算机技术领域最热门的方向是什么，人工智能一定是候选之一。从 1969 年马文•明斯基成为第一位人工智能方向的图灵奖获得者，到 2018 年 3 位学者因在深度学习方向的贡献共同获得图灵奖，人工智能方向已经七获图灵奖。近年来，在人工智能上升为国家战略，并被广泛使用的大背景下，众多高校开设了诸如大数据、深度学习、数据挖掘等人工智能学科；诸多企业也开始使用人工智能赋能企业运营，为企业提供智能化支撑，助力企业实现降本增效，人工智能技术能力俨然成为衡量一个企业的核心实力的重要指标之一。

我们正处在一个信息化和智能化交互的时代，人工智能、物联网、区块链、元宇宙等技术创新，既是技术发展的阶段性成果，也是开启智能化时代的重要助推器。更重要的是，它们正在相互促进，共同发展。人工智能的发展经历了机器定理、专家系统的两次热潮和低谷。如今，我们正处在以深度学习为代表的第三次人工智能热潮中，并且人工智能正深刻改变着我们的生活。创新工场 CEO 李开复先生曾提出过著名的“五秒钟原则”：一项本来由人从事的工作，如果人可以在 5 秒以内对工作中需要思考和决策的问题作出相应决定，那么这项工作就有非常大的可能被人工智能技术全部或部分取代。人工智能为经济生活带来了颠覆性改变，这可能会造成部分岗位的消失，但它更多的是引发了工作性质的变革，所以能否掌握这门技术，在第三次人工智能浪潮中占得先机，决定了一个企业和个人的实力与前景。在人工智能的步步紧逼下，你究竟是在焦虑还是已经看到了其中潜在的机遇，并积极地接受变革呢？

如果你已经准备好迎接到来的第三次人工智能浪潮，那么本书是你不能错过的一本读物。本书全面且系统地梳理了近 10 年来的深度学习算法，并集结成册。本书结构清晰，内容丰富，包含了作者对深度学习深刻且独到的见解。在本书中，作者将深度学习的几十篇具有里程碑意义的论文整理成卷积神经网络、自然语言处理和模型优化 3 个主要方向，又对每个方向的重要算法做了深入浅出的讲解和分析。对比业内同类书籍，本书将深度学习算法的讲解提升到了一个新的高度，是你深入了解深度学习的不二之选。总之，本书极具价值，值得每一位深度学习方向的从业者、研究者和在校学生阅读和学习。

颜伟鹏

京东集团副总裁、京东零售技术委员会主席

序

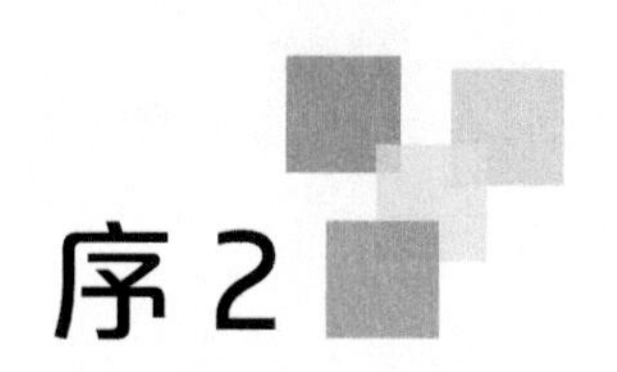

序 2

在古希腊时期，人类就梦想着创造能自主思考的机器。如今，人工智能已经成为一个活跃的研究课题和一门在诸多场景落地的技术。在人工智能发展的早期阶段，它更擅长解决可具象化为数学规则的问题，而人工智能的真正挑战在于解决那些对人来说很容易执行但非常难以描述为具体规则的问题，这就是深度学习的诞生动机。深度学习是人工智能的一个重要分支，它以大数据为基础，以数理统计为理论框架，涵盖了计算机视觉、自然语言处理、语音识别、图深度学习、强化学习等不同方向。于 2012 年提出的 AlexNet 开启了深度学习蓬勃发展的 10 年。2022 年的 1 月 3 日，著名论文预印本平台 arXiv 的论文数量突破了 200 万篇，其中不乏残差网络、Transformer、GAN 等引用量达到数万乃至数十万的经典算法论文。深度学习崛起近 10 年，我们有必要对深度学习近 10 年的发展做一些梳理和总结。

深度学习的发展日新月异，从使用基础算法的人脸识别、机器翻译、语音识别、AlphaGo 等，再到综合各类算法的智能客服、推荐搜索、虚拟现实等，这些基于深度学习的技术和产品正在以惊人的速度改变着我们的工作与生活。除此之外，深度学习在智联网、无人驾驶、智能医疗等诸多领域的发展中也起到了中流砥柱的作用。即使你是一个和深度学习无关的其他行业从业者，你一定也在不知不觉中被深度学习影响着，而且你也可以借助简单、易用的深度学习框架快速使用这一前沿技术。

本书有别于以卷积神经网络、循环神经网络等基础概念为核心的同类书籍，主要以近 10 年来深度学习方向诞生的经典算法为基础，重点讨论深度学习在卷积神经网络、自然语言处理、模型归一化等方向上的发展历程以及各个算法的优缺点，介绍各个算法是如何分析先前算法的若干问题并提出解决方案的。本书包含作者对深度学习的独特见解和全新思考，知识丰富、架构清晰、重点突出、可读性好。此外，作者借助代码、图示、公式等手段，对晦涩难懂的算法进行深入浅出的剖析。相信每位读者都能够从本书中汲取相应的知识并得到启发。

包勇军
京东集团副总裁，京东零售技术委员会数据算法通道会长

前言

目前人工智能（artificial intelligence，AI）在计算机界非常火热，而其中深度学习（deep learning，DL）无疑是更为火热的一个领域，它在计算机视觉、自然语言处理、语音识别、跨模态分析、风控建模等领域均取得了突破性的进展。而且近年来该领域的优秀论文、落地项目也层出不穷。密切关注深度学习领域的进展是每个深度学习工作者必不可少的工作内容之一，不仅为了找工作、升职加薪，还为了更好地跟随前沿科技，汲取算法奥妙。

2014 年是深度学习蓬勃发展的一年，这一年计算机视觉方向诞生的算法有 VGG、GoogLeNet、R-CNN、DeepLab，自然语言处理方向诞生的有注意力机制、神经图灵机、编码器 - 解码器架构。也就是在这一年，我开始了自己的研究生生涯，由此与人工智能和深度学习结下了不解之缘。度过了 3 年的求学生涯和 4 年的工作生涯，时间很快来到了 2022 年，我也有了 8 年的人工智能相关的科研与工作经历。在这 8 年的科研及工作中，我既见证了 SVM、决策树、ELM 等传统机器学习方法的没落，也了解了深度学习在各个方向的突破性进展。我既发表过使用传统机器学习方法解决神经机器翻译或者细胞检测问题的论文，也使用深度学习技术在 OCR、公式识别、人像抠图、文本分类等方向实现了业务落地。在这 8 年的时间里，我读了很多论文和源码，也做了很多项目和实验。

在机缘巧合下，我听从朋友的建议将几篇学习笔记上传到了知乎，没想到得到了大量的收藏和关注，因此开通了本书同名专栏。截稿时，我在知乎上已更新了一百多篇文章，也有了几百万的阅读量和过万的粉丝数。为了能帮助更多的读者，我将知乎专栏下的文章经过整理、修改、精校、勘误之后完成了本套图书。

本套图书共两卷，分别是卷 1 基础算法和卷 2 经典应用。卷 1 由三篇组成，第一篇介绍深度学习在计算机视觉方向的一些卷积神经网络，从基础骨干网络（第 1 章）、轻量级 CNN（第 2 章）、模型架构搜索（第 3 章）3 个方向展开，介绍计算机视觉方向的 30 余个里程碑算法。第二篇主要介绍深度学习在自然语言处理方向的重要突破，主要介绍几个基础序列模型，如 LSTM、注意力机制、Transformer 等（第 4 章），以及近年来以 BERT 为代表的 10 余个预训练语言模型（第 5 章）。第三篇（第 6 章）将介绍模型优化的经典策略，分为两个方向，一个方向是 Dropout 及其衍生算法，另一个方向是以批归一化、层归一化为代表的归一化算法。

卷 2 会对专栏中的经典或者前沿应用进行总结，同样由三篇组成。第一篇介绍的应用是目标检测与分割，其中会介绍双阶段的 R-CNN 系列、单阶段的 YOLO 系列，以及 Anchor-Free 的 CornerNet 系列这 3 个方向的目标检测算法，也会介绍目标检测在特征融合和损失函数方向的迭代优化，最后会介绍与目标检测非常类似的分割算法。第二篇介绍深度学习中的 OCR 系列算法，用于场景文字检测、文字识别两个方向。第三篇会介绍其他深度学习经典或者前沿的应用，例如生成模型、图神经网络、二维信息识别、图像描述、人像抠图等。

阅读本书时有以下两点注意事项：本书的内容以经典和前沿的深度学习算法为主，并没有过多

地介绍深度学习的基础知识，如果你在阅读本书时发现一些概念晦涩难懂，请移步其他基础类图书查阅相关知识点；本书源于一系列算法或者论文的读书笔记，不同章节的知识点存在相互依赖的关系，因此知识点并不是顺序展开的。为了帮助读者提前感知先验知识，本书会在每一节的开始给出相关算法依赖的重要章节，并在配套资源中给出两卷书整体的知识拓扑图。

我对本书有以下 3 个阅读建议。

- 如果你的深度学习基础较为薄弱，那么可以结合本书提供的知识拓扑图和章节先验知识，优先阅读拓扑图中无先验知识的章节，读懂该章节后便可以将这个章节在拓扑图中划掉，然后逐步将拓扑图清空。
- 如果你有一定的深度学习基础，对一些经典的算法（如 VGG、残差网络、LSTM、Transformer、Dropout、BN 等）都比较熟悉，那么你可以按顺序阅读本书，并在遇到陌生的概念时根据每一节提供的先验知识去阅读相关章节。
- 如果你只想了解某些特定的算法，你可以直接跳到相关章节，因为本书章节的内容都比较独立，而且会对重要的先验知识进行复盘，所以单独地阅读任何特定章节也不会有任何障碍。

本书是我编写的第一本图书，这是一个开始，但远不是一个结束。首先，由于个人的精力和能力有限，图书覆盖的知识点难免有所欠缺，甚至可能因为我的理解偏差导致编写错误，在此欢迎各位读者前去知乎专栏对应的文章下积极地指正，我也将在后续的版本中对本书进行修正和维护。随着深度学习的发展，无疑会有更多的算法被提出，甚至会有其他经典的算法被再次使用，我会在个人的知乎专栏继续对这些算法进行总结和分析。

本书的完成离不开我在求学、工作和生活中遇到的诸多“贵人”。首先感谢我在求学的时候遇到的诸位导师，他们带领我打开了人工智能的“大门”。其次感谢我在工作中遇到的诸位领导和同事，他们对我的工作给予了巨大的帮助和支持。最后感谢我的亲人和朋友，没有他们的支持和鼓励，本书是不可能完成的。

刘岩（@ 大师兄）
2022 年 5 月 28 日

资源与支持

本书由异步社区出品，社区（https://www.epubit.com）为您提供相关资源和后续服务。

配套资源

本书提供源代码、知识拓扑图等免费配套资源。

要获得相关配套资源，请在异步社区本书页面中单击 配套资源 ，跳转到下载界面，按提示进行操作即可。

提交勘误

作者和编辑尽最大努力来确保书中内容的准确性，但难免会存在疏漏。欢迎您将发现的问题反馈给我们，帮助我们提升图书的质量。

当您发现错误时，请登录异步社区，按书名搜索，进入本书页面，单击“提交勘误”，输入勘误信息，单击“提交”按钮即可。本书的作者和编辑会对您提交的勘误进行审核，确认并接受后，您将获赠异步社区的 100 积分。积分可用于在异步社区兑换优惠券、样书或奖品。

扫码关注本书

扫描下方二维码，您将会在异步社区微信服务号中看到本书信息及相关的服务提示。

与我们联系

我们的联系邮箱是 contact@epubit.com.cn。

如果您对本书有任何疑问或建议，请您发邮件给我们，并请在邮件标题中注明本书书名，以便我们更高效地做出反馈。

如果您有兴趣出版图书、录制教学视频，或者参与图书技术审校等工作，可以发邮件给本书的责任编辑（sunzhesi@ptpress.com.cn）。

如果您来自学校、培训机构或企业，想批量购买本书或异步社区出版的其他图书，也可以发邮件给我们。

如果您在网上发现有针对异步社区出品图书的各种形式的盗版行为，包括对图书全部或部分内容的非授权传播，请您将怀疑有侵权行为的链接通过邮件发给我们。您的这一举动是对作者权益的保护，也是我们持续为您提供有价值的内容的动力之源。

关于异步社区和异步图书

“异步社区”是人民邮电出版社旗下 IT 专业图书社区，致力于出版精品 IT 专业图书和相关学习产品，为作译者提供优质出版服务。异步社区创办于 2015 年 8 月，提供大量精品 IT 专业图书和电子书，以及高品质技术文章和视频课程。更多详情请访问异步社区官网 https://www.epubit.com。

“异步图书”是由异步社区编辑团队策划出版的精品 IT 专业图书的品牌，依托于人民邮电出版社的计算机图书出版积累和专业编辑团队，相关图书在封面上印有异步图书的 LOGO。异步图书的出版领域包括软件开发、大数据、AI、测试、前端、网络技术等。

异步社区

微信服务号

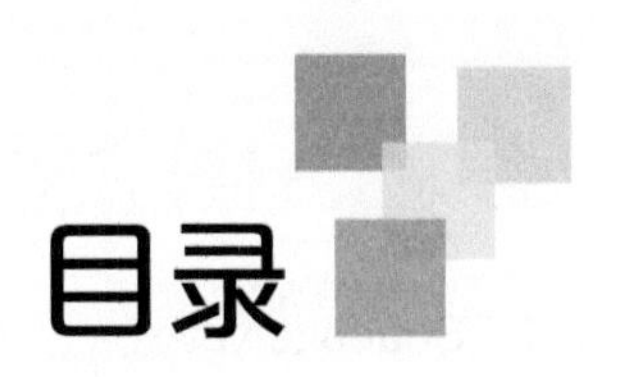

目录

第一篇　卷积神经网络

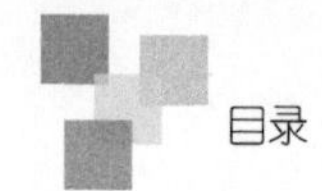

第2章 轻量级CNN

第二篇 自然语言处理

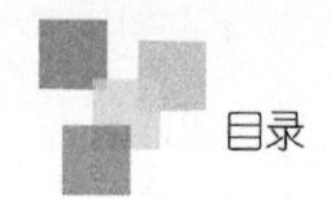

第三篇 模型优化

第一篇　卷积神经网络

“虽然没有人这样说，但我认为人工智能几乎是一门人文学科，是一种试图理解人类智力和人类认知的尝试。”

——Sebastian Thrun

第1章 基础骨干网络

物体分类是计算机视觉（computer vision，CV）中最经典的、也是目前研究得最为透彻的一个领域，该领域的开创者也是深度学习领域的“名人”级别的人物，例如Geoffrey Hinton、Yoshua Bengio等。物体分类常用的数据集有手写数字识别数据集MNIST、物体识别数据集CIFAR-10（10类）和类别更多的CIFAR-100（100类），以及超大数据集ImageNet。ImageNet是由李飞飞教授主导的ILSVRC（ImageNet Large Scale Visual Recognition Challenge）中使用的数据集，每年的ILSVRC（此处指ILSVRC的物体分类任务）中产生的网络也指引了分类网络的发展方向。

2012年，第三届ILSVRC的冠军作品Hinton团队的AlexNet，将2011年的top-5错误率从25.8%降低到16.4%。他们的最大贡献在于验证了卷积操作在大数据集上的有效性，从此物体分类进入了深度学习时代。

2013年，ILSVRC已被深度学习算法“霸榜”，冠军作品ZFNet使用了更深的深度，并且其论文给出了卷积神经网络（CNN）的有效性的初步解释。

2014年是深度学习领域分类算法“井喷式”发展的一年，在物体检测方向也是如此。这一届ILSVRC物体分类任务的冠军作品是Google团队提出的GoogLeNet（top-5错误率：7.3%），亚军作品则是牛津大学的VGG（top-5错误率：8.0%），但是在物体检测任务中VGG击败了GoogLeNet。VGG利用的搭建CNN的思想现在来看依旧具有指导性，例如按照降采样的分布对网络进行分块，使用小卷积核，每次降采样之后特征图（feature map）的数量加倍，等等。另外VGG使用了当初贾扬清提出的Caffe作为深度学习框架并开源了其模型，凭借比GoogLeNet更快的特性，VGG很快占有了大量的市场，尤其是在物体检测领域。VGG也凭借增加深度来提升精度的思想将CNN推上了“最高峰”。GoogLeNet则从特征多样性的角度研究了CNN结构，GoogLeNet的特征多样性是基于一种并行的、使用了多个不同尺寸的卷积核的Inception单元来实现的。GoogLeNet的最大贡献在于指出CNN精度的增加不仅仅可以依靠深度实现，增加网络的复杂性也是一种有效的策略。

2015年的ILSVRC的冠军作品是何恺明等人提出的残差网络（top-5错误率：3.57%）。他们指出CNN的精度并不会随着深度的增加而增加，导致此问题的原因是网络的退化问题。残差网络的核心思想是通过向网络中添加直接映射（跳跃连接）的方式解决退化问题，进而使构建更深的CNN成为可能。残差网络的简单易用的特征使其成为目前使用最为广泛的网络结构之一。

2016年ILSVRC的前几名作品都是通过模型集成实现的，CNN的结构创新陷入了短暂的停滞。当年的冠军作品是商汤公司和香港中文大学联合推出的CUImage，它是6个模型的集成，并无创新性，此处不赘述。2017年是ILSVRC的最后一届，这一届的冠军是Momenta团队，他们提出了基于注意力机制的SENet（top-5错误率：2.21%），其通过自注意力（self-attention）机制为每个特征图计算出一个权重。另外一个非常重要的网络是黄高团队于CVPR 2017提出的DenseNet，本质上是各个单元相互连接的密集连接结构。

除了 ILSVRC 中各个冠军作品，在提升网络精度方面还有一些值得我们学习的算法，例如 Inception 的几个变种、结合了 DenseNet 和残差网络的 DPN。

由于 Transformer 在自然语言处理（natural language processing，NLP）任务上取得的突破性进展，将 Transformer 应用到分类网络成为近年来非常火热的研究方向，比较有代表性的包括 iGPT、ViT、Swin Transformer，以及混合使用 CNN 和 Transformer 的 CSWin Transformer。

1.1 起源：LeNet-5 和 AlexNet

在本节中，先验知识包括：

- ❑ BN（6.2 节）；
- ❑ Dropout（6.1 节）。

1.1.1 从 LeNet-5 开始

使用 CNN 解决图像分类问题可以往前追溯到 1998 年 LeCun 发表的论文[1]，其中提出了用于解决手写数字识别问题的 LeNet。LeNet 又名 LeNet-5，是因为在 LeNet 中使用的均是 5 × 5 的卷积核。LeNet-5 的网络结构如图 1.1 所示。

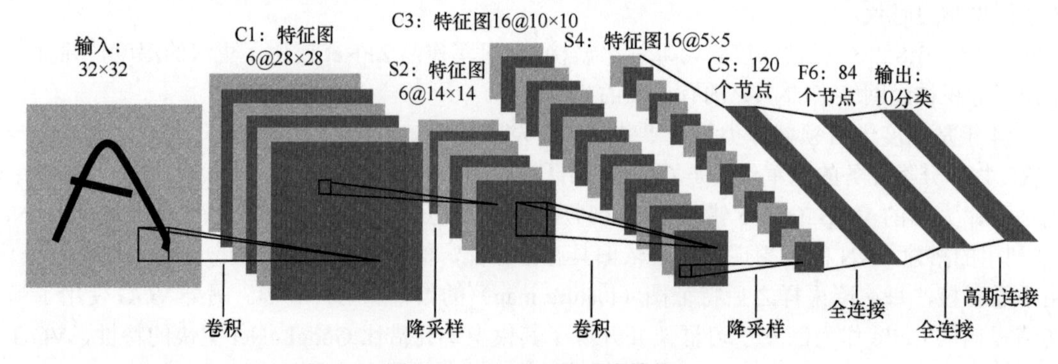

图 1.1　LeNet-5 的网络结构

LeNet-5 中使用的结构直接影响了其后的几乎所有 CNN，卷积层 + 降采样层 + 全连接层至今仍然是最主流的结构。卷积操作使网络可以响应和卷积核形状类似的特征，而降采样操作则使网络拥有了一定程度的不变性。下面我们简单分析一下 LeNet-5 的网络结构。

输入：32 × 32 的手写数字（数据集中共 10 类）的黑白图片。

C1：C1 层使用了 6 个卷积核，每个卷积核的大小均是 5 × 5，pad = 0，stride = 1（有效卷积，与有效卷积对应的是 same 卷积），激活函数使用的是 tanh（双曲正切），表达式为式（1.1），tanh 激活函数的值域是 (−1,1)。所以在第一次卷积之后，特征图的大小变为 28 × 28（(32 − 5 + 1)/1 = 28），该层共有 28 × 28 × 1 × 6 = 4 704 个神经元。加上偏置，该层共有 (5 × 5 + 1) × 6 = 156 个参数。

$$f(x)=\tanh(x)=\frac{e^{x}-e^{-x}}{e^{x}+e^{-x}} \tag{1.1}$$

1　参见 Yann LeCun、Léon Bottou、Yoshua Bengio 等人的论文“Gradient-based learning applied to document recognition”。

S2：S2 层是 CNN 常使用的降采样层。在 LeNet-5 中，降采样的过程是将窗口内的 3 个输入相加，乘一个可训练参数再加上一个偏置。LeNet-5 的这种带参数的降采样方式已经被淘汰，目前主流使用最大池化或平均池化。经过 S2 层，特征图的大小缩小，变成 14×14。该层共有 $14\times14\times6=1\ 176$ 个神经元，参数数量是 $(1+1)\times6=12$。

C3：C3 层跟 S2 层并不是密集连接的，具体连接方式是，C3 层的前 6 个特征图以 S2 层中 3 个相邻的特征图子集为输入，接下来 6 个特征图以 S2 层中 4 个相邻特征图子集为输入，然后的 3 个特征图以不相邻的 4 个特征图子集为输入，最后一个特征图以 S2 层中所有特征图为输入，如图 1.2 所示。这两个层采用的稀疏连接的方式已被抛弃，目前普遍使用的是密集连接，或轻量级网络中使用的深度可分离卷积、分组卷积。

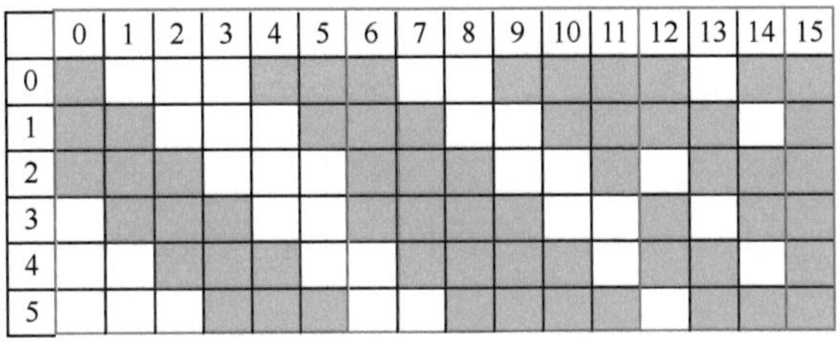

	0	1	2	3	4	5	6	7	8	9	10	11	12	13	14	15
0	X				X	X	X			X	X	X	X		X	X
1	X	X				X	X	X			X	X	X	X		X
2	X	X	X				X	X	X			X		X	X	X
3		X	X	X			X	X	X	X			X		X	X
4			X	X	X			X	X	X	X		X	X		X
5				X	X	X			X	X	X	X		X	X	X

图 1.2　LeNet-5 中 C3 层和 S2 层的连接方式

C3 层包括 16 个大小为 5×5、通道数为 6 的 same 卷积，pad $=0$，stride $=1$，激活函数同样为 tanh。一次卷积后，特征图的大小是 10×10（$(14-5+1)/1=10$），神经元数量为 $10\times10\times16=1\ 600$，可训练参数数量为 $(3\times25+1)\times6+(4\times25+1)\times6+(4\times25+1)\times3+(6\times25+1)\times1=1\ 516$。

S4：与 S2 层的计算方法类似，该层使特征图的大小变成 5×5，共有 $5\times5\times16=400$ 个神经元，可训练参数数量是 $(1+1)\times16=32$。

C5：节点数为 120 的全连接层，激活函数是 tanh，参数数量是 $(400+1)\times120=48\ 120$。

F6：节点数为 84 的全连接层，激活函数是 tanh，参数数量是 $(120+1)\times84=10\ 164$。

输出：10 个分类的输出层，使用的是 softmax 激活函数，如式（1.2）所示，参数数量是 $(84+1)\times10=850$。softmax 用于分类有如下优点：

- e^x 使所有样本的值均大于 0，且指数的性质使样本的区分度尽量高；
- softmax 所有可能值的和为 1，反映出分类为该类别的概率，输出概率最高的类别即可。

$$softmax(j)=\frac{e^{z_j}}{\sum_{k=1}^{K}e^{z_k}} \tag{1.2}$$

使用 Keras 搭建 LeNet-5 网络的核心代码如下，其是基于 LeNet-5 网络，在 MNIST 手写数字识别数据集上的实现。完整的 LeNet-5 在 MNIST 上的训练过程见随书资料。

注意，这里使用的都是密集连接，没有复现 C3 层和 S2 层之间的稀疏连接。

```
# 构建LeNet-5网络
model = Sequential()
model.add(Conv2D(input_shape = (28,28,1), filters=6, kernel_size=(5,5),
          padding='valid', activation='tanh'))
model.add(MaxPool2D(pool_size=(2,2), strides=2))
model.add(Conv2D(input_shape=(14,14,6), filters=16, kernel_size=(5,5),
          padding='valid', activation='tanh'))
model.add(MaxPool2D(pool_size=(2,2), strides=2))
model.add(Flatten())
model.add(Dense(120, activation='tanh'))
model.add(Dense(84, activation='tanh'))
model.add(Dense(10, activation='softmax'))
```

如图 1.3 所示，经过 10 个 epoch 后，LeNet-5 基本收敛。

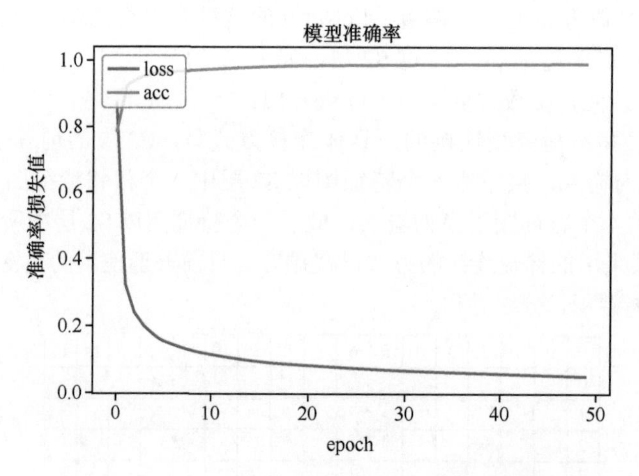

图 1.3　LeNet-5 在 MNIST 数据集上的收敛情况

1.1.2 觉醒：AlexNet

LeNet-5 之后，CNN 沉寂了约 14 年。直到 2012 年，AlexNet 在 ILSVRC 中一举夺魁，直接把在 ImageNet 数据集上的精度提升了约 10 个百分点，它将 CNN 的深度和宽度都提升到了传统算法无法企及的新高度。从此，深度学习开始在 CV 的各个领域“披荆斩棘”，至今深度学习仍是人工智能最热门的话题。AlexNet 作为教科书式的网络，值得每个学习深度学习的人深入研究。

AlexNet 的名字取自该模型的第一作者 Alex Krizhevsky。AlexNet 在 ImageNet 中的 120 万张图片的 1 000 类分类任务上的 top-1 错误率是 37.5%，top-5 错误率则是 15.3%（直接比第二名的 26.2% 低了约 10 个百分点）。AlexNet 如此成功的原因是其使网络的宽度和深度达到了前所未有的高度，而该模型也使网络的可学习参数达到了 58 322 314 个。为了学习这些参数，AlexNet 并行使用了两块 GTX 580，大幅提升了训练速度。

笔记　AlexNet 当初使用分组卷积是因为硬件资源有限，不得不将模型分到两块 GPU 上运行。相关研究者并没有给出分组卷积的概念，而且没有对分组卷积的性能进行深入探讨。ResNeXt 的相关研究者则明确给出了分组卷积的定义，并证明和验证了分组卷积有接近普通卷积的精度。

当想要使用机器学习解决非常复杂的问题时，我们必须使用容量足够大的模型。在深度学习中，增加网络的宽度和深度会提升网络的容量，但是提升容量的同时也会带来两个问题：

- 计算资源的消耗；
- 模型容易过拟合。

计算资源是当时限制深度学习发展的瓶颈，2011 年 Ciresan 等人提出了使用 GPU 部署 CNN 的技术框架[1]，由此深度学习得到了可以解决其计算瓶颈问题的硬件支持。

下面来详细分析一下 AlexNet。AlexNet 的网络结构如图 1.4 所示。

1　参见 Dan C. Ciresan、Ueli Meier、Jonathan Masci 等人的论文“Flexible, High Performance Convolutional Neural Networks for Image Classification”。

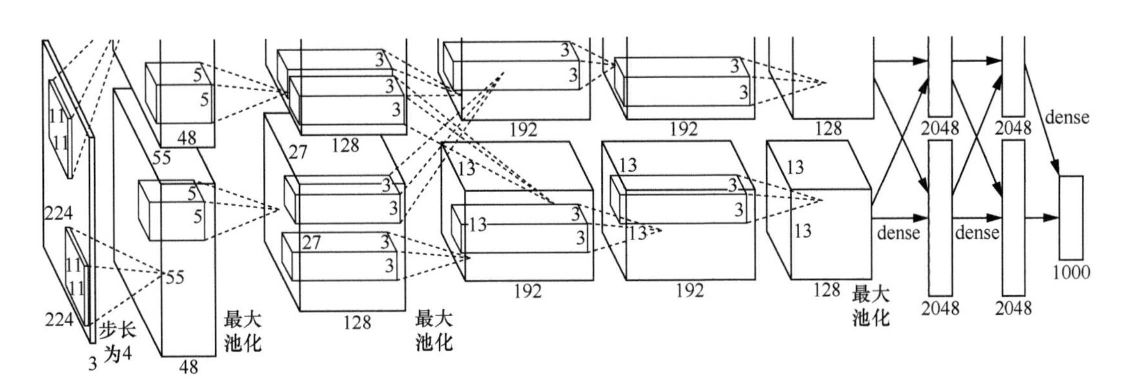

图 1.4　AlexNet 的网络结构

AlexNet 基于 Keras 的实现代码如下。

```
# 构建AlexNet网络
model = Sequential()
model.add(Conv2D(input_shape = (227,227,3), strides = 4, filters=96, kernel_size=(11,11),
          padding='valid', activation='relu'))
model.add(BatchNormalization())
model.add(MaxPool2D(pool_size=(3,3), strides=2))
model.add(Conv2D(filters=256, kernel_size=(5,5), padding='same', activation='relu'))
model.add(BatchNormalization())
model.add(MaxPool2D(pool_size=(3,3), strides=2))
model.add(Conv2D(filters=384, kernel_size=(3,3), padding='same', activation='relu'))
model.add(BatchNormalization())
model.add(Conv2D(filters=384, kernel_size=(3,3), padding='same', activation='relu'))
model.add(BatchNormalization())
model.add(Conv2D(filters=256, kernel_size=(3,3), padding='same', activation='relu'))
model.add(BatchNormalization())
model.add(MaxPool2D(pool_size=(2,2), strides=2))
model.add(Flatten())
model.add(Dense(4096, activation='tanh'))
model.add(Dropout(0.5))
model.add(Dense(4096, activation='tanh'))
model.add(Dropout(0.5))
model.add(Dense(10, activation='softmax'))
model.summary()
```

根据 Keras 提供的 summary() 函数，可以得到图 1.5 所示的 AlexNet 的参数数量的统计结果[1]，计算方法参照 LeNet-5，不赘述。

1. 多 GPU 训练

首先对比图 1.1 和图 1.4，我们发现 AlexNet 将网络分成了两个部分。由于当时显卡的显存大小有限，因此作者使用了两块 GPU 并行训练模型，例如第二个卷积（图 1.4 中通道数为 128 的卷积）只使用一个 GPU 自身显存中的特征图，而第三个卷积需要使用另外一个 GPU 显存中的特征图。不过得益于 TensorFlow 等开源框架对多机多卡的支持和显卡显存的提升，AlexNet 部署在单块 GPU 上已毫无压力，所以这一部分就不赘述。

2. ReLU

在 LeNet-5 中，使用了 tanh 作为激活函数，tanh 的函数曲线如图 1.6 所示。tanh 是一个以原点为中心点、值域为 $(-1,1)$ 的激活函数。在反向传播过程中，局部梯度会与整个损失函数关于该

1　这里参数数量不同是因为代码没有将模型部署在两块显卡上。

局部输出的梯度相乘。当 tanh(x) 中的 x 的绝对值比较大的时候，该局部的梯度会非常接近于 0，在深度学习中，该现象叫作“饱和”。同样，另一个常用的 sigmoid 激活函数也存在饱和的现象。sigmoid 的函数如式（1.3）所示，函数曲线如图 1.7 所示。

$$f(x)=\frac{1}{1+\mathrm{e}^{-x}} \tag{1.3}$$

```
_________________________________________________________________
Layer (type)                 Output Shape              Param #
=================================================================
conv2d_70 (Conv2D)           (None, 55, 55, 96)        34 944
_________________________________________________________________
batch_normalization_1 (Batch (None, 55, 55, 96)        384
_________________________________________________________________
max_pooling2d_42 (MaxPooling (None, 27, 27, 96)        0
_________________________________________________________________
conv2d_71 (Conv2D)           (None, 27, 27, 256)       614 656
_________________________________________________________________
batch_normalization_2 (Batch (None, 27, 27, 256)       1 024
_________________________________________________________________
max_pooling2d_43 (MaxPooling (None, 13, 13, 256)       0
_________________________________________________________________
conv2d_72 (Conv2D)           (None, 13, 13, 384)       885 120
_________________________________________________________________
batch_normalization_3 (Batch (None, 13, 13, 384)       1 536
_________________________________________________________________
conv2d_73 (Conv2D)           (None, 13, 13, 384)       1 327 488
_________________________________________________________________
batch_normalization_4 (Batch (None, 13, 13, 384)       1 536
_________________________________________________________________
conv2d_74 (Conv2D)           (None, 13, 13, 256)       884 992
_________________________________________________________________
batch_normalization_5 (Batch (None, 13, 13, 256)       1 024
_________________________________________________________________
max_pooling2d_44 (MaxPooling (None, 6, 6, 256)         0
_________________________________________________________________
flatten_17 (Flatten)         (None, 9216)              0
_________________________________________________________________
dense_47 (Dense)             (None, 4096)              37 752 832
_________________________________________________________________
dropout_3 (Dropout)          (None, 4096)              0
_________________________________________________________________
dense_48 (Dense)             (None, 4096)              16 781 312
_________________________________________________________________
dropout_4 (Dropout)          (None, 4096)              0
_________________________________________________________________
dense_49 (Dense)             (None, 10)                40 970
=================================================================
Total params: 58,327,818
Trainable params: 58,325,066
Non-trainable params: 2,752
_________________________________________________________________
```

图 1.5　通过 Keras 的 `summary()` 函数得到的 AlexNet 参数数量

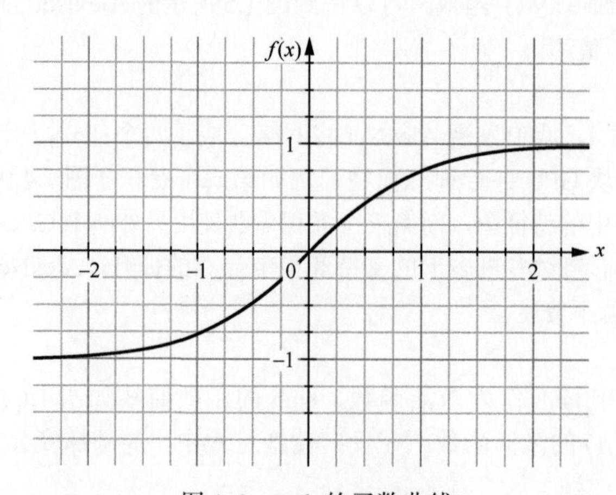

图 1.6　tanh 的函数曲线

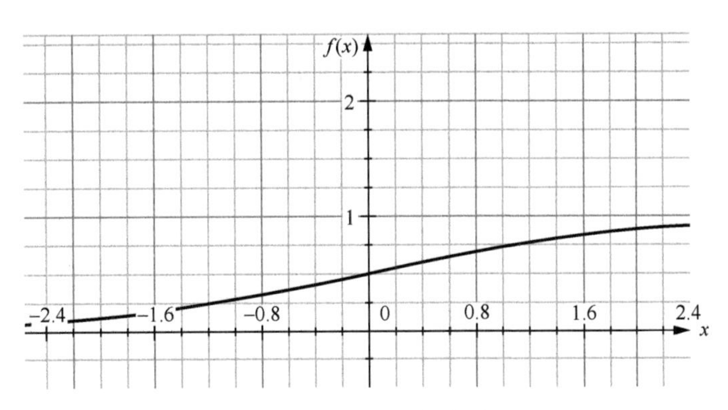

图 1.7　sigmoid 的函数曲线

饱和现象带来了一个深度学习中非常严重的问题，那便是**梯度消失**。梯度消失是由反向传播中链式法则的乘法特性导致的，反映在深度学习的训练过程中便是越接近损失函数的参数梯度越大，从而使得这一部分参数成为主要学习的参数，而远离损失函数的参数的梯度则非常接近 0，导致几乎没有梯度传到这一部分参数，从而使得这一部分参数很难学习到。

为了解决这个问题，AlexNet 引入了 ReLU 激活函数，如式（1.4）所示。

$$f(x)=\max(0,x) \tag{1.4}$$

ReLU 的函数曲线如图 1.8 所示。

在 ReLU 中，无论 x 的取值有多大，$f(x)$ 的导数都是 1，也就不存在导数小于 1 导致的梯度消失的现象了。图 1.9 所示的是我们在 MNIST 数据集上，根据 LeNet-5 使用 tanh 和 ReLU 两个激活函数得到的不同模型的收敛情况，旨在对比两个不同的激活函数的模型效果。

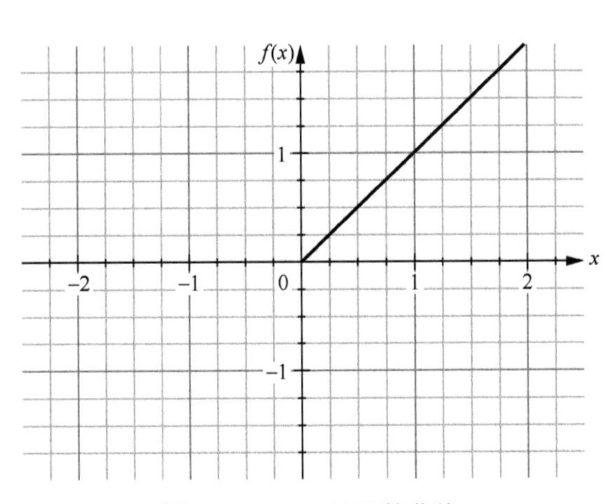

图 1.8　ReLU 的函数曲线

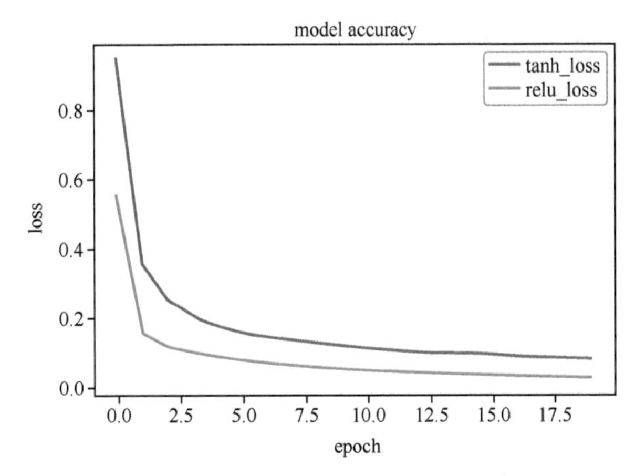

图 1.9　LeNet-5 使用不同激活函数的收敛情况

此外，由于 ReLU 将小于 0 的部分全部置 0，因此 ReLU 的另外一个特点就是具有稀疏性，不仅可以优化网络的性能，还可以缓解过拟合现象。

虽然使用 ReLU 的节点不会有饱和问题，但是会“死掉”，即大部分甚至所有的值为负值，从而导致该层的梯度都为 0。“死神经元”是由进入网络的负值引起的（例如在大规模的梯度更新之后可能出现），减小学习率能缓解该现象。

3. LRN

局部响应归一化（local response normalization，LRN）模拟的是动物神经中的横向抑制效应，是一个已经被淘汰的算法。在 VGG[1] 的相关论文中已经指出，LRN 并没有什么效果。在现在的网络中，LRN 已经被其他归一化方法所替代，例如在上面代码中使用的批归一化（batch normalization，BN）[2]。LRN 是使用同一位置临近的特征图来归一化当前特征图的值的一种方法，其表达式如式（1.5）所示：

$$\boldsymbol{b}_{x,y}^{i}=\boldsymbol{a}_{x,y}^{i}/\left(k+\alpha\sum_{j=\max(0,i-n/2)}^{\min(N-1,i+n/2)}(\boldsymbol{a}_{x,y}^{j})^{2}\right)^{\beta} \tag{1.5}$$

其中，N 表示特征图的数量，$\boldsymbol{a}$ 是输入特征图，$\boldsymbol{b}$ 是输出特征图，(x,y) 是特征图上的坐标，i、j 是点在批次维度的索引，$n=5$，$k=2$，$\alpha=0.5$，$\beta=0.75$，这些值均由验证集得出。

另外，AlexNet 把 LRN 放在池化层之前，这在计算上是非常不经济的，一种更好的做法是把 LRN 放在池化层之后。

4. 覆盖池化

当进行池化的时候，如果步长（stride）小于池化核的尺寸，相邻的池化核会相互覆盖，这种方式叫作覆盖池化（overlap pooling）。AlexNet 的论文中指出这种方式可以缓解过拟合。

5. Dropout

在 AlexNet 的前两层，作者使用了 Dropout[3] 来缓解容量高的模型容易发生过拟合的现象。Dropout 的使用方法是在训练过程中随机将一定比例的隐层节点置 0。Dropout 能够缓解过拟合的原因是每次训练都会采样一个不同的网络结构，但是这些架构是共享权值的。这种技术减轻了节点之间的耦合性，因为一个节点不能依赖网络的其他节点。因此，节点能够学习到更健壮的特征。只有这样，节点才能适应每次采样得到的不同的网络结构。注意在测试时，我们是不对节点进行丢弃的。

虽然 Dropout 会减慢收敛速度，但其在缓解过拟合方面的优异表现仍旧使其在当前的网络中得到广泛的使用。

图 1.10 所示的是 LeNet-5 中加入 Dropout 之后模型的训练损失曲线。从图 1.10 中我们可以看出，加入 Dropout 之后，训练速度放缓了一些。20 个 epoch 之后，训练集的损失函数曲线仍高于没有 Dropout 的。加入 Dropout 之后，虽然损失值为 0.073 5，远高于没有 Dropout 的 0.015 5，但是测试集的准确率从 0.982 6 上升到 0.984 1。具体的实验数据见随书代码。可见 Dropout 对于缓解过拟合还是非常有帮助的。

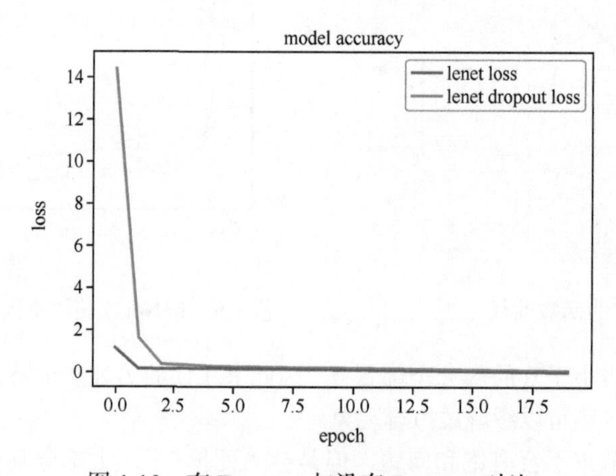

图 1.10　有 Dropout 与没有 Dropout 对比

1　参见 Karen Simonyan、Andrew Zisserman 的论文“Very Deep Convolutional Networks for Large-Scale Image Recognition”。

2　参见 Sergey Ioffe、Christian Szegedy 的论文“Batch Normalization: Accelerating Deep Network Training by Reducing Internal Covariate Shift”。

3　参见 Nitish Srivastava、Geoffrey Hinton、Alex Krizhevsky 等人的论文“Dropout: A Simple Way to Prevent Neural Networks from Overfitting”。

1.2 更深：VGG

在本节中，先验知识包括：

- ❑ AlexNet（1.1 节）。

2014 年，随着 AlexNet 在 ImageNet 数据集上大放异彩，使用深度学习探寻针对 ImageNet 数据集的最优网络成为提升在该数据集上精度的优先级最高的做法。牛津大学视觉几何组（Visual Geometry Group）的这篇论文[1]便提出了对 CNN 的深度和其性能进行探索的网络，该网络被命名为 VGG。

VGG 的结构非常清晰：

- 按照 2×2 的池化层，网络可以分成若干个块（block）；
- 每个块包含若干个 same 卷积，块内的特征图数量固定不变；
- 特征图的通道数按块以 2 倍的速度逐渐递增，第四块和第五块内特征图的通道数都是 512（即 64、128、256、512、512）。

VGG 非常容易应用到其他数据集。在 VGG 中，块数每增加 1，特征图的尺寸缩小一半，这么做是为了保证每一块的参数数量不会剧烈变化。通过减少块的数目也可以将网络应用到如 MNIST、CIFAR 等图像尺寸更小的数据集。块内的卷积数量是可变的，因为卷积的数量并不会影响特征图的尺寸，我们可以根据任务的复杂度自行调整块内的卷积数量。

VGG 的表现效果也非常好，在 2014 年的 ILSVRC 物体分类任务中排名第二（第一名是 GoogLeNet[2]），在物体检测任务中排名第一。

VGG 的模型开源在其官方网站上，为其他任务提供了非常好的迁移学习的材料，这使得 VGG 占有了大量商业市场。关于不同框架的 VGG 开源模型，读者可自行在网上搜索。

1.2.1 VGG 介绍

“VGG 家族”等各个类型的实现见随书资料，关于 VGG 家族的参数的具体设置可以总结为图 1.11，图中包含大量信息，接下来我们一一进行分析。

1. 家族的特征

我们来看看 VGG 家族的共同特征：

- 输入图像均是 $224\times224\times3$ 的 RGB 彩色图像；
- 均采用 5 层最大池化，使用的均是 same 卷积，表示最终均会产生大小为 7×7 的特征图，这是一个比较合适的大小；
- 特征层之后是两个隐层节点数目为 4096 的全连接层，最后是一个 1000 类 softmax 分类器；
- 所有 VGG 模型均可以表示为 $m\times(n\times \text{conv}_3+\text{max\_pooling})$。

VGG 在卷积核方向的最大改进是将卷积核全部换成更小的 3×3 或者 1×1 的卷积核，而性能最好的 VGG-16 和 VGG-19 由且仅由 3×3 的卷积核构成，原因有如下 3 点。

- 根据感受野的计算式 $\text{rfsize}=(\text{out}-1)\times\text{stride}+\text{ksize}$，其中 stride 为模型的步长，ksize 为卷积核的大小。我们知道一层 7×7 的卷积核和 3 层 3×3 的卷积核具有相同的感受野，但是由于 3 层感受野具有更深的深度，因此可以构建出更具判别性的决策函数。

1　参见 Karen Simonyan、Andrew Zisserman 的论文“Very Deep Convolutional Networks for Large-Scale Image Recognition”。

2　参见 Christian Szegedy、Wei Liu 、Yangqing Jia 等人的论文“Going Deeper with Convolutions”。

卷积网络配置					
A	A-LRN	B	C	D	E
11权重层	11权重层	13权重层	16权重层	16权重层	19权重层
输入（224×224×3 RGB图像）					
conv3-64	conv3-64 **LRN**	conv3-64 **conv3-64**	conv3-64 conv3-64	conv3-64 conv3-64	conv3-64 conv3-64
最大池化					
conv3-128	conv3-128	conv3-128 **conv3-128**	conv3-128 conv3-128	conv3-128 conv3-128	conv3-128 conv3-128
最大池化					
conv3-256 conv3-256	conv3-256 conv3-256	conv3-256 conv3-256	conv3-256 conv3-256 **conv1-256**	conv3-256 conv3-256 **conv3-256**	conv3-256 conv3-256 conv3-256 **conv3-256**
最大池化					
conv3-512 conv3-512	conv3-512 conv3-512	conv3-512 conv3-512	conv3-512 conv3-512 **conv1-512**	conv3-512 conv3-512 **conv3-512**	conv3-512 conv3-512 conv3-512 **conv3-512**
最大池化					
conv3-512 conv3-512	conv3-512 conv3-512	conv3-512 conv3-512	conv3-512 conv3-512 **conv1-512**	conv3-512 conv3-512 **conv3-512**	conv3-512 conv3-512 conv3-512 **conv3-512**
最大池化					
FC-4096					
FC-4096					
FC-1000					
softmax					

图 1.11　VGG 家族

- 假设特征图的数量都是 C，3 层 3×3 卷积核的参数数量是 $3\times(3\times3+1)\times C^2=30C^2$，1 层 7×7 卷积核的参数数量是 $1\times(7\times7+1)\times C^2=50C^2$，3 层 3×3 卷积核具有更少的参数。
- 由于神经元数量和层数的增多，训练速度会变得更慢。

图 1.12 反映了 VGG 家族的各个模型的性能。

卷积网络配置	最短图片边长		top-1错误率/%	top-5错误率/%
	训练集	测试集		
A	256	256	29.6	10.4
A-LRN	256	256	29.7	10.5
B	256	256	28.7	9.9
C	256	256	28.1	9.4
	384	384	28.1	9.3
	[256;512]	384	27.3	8.8
D	256	256	27.0	8.8
	384	384	26.8	8.7
	[256;512]	384	25.6	8.1
E	256	256	27.3	9.0
	384	384	26.9	8.7
	[256;512]	384	**25.5**	**8.0**

图 1.12　VGG 家族的各个模型的性能对比

图 1.13 展示了把 LeNet-5 的单层 5×5 卷积换成两层 3×3 卷积在 MNIST 上的收敛表现。论文中的实验表明两层 3×3 卷积的网络确实比单层 5×5 卷积的网络表现好，但是训练速度慢了二分之一。

另外，作者在前两层的全连接处使用丢失率为 0.5 的 Dropout，然而并没有在图 1.11 中反映出来。

2. VGG-A vs VGG-A-LRN

VGG-A-LRN 比 VGG-A 多了一个 AlexNet 介绍的 LRN 层，但是实验数据表明加入了 LRN 的 VGG-A-LRN 的错误率反而更高了，而且 LRN 的加入会更加占用内存，增加训练时间。

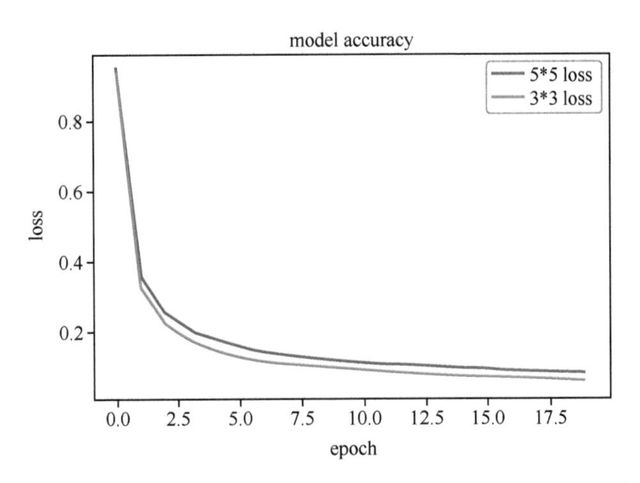

图 1.13　单层 5×5 卷积的 LeNet 与两层 3×3 卷积的 LeNet 对比

3. VGG-A、VGG-B、VGG-D 和 VGG-E

对比 VGG-A（11 层）、VGG-B（13 层）、VGG-D（16 层）、VGG-E（19 层）的错误率，我们发现随着网络深度的增加，分类的错误率逐渐降低，当然深度越深表示需要的训练时间越长。但是当模型（VGG-D 和 VGG-E）到达一定深度时，网络的错误率趋于收敛，甚至偶尔会发生深层网络的错误率高于浅层网络的情况，这就是后面我们要介绍的退化问题。同时考虑网络的训练时间，我们需要折中考虑选择合适的网络深度。我相信作者一定探索了比 VGG-E 更深的网络，但是由于表现不理想并没有将其列在论文中。后面介绍的残差网络则通过残差机制将网络的深度从理论上扩展到了无限大。在后面的应用中，VGG-D 和 VGG-E 得到了最为广泛的应用，它们更多的时候被叫作 VGG-16 和 VGG-19。

4. VGG-B 和 VGG-C

VGG-C 在 VGG-B 的基础上添加了 3 个 1×1 的卷积。1×1 的卷积是在 NIN[1] 中率先使用的。由于 1×1 卷积在不影响感受野的前提下提升了决策函数的容量，并且有通道融合的作用，因此实现了错误率的下降。

5. VGG-C 和 VGG-D

VGG-D 将 VGG-C 中的 1×1 卷积换成了 3×3 卷积，该组对比表明 3×3 卷积的提升效果要优于 1×1 卷积。

6. VGG-D 和 VGG-E

当网络层数增加到 16 层时，网络的损失函数趋于收敛。当网络提升到 19 层时，虽然精度有了些许的提升，但需要的训练时间也大幅增加。

1.2.2 VGG 的训练和测试

1. 训练

VGG 的训练分为单尺度训练（single-scale training）和多尺度训练（multi-scale training）。在单尺度训练中，原图的短边长度为一个固定值 S（实验中 S 被固定为 256 或 384），然后等比例缩放图片，再从缩放的图片中裁剪 224×224 的子图用于训练模型。在多尺度训练中，每张图的短边长度为 256 到 512 之间的一个随机值，然后从缩放的图片中裁剪 224×224 的子图。

1　参见 Min Lin 、Qiang Chen、Shwicheng Yan 的论文“Network In Network”。

2. 测试

测试时可以使用和训练时相同的图片裁剪方法，然后通过若干不同裁剪的图片投票的方式选择最后的分类。

但测试的时候图片是单张输入的，使用裁剪的方式可能会漏掉图片的重要信息。在 OverFeat[1] 的论文中，提出了将整幅图作为输入的方式，过程如下。

（1）将测试图片的短边长度固定为 Q，Q 可以不等于 S。

（2）将 Q 输入 VGG，在卷积网络的最后一个卷积，得到 $W \times H \times 512$ 的特征向量，W 和 H 一般不等于 7。

（3）将第一个全连接层看成 $7 \times 7 \times 512 \times 4\,096$ 的卷积层（原本需要先进行 Flattern() 操作，再进行全连接操作），对比随书资料中的 VGG-E 和使用全卷积的 VGG-E-test，可以发现两者具有相同的参数数量。

（4）将第二个、第三个全连接层看成 $1 \times 1 \times 4\,096 \times 4\,096$ 与 $1 \times 1 \times 4\,096 \times$ numClasses（numClasses 指的是类别数）的卷积层。

（5）如果输入图片大小为 224×224，则输出的大小为 $1 \times 1 \times$ numClasses，因为图片大小可以不一致，所以可以将输出看作某张图片多个切片的预测结果。最终经过加和池化，对每个通道求和，将得到 $1 \times 1 \times$ numClasses 的结果作为最终输出，即取所有切片的平均数作为最终输出。

1.3 更宽：GoogLeNet

在本节中，先验知识包括：

❑ AlexNet（1.1 节）。

2012 年之后，CNN 的研究分成了两大流派，并且两大流派都在 2014 年有重要的研究成果发表。一个流派的研究方向是增加 CNN 的深度和宽度，经典的网络有 2013 年 ILSVRC 的冠军作品 ZFNet 和我们在 1.2 节中介绍的 VGG 系列。另外一个流派的研究方向是增加卷积核的拟合能力，或者说是增加网络的多样性，典型的网络有可以拟合任意凸函数的 Maxout 网络[2]、可以拟合任意函数的 NIN，以及本节要解析的基于 Inception 的 GoogLeNet。为了能更透彻地了解 GoogLeNet 的思想，我们首先需要了解 Maxout 和 NIN 两种结构。

1.3.1 背景知识

1. Maxout 网络

在之前介绍的 AlexNet 中，它引入了 Dropout 来减轻模型的过拟合问题。Dropout 可以看作一种集成模型，在训练的每步中，Dropout 会将网络的隐层节点以概率 P 置 0。Dropout 和传统的装袋（bagging）方法主要有以下两个方面不同：

- Dropout 的每个子模型的权值是共享的；
- 在训练的每步中，Dropout 会使用不同的样本子集训练不同的子网络。

这样在训练的每步中都会有不同的节点参与训练，可以减轻节点之间的耦合性。在测试时，

1 参见 Pierre Sermanet、David Eigen、Xiang Zhang 等人的论文“OverFeat: Integrated Recognition, Localization and Detection using Convolutional Networks”。

2 参见 Ian J. Goodfellow、David Warde-Farley、Mehdi Mirza 等人的论文“Maxout Networks”。

Dropout 使用的是整个网络的所有节点，只是节点的输出值要乘 p。因为在测试时，我们不会进行 Dropout 操作。为了避免 Dropout 丢失节点带来的缩放问题，我们会将该层节点值乘 p 来达到 Dropout 引起的缩放效果。

作者认为，与其像 Dropout 这样平均地选择，不如有条件地选择节点来生成网络。在传统的神经网络中，第 i 个隐层的计算方式（暂时不考虑激活函数）如式（1.6）所示：

$$\boldsymbol{h}_i = \boldsymbol{W}\boldsymbol{x}_i + \boldsymbol{b}_i \tag{1.6}$$

假设第 $i-1$ 个隐层和第 i 个隐层的节点数分别是 d 和 m，那么 $\boldsymbol{W}$ 是一个 $d \times m$ 的二维矩阵。而在 Maxout 网络中，$\boldsymbol{W}$ 是一个三维矩阵，矩阵的维度是 $d \times m \times k$，其中 k 表示 Maxout 网络的通道数，是 Maxout 网络唯一的参数。Maxout 网络的数学表达式如式（1.7）所示：

$$\boldsymbol{h}_i = \max_{j\in[1,k]} \boldsymbol{z}_{i,j} \tag{1.7}$$

其中$\boldsymbol{z}_{i,j} = \boldsymbol{x}^{\mathrm{T}}\boldsymbol{W}_{i,j} + \boldsymbol{b}_{i,j}$。

下面我们通过一个简单的例子来说明 Maxout 网络的工作方式。对于一个传统的网络，假设第 i 个隐层有两个节点，第 $i+1$ 个隐层有 1 个节点，那么多层感知机（multi-layer perceptron，MLP）的计算方式如式（1.8）所示：

$$\text{out} = g(\boldsymbol{W}X + \boldsymbol{b}) \tag{1.8}$$

其中 $g(\cdot)$ 是激活函数，如 tanh、ReLU 等，X 是输入数据的集合。从图 1.14 可以看出，传统神经网络的输出节点是由两个输入节点计算得到的。

如果我们将 Maxout 的参数 k 设置为 5，Maxout 网络可以展开成图 1.15 所示的形式：

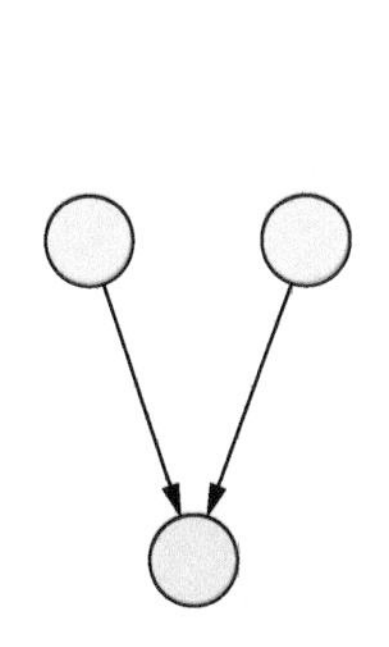

图 1.14　传统神经网络

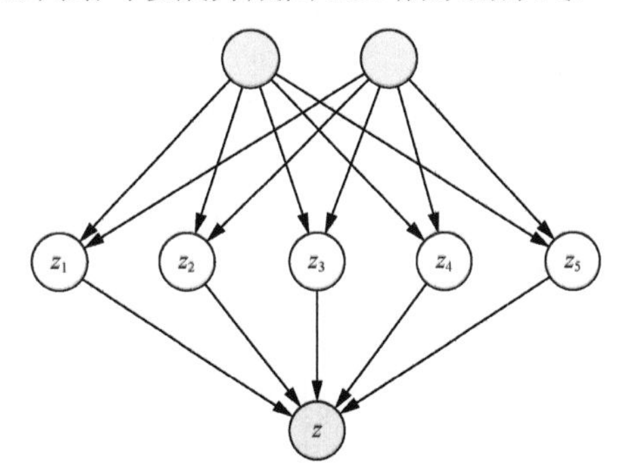

图 1.15　Maxout 网络

其中 $z=\max(z_1,z_2,z_3,z_4,z_5)$。$z_1 \sim z_5$ 为线性函数，所以 z 可以看作分段线性的激活函数。Maxout 网络的论文中给出了证明，当 k 足够大时，Maxout 单元可以以任意小的精度逼近任何凸函数，如图 1.16 所示，图中每条直线代表一个输出节点 z_i。

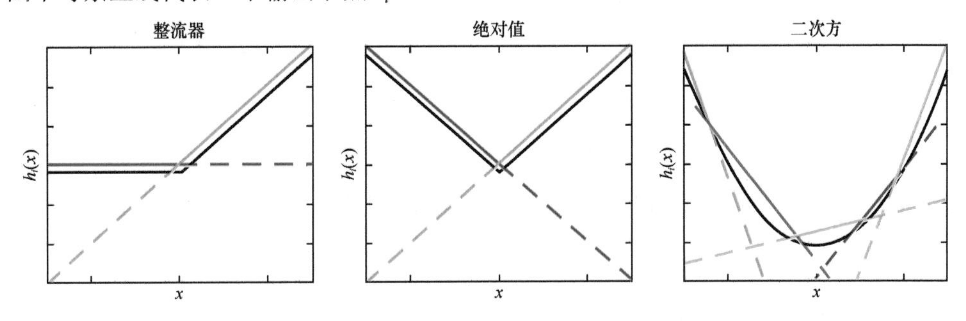

图 1.16　Maxout 单元的凸函数无限逼近性

在 Keras 2.0 之前的版本中，我们可以找到 Maxout 网络的实现，其核心代码只有一行。

```
output = K.max(K.dot(X, self.W) + self.b, axis=1)
```

Maxout 网络存在的最大的一个问题是网络的参数数量是传统神经网络的 k 倍，而 k 倍的参数数量并没有带来等价的精度提升，所以现在 Maxout 网络基本已被工业界淘汰。

2. NIN

Maxout 单元可以逼近任何**凸函数**，而 NIN 的节点理论上可以逼近**任何函数**。在 NIN 中，作者也采用整图滑窗的形式，只是将 CNN 的卷积核替换成了一个小型 MLP 网络，如图 1.17 所示。

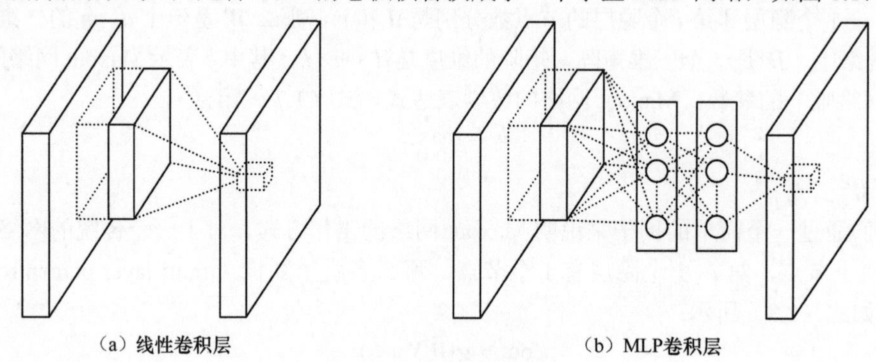

（a）线性卷积层　　（b）MLP卷积层

图 1.17　NIN 网络结构

在卷积操作中，一次卷积操作仅相当于卷积核和滑窗的一次矩阵乘法，其拟合能力有限。而 MLP 替代卷积操作增加了每次滑窗的拟合能力。图 1.18 展示了将 LeNet-5 改造成 NIN 在 MNIST 上的训练过程收敛曲线。通过实验，我们根据实验结果得到了 3 个重要信息：

- NIN 的参数数量远大于同类型的 CNN ；
- NIN 的收敛速度快于经典网络；
- NIN 的训练速度慢于经典网络。

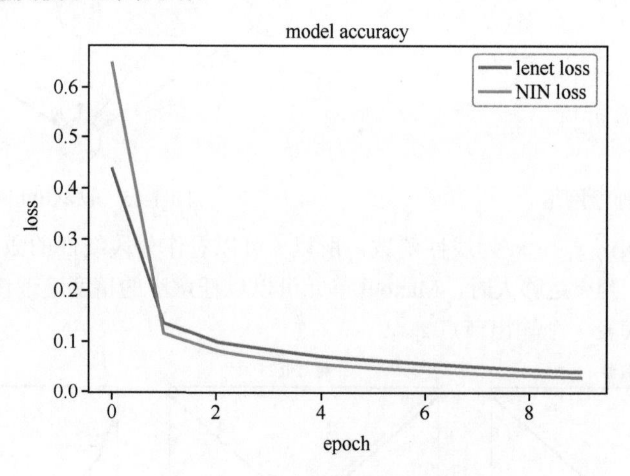

图 1.18　NIN 与 LeNet-5 对比

通过 Keras 实现 NIN 的代码片段如下，全部实验内容见随书资料。

```
NIN = Sequential()
NIN.add(Conv2D(input_shape=(28,28,1), filters= 8, kernel_size = (5,5),
        padding = 'same',activation = 'relu'))
NIN.add(Conv2D(input_shape=(28,28,1), filters= 8, kernel_size = (1,1),
        padding = 'same',activation = 'relu'))
```

```
NIN.add(Flatten())
NIN.add(Dense(196,activation = 'relu'))
NIN.add(Reshape((14,14,1),input_shape = (196,1)))
NIN.add(Conv2D(16,(5,5),padding = 'same',activation = 'relu'))
NIN.add(Conv2D(16,(1,1),padding = 'same',activation = 'relu'))
NIN.add(Flatten())
NIN.add(Dense(120,activation = 'relu'))
NIN.add(Dense(84,activation = 'relu'))
NIN.add(Dense(10))
NIN.add(Activation('softmax'))
NIN.summary()
```

对比全连接，NIN 中的 1×1 卷积操作保存了网络隐层节点和输入图像的位置关系，1×1 卷积的这个特点使其在物体检测和分割任务上得到了更广泛的应用。除了保存特征图的位置关系，1×1 卷积还有两个用途：

- 实现特征图的升维和降维；
- 实现跨特征图的交互。

另外，NIN 提出了使用全局平均池化（global average pooling）来减轻全连接层的过拟合问题，即在卷积的最后一层直接对每个特征图求均值，然后执行 softmax 操作。

1.3.2 Inception v1

GoogLeNet 的核心部件叫作 Inception。根据感受野的递推公式，不同大小的卷积核对应不同大小的感受野。例如在 VGG 的最后一层，1×1、3×3 和 5×5 卷积核的感受野分别是 196、228、260。我们根据感受野的计算公式也可以知道，网络的层数越多，不同大小的卷积核对应在原图的感受野的大小差距越大，这也就是 Inception 通常在越深的层次中效果越明显的原因。在每个 Inception 模块中，作者并行使用了 1×1、3×3 和 5×5 这 3 个不同大小的卷积核。同时，考虑到池化一直在 CNN 中扮演着积极的作用，所以作者建议 Inception 中也要加入一个并行的步长为 1 的最大池化。至此，一个朴素版本的 Inception 便诞生了，如图 1.19 所示。

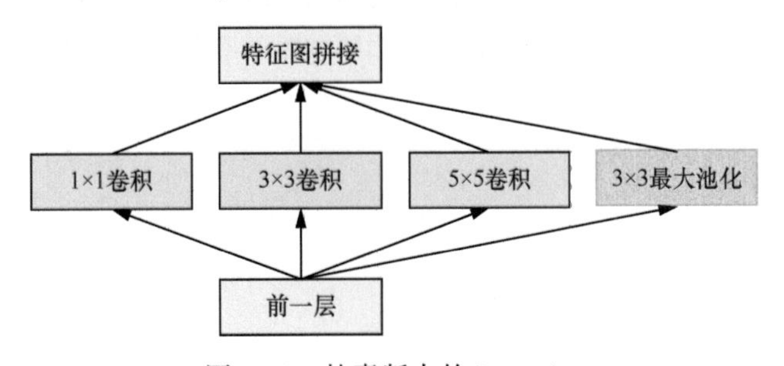

图 1.19 朴素版本的 Inception

但是这个朴素版本的 Inception 会使网络的特征图的数量乘 4。随着 Inception 数量的增长，特征图的数量会呈指数级增长，这意味着大量计算资源被消耗。为了提升运算速度，Inception 使用了 NIN 中介绍的 1×1 卷积在卷积操作之前进行降采样，由此便诞生了 Inception v1，如图 1.20 所示。

Inception 的代码也比较容易实现，建立 4 个并行的分支并在最后将其合并到一起即可。为了在 MNIST 数据集上使用 Inception，我使用了更窄的网络（特征图的数量均为 4，官方特征图的数量已注释在代码中）。

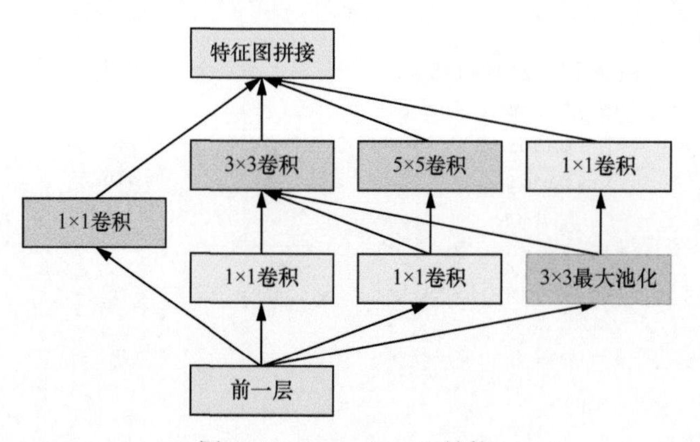

图 1.20　Inception v1 结构

```
def inception(x):
    inception_1x1 = Conv2D(4,(1,1), padding='same', activation='relu')(x) #64
    inception_3x3_reduce = Conv2D(4,(1,1), padding='same', activation='relu')(x) #96
    inception_3x3 = Conv2D(4,(3,3), padding='same', activation='relu')
        (inception_3x3_reduce) #128
    inception_5x5_reduce = Conv2D(4,(1,1), padding='same', activation='relu')(x) #16
    inception_5x5 = Conv2D(4,(5,5), padding='same', activation='relu')
        (inception_5x5_reduce) #32
    inception_pool = MaxPool2D(pool_size=(3,3), strides=(1,1), padding='same')(x) #192
    inception_pool_proj = Conv2D(4,(1,1), padding='same', activation='relu')
        (inception_pool) #32
    inception_output = merge([inception_1x1, inception_3x3, inception_5x5,
                             inception_pool_proj], mode='concat', concat_axis=3)
    return inception_output
```

图 1.21 展示了使用相同通道数的卷积核的 Inception 在 MNIST 数据集上收敛速度的对比。从实验结果可以看出，对于比较小的数据集，Inception 的提升非常有限。对比两个网络的容量，我们发现 Inception 和采用相同特征图的 3 × 3 卷积拥有相同数量的参数，实验内容见随书资料。

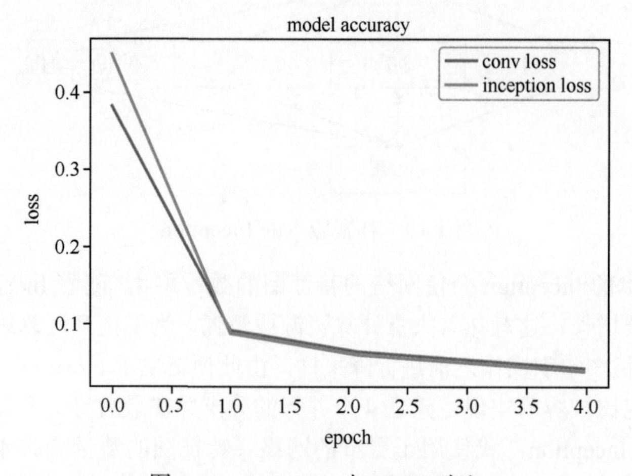

图 1.21　Inception 与 CNN 对比

1.3.3 GoogLeNet

GoogLeNet 的命名方式是为了致敬第一代深度卷积网络 LeNet-5，作者通过堆叠 Inception 的方法构造了一个包含 9 个 Inception 模块、共 22 层的网络，并一举拿下了 2014 年 ILSVRC 的物体分类任务的冠军。GoogLeNet 的网络结构如图 1.22 所示，高清大图参考其论文。

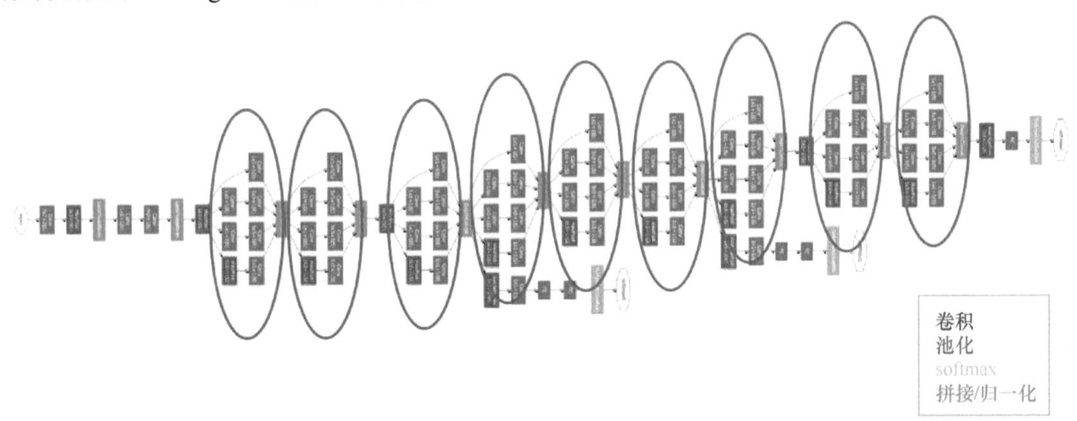

图 1.22 GoogLeNet 的网络结构

对比其他网络，GoogLeNet 的一个最大的不同是在中间多了两个 softmax 分支作为辅助损失（auxiliary loss）函数。在训练时，这两个 softmax 分支的损失会以 0.3 的比例添加到损失函数上。根据论文的解释，该分支有如下两个作用：

- 保证较低层提取的特征也有分类的能力；
- 具有提供正则化并解决梯度消失问题的能力。

需要注意的是，在测试的时候，这两个 softmax 分支会被移除。

辅助损失函数的提出，是为了遵循信息论中的数据处理不等式（data processing inequality，DPI）原则。所谓数据处理不等式，是指数据处理的步骤越多，则丢失的信息也会越多，其数学建模方式如式（1.9）所示。

$$X \to Y \to Z; \quad I(X;Z) \leqslant I(X;Y) \tag{1.9}$$

式（1.9）表明，在数据传输的过程中，信息有可能消失，但绝对不会凭空增加。反映到反向传播中，也就是在计算梯度的时候，梯度包含信息的损失会逐层减少，所以 GoogLeNet 的中间层添加了两组损失函数以防止信息的过度丢失。

1.3.4 Inception v2

我们知道，一个 5×5 的卷积核与两个 3×3 的卷积核拥有相同大小的感受野，但是两个 3×3 的卷积核拥有更强的拟合能力，所以在 Inception v2[1] 的版本中，作者将 5×5 的卷积核替换为两个 3×3 的卷积核，如下面代码所示。Inception v2 如图 1.23 所示。

```
def inception_v2(x):
    inception_1x1 = Conv2D(4,(1,1), padding='same', activation='relu')(x)
    inception_3x3_reduce = Conv2D(4,(1,1), padding='same', activation='relu')(x)
```

1 参见 G. E. Hinton、N. Srivastava、A. Krizhevsky 等人的论文“Improving neural networks by preventing co-adaptation of feature detectors”。

```
    inception_3x3 = Conv2D(4,(3,3), padding='same', activation='relu')
        (inception_3x3_reduce)
    inception_5x5_reduce = Conv2D(4,(1,1), padding='same', activation='relu')(x)
    inception_5x5_1 = Conv2D(4,(3,3), padding='same', activation='relu')
        (inception_5x5_reduce)
    inception_5x5_2 = Conv2D(4,(3,3), padding='same', activation='relu')
        (inception_5x5_1)
    inception_pool = MaxPool2D(pool_size=(3,3), strides=(1,1), padding='same')(x)
    inception_pool_proj = Conv2D(4,(1,1), padding='same', activation='relu')
        (inception_pool)
    inception_output = merge([inception_1x1, inception_3x3, inception_5x5_2,
                              inception_pool_proj], mode='concat', concat_axis=3)
    return inception_output
```

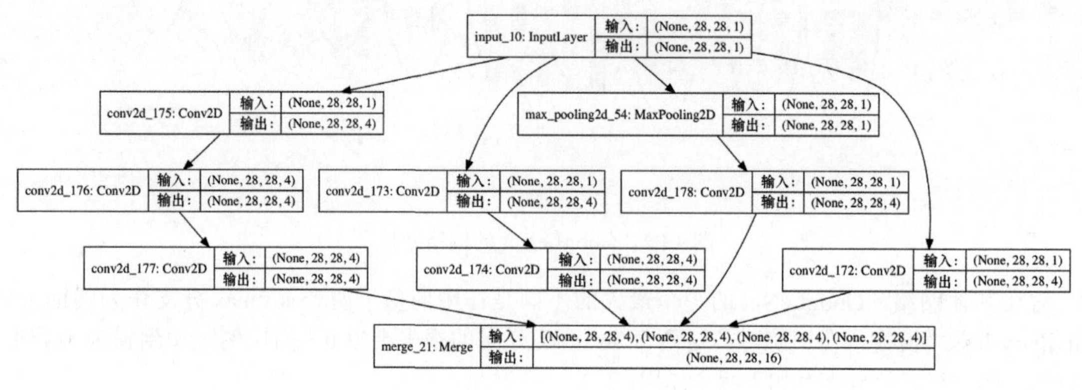

图 1.23　Inception v2

1.3.5 Inception v3

Inception v3[1] 将 Inception v1 和 Inception v2 中的 $n \times n$ 卷积换成一个 $n \times 1$ 和一个 $1 \times n$ 的卷积，如图 1.24 所示。这样做带来的好处有如下几点：

（1）节约了大量参数，提升了训练速度，减轻了过拟合的问题；

（2）多层卷积增加了模型的拟合能力；

（3）非对称卷积核的使用增加了特征的多样性。

```
def inception_v3(x):
    inception_1x1 = Conv2D(4,(1,1), padding='same', activation='relu')(x)
    inception_3x3_reduce = Conv2D(4,(1,1), padding='same', activation='relu')(x)
    inception_3x1 = Conv2D(4,(3,1), padding='same', activation='relu')
        (inception_3x3_reduce)
    inception_1x3 = Conv2D(4,(1,3), padding='same', activation='relu')(inception_3x1)
    inception_5x5_reduce = Conv2D(4,(1,1), padding='same', activation='relu')(x)
    inception_5x1 = Conv2D(4,(5,1), padding='same', activation='relu')
        (inception_5x5_reduce)
    inception_1x5 = Conv2D(4,(1,5), padding='same', activation='relu')(inception_5x1)
    inception_pool = MaxPool2D(pool_size=(3,3), strides=(1,1), padding='same')(x)
    inception_pool_proj = Conv2D(4,(1,1), padding='same', activation='relu')
        (inception_pool)
```

1　参见 Christian Szegedy、Vincent Vanhoucke、Sergey Ioffe 等人的论文“Rethinking the Inception Architecture for Computer Vision”。

```
    inception_output = merge([inception_1x1, inception_1x3, inception_1x5,
                              inception_pool_proj], mode='concat', concat_axis=3)
    return inception_output
```

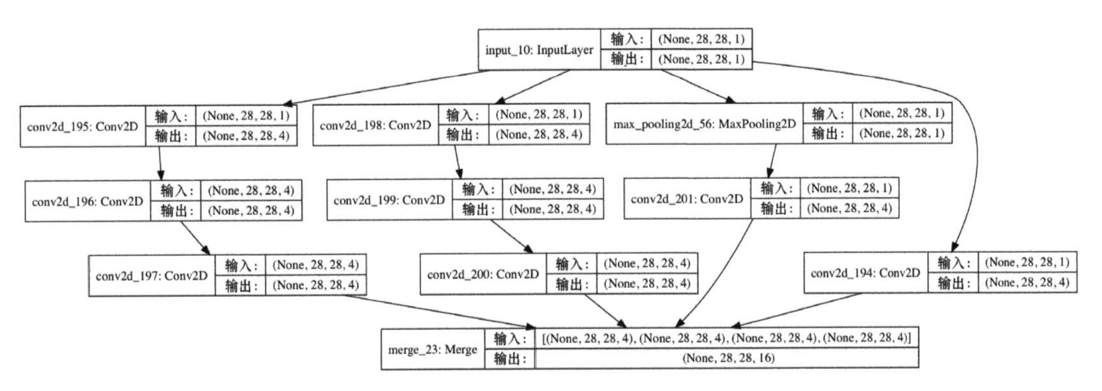

图 1.24 Inception v3

1.3.6 Inception v4

Inception v4[1] 的论文中提出了 Inception v4、Inception-ResNet v1 和 Inception-ResNet v2 共 3 个模型架构。其中 Inception v4 延续了 Inception v2 和 Inception v3 的思想，而 Inception-ResNet v1 和 Inception-ResNet v2 则将 Inception 和残差网络进行了结合。

Inception v4 的整体结构如图 1.25 所示，它的核心模块是一个骨干（Stem）模块、3 个不同的 Inception 和两个不同的缩减（Reduction）模块。

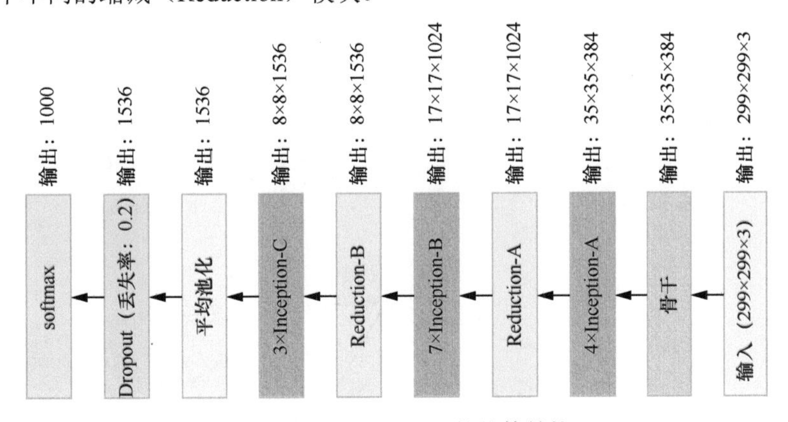

图 1.25 Inception v4 的整体结构

图 1.26 所示的是 Inception v4 和 Inception-ResNet v2 的骨干模块，它由线性结构和包含两路分支的 Inception 结构组成。特征图的降采样通过步长为 2 的卷积来完成。图 1.26 中带有“V”符号的表示 padding=0 的有效卷积。

图 1.27 所示的是 Inception v4 的 3 个 Inception 模块，这 3 个 Inception 模块并不会改变输入特征图的尺寸。从 3 个 Inception 模块的结构中我们可以看出它基本沿用了 Inception v2 和 Inception v3 的思想，即使用多层小卷积核代替单层大卷积核和变形卷积核。

1 参见 Christian Szegedy、Sergey Ioffe、Vincent Vanhoucke 等人的论文“Inception-v4, Inception-ResNet and the Impact of Residual Connections on Learning”。

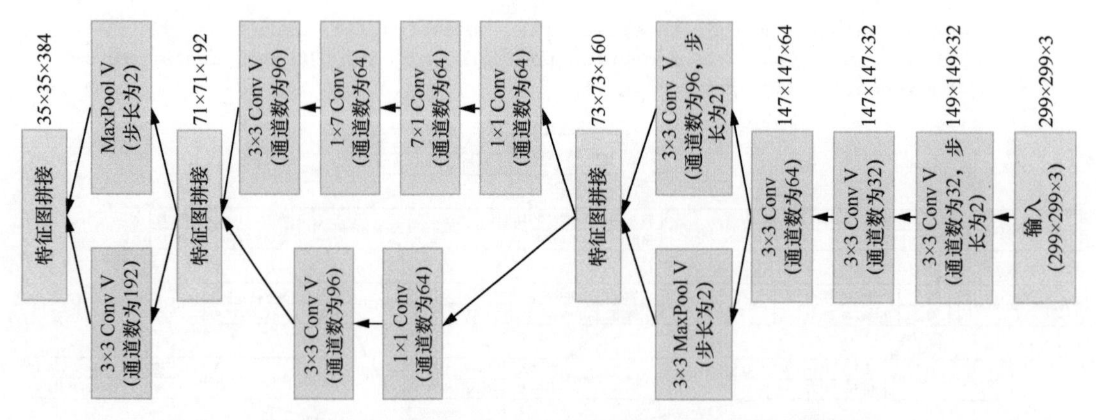

图 1.26　Inception v4 和 Inception-ResNet v2 的骨干模块

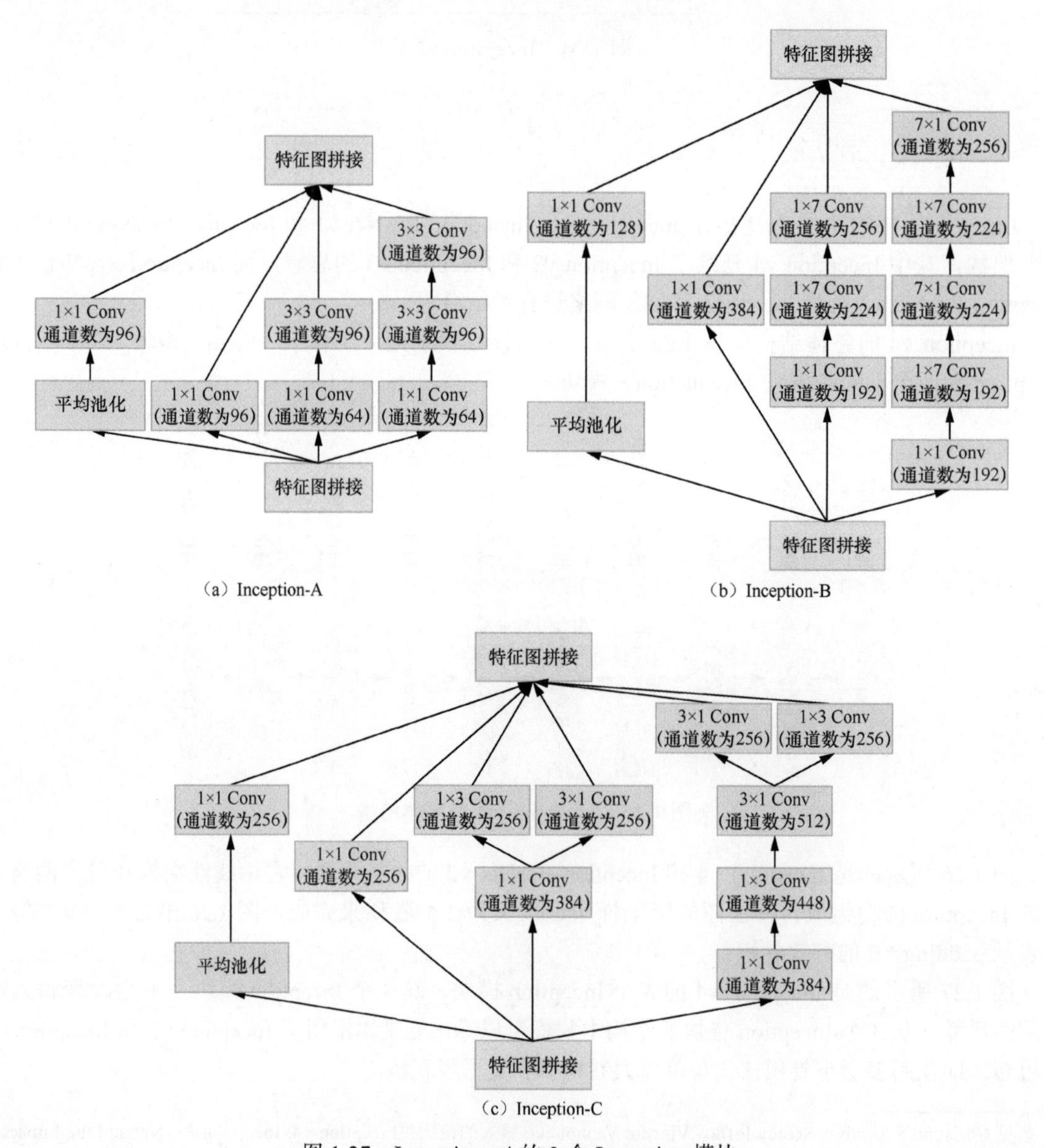

图 1.27　Inception v4 的 3 个 Inception 模块

图 1.28 所示的是 Inception v4 的缩减模块，它也沿用了 Inception v2 和 Inception v3 的思想，并使用步长为 2 的卷积或者池化来进行降采样，其中 Reduction-A 也复用到了 1.3.7 节介绍的 Inception-ResNet 模块中。

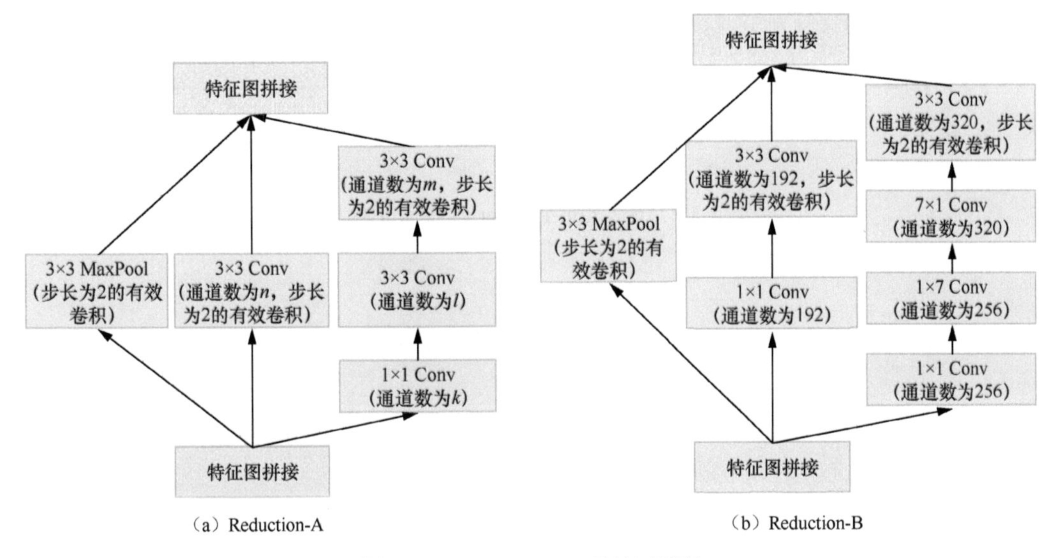

（a）Reduction-A　　（b）Reduction-B

图 1.28　Inception v4 的缩减模块

1.3.7　Inception-ResNet

Inception-ResNet 共有 v1 和 v2 两个版本，它们都将 Inception 和残差网络的思想进行了整合，并且拥有相同的流程框架，如图 1.29 所示。

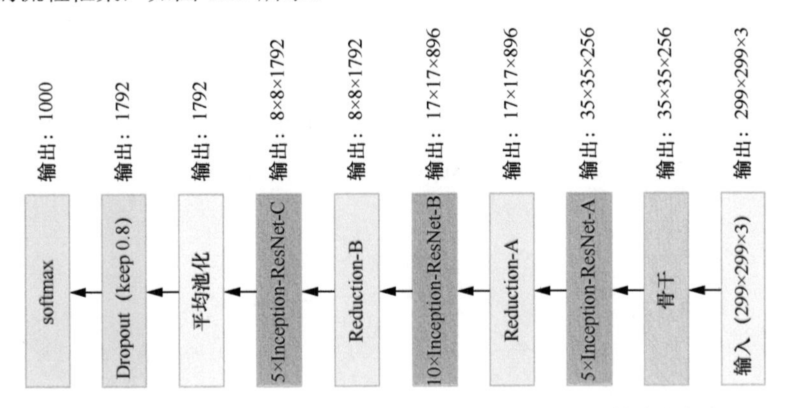

图 1.29　Inception-ResNet v1 和 Inception-ResNet v2 的流程框架

1. Inception-ResNet v1

Inception-ResNet v1 的骨干模块并没有使用并行结构，仅仅由不同类型（填充、步长和卷积核尺寸）的卷积操作组成，如图 1.30 所示。

Inception-ResNet v1 在 Inception 模块中插入了一条捷径，也就是将 Inception 和残差网络的思想进行了结合。它的 3 个 Inception 模块的结构如图 1.31 所示。

Inception-ResNet v1 的 Reduction-A 复用了 Inception v4 的 Reduction-A，它的 Reduction-B 的结构如图 1.32 所示。

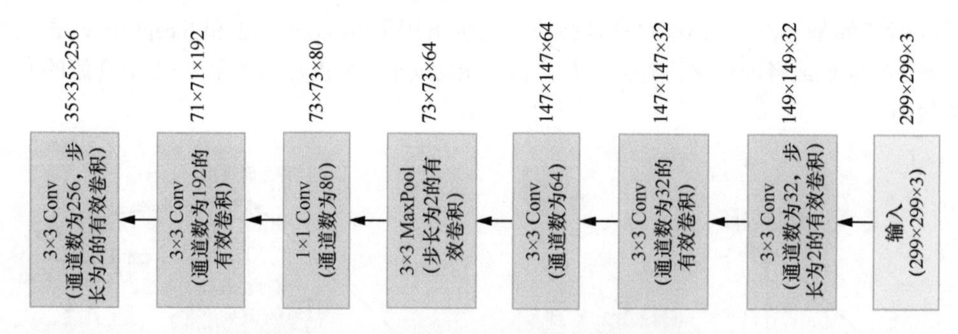

图 1.30　Inception-ResNet v1 的骨干模块

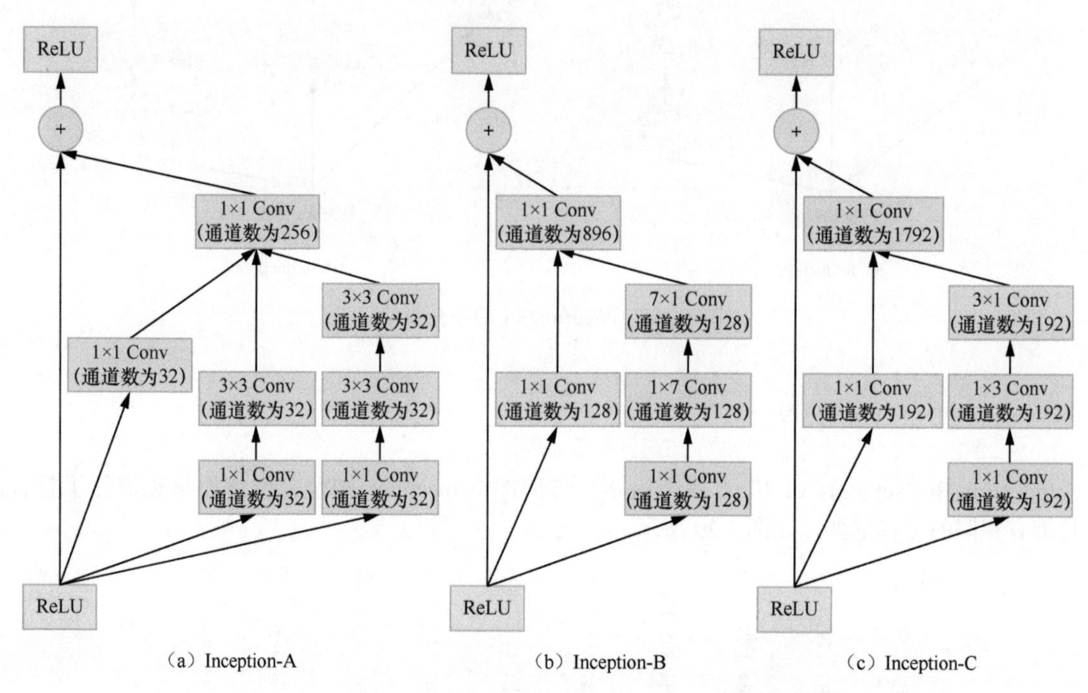

图 1.31　Inception-ResNet v1 的 3 个 Inception 模块的结构

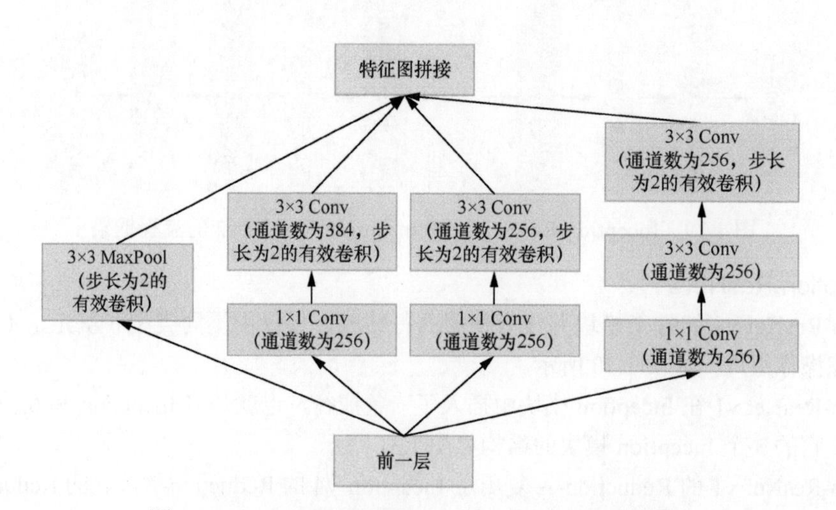

图 1.32　Inception-ResNet v1 的 Reduction-B 的结构

2. Inception-ResNet v2

Inception-ResNet v2 采用了 Inception v4 的骨干模块，它的 Reduction-A 则和其他两个模块保持相同，剩下的 3 个 Inception 模块和 Reduction-B 的结构分别如图 1.33 和图 1.34 所示。

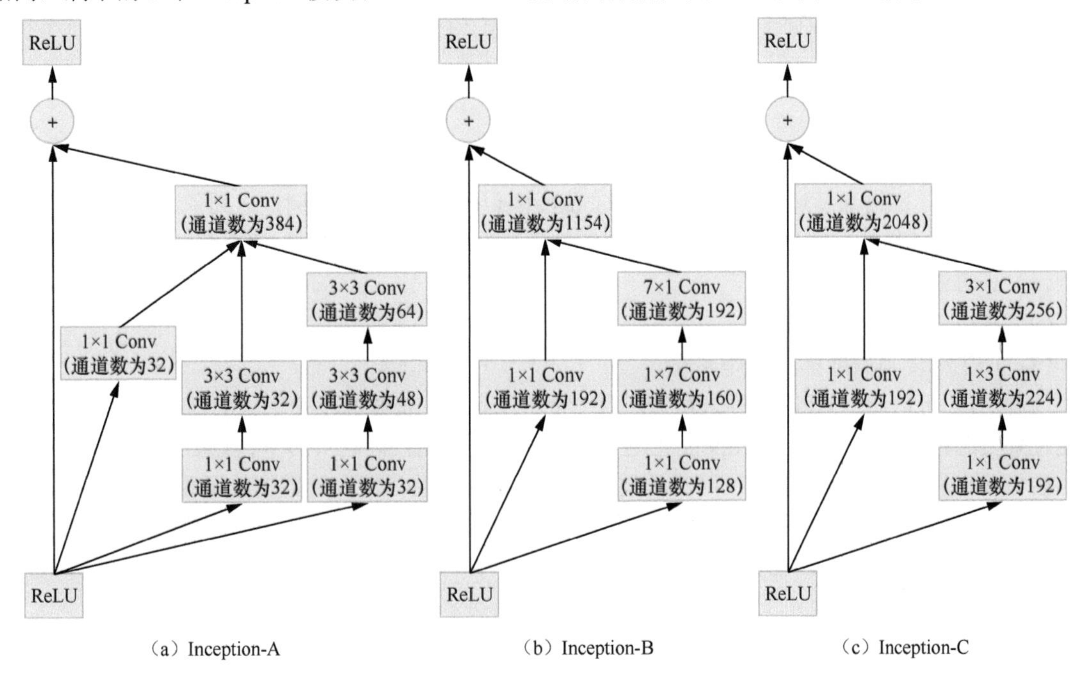

图 1.33 Inception-ResNet v2 的 3 个 Inception 模块的结构

从图 1.33 中可以看出，Inception-ResNet v2 的 3 个 Inception 模块分别和 Inception-ResNet v1 的 3 个 Inception 模块保持了相同的网络结构，不同的仅有通道数。图 1.34 体现了 Inception-ResNet v2 的 Reduction-B 和图 1.32 的 Inception-ResNet v1 的 Reduction-B 一样具有相同架构、不同通道数的特点。

3. 残差的缩放

作者重新研究了残差连接的作用，指出残差连接并不会明显提升模型精度，而是会加快训练收敛速度。另外，引入残差连接以后，网络太深了，不稳定，不太好训练，到后面模型的参数可能全变为 0 了，可通过引入尺度变量（scale）来使得网络更加稳定，如图 1.35 所示，其中 Inception 可以用任意其他子网络替代，将其输出乘一个很小的缩放系数（通常在 0.1 到 0.3 内），激活缩放之后执行单位加和 ReLU 激活。

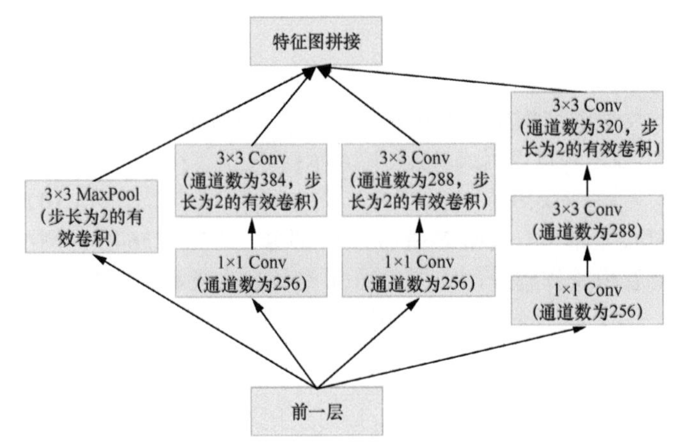

图 1.34 Inception-ResNet v2 的 Reduction-B 的结构

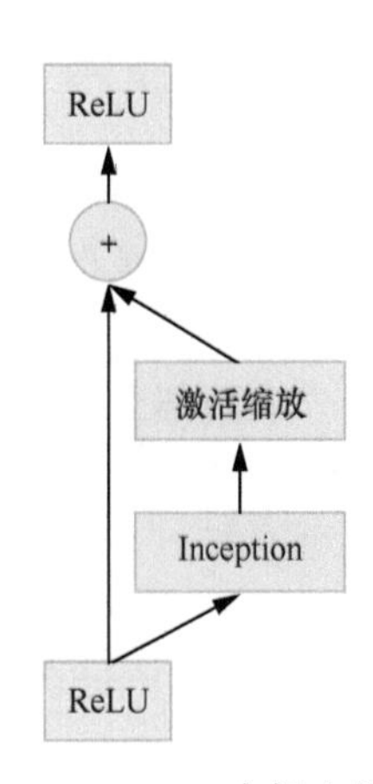

图 1.35 Inception v4 中提出的残差缩放

1.4 跳跃连接：ResNet

在本节中，先验知识包括：
- ❑ VGG（1.2 节）；
- ❑ GoogLeNet（1.3 节）；
- ❑ BN（6.2 节）；
- ❑ LSTM（4.1 节）；
- ❑ Dropout（6.1 节）。

在 VGG 中，网络深度达到了 19 层。在 GoogLeNet 中，网络史无前例地达到了 22 层。那么，网络的精度会随着网络的层数增多而提高吗？在深度学习中，网络层数增多一般会伴随下面几个问题：

（1）计算资源过度消耗；

（2）模型容易过拟合；

（3）产生梯度消失或梯度爆炸问题。

问题（1）可以通过 GPU 集群来解决，对一个企业来说，资源并不是很大的问题；问题（2）可以通过采集海量数据，并配合 Dropout 正则化等方法有效避免；问题（3）可以通过 BN 避免。

貌似我们只要“无脑”地增加网络的层数，就能从中获益，但实验数据给了我们当头一棒。作者发现，随着网络层数的增加，网络发生了退化（degradation）的现象：随着网络层数的增多，训练集损失值逐渐下降，然后趋于饱和，当我们再增加网络深度时，训练集损失值反而会增大。注意这并不是过拟合，因为在过拟合中训练集损失值是一直减小的。

当网络退化时，浅层网络能够实现比深层网络更好的训练效果，这时如果我们把低层的特征传到高层，那么效果应该至少不比浅层网络的效果差，或者说如果一个 VGG-100 网络在第 98 层使用的是和 VGG-16 第 14 层一模一样的特征，那么 VGG-100 的效果应该会和 VGG-16 的效果相同。所以，我们可以通过在 VGG-100 的第 98 层和 VGG-16 的第 14 层之间添加一个直接映射（identity mapping）来实现此效果。

从信息论的角度讲，由于 DPI（数据处理不等式，见 1.3.3 节）的存在，在前向传输的过程中，随着层数的加深，特征图包含的图像信息会逐层减少，而残差网络加入直接映射，保证了 $l+1$ 层的网络一定比 l 层的网络包含更多的图像信息。基于这种使用直接映射来连接网络不同层的思想，ResNet（残差网络）[1] 应运而生。

1.4.1 残差网络

1. 残差块

残差网络是由一系列残差块组成的，残差块的结构如图 1.36 所示，其中，weight 在 CNN 中是指卷积操作，addition 是指单位加操作。一个残差块可以用式（1.10）表示：

$$\boldsymbol{x}_{l+1}=\boldsymbol{x}_l+\mathcal{F}(\boldsymbol{x}_l,\boldsymbol{W}_l) \tag{1.10}$$

残差块分成两部分：直接映射部分和残差部分。$h(\boldsymbol{x}_l)$ 是直接映射部分，即图 1.36 的左侧；$\mathcal{F}(\boldsymbol{x}_l,\boldsymbol{W}_l)$ 是残差部分，一般由 2 个或者 3 个卷积操作构成，即图 1.36 中右侧包含卷积的部分。在 CNN 中，$\boldsymbol{x}_l$ 可能和 $\boldsymbol{x}_{l+1}$ 的特征图的数量不一样，这时候就需要使用 1×1 卷积进行升维或者降维，如图 1.37 所示。这时，残差块表示为式（1.11）：

$$\boldsymbol{x}_{l+1}=h(\boldsymbol{x}_l)+\mathcal{F}(\boldsymbol{x}_l,\boldsymbol{W}_l) \tag{1.11}$$

1 参见 Kaiming He、Xiangyu Zhang、Shaoqing Ren 等人的论文“Deep Residual Learning for Image Recognition”。

其中，$h(\boldsymbol{x}_l)=\boldsymbol{W}_l'\boldsymbol{x}$，$\boldsymbol{W}_l'$ 是 1×1 的卷积核，实验结果表明 1×1 卷积对模型性能提升作用有限，所以一般在升维或者降维时才会使用。

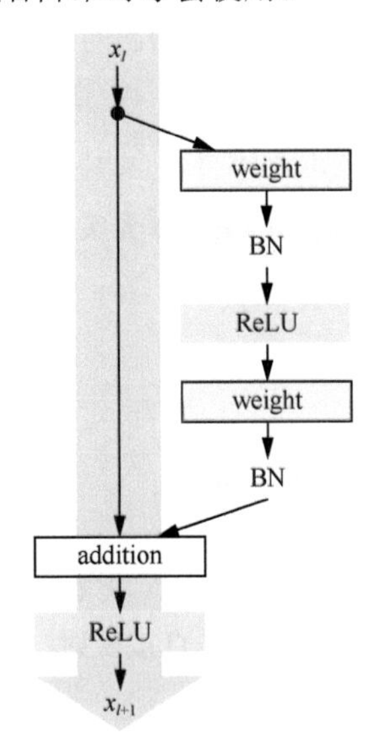

图 1.36　残差块的结构

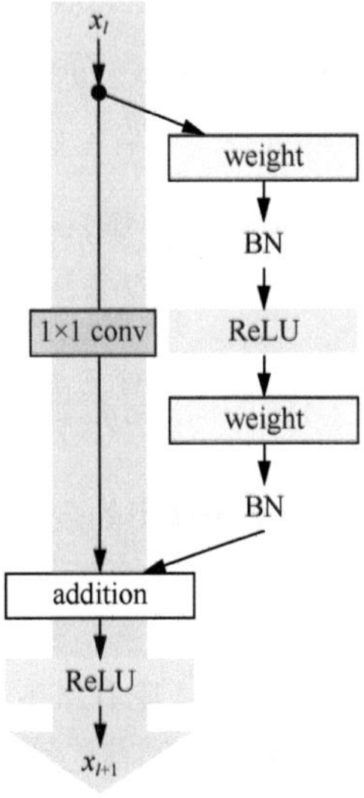

图 1.37　加入 1×1 卷积的残差块

一般这种版本的残差块叫作 resnet_v1，Keras 代码实现如下：

```
def res_block_v1(x, input_filter, output_filter):
    res_x = Conv2D(kernel_size=(3,3), filters=output_filter, strides=1, padding='same')(x)
    res_x = BatchNormalization()(res_x)
    res_x = Activation('relu')(res_x)
    res_x = Conv2D(kernel_size=(3,3), filters=output_filter, strides=1, padding='same')(res_x)
    res_x = BatchNormalization()(res_x)
    if input_filter == output_filter:
        identity = x
    else: #需要升维或者降维
        identity = Conv2D(kernel_size=(1,1), filters=output_filter, strides=1,
                          padding='same')(x)
    x = keras.layers.add([identity, res_x])
    output = Activation('relu')(x)
    return output
```

2. 残差网络

残差网络的搭建分为两步：

（1）按照 VGG 的架构搭建一个普通的 VGG 网络；

（2）在普通的 VGG 的 CNN 之间插入单位映射，注意需要升维或者降维的时候可加入 1×1 卷积。在实现过程中，一般采用直接堆叠残差块的方式。

```
def resnet_v1(x):
    x = Conv2D(kernel_size=(3,3), filters=16, strides=1, padding='same',
               activation='relu')(x)
    x = res_block_v1(x, 16, 16)
    x = res_block_v1(x, 16, 32)
    x = Flatten()(x)
    outputs = Dense(10, activation='softmax', kernel_initializer='he_normal')(x)
    return outputs
```

3. 为什么叫残差网络

在统计学中，残差和误差是非常容易混淆的两个概念。误差衡量的是观测值和真实值之间的差距，残差是指预测值和观测值之间的差距。对于残差网络的命名，作者给出的解释是，网络的一层通常可以看作 $y=H(x)$，而残差网络的一个残差块可以表示为 $H(x)=F(x)+x$，也就是 $F(x)=H(x)-x$，在单位映射中，$y=x$ 便是观测值，而 $H(x)$ 是预测值，所以 $F(x)$ 便对应着残差，因此叫作残差网络。

笔记　比如水位线的高度，模型预测为 10m，你测量的是 10.4m，但真实值为 10.5m。通常你认为 10.4m 为真实值，其实它并不是。

1.4.2 残差网络背后的原理

残差块一个更通用的表示方式如式（1.12）所示：

$$\begin{aligned} \boldsymbol{y}_l &= h(\boldsymbol{x}_l) + \mathcal{F}(\boldsymbol{x}_l, \boldsymbol{W}_l) \\ \boldsymbol{x}_{l+1} &= f(\boldsymbol{y}_l) \end{aligned} \tag{1.12}$$

现在我们先不考虑升维或者降维的情况。在式（1.12）中，$h(\cdot)$ 是直接映射，$f(\cdot)$ 是激活函数，一般使用 ReLU。我们首先给出如下两个假设。

- 假设 1：$h(\cdot)$ 是直接映射。
- 假设 2：$f(\cdot)$ 是直接映射。

那么这时候残差块可以表示为式（1.13）：

$$\boldsymbol{x}_{l+1} = \boldsymbol{x}_l + \mathcal{F}(\boldsymbol{x}_l, \boldsymbol{W}_l) \tag{1.13}$$

对于一个更深的层 L，其与 l 层的关系可以表示为式（1.14）：

$$\boldsymbol{x}_L = \boldsymbol{x}_l + \sum_{i=1}^{L-1} \mathcal{F}(\boldsymbol{x}_i, \boldsymbol{W}_i) \tag{1.14}$$

式（1.14）反映了残差网络的两个属性：

- L 层可以表示为任意一个比它浅的 l 层和它们之间的残差部分之和；
- $\boldsymbol{x}_L = \boldsymbol{x}_0 + \sum_{i=0}^{L-1} \mathcal{F}(\boldsymbol{x}_i, \boldsymbol{W}_i)$，$L$ 层是各个残差块特征的单位累加，而残差网络中通常使用单位加组合残差块。

根据反向传播中使用的导数的链式法则，损失函数 ε 关于 $\boldsymbol{x}_l$ 的梯度可以表示为式（1.15）：

$$\begin{aligned} \frac{\partial \mathcal{E}}{\partial \boldsymbol{x}_l} &= \frac{\partial \mathcal{E}}{\partial \boldsymbol{x}_L} \frac{\partial \boldsymbol{x}_L}{\partial \boldsymbol{x}_l} \\ &= \frac{\partial \mathcal{E}}{\partial \boldsymbol{x}_L} \left(1 + \frac{\partial}{\partial \boldsymbol{x}_l} \sum_{i=1}^{L-1} \mathcal{F}(\boldsymbol{x}_i, \boldsymbol{W}_i) \right) \\ &= \frac{\partial \mathcal{E}}{\partial \boldsymbol{x}_L} + \frac{\partial \mathcal{E}}{\partial \boldsymbol{x}_L} \frac{\partial}{\partial \boldsymbol{x}_l} \sum_{i=1}^{L-1} \mathcal{F}(\boldsymbol{x}_i, \boldsymbol{W}_i) \end{aligned} \tag{1.15}$$

式（1.15）反映了残差网络的两个属性：

- 在整个训练过程中，$\frac{\partial}{\partial \boldsymbol{x}_l} \sum_{i=1}^{L-1} \mathcal{F}(\boldsymbol{x}_i, \boldsymbol{W}_i)$不可能一直为 -1，也就是说在残差网络中不会出现梯度消失的问题；
- $\frac{\partial \varepsilon}{\partial \boldsymbol{x}_L}$表示 L 层的梯度可以直接传递到任何一个比它浅的 l 层。

通过分析残差网络的正向和反向两个过程，我们发现当残差块满足上面两个假设时，信息可以非常畅通地在高层和低层之间传导，说明这两个假设是让残差网络可以训练深度模型的充分条件。那么这两个假设是必要条件吗？

1. 直接映射是最好的选择

对于假设 1，我们采用反证法，假设 $h(\boldsymbol{x}_l)=\lambda_l\boldsymbol{x}_l$，那么这时候残差块（见图 1.38（b））表示为式（1.16）。

$$\boldsymbol{x}_{l+1}=\lambda_l\boldsymbol{x}_l+\mathcal{F}(\boldsymbol{x}_l,\boldsymbol{W}_l) \tag{1.16}$$

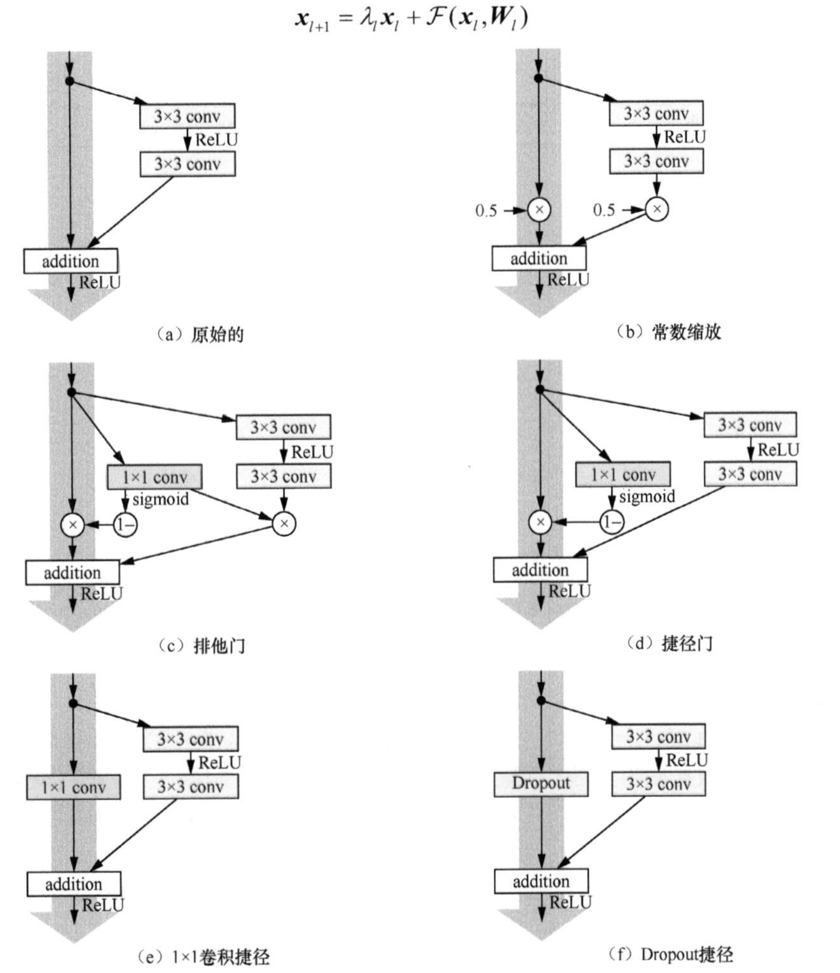

图 1.38　直接映射的变异模型

对于更深的 L 层，残差块表示为式（1.17）。

$$\boldsymbol{x}_L=\left(\prod_{i=l}^{L-1}\lambda_i\right)\boldsymbol{x}_l+\sum_{i=l}^{L-1}\left(\prod_{j=i+1}^{L-1}\lambda_j\right)\mathcal{F}(\boldsymbol{x}_i,\boldsymbol{W}_i) \tag{1.17}$$

为了简化问题，我们只考虑式（1.17）的左半部分 $\boldsymbol{x}_L'=\left(\prod_{i=l}^{L-1}\lambda_j\right)\boldsymbol{x}_l$，损失函数 ε 对 $\boldsymbol{x}_l$ 求偏微分得式（1.18）：

$$\frac{\partial\mathcal{E}}{\partial\boldsymbol{x}_l}=\frac{\partial\mathcal{E}}{\partial\boldsymbol{x}_L'}\left(\prod_{i=l}^{L-1}\lambda_i\right) \tag{1.18}$$

式（1.18）反映了两个属性：

- 当 $\lambda>1$ 时，很有可能发生梯度爆炸；

- 当 $\lambda<1$ 时，梯度变成 0，会阻碍残差网络信息的反向传递，从而影响残差网络的训练。

所以 λ 必须等于 1。同理，其他常见的激活函数都会产生和上面的例子类似的阻碍信息反向传播的问题。

对于其他不影响梯度的 $h(\cdot)$，例如 LSTM 中的门机制（见图 1.38（c）、图 1.38（d））或者 Dropout（见图 1.38（f））以及图 1.37 中用于降维的 1×1 卷积（见图 1.38（e）），也许会有效果。作者采用了实验的方法进行验证，实验结果如表 1.1 所示。

表 1.1　残差网络的变异模型（均为 110 层）在 CIFAR-10 数据集上的表现

变异情况	图	捷径类型	$\mathcal{F}$	错误率（%）	备注
原始的	图 1.38（a）	1	1	6.61	
常数缩放	图 1.38（b）	0	1	失败	普通网格
		0.5	1	失败	
		0.5	0.5	12.35	冻结门
排他门	图 1.38（c）	$1-g(x)$	$g(x)$	失败	初始化 $b_g=-0$ 到 -5
		$1-g(x)$	$g(x)$	8.79	初始化 $b_g=-6$
		$1-g(x)$	$g(x)$	9.81	初始化 $b_g=-7$
捷径门	图 1.38（d）	$1-g(x)$	1	12.86	初始化 $b_g=0$
		$1-g(x)$	1	6.91	初始化 $b_g=-6$
1×1 卷积捷径	图 1.38（e）	1×1 卷积	1	12.22	
Dropout 捷径	图 1.38（f）	Dropout 0.5	1	失败	

从表 1.1 的实验结果中我们可以看出，在所有的变异模型中，直接映射依旧是效果最好的策略。下面是我们对图 1.38 中的各种变异模型的分析。

- 排他门（exclusive gating）：在 LSTM 的门机制中，绝大多数门的值为 0 或者 1，很难落到 0.5 附近。当 $g(\boldsymbol{x})\to 0$ 时，残差块只由直接映射组成，阻碍卷积部分特征的传播；当 $g(\boldsymbol{x})\to 1$ 时，直接映射失效，残差块退化为普通 CNN。
- 捷径门（short-only gating）：当 $g(\boldsymbol{x})\to 0$ 时，网络便是图 1.38（a）展示的由直接映射组成的残差网络；当 $g(\boldsymbol{x})\to 1$ 时，残差块退化为普通 CNN。
- Dropout 捷径：类似于将直接映射乘 $1-p$，所以会影响梯度的反向传播。
- 1×1 卷积捷径：1×1 卷积比直接映射拥有更强的表示能力，但是实验效果不如直接映射，这更可能是优化问题而非模型容量问题。

所以我们可以得出结论：假设 1 成立，即式（1.19）成立。

$$\begin{aligned}\boldsymbol{y}_l &= \boldsymbol{x}_l+\mathcal{F}(\boldsymbol{x}_l,\boldsymbol{W}_l)\\ \boldsymbol{y}_{l+1} &= \boldsymbol{x}_{l+1}+\mathcal{F}(\boldsymbol{x}_{l+1},\boldsymbol{W}_{l+1})=f(\boldsymbol{y}_l)+\mathcal{F}[f(\boldsymbol{y}_l),\boldsymbol{W}_{l+1}]\end{aligned} \tag{1.19}$$

2. 激活函数的位置

原始的残差网络中提出的残差块可以扩展为更多形式，如图 1.39（a）所示，即在卷积之后使用了 BN，然后在和直接映射单位加之后使用了 ReLU 作为激活函数。

在前文中，我们得出假设“直接映射是最好的选择”，所以我们希望构造一种结构能够满足直接映射要求，即定义一个新的残差结构 $\hat{f}(\cdot)$，如式（1.20）所示。

$$\boldsymbol{y}_{l+1}=\boldsymbol{y}_l+\mathcal{F}[\hat{f}(\boldsymbol{y}_l),\boldsymbol{W}_{l+1}] \tag{1.20}$$

式（1.20）反映到网络里就是将激活函数移到残差部分使用，即图 1.39（c）所示的网络，这种在卷积之后使用激活函数的方法叫作后激活（post-activation）。然后，作者通过调整 ReLU 和 BN

的使用位置得到了几个变异模型，即图 1.39（d）中的只有 ReLU 的预激活和图 1.39（e）中的全部预激活。作者通过对照实验对比了这几种变异模型，结果如表 1.2 所示。

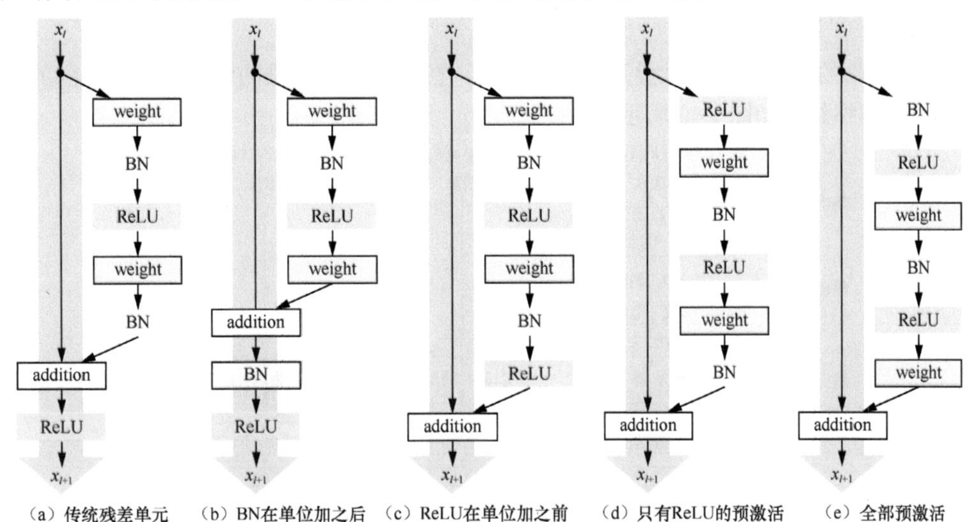

（a）传统残差单元 （b）BN在单位加之后 （c）ReLU在单位加之前 （d）只有ReLU的预激活 （e）全部预激活

图 1.39 激活函数在残差网络中的使用

表 1.2 基于激活函数位置的变异模型在 CIFAR-10 上的实验结果

情况	图	ResNet-110	ResNet-164
传统残差单元	图 1.39（a）	6.61	5.93
BN 在单位加之后	图 1.39（b）	8.17	6.50
ReLU 在单位加之前	图 1.39（c）	7.84	6.14
只有 ReLU 的预激活	图 1.39（d）	6.71	5.91
全部预激活	**图 1.39（e）**	**6.37**	**5.46**

实验结果表明将激活函数移动到残差部分可以提高模型的精度。该网络一般叫作残差网络 v2，Keras 实现如下：

```
def res_block_v2(x, input_filter, output_filter):
    res_x = BatchNormalization()(x)
    res_x = Activation('relu')(res_x)
    res_x = Conv2D(kernel_size=(3,3), filters=output_filter, strides=1,
                   padding='same')(res_x)
    res_x = BatchNormalization()(res_x)
    res_x = Activation('relu')(res_x)
    res_x = Conv2D(kernel_size=(3,3), filters=output_filter, strides=1,
                   padding='same')(res_x)
    if input_filter == output_filter:
        identity = x
    else: #需要升维或者降维
        identity = Conv2D(kernel_size=(1,1), filters=output_filter, strides=1,
                          padding='same')(x)
    output= keras.layers.add([identity, res_x])
    return output

def resnet_v2(x):
    x = Conv2D(kernel_size=(3,3), filters=16 , strides=1, padding='same',
               activation='relu')(x)
    x = res_block_v2(x, 16, 16)
    x = res_block_v2(x, 16, 32)
```

```
    x = BatchNormalization()(x)
    y = Flatten()(x)
    outputs = Dense(10, activation='softmax', kernel_initializer='he_normal')(y)
    return outputs
```

一个残差网络的搭建也采用堆叠残差块的方式，在选择是否降维的时候可选择不同的残差块。残差网络 v1 的网络结构如图 1.40 所示。

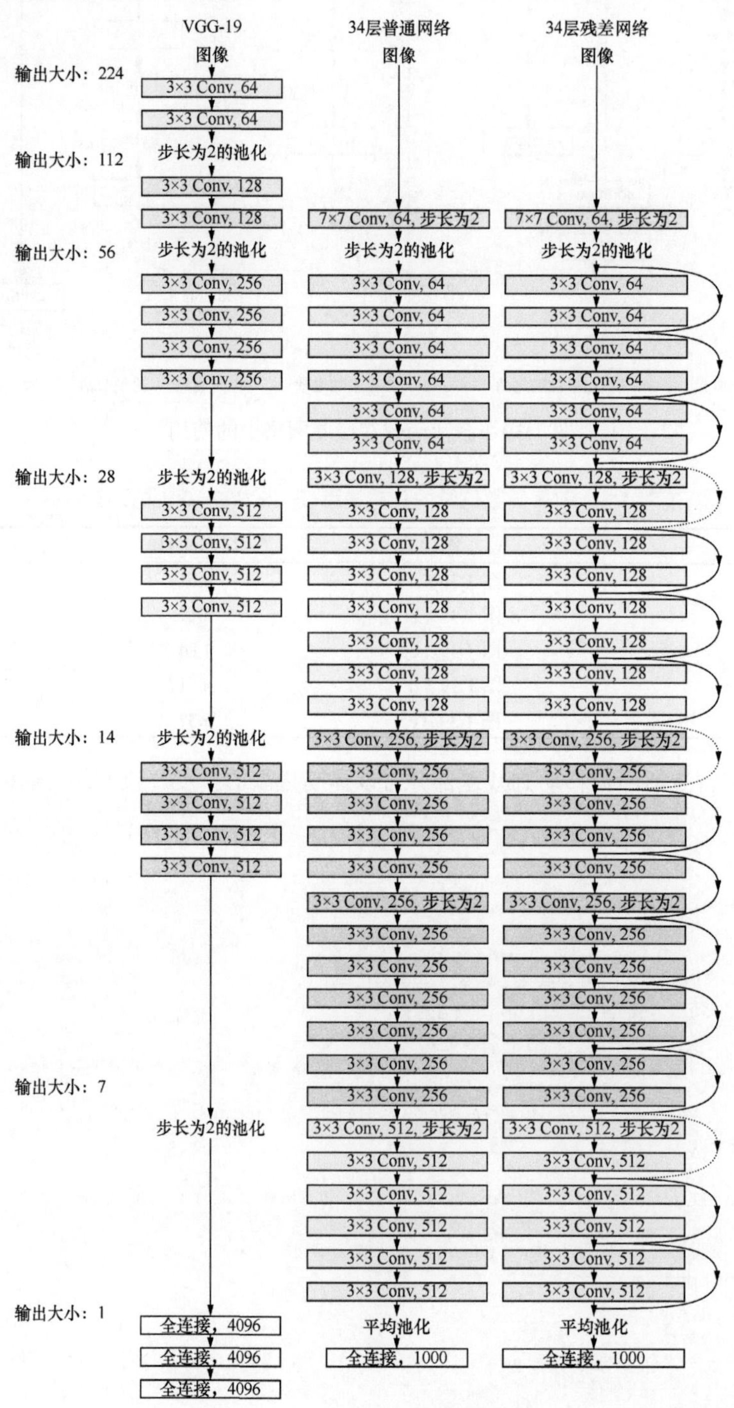

图 1.40 残差网络 v1 的网络结构

1.4.3 残差网络与模型集成

Andreas Veit 等人的论文[1]指出残差网络可以从模型集成的角度理解。如图 1.41 所示，一个 3 层的残差网络可以展开成一棵含有 8 个节点的二叉树，而最终的输出便是这 8 个节点的集成。而他们的实验也验证了这一点：随机删除残差网络的一些节点，网络的性能变化较为平缓，而对 VGG 等堆叠到一起的网络来说，随机删除一些节点后，网络的输出将完全随机。

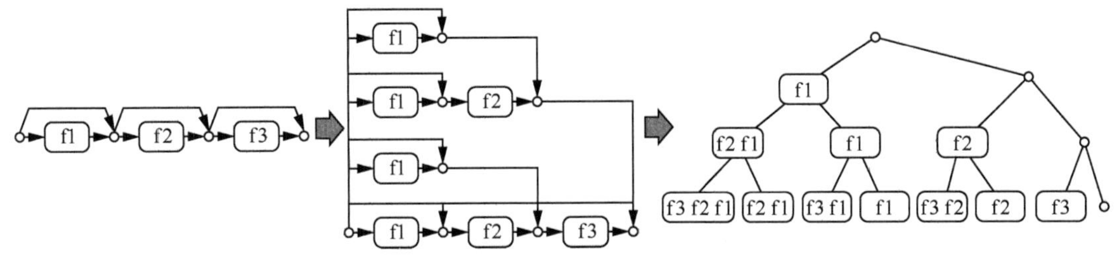

图 1.41 残差网络展开成二叉树

1.5 注意力：SENet

在本节中，先验知识包括：
- ❑ 注意力机制（4.2 节）；
- ❑ 残差网络（1.4 节）。

SENet[2] 的提出动机非常简单。传统的方法是将网络的特征图的值直接传到下一层，而 SENet 的核心思想在于**建模通道之间的依赖关系，通过网络的全局损失函数自适应地重新矫正通道之间特征的相应强度**。简单地讲，SENet 通过注意力机制为每一个通道学习一个权值。

SENet 由一系列连续的 SE 块组成，一个 SE 块包括压缩（squeeze）和激发（excitation）两个步骤。其中，压缩通过在特征图上执行全局平均池化得到当前特征图的全局压缩特征向量，特征图通过两层全连接得到特征图中每个通道的权值，并将加权后的特征图作为下一层网络的输入。从上面的分析中我们可以看出，SE 块只依赖于当前的一组特征图，因此可以非常容易地嵌入几乎现在所有的 CNN 中。论文中给出了在当时最优的 Inception 插入 SE 块后的实验结果，提升效果显著。

SENet 虽然引入了更多的操作，但是其带来的性能下降尚在可以接受的范围之内，从十亿次浮点运算数每秒（giga floating-point operations per second，GFLOPS）、参数数量以及运行时间的实验结果上来看，SENet 带来的时间损失并不是非常显著。

1.5.1 SE 块

SE 块的结构如图 1.42 所示。

网络的左半部分包含一个传统的卷积变换，忽略这一部分并不会影响我们对 SENet 的理解。我们直接看一下右半部分，其中 $\boldsymbol{U}$ 是一个 $W \times H \times C$ 的特征图，(W,H) 是图像的尺寸，C 是图像的通道数。

1 参见 Andreas Veit、Michael Wilber、Serge Belongie 的论文“Residual Networks Behave Like Ensembles of Relatively Shallow Networks”。

2 参见 Jie Hu、Li Shen、Gang Sun 的论文“Squeeze-and-Excitation Networks”。

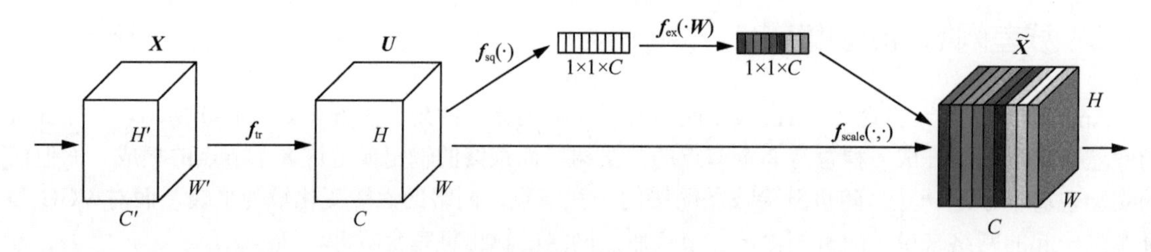

图 1.42　SE 块的结构

经过 $\boldsymbol{f}_{sq}(\cdot)$（压缩操作）后，图像变成了一个 $1\times1\times C$ 的特征向量，特征向量的值由 $\boldsymbol{U}$ 确定。经过 $\boldsymbol{f}_{ex}(\cdot, \boldsymbol{W})$ 后，特征向量的维度没有变，但是向量值变成了新的值。这些值会通过和 $\boldsymbol{U}$ 的 $\boldsymbol{f}_{scale}(\cdot,\cdot)$ 得到加权后的 $\tilde{\boldsymbol{X}}$。$\tilde{\boldsymbol{X}}$ 和 $\boldsymbol{U}$ 的维度是相同的。

1. 压缩模块

压缩模块的作用是获得特征图 $\boldsymbol{U}$ 的每个通道的全局信息嵌入（特征向量）。在 SE 块中，这一步通过 VGG 中引入的全局平均池化实现。也就是通过求每个通道 $c\in\{1,C\}$ 的特征图的平均值 z_c 实现，如式（1.21）所示。

$$z_c = \boldsymbol{f}_{sq}(\boldsymbol{u}_c) = \frac{1}{W\times H}\sum_{i=1}^{W}\sum_{j=1}^{H}\boldsymbol{u}_c(i,j) \tag{1.21}$$

通过全局平均池化得到的特征值是全局的（虽然比较粗糙）。另外，z_c 也可以通过其他方法得到，要求只有一个，得到的特征向量具有全局性。

2. 激发模块

激发模块的部分作用是通过 z_c 学习 C 中每个通道的特征权值，要求有两点：

- 要足够适配，这样能保证学习到的权值比较具有代表性；
- 要足够简单，这样不至于添加 SE 块之后网络的训练速度大幅降低。

通道之间的关系是非排他（non-exclusive）的，也就是说学习到的特征能够激励重要的特征，抑制不重要的特征。

根据上面的要求，SE 块使用了两层全连接构成的门机制（gate mechanism）。门控单元 $\boldsymbol{s}$（即图 1.42 中 $1\times1\times C$ 的特征向量）的计算方式表示为式（1.22）：

$$\boldsymbol{s} = \boldsymbol{f}_{ex}(z,\boldsymbol{W}) = \sigma[g(z,\boldsymbol{W})] = \sigma[\boldsymbol{W}_2\delta(\boldsymbol{W}_1 z)] \tag{1.22}$$

其中，δ 表示 ReLU 激活函数，σ 表示 sigmoid 激活函数。$\boldsymbol{W}_1\in\mathbb{R}^{\frac{C}{r}\times C}$、$\boldsymbol{W}_2\in\mathbb{R}^{C\times\frac{C}{r}}$ 分别是两个全连接层的权值矩阵。r 则是中间层的隐层节点数，论文中指出这个值是 16。

得到门控单元 $\boldsymbol{s}$ 后，最后的输出 $\tilde{\boldsymbol{X}}$ 表示为 $\boldsymbol{s}$ 和 $\boldsymbol{U}$ 的向量积，即图 1.42 中的 $\boldsymbol{f}_{scale}(\cdot,\cdot)$ 操作如式（1.23）所示：

$$\tilde{\boldsymbol{x}}_c = \boldsymbol{f}_{scale}(\boldsymbol{u}_c, s_c) = s_c \cdot \boldsymbol{u}_c \tag{1.23}$$

其中，$\tilde{\boldsymbol{x}}_c$ 是 $\tilde{\boldsymbol{X}}$ 的一个特征通道的一个特征图，s_c 是门控单元 $\boldsymbol{s}$（向量）中的一个标量值。

以上就是 SE 块算法的全部内容，SE 块可以从两个角度理解：

- SE 块学习了每个特征图的动态先验；
- SE 块可以看作在特征图维度的自注意力，因为注意力机制的本质也是学习一组权值。

1.5.2　SE-Inception 和 SE-ResNet

SE 块的特性使其能够非常容易地和目前主流的卷积结构结合，例如论文中给出的 Inception 结构和残差网络结构，如图 1.43 所示。它们的结合方式也非常简单，只需要在 Inception 块或者残差块之后直接接上 SE 块即可。

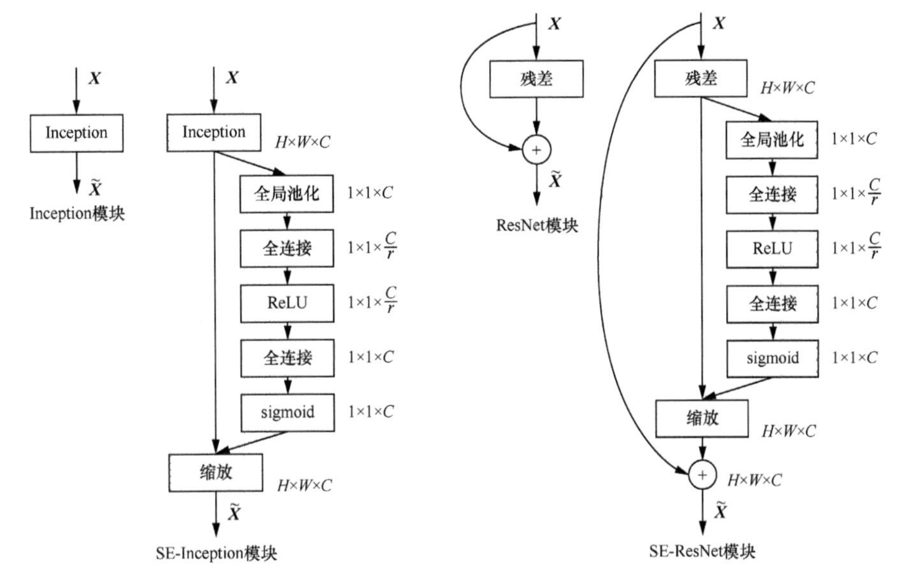

图 1.43　SE-Inception 和 SE-ResNet

1.5.3　SENet 的复杂性分析

SENet 的本质是使用自注意力机制根据特征图的值学习每个特征图的权值。$\boldsymbol{U}$ 往往是一个由几万个节点值组成的三维矩阵，但是我们得到的 $\boldsymbol{s}$ 却只有 C 个值，这种 $H \times W$ 程度的压缩具有非常高的可操作性。例如将 $\boldsymbol{U}$ 展开成 $(W \times H \times C) \times 1$ 的特征向量，然后通过全连接得到 $\boldsymbol{s}$，这也是目前主流的特征图到全连接的连接方式（`Flatten()` 操作）。而且采用这种方式得到的 $\boldsymbol{s}$ 的效果往往优于采用 SE 块的策略得到的。但是 SENet 没这么做，原因是 SENet 是可以添加到网络中的任意一层之后的，而全连接操作往往是整个网络结构的性能瓶颈，尤其是当网络的节点数非常大时。

论文中主要对比了 ResNet-50 以及在 ResNet-50 中的每一层后添加 SE 块的网络在运行性能各方面的指标。

- 从计算性能的方向分析，ResNet-50 需要约 3.86GFLOPS，而 SE-ResNet-50 仅仅多了约 0.01GFLOPS。
- 从预测速度上来看，ResNet-50 的运行时间约 190ms，SE-ResNet-50 的运行时间约 209ms，多了 10%。
- 从参数数量上来看，SE-ResNet-50 的参数数量比 ResNet-50 的参数数量（2 500 万个参数）多了约 250 万个，约 10%。而且作者发现 ResNet-50 最后几层的 SE 块可以省掉，且对性能影响并不大，这样的网络参数仅多了 4%。

1.5.4　小结

SENet 的思想非常简单，即通过特征图为自身的每个通道学习一个特征权值，通过单位乘的方式得到一组加权后的新的特征权值。SENet 计算特征权值的方式是使用全局平均池化得到每个特征图的一维表示，再使用两层全连接层得到最终的结果。这个方法虽然简单，但是非常实用，并且

SENet 在 2017 年的 ILSVRC 上取得了非常优异的成绩。1.5.3 节对 SENet 复杂性的分析引发了我们对 SE 块的进一步联想：如何在计算量和性能之间进行权衡？下面是我的几点思考。

（1）先通过感兴趣区域池化（region of interest pooling，ROI 池化）得到更小（如 3×3）的特征图，再将其展开作为全连接的输入。其中，ROI 池化指任意大小的特征图都可以等分为某一固定格式的池化窗口的操作。

（2）在网络的深度和隐层节点的数目之间进行权衡，究竟是更深的网络效果更好还是更宽的网络效果更好。

（3）每一层的 SE 块是否一定要相同？比如作者发现浅层更需要 SE 块，那么我们能否给浅层网络使用一个计算量更大但是性能更好的 SE 块，而给深层网络使用更为简单、高效的 SE 块，如单层全连接等。

1.6　更密：DenseNet

在本节中，先验知识包括：

- ❑ 残差网络（1.4 节）。

通过残差网络的论文，我们知道残差网络能够应用在特别深的网络中的一个重要原因是无论正向计算精度还是反向计算梯度，信息都能毫无损失地从一层传到另一层。如果我们的目的是保证信息毫无阻碍地传播，那么残差网络的堆叠残差块便不是信息流通最合适的结构。

基于信息流通的原理，一个最简单的思想便是在网络的每个卷积操作中，将其低层的所有特征作为该网络的输入，也就是在一个层数为 L 的网络中加入 $\frac{L(L+1)}{2}$ 个捷径。DenseNet 中一个密集块（dense block）的设计如图 1.44 所示。为了更好地保存低层网络的特征，DenseNet[1] 是将不同层的输出拼接在一起，而不是残差网络中的单位加操作。

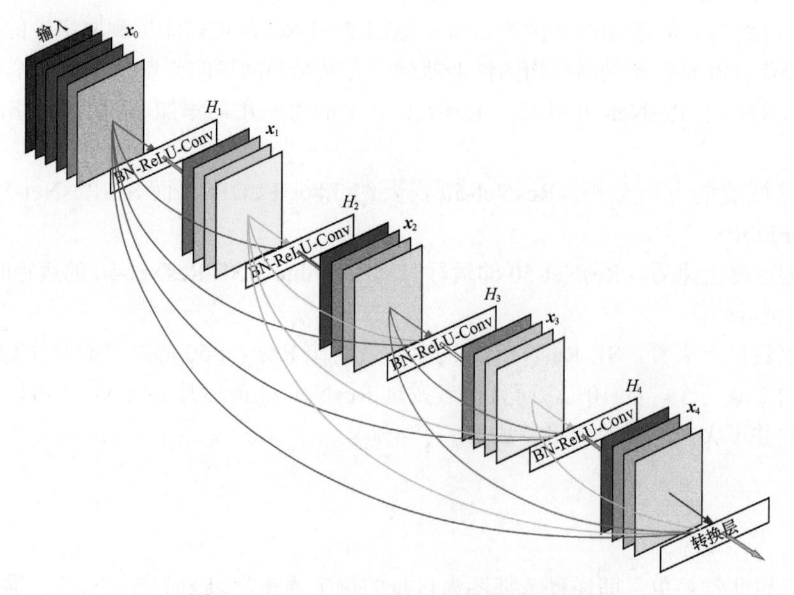

图 1.44　DenseNet 中一个密集块的设计

1　参见 Gao Huang、Zhuang Liu、Laurens van der Maaten 等人的论文“Densely Connected Convolutional Networks”。

1.6.1 DenseNet 算法解析及源码实现

在 DenseNet 中，如果全部采用图 1.44 所示的设计的话，第 L 层的输入是之前所有的特征图拼接到一起的结果。考虑到现今内存 / 显存空间的问题，该设计显然是无法应用到网络比较深的模型中的，故而 DenseNet 采用了图 1.45 所示的堆积密集块的网络结构。下面我们针对图 1.45 详细介绍 DenseNet 算法。

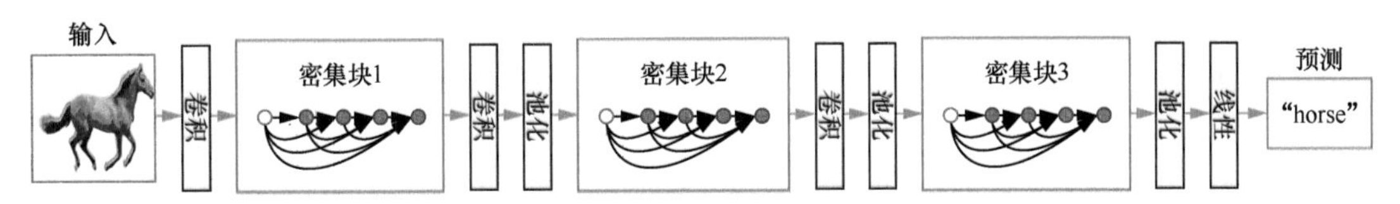

图 1.45 DenseNet 网络结构

1. 密集块

在密集块中，第 l 层的输入 $\boldsymbol{x}_l$ 是这个块中前面所有层的输出拼接后的结果，表示为式（1.24）：

$$\begin{aligned}\boldsymbol{x}_l &= [\boldsymbol{y}_0, \boldsymbol{y}_1, \cdots, \boldsymbol{y}_{l-1}] \\ \boldsymbol{y}_l &= H_l(\boldsymbol{x}_l)\end{aligned} \tag{1.24}$$

其中，方括号 $[\boldsymbol{y}_0, \boldsymbol{y}_1, \cdots, \boldsymbol{y}_{l-1}]$ 表示拼接操作，即按照特征图将 $l-1$ 个输入拼接成一个张量（tensor）。$H_l(\cdot)$ 表示合成函数。在实现时，我使用了 stored_features 变量存储每个合成函数的输出。

```
def dense_block(x, depth=5, growth_rate = 3):
    nb_input_feature_map = x.shape[3].value
    stored_features = x
    for i in range(depth):
        feature = composite_function(stored_features, growth_rate = growth_rate)
        stored_features = concatenate([stored_features, feature], axis=3)
    return stored_features
```

2. 合成函数

合成函数（composite function）位于密集块的每一个节点中，其输入是拼接在一起的特征图，输出则是这些特征图经过 BN → ReLU → 3×3 卷积得到的结果，其中卷积的特征图的数量被定义为成长率 k。在 DenseNet 中，成长率 k 一般是比较小的整数，在论文中，$k=12$。为了更高效地使用浅层的特征图，DenseNet 使用了拼接操作，但是拼接在一起的特征图的数量一般比较大。为了提高网络的计算性能，DenseNet 先使用 1×1 卷积将输入数据降维到 $4k$，再使用 3×3 卷积提取特征，作者将这一过程标准化为 BN → ReLU → 1×1 卷积→ BN → ReLU → 3×3 卷积，这种结构被定义为 DenseNet-B。

```
def composite_function(x, growth_rate):
    if DenseNetB:  #使用DenseNet-B时加入1×1卷积
        x = BatchNormalization()(x)
        x = Activation('relu')(x)
        x = Conv2D(kernel_size=(1, 1), strides=1, filters=4 * growth_rate,
                   padding='same')(x)
    x = BatchNormalization()(x)
    x = Activation('relu')(x)
    output = Conv2D(kernel_size=(3, 3), strides=1, filters = growth_rate,
```

```
                         padding='same')(x)
    return output
```

3. 成长率

成长率（growth rate）k 是 DenseNet 的一个超参数，反映的是密集块中每个节点的输入数据的增长速度。在密集块中，每个节点的输出均是一个 k 维的特征向量。假设整个密集块的输入数据是 k_0 维的，那么第 l 个节点的输入便是 $k_0+k\times(l-1)$ 维的。作者通过实验验证，k 一般取一个比较小的值，作者在实验中将 k 设置为 12。

1.6.2 压缩层

在图 1.45 中，密集块之间的结构叫作压缩层（compression layer）。压缩层有降维和降采样两个作用。假设密集块的输出是 m 维的特征向量，那么下一个密集块的输入是 θm，其中 θ 是压缩因子（compression factor），是一个用户自行设置的超参数。当 θ 等于 1 时，密集块的输入和输出的维度相同；当 $\theta<1$ 时，网络叫作 DenseNet-C，在论文中，$\theta=0.5$。包含瓶颈层和压缩层的 DenseNet 叫作 DenseNet-BC，其中，瓶颈层的作用是在卷积网络中间加入一个通道数特别少的 1×1 卷积核来减小通道数量，从而提高计算效率。池化层使用的是 2×2 的平均池化层。

下面是在 MNIST 数据集上的 DenseNet 的核心代码，完整代码见随书资料。

```
def dense_net(input_image, nb_blocks = 2):
    x = Conv2D(kernel_size=(3,3), filters=8, strides=1, padding='same',
            activation='relu')(input_image)
    for block in range(nb_blocks):
        x = dense_block(x, depth=NB_DEPTH, growth_rate = GROWTH_RATE)
        if not block == nb_blocks-1:
            if DenseNetC:
                theta = COMPRESSION_FACTOR
            nb_transition_filter =  int(x.shape[3].value * theta)
            x = Conv2D(kernel_size=(1,1), filters=nb_transition_filter, strides=1,
                    padding='same', activation='relu')(x)
        x = AveragePooling2D(pool_size=(2,2), strides=2)(x)
    x = Flatten()(x)
    x = Dense(100, activation='relu')(x)
    outputs = Dense(10, activation='softmax', kernel_initializer='he_normal')(x)
    return outputs
```

1.6.3 小结

DenseNet 具有如下优点：

- 信息流通更为顺畅；
- 支持特征重用；
- 网络更窄。

由于 DenseNet 需要在内存中保存密集块的每个节点的输出，此时需要极大的显存才能支持较大规模的 DenseNet，这也导致了现在工业界主流的算法依旧是残差网络。

1.7 模型集成：DPN

在本节中，先验知识包括：
- ❑ 残差网络（1.4 节）；
- ❑ DenseNet（1.6 节）；
- ❑ RNN（4.1 节）。

残差网络和 DenseNet 是捷径系列网络的最为经典的两个基础网络，其中残差网络通过单位加的方式直接将输入加到输出的卷积上，DenseNet 则通过拼接的方式将输出与之后的每一层的输入进行拼接。本节介绍的双路网络（dual path network，DPN）[1] 则通过高阶 RNN（high order RNN，HORNN）[2] 将残差网络和 DenseNet 进行了融合。所谓“双路”，即一条路是残差网络，另一条路是 DenseNet。论文的动机是通过对残差网络和 DenseNet 的分解，证明残差网络更侧重于特征的复用，而 DenseNet 则更侧重于特征的生成，通过分析两个模型的优劣，将两个模型有针对性地组合起来。论文提出了拥有两个模型优点的 DPN，并一举获得了 2017 年 ILSVRC 物体定位任务的冠军。

1.7.1 高阶 RNN、DenseNet 和残差网络

1. 高阶 RNN

假设 $\boldsymbol{h}_t$ 是第 t 个时间片的隐层节点状态，$\boldsymbol{x}_t$ 是第 t 个时间片的输入数据，第 0 个时间片的隐层状态为 $\boldsymbol{x}_0$，即 $\boldsymbol{h}_0=\boldsymbol{x}_0$。假设 k 是当前计算到的时间片，对于每个时间片，$f_t^k(\cdot)$ 表示特征提取函数，用于将输入函数中的 $\boldsymbol{h}_t$ 转换为对应的特征；$g_k(\cdot)$ 则表示用于将之前所有时间片的特征进行聚合的函数，则高阶 RNN 可以抽象为式（1.25）。

$$\boldsymbol{h}_k = g_k\left[\sum_{t=0}^{k-1} f_t^k(\boldsymbol{h}_t)\right] \tag{1.25}$$

2. DenseNet 与高阶 RNN

DenseNet 采用的是拼接的方式，而高阶 RNN 则采用的是单位加操作，欲联系 DenseNet 和高阶 RNN，我们需要将 DenseNet 的拼接操作转换为高阶 RNN 的单位加操作。DenseNet 的核心便是通过跨层的拼接实现信息流的捷径，表示为式（1.26）：

$$\boldsymbol{h}_k = g_k([\boldsymbol{h}_0, \boldsymbol{h}_1, \cdots, \boldsymbol{h}_{k-1}]) \tag{1.26}$$

即第 k 层的输入由前 $k-1$ 层的输出拼接之后经过一个卷积得到，g^k 为合成函数，由 BN、激活函数和 1×1 卷积组成。我们这里忽略 BN 和激活函数，那么 1×1 卷积操作可以表示为式（1.27）。

$$[\boldsymbol{W}_0, \boldsymbol{W}_2, \cdots, \boldsymbol{W}_{k-1}][\boldsymbol{h}_0, \boldsymbol{h}_1, \cdots, \boldsymbol{h}_{k-1}] = \boldsymbol{W}_0\boldsymbol{h}_0 + \boldsymbol{W}_1\boldsymbol{h}_1 + \cdots + \boldsymbol{W}_{k-1}\boldsymbol{h}_{k-1} \tag{1.27}$$

从式（1.27）中我们可以看出，对若干组卷积来说，如果它们输出的特征图的通道数是相同的，对输出进行拼接再进行 1×1 卷积等价于分别对每组特征单独进行 1×1 卷积再求和的操作。

对高阶 RNN 来说，f 和 g 的权值是共享的，即对于所有的 t 和 k，满足 $f_{k-t}^k(\cdot)\equiv f_t(\cdot)$ 以及 $g_k(\cdot)\equiv g(\cdot)$。但是对 DenseNet 来说，每一层都有自己的参数，这也就意味着对 DenseNet 来说，f 和 g 是不共享的。因为在 DenseNet 中，当使用之前层的特征时，都对其进行了变换操作，这也就意味着 DenseNet 具有产生新的特征的能力。DenseNet 和高阶 RNN 的关系如图 1.46 所示，左图是原始的 DenseNet 结构，右图显示了 DenseNet 和高阶 RNN 的关系，其中 z_{-1} 是时延（time delay）单元，⊕是单位加操作。

1　参见 Yunpeng Chen、Jianan Li、Huaxin xiao 等人的论文“Dual Path Networks”。

2　参见 Rohollah Soltani、Hui Jiang 的论文“Higher Order Recurrent Neural Networks”。

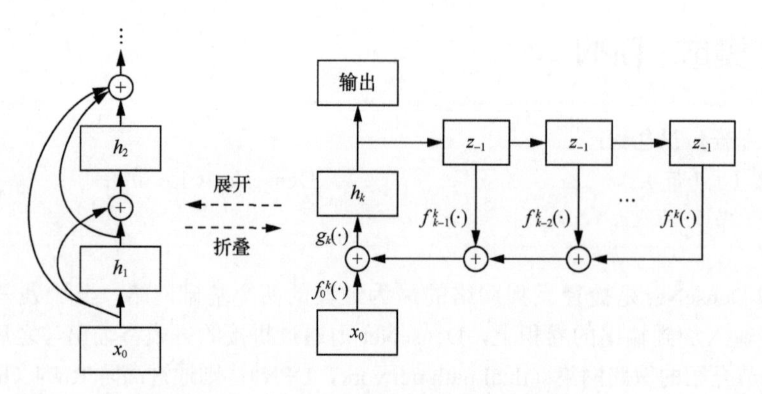

图 1.46　DenseNet 和高阶 RNN 的关系

综上所述，DenseNet 是不满足$f_{k-t}^k(\cdot) \equiv f_t(\cdot)$和$g_k(\cdot) \equiv g(\cdot)$时的特殊的高阶 RNN，且 DenseNet 具有侧重于新特征生成的能力。

3. DenseNet 与残差网络

假设：如果对于所有的 t 和 k，均满足$f_t^k(\cdot) \equiv f_t(\cdot)$，此时 DenseNet 将退化为残差网络，也就是说残差网络是一种特殊形式的 DenseNet。

证明：我们这里给式（1.25）添加一个中间变量 r_k，$r_0 = 0$，则式（1.25）可以写成式（1.28）和式（1.29）的形式。

$$\begin{aligned} r_k &\triangleq \sum_{t=1}^{k-1} f_t(h_t) \\ &= r_{k-1} + f_{k-1}(h_{k-1}) \end{aligned} \tag{1.28}$$

$$h_k = g_k(r_k) \tag{1.29}$$

将式（1.28）和式（1.29）组合在一起便有了式（1.30）。

$$\begin{aligned} r_k &= r_{k-1} + f_{k-1}(h_{k-1}) \\ &= r_{k-1} + f_{k-1}[g^{k-1}(r_{k-1})] \\ &= r_{k-1} + \phi_{k-1}(r_{k-1}) \end{aligned} \tag{1.30}$$

式（1.30）中$\phi_k(\cdot) = f_k[g_k(\cdot)]$。可以看出，式（1.30）展示了一个非常明显的残差结构。

证毕！

从式（1.30）中我们可以看出，当 ϕ 之间存在参数共享时，即$\forall k$，$\phi_k(\cdot) \equiv \phi(\cdot)$残差网络退化为一个传统的 RNN，如图 1.47 所示。图 1.47 中，$\varphi(\cdot)$ 是 RNN 的激活函数，$I(\cdot)$ 是单位映射，z_{-1} 是 RNN 的时延单元。

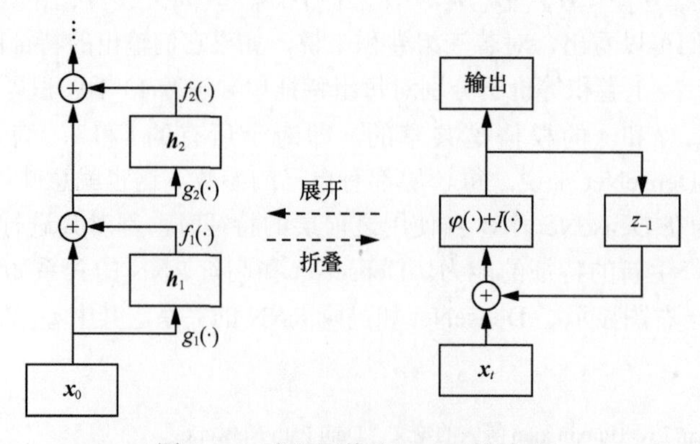

图 1.47　残差网络和 RNN 的关系

图 1.48 更形象地展示了残差网络与 DenseNet 之间的关系。图 1.48（a）展示了一个标准的残差网络。图 1.48（b）是将 DenseNet 的拼接改变成单位加之后的表示，其中绿色箭头和橙色箭头表示的 1×1 卷积分别表示式（1.25）中的f_{k-2}^{k}和f_{k-1}^{k}，这两个 1×1 卷积都是有独立系数的，当图 1.48(b) 中的$f_t^k(\cdot)\equiv f_t(\cdot)$时便变成了图 1.48（c），即图 1.48（c）是满足$f_t^k(\cdot)\equiv f_t(\cdot)$的 DenseNet，也就是一个残差网络。

在图 1.48（b）和图 1.48（c）中可以看到带下画线的 1×1 卷积，这些卷积用于让图 1.48（c）和图 1.48（a）对应，目的是证明共享参数后 DenseNet 会退化为残差网络，并无其他的作用。

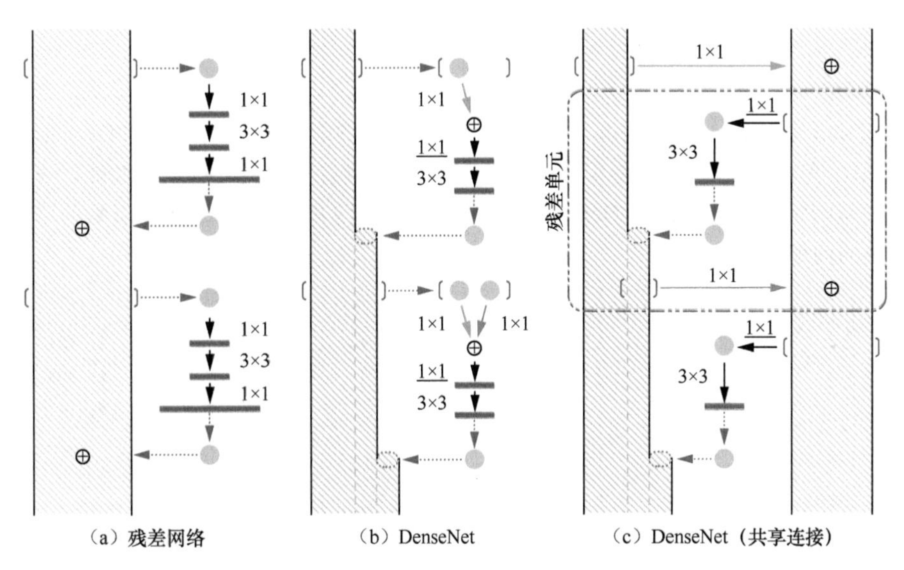

图 1.48　残差网络是 DenseNet 的一种特殊形式

通过对比残差网络和 DenseNet 的原理，我们来分析一下两个网络的优缺点。从上面的描述中我们可以看出，残差网络复用了前面网络提取的特征，而每一层的特征都会原封不动地传到下一层，这样每一层提取的特征都有其不同点，因此特征的冗余度比较低。而 DenseNet 的每个 1×1 卷积的参数都不同，前面的层不再被后面的层直接使用，而是被重新加工后生成了新的特征，这种结构可能会造成后面的层提取的特征是前面的层已经提取过的特征，所以说 DenseNet 是一个冗余度比较高的网络。通过分析可以看出，残差网络的特征复用率高，但是冗余度低，而 DenseNet 则可以创造新的特征，但是其冗余度高。基于此，作者结合了两个网络共同的优点，创造了 DPN。

1.7.2　DPN 详解

1. 双路架构

基于上面的分析，双路架构（dual path architecture，DPA）以残差网络为主要框架，保证了特征的低冗余度，并在其基础上添加了一个非常小的 DenseNet 分支，用于生成新的特征。DPA 的结构可以使用式（1.31）到式（1.34）来表示。

$$x_k \triangleq \sum_{t=1}^{k-1} f_t^k(h_t) \tag{1.31}$$

$$
\begin{aligned}
y_k &\triangleq \sum_{t=1}^{k-1} v_t(h_t) \\
&= y_{k-1} + \phi_{k-1}(y_{k-1})
\end{aligned} \tag{1.32}
$$

$$
r_k \triangleq x_k + y_k \tag{1.33}
$$

$$
h_k = g_k(r_k) \tag{1.34}
$$

式（1.31）中的 x_k 表示一个 DenseNet 分支，式（1.32）中的 y_k 表示一个残差网络分支。式（1.33）将两个网络通过单位加的方式进行了合并，式（1.34）使用了转换函数 g_k 得到了一个新的特征。DPA 的结构如图 1.49 所示，其左侧是一个 DenseNet，右侧是一个残差网络，≀表示拆分操作，⊕表示单位加操作。

2. 双路网络

图 1.50 展示了真正的 DPN 结构，其和图 1.49 的最大不同在于残差网络和 DenseNet 共享了第一个 1×1 卷积。在实际计算 3×3 卷积时，DPN 使用了分组卷积来提升网络的性能。在设计网络的超参数时，残差网络的通道数也比 DenseNet 的通道数多，防止 DenseNet 随着层数的增加引发显存消耗速度过快的问题。

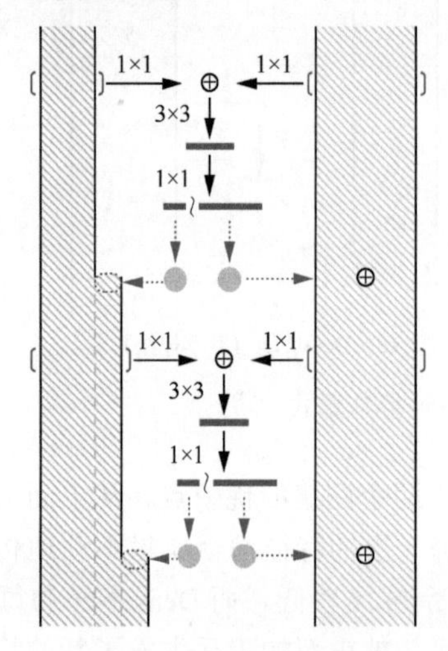

图 1.49　DPA 的结构

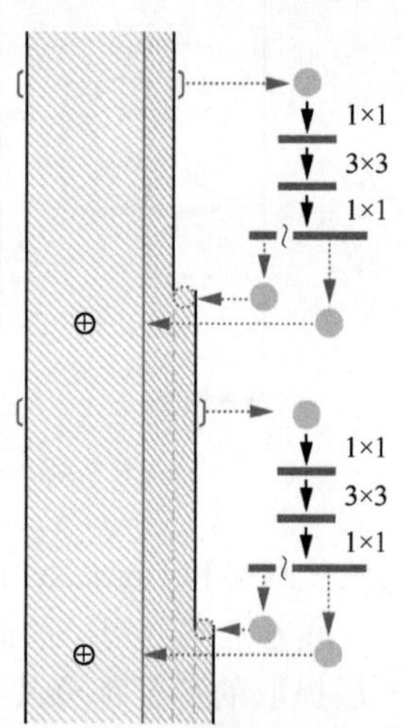

图 1.50　DPN 的结构

和其他网络一样，我们也可以通过堆叠网络块的方式来提升模型的容量。

1.7.3　小结

作者通过一系列非常精彩的推导分析出了残差网络和 DenseNet 各自的优缺点，通过将 CNN 抽象化为高阶 RNN，得出了残差网络具有低冗余度的优点但是存在特征重用的缺点，也得出了 DenseNet 具有可以生成新特征的优点但是存在冗余度过高的缺点，因此提出了结合残差网络和 DenseNet 的 DPN。

DPN 融合残差网络和 DenseNet 是基于投票的模型集成的方式实现的。基于这个方式，我们也许可以从下面几个角度进行进一步的优化：

- 采用更多种类的网络分支，如 SENet、NAS 等；
- 采用更好的集成方式，例如加上一个注意力机制为不同的网络结构分支学习不同的权值，因为极有可能不同的网络结构在不同的深度起着不同的作用。

1.8 像素向量：iGPT

在本节中，先验知识包括：

- Transformer（4.3 节）；
- BERT（5.4 节）；
- GPT-1、GPT-2、GPT-3（5.3 节）；
- 层归一化（6.3 节）。

GPT 系列证明了其在 NLP 方向强大的学习能力。GPT 的训练不需要人工标注数据，借助于语言模型构建损失函数，可以提取到泛化能力非常强的预训练语言模型。那么能否将这种无监督学习的思想迁移到图像分类中呢？本节要介绍的图像 GPT[1]（iGPT）便使用 GPT-2[2] 的网络结构进行图像特征的建模，然后将特征直接应用到下游的分类任务中的算法。实验结果表明，iGPT 拥有强大的图像理解能力，不仅在诸多分类数据集上取得了非常好的分类效果，更惊艳的是它在图像补全上的表现，如图 1.51[3] 所示，在实验中，输入图像的下半部分会被遮住，iGPT 使用上半部分的输入来预测下半部分的内容。

图 1.51　iGPT 的图像补全效果

1　参见 Mark Chen、Alec Radford、Rewon Child 等人的论文“Generative Pretraining from Pixels”。

2　参见 Alec Radford、Jeffrey Wu、Rewon Child 等人的论文“Language Models are Unsupervised Multitask Learners”。

3　图片来源：OpenAI 官网。

因为GPT-2使用的是且仅是Transformer[1]，所以iGPT也是一个完全无卷积或者池化的神经网络，引领了使用 Transformer 完成 CV 任务的浪潮。和其他的 OpenAI 的论文非常类似，iGPT 的论文并没有提出新颖的模型架构或者算法思想，甚至连网络都直接照搬 GPT-2。这篇论文的最大贡献在于突破了使用 CNN 解决图像问题的思维困境，赋予了图像数据一种新的特征表示方式，使得 CV 和 NLP 领域之间的差距缩到了几乎为 0。基于这一点，OpenAI 又推出了用于图像分类的零样本模型 CLIP[2] 和用于图像生成的 DALL-e[3]，这两个模型的效果依旧非常惊艳。

1.8.1　iGPT 详解

iGPT 包含预训练和微调两个阶段，其中在预训练阶段，作者对比了自回归（auto regressive，AR）的预测下一个像素的任务和类似 BERT（Bidirectional Encoder Representations from Transformers）的掩码语言模型（masked language model，MLM）任务，即预测被替换为掩码的像素。掩码语言模型任务的逻辑是使用上下文来预测被替换为掩码符号的像素的内容。为了衡量 iGPT 的提取图像特征的能力，作者使用了线性探测（linear probe）进行验证，基于的原理是：**如果模型能够比较好地提取特征，那么在这个特征上直接进行分类，分类任务应该会取得非常好的效果**。因为在线性探测中，下一个阶段的分类任务只知道上一个阶段模型产生的特征，而上一个阶段的模型的结果对下一个阶段的分类任务来说是一个“黑盒子”，因此它能不受模型架构的影响而更精确地衡量特征的质量。和线性探测不同的是，微调是指使用带标签的数据对包含分类层和特征提取部分的整个网络在无监督训练的基础上进行参数值的有监督微调。iGPT 的核心内容可以概括为图 1.52，下面我们对其进行详细介绍。

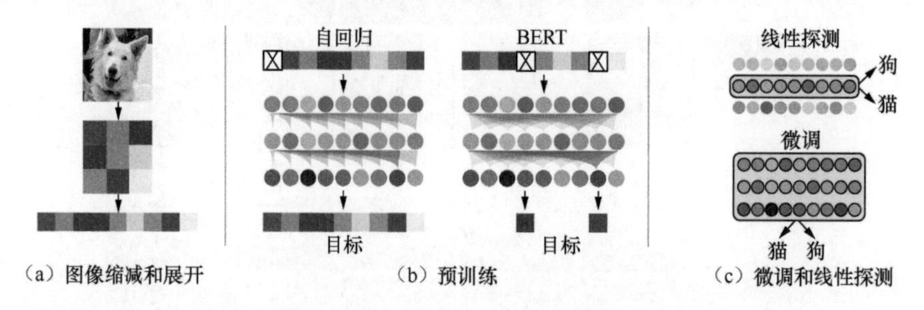

图 1.52　iGPT 的 3 个核心部分

1. 从 CV 到 NLP

众所周知，语言模型的输入是 1 维的文本数据，而图像是 2 维的栅格数据，如果想要将 Transformer 应用到图像中，第一步便是将图像转换为 1 维的结构。

Transformer 的核心是注意力机制，其中涉及了大量的矩阵运算，随着序列长度的增加，这些运算所涉及的计算量呈指数级增长。表 1.3 所示的是 iGPT 论文中使用的 3 个数据集和其图像样本的分辨率，它们会分别将缩放到不同的 IR 中来得到模型的输入图像。对 CIFAR-10/CIFAR-100 的 $32\times32\times3$ 图像来说，其展开之后的序列长度是 3 072，注意力机制尚且有能力处理。但是对 ImageNet 的图像来说，其展开之后的序列长度是 150 528，这对 Transformer 来说就有些力不从心了。为了解决这个问题，作者首先将输入图像进行降采样，这里将输入图像的大小叫作输入分辨率（input resolution，IR），论文中的 IR 有 3 组，分别是 $32^2\times3$、$48^2\times3$、$64^2\times3$。

1　参见 Ashish Vaswani、Noam Shazeer、Niki Parmar 等人的论文“Attention Is All You Need”。

2　参见 Alec Radford、Jong Wook Kim、Chris Hallacy 等人的论文“Learning Transferable Visual Models From Natural Language Supervision”。

3　参见 Aditya Ramesh、Mikhail Pavlov、Gabriel Goh 等人的论文“Zero-Shot Text-to-Image Generation”。

表 1.3 iGPT 中 3 个数据集的图像分辨率

数据集	图像分辨率
CIFAR-10/CIFAR-100	$32 \times 32 \times 3$
STL-10	$96 \times 96 \times 3$
ImageNet	$224 \times 224 \times 3$

对最小的 $32^2 \times 3$ 的 IR 来说，其计算量依旧是极其大的，但是如果再降低分辨率的话，图像将变得人工不可分。为了进一步缓解计算压力，作者对标准的 (R, G, B) 图像数据进行了 $k=512$ 的 k 均值聚类，由此得到的图像仍能保持颜色信息，但是长度比 (R, G, B) 图像的短了$\frac{2}{3}$。上面 3 组 IR 转化后的值分别是 32^2、48^2、64^2。作者将这个分辨率叫作模型分辨率（model resolution，MR）。

在得到 Transformer 能够处理的缩小了分辨率的图像之后，便要将图像展开成 1 维结构，iGPT 采用的是光栅扫描顺序，或者叫作滑窗扫描顺序，如图 1.52（a）所示。

2. 预训练

具体地讲，给定一个由 n 个无标签图像组成的批次样本 $\boldsymbol{x}=(\boldsymbol{x}_1,\boldsymbol{x}_2,\cdots,\boldsymbol{x}_n)$，对于其中的任意一个图像像素顺序，iGPT 使用了自回归模型对其概率密度进行建模，如式（1.35）所示：

$$P(x)=\prod_{i=1}^{n} p(\boldsymbol{x}_{\pi_i} \mid \boldsymbol{x}_{\pi_1},\cdots,\boldsymbol{x}_{\pi_{i-1}},\theta) \tag{1.35}$$

其中，图像像素顺序 π 是单位排列的，也就是按上面说的光栅扫描顺序排列的。参数 θ 的优化是通过最小化数据的负对数似然训练的，如式（1.36）所示。

$$L_{\mathrm{AR}}=\mathrm{E}_{\boldsymbol{x}\sim X}[-\log P(x)] \tag{1.36}$$

除了自回归模型，论文中另外一个预训练任务是类似 BERT 的 MLM。在 MLM 中，每个像素的索引会有 0.15 的概率出现在 BERT 掩码 M 中（被替换为掩码），我们的目标便是使用未被替换为掩码的像素预测被替换为掩码的像素，如式（1.37）所示，其中 $\boldsymbol{x}_{[1,n]\setminus M}$ 表示未被替换为掩码字符的部分。

$$L_{\mathrm{BERT}}=\mathrm{E}_{\boldsymbol{x}\sim X}\mathrm{E}_{M}[-\log P(\boldsymbol{x}_i|\boldsymbol{x}_{[1,n]\setminus M})] \tag{1.37}$$

这一部分如图 1.52（b）所示。

当训练 CIFAR-10/CIFAR-100、STL-10 时，使用的预训练数据集是 ImageNet。在训练 ImageNet 时，使用的预训练数据集是从网上爬取到的 1 亿张图片。

3. 网络结构

对于一个输入序列 $\{\boldsymbol{x}_1,\cdots,\boldsymbol{x}_n\}$，首先将每个位置的标志变成 d 维的嵌入向量。iGPT 的解码器由 L 个块组成，对于第 $l+1$ 个块，它的输入是 n 个 d 维的嵌入向量$\{\boldsymbol{h}_1^l,\cdots,\boldsymbol{h}_n^l\}$，输出是 n 个 d 维的嵌入向量$\{\boldsymbol{h}_1^{l+1},\cdots,\boldsymbol{h}_n^{l+1}\}$。iGPT 的解码块使用 GPT-2 的网络结构，如式（1.38）所示。

$$\begin{aligned}\boldsymbol{n}^l &= \text{layer\_norm}(\boldsymbol{h}^l)\\ \boldsymbol{a}^l &= \boldsymbol{h}^l+\text{multihead\_attention}(\boldsymbol{n}^l)\\ \boldsymbol{h}^{l+1} &= \boldsymbol{a}^l+\text{mlp}[\text{layer\_norm}(\boldsymbol{a}^l)]\end{aligned} \tag{1.38}$$

这里层归一化（layer normalization，LN）[1] 既作用于注意力部分，又作用于 MLP 部分。

```
def block(x, scope, *, past, hparams):
    with tf.variable_scope(scope):
        nx = x.shape[-1].value
        a, present = attn(norm(x, 'ln_1'), 'attn', nx, past=past, hparams=hparams)
```

1 参见 Jimmy Lei Ba、Jamie Ryan Kiros、Geoffrey E.Hinton 的论文“Layer Normalization”。

```
    x = x + a
    m = mlp(norm(x, 'ln_2'), 'mlp', nx*4, hparams=hparams)
    x = x + m
    return x, present
```

在进行 Transformer 的自注意力的计算时，作者在原生的自注意力的基础上加入了上三角掩码，原生的自注意力（self-attention）的计算方式如式（1.39）所示：

$$\text{Self-Attention}(\boldsymbol{Q},\boldsymbol{K},\boldsymbol{V})=\text{softmax}\left(\frac{\boldsymbol{Q}\boldsymbol{K}^{\mathrm{T}}}{\sqrt{d_k}}\right)\boldsymbol{V} \tag{1.39}$$

其中，$\boldsymbol{Q}$、$\boldsymbol{K}$、$\boldsymbol{V}$ 分别是基于输入内容得到的 3 个不同的特征矩阵（详见 Transformer 部分），d_k 是特征 K 的特征数。加入上三角掩码后的自注意力的计算方式如式（1.40）所示：

$$\text{Self-Attention}_{\text{iGPT}}(\boldsymbol{Q},\boldsymbol{K},\boldsymbol{V})=\text{softmax}\left[\text{mask\_attention}\left(\frac{\boldsymbol{Q}\boldsymbol{K}^{\mathrm{T}}}{\sqrt{d_k}}\right)\right]\boldsymbol{V} \tag{1.40}$$

假设上三角矩阵为 $\boldsymbol{b}$，$\boldsymbol{w}=\boldsymbol{Q}\boldsymbol{K}^{\mathrm{T}}$，mask_attention 的计算方式如式（1.41）所示：

$$\text{mask\_attention}(\boldsymbol{w},\boldsymbol{b})=\boldsymbol{w}\boldsymbol{b}-\varepsilon(1-\boldsymbol{b}) \tag{1.41}$$

其中，ε 是一个非常小的浮点数。上三角掩码 $\boldsymbol{b}$ 的生成方式和 mask_attention 的核心代码如下。

```
def attention_mask(nd, ns, *, dtype):
    i = tf.range(nd)[:, None]
    j = tf.range(ns)
    m = i >= j - ns + nd
    return tf.cast(m, dtype)


def mask_attn_weights(w):
    _, _, nd, ns = shape_list(w)
    b = attention_mask(nd, ns, dtype=w.dtype)
    b = tf.reshape(b, [1, 1, nd, ns])
    w = w * b - tf.cast(1e10, w.dtype) * (1 - b)
    return w


def multihead_attn(q, k, v):
    # q、k、v 的形状为[batch, heads, sequence, features]
    w = tf.matmul(q, k, transpose_b=True)
    w = w * tf.rsqrt(tf.cast(v.shape[-1].value, w.dtype))

    if not hparams.bert:
        w = mask_attn_weights(w)
    w = softmax(w)
    a = tf.matmul(w, v)
    return a
```

如上面代码所示，在训练 BERT 的 MLM 时没有使用 mask_attention（`if not hparams.bert`）。最后，通过 LN 得到解码器的最终输出。注意在 iGPT 中，并没有加入位置编码，而是希望模型能够自行学到这种空间位置关系。但是自回归的模型（例如 ELMo）并不是全部需要自行学习，因为它的光栅扫描顺序在一定程度对输入数据的顺序进行了建模。对比传统的 CNN 方法，iGPT 的一个特殊点是它具有排列不变性，而 CNN 的预测位置的值更容易受到其临近位置的值的影响。

iGPT 采用了 GPT-2 的多层 Transformer 的架构，和 GPT-2 的一个不同点是使用了稀疏 Transformer[1] 提出的初始化的方法。

iGPT 提供了 4 个不同容量的模型，分别是 iGPT-S、iGPT-M、iGPT-L 以及 iGPT-XL，它们的不同点取决于网络的层数 L 和嵌入向量的维度 d，它们具体的值和参数数量如表 1.4 所示。

表 1.4 iGPT 中 3 个数据集的图像分辨率

模型	L	d	参数数量
iGPT-S	24	512	0.76 亿
iGPT-M	36	1 024	4.55 亿
iGPT-L	48	1 536	13.62 亿
iGPT-XL	60	3 072	68.01 亿

4. 微调

在进行微调（fine-tuning）时，首先通过序列尺度上的平均池化将每个样本的特征 $\boldsymbol{n}^L$ 变成 d 维的特征向量，如式（1.42）所示。

$$\boldsymbol{f}^L = <\boldsymbol{n}_i^L>_i \tag{1.42}$$

然后在 $\boldsymbol{f}^L$ 之上再添加一个全连接层得分类的 logits，而微调的目标则是最小化交叉熵损失 L_{CLF}。

当同时优化生成损失 L_{GEN} 和分类损失时，优化目标为 $L_{\text{GEN}}+L_{\text{CLF}}$。这样可以得到更好的结果，其中 $L_{\text{GEN}} \in \{L_{\text{AR,}}L_{\text{BERT}}\}$。

5. 线性探测

iGPT 通过将平均池化作用到模型的每一层，对比不同层不同的表征能力，如式（1.43）所示。

$$\boldsymbol{f}^l = <\boldsymbol{n}_i^l>_i, 0 \leqslant l \leqslant L \tag{1.43}$$

传统的线性探测用于提取最后一层的特征，但是 iGPT 中通过语言模型训练的模型中最后一层并不是线性探测效果最好的一层，效果最好的是中间几层，如图 1.53 所示。不同于传统的监督模型，iGPT 的中间层具有更强的表征能力，可能是因为在 CNN 中，浅层的网络更侧重于提取图像的表层信息，例如颜色、纹理等，而深层的网络更侧重于提取目标值的信息。在 iGPT 中会预测像素点可能的值，因此不管深层网络或者浅层网络都不太适用于分类，而中间的层反而会有更多的图像信息，因此得到的线性探测的准确率更高。

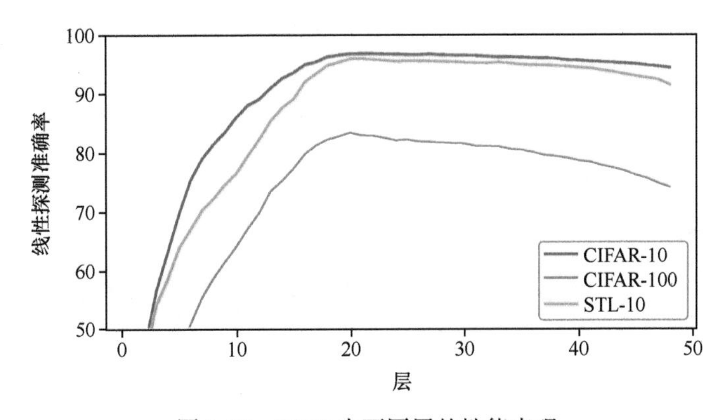

图 1.53 iGPT 中不同层的性能表现

1 参见 Rewon Child、Scott Gray、Alec Radford 等人的论文“Generating Long Sequences with Sparse Transformers”。

1.8.2 实验结果分析

图 1.54 展示了不同容量的模型在不同的线性探测下的准确率，从中我们可以得出几条重要的结论：

- 对比 3 个模型的准确率，可以看出容量越大，线性探测的准确率越高；
- 对比模型准确率和验证损失可以看出，线性探测的准确率和训练的验证损失呈负相关；
- 对比相同损失值下的不同模型的准确率，我们可以看出模型容量越大，它的泛化能力越强；
- 线性探测准确率的上升并没有出现明显放缓的趋势，说明随着模型容量的增大，准确率还有继续提升的空间。

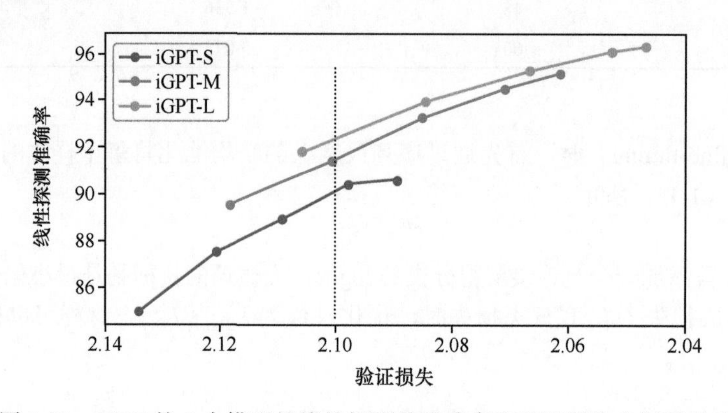

图 1.54　iGPT 的 3 个模型的线性探测的准确率和验证损失之间的关系

图 1.55 则展示了自回归和 BERT 分别在线性探测和微调，以及在单独训练和集成训练下的对比结果，可以得出如下结论：

- 基于自回归的训练方式要优于基于 BERT 的训练方式；
- 在 ImageNet 数据集中，加上微调之后的基于 BERT 的训练方式要优于基于自回归的训练方式；
- 集成了 BERT 和自回归的方法的效果是最优的。

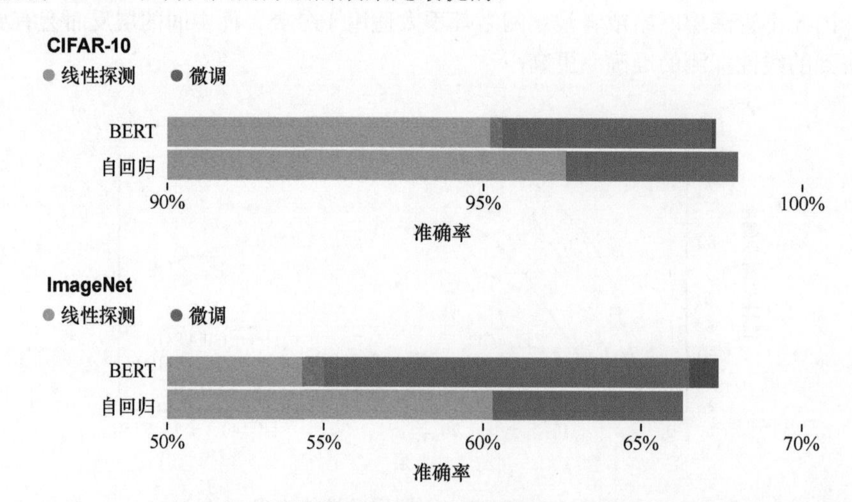

图 1.55　自回归（下）和 BERT（上）的效果对比，线性探测（蓝色）和微调（红色）的效果对比，单独训练（浅色）和集成训练（深色）的效果对比

1.8.3 小结

iGPT 打破了使用卷积操作进行图像处理的传统，创新性地使用 Transformer 进行图像处理，并且通过类似构建语言模型的方式得到了泛化能力非常强的特征，在线性探测或者微调方法上都取得了可以匹敌先进的有监督方法的效果。iGPT 更惊艳的是在图像补全方向的效果，从补全的效果上来看，iGPT 似乎已经学到了图像的本质信息。最为重要的是，我们没有看到 iGPT 的性能上限，通过增大数据量和模型容量，iGPT 可以到达一个新的高度。

作为一个使用 Transformer 解决图像问题的基石性模型，iGPT 也有很多的缺点。

- iGPT 对计算资源的要求是非常高的，iGPT-L 在 Tesla V100 上的训练约需 2 500 天，而同性能的 MoCo[1] 模型大概仅需要 70 天。iGPT 的参数数量也是同性能 CNN 的 2 ～ 3 倍。
- iGPT 目前还只能处理低分辨率图片，把 ImageNet 的图片的分辨率降低到 32×32 无疑将损失很多信息，而基于 CNN 的方法可以通过滑窗的方式轻松处理大分辨率图片，这个思想是值得 iGPT 借鉴的。对比 iGPT 中使用的 Transformer，Transformer-XL 则拥有对长序列更强的建模能力和更快的预测速度，也许 Transformer-XL 才是更适合 iGPT 使用的网络结构。
- iGPT 生成的补全图像还是依赖于输入数据的分布的，而这种数据偏差也是需要解决的问题之一。

1.9 Visual Transformer 之 Swin Transformer

在本节中，先验知识包括：

- ❑ Transformer（4.3 节）；
- ❑ 残差网络（1.4 节）；
- ❑ LN（6.3 节）；
- ❑ iGPT（1.8 节）。

自从 Transformer 在 NLP 任务上取得突破性进展之后，业内一直尝试着把 Transformer 用于 CV 领域。之前的若干方法，如 iGPT、ViT[2] 等，都将 Transformer 用在了图像分类领域，这些方法有两个非常严峻的问题：

（1）受限于图像的矩阵性质，一个能表达信息的图像往往至少需要几百个像素点，而建模这种包含几百个长序列的数据恰恰是 Transformer 的“天生”缺陷；

（2）目前多利用 Transformer 框架来进行图像分类，理论上来讲利用其解决检测问题应该也比较容易，但是对于分割这种密集预测的场景，Transformer 并不擅长解决。

本节提出的 Swin（Shift window）Transformer[3] 解决了这两个问题，并且在分类、检测、分割任务上都取得了非常好的效果。Swin Transformer 的最大贡献是提出了一个可以广泛应用到所有 CV 领域的骨干网络，并且大多数 CNN 中常见的参数在 Swin Transformer 中也是可以人工调整的，例如可以调整网络块数、每一块的层数以及输入图像的大小等。该网络的架构设计非常巧妙，是一个非常精彩的将 Transformer 应用到图像领域的架构，值得我们去学习。

1 参见 Kaiming He、Haoqi Fan、Yuxin Wu 等人的论文“Momentum Contrast for Unsupervised Visual Representation Learning”。

2 参见 Alexey Dosovitskiy、Lucas Beyer、Alexander Kolesnikov 等人的论文“An image is worth 16×16 words: Transformers for image recognition at scale”。

3 参见 Ze Liu、Yutong Lin、Yue Cao 等人的论文“Swin Transformer: Hierarchical Vision Transformer using Shifted Windows”。

在 Swin Transformer 之前的 ViT 和 iGPT，都使用了小尺寸的图像作为输入，这种直接调整大小的策略无疑会损失很多信息。与它们不同的是，Swin Transformer 的输入是原始尺寸的图像，例如 ImageNet 的 224×224 的图像。另外 Swin Transformer 使用的是 CNN 中最常用的多层次的网络结构，在 CNN 中一个特别重要的特征是随着网络层次的加深，节点的感受野在不断扩大，这个特征在 Swin Transformer 中也是满足的。Swin Transformer 的这种层次结构，使得它可以像 FPN[1]、U-Net[2] 等一样完成分割或者检测的任务。Swin Transformer 和 ViT 的对比如图 1.56 所示。

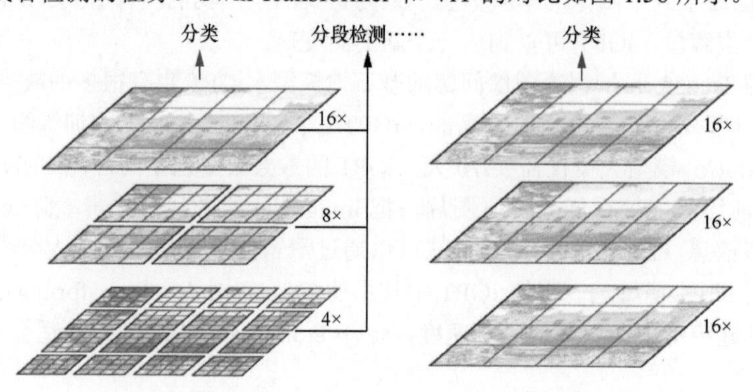

图 1.56　Swin Transformer 和 ViT 的对比

本节将结合 Swin Transformer 的 PyTorch 源码对 Swin Transformer 论文中的算法细节以及代码实现展开介绍，并对该论文中解释模糊的点进行具体分析。学习完本节后，你将更了解 Swin Transformer 的结构细节和设计动机，现在我们开始吧！

1.9.1　网络结构详解

1. 基础结构

Swin Transformer 共提出了 4 个网络结构，从小到大依次是 Swin-T、Swin-S、Swin-B 和 Swin-L，为了绘图简单，本节以最简单的 Swin-T 作为示例来讲解。Swin-T 的网络结构如图 1.57 所示。Swin Transformer 最核心的部分便是 4 个阶段中的 Swin Transformer 块，它的具体结构如图 1.58 所示，这一部分的源码如下。

```
class SwinTransformer(nn.Module):
    def __init__(self, *, hidden_dim, layers, heads, channels=3, num_classes=1000,
                 head_dim=32, window_size=7, downscaling_factors=(4, 2, 2, 2),
                 relative_pos_embedding=True):
        super().__init__()

        self.stage1 = StageModule(in_channels=channels, hidden_dimension=hidden_dim,
                                  layers=layers[0],
                                  downscaling_factor=downscaling_factors[0],
                                  num_heads=heads[0], head_dim=head_dim,
                                  window_size=window_size,
                                  relative_pos_embedding=relative_pos_embedding)

        self.stage2 = StageModule(in_channels=hidden_dim,
                                  hidden_dimension=hidden_dim * 2, layers=layers[1],
```

1　参见 Tsung-Yi Lin、Piotr Dollár、Ross Girshtick 等人的论文“Feature Pyramid Networks for Object Detection”。

2　参见 Olaf Ronneberger、Philipp Fischer、Thomas Brox 等人的论文“U-Net: Convolutional Networks for Biomedical Image Segmentation”。

```
                                          downscaling_factor=downscaling_factors[1],
                                          num_heads=heads[1], head_dim=head_dim,
                                          window_size=window_size,
                                          relative_pos_embedding=relative_pos_embedding)

        self.stage3 = StageModule(in_channels=hidden_dim * 2,
                                  hidden_dimension=hidden_dim * 4, layers=layers[2],
                                  downscaling_factor=downscaling_factors[2],
                                  num_heads=heads[2], head_dim=head_dim,
                                  window_size=window_size,
                                  relative_pos_embedding=relative_pos_embedding)

        self.stage4 = StageModule(in_channels=hidden_dim * 4,
                                  hidden_dimension=hidden_dim * 8, layers=layers[3],
                                  downscaling_factor=downscaling_factors[3],
                                  num_heads=heads[3], head_dim=head_dim,
                                  window_size=window_size,
                                  relative_pos_embedding=relative_pos_embedding)

        self.mlp_head = nn.Sequential(
            nn.LayerNorm(hidden_dim * 8),
            nn.Linear(hidden_dim * 8, num_classes)
        )

    def forward(self, img):
        x = self.stage1(img)
        x = self.stage2(x)
        x = self.stage3(x)
        x = self.stage4(x)  # (1, 768, 7, 7)
        x = x.mean(dim=[2, 3])  # (1, 768)
        return self.mlp_head(x)
```

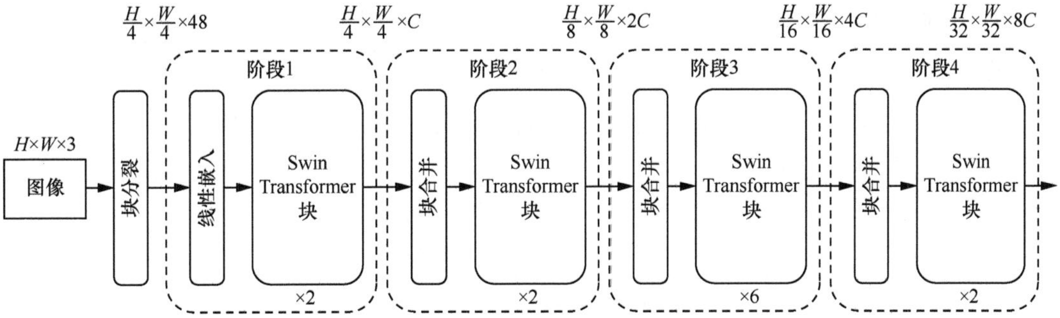

图 1.57　Swin-T 的网络结构

从源码中我们可以看出 Swin Transformer 的网络结构非常简单，由 4 个阶段和一个输出组成，非常容易扩展。Swin Transformer 的 4 个阶段的网络结构是一样的，每个阶段仅对几个基本的超参数进行调整，包括隐层节点个数、网络层数、多头自注意的头的个数、降采样的尺度等，这些超参数在源码中的具体值如下所示，本节也会以这组超参数对网络结构进行详细讲解。

```
net = SwinTransformer(
    hidden_dim=96,
    layers=(2, 2, 6, 2),
    heads=(3, 6, 12, 24),
```

```
    channels=3,
    num_classes=3,
    head_dim=32,
    window_size=7,
    downscaling_factors=(4, 2, 2, 2),
    relative_pos_embedding=True
)
```

2. 块分裂/块合并

在图1.57中图像之后是1个块分裂（patch partition），再之后是1个线性嵌入（linear embedding），二者加在一起就表示1个块合并（patch merging）。块合并部分的源码如下：

```
class PatchMerging(nn.Module):
    def __init__(self, in_channels, out_channels, downscaling_factor):
        super().__init__()
        self.downscaling_factor = downscaling_factor
        self.patch_merge = nn.Unfold(kernel_size=downscaling_factor,
                                     stride=downscaling_factor, padding=0)
        self.linear = nn.Linear(in_channels * downscaling_factor ** 2, out_channels)

    def forward(self, x):
        b, c, h, w = x.shape
        new_h, new_w = h // self.downscaling_factor, w // self.downscaling_factor
        x = self.patch_merge(x) # (1, 48, 3136)
        x = x.view(b, -1, new_h, new_w).permute(0, 2, 3, 1) # (1, 56, 56, 48)
        x = self.linear(x) # (1, 56, 56, 96)
        return x
```

块合并的作用是对图像进行降采样，类似于CNN中的池化层。块合并主要是通过`nn.Unfold()`函数实现降采样的，`nn.Unfold()`的功能是对图像进行滑窗，相当于卷积操作的第一步，因此它的参数包括窗口的大小和滑窗的步长。根据源码中给出的超参数我们知道这一步降采样的比例是4，因此经过`nn.Unfold()`之后会得到$\frac{H}{4}\times\frac{W}{4}=\frac{224}{4}\times\frac{224}{4}=3136$个长度为$4\times4\times3=48$的特征向量，其中3是输入阶段1的特征图的通道数，阶段1的输入是RGB图像，因此通道数为3，表示为式（1.44）。

$$z_0=\text{MLP}[\text{Unfold}(\text{Image})] \tag{1.44}$$

接着`view`和`permute`将得到的向量序列还原为56×56的二维矩阵，`linear`将长度是48的特征向量映射到`out_channels`的长度，因此阶段1的块合并的输出向量维度是(1,56,56,96)。

可以看出块分裂/块合并起到的作用类似CNN中通过带有步长的滑窗来降低分辨率，再通过1×1卷积来调整通道数。不同的是，在CNN中最常使用的用于降采样的最大池化或者平均池化往往会丢弃一些信息，例如最大池化会丢弃窗口内的低响应值，而采用块合并的策略并不会丢弃其他响应，但它的缺点是带来运算量的增加。在一些需要提升模型容量的场景中，我们可以考虑使用块合并来替代CNN中的池化。

3. Swin Transformer 的阶段 *n*

如我们上面分析的，图1.57中的块分裂+线性嵌入就表示块合并，因此Swin Transformer的一个阶段便可以看作由块合并和Swin Transformer块组成，源码如下。

```
class StageModule(nn.Module):
    def __init__(self, in_channels, hidden_dimension, layers, downscaling_factor,
```

```
                 num_heads, head_dim, window_size, relative_pos_embedding):
        super().__init__()
        assert layers % 2 == 0, # 为了确保同时包含窗口自注意力和位移窗口自注意力，我们需要确保
                                  总层数是2的整数倍

        self.patch_partition = PatchMerging(in_channels=in_channels,
                                            out_channels=hidden_dimension,
                                            downscaling_factor=downscaling_factor)

        self.layers = nn.ModuleList([])
        for _ in range(layers // 2):
            self.layers.append(nn.ModuleList([
                SwinBlock(dim=hidden_dimension, heads=num_heads,
                          head_dim=head_dim, mlp_dim=hidden_dimension * 4,
                          shifted=False, window_size=window_size,
                          relative_pos_embedding=relative_pos_embedding),
                SwinBlock(dim=hidden_dimension, heads=num_heads,
                          head_dim=head_dim, mlp_dim=hidden_dimension * 4,
                          shifted=True, window_size=window_size,
                          relative_pos_embedding=relative_pos_embedding),
            ]))

    def forward(self, x):
        x = self.patch_partition(x)
        for regular_block, shifted_block in self.layers:
            x = regular_block(x)
            x = shifted_block(x)
        return x.permute(0, 3, 1, 2)
```

4. Swin Transformer 块

Swin Transformer 块是该算法的核心点，它由窗口多头自注意力（window multi-head self-attention，W-MSA）和移位窗口多头自注意力（shifted-window multi-head self-attention，SW-MSA）组成，如图 1.58 所示。出于这个结构，Swin Transformer 的层数要为 2 的整数倍，一层提供给 W-MSA，一层提供给 SW-MSA。

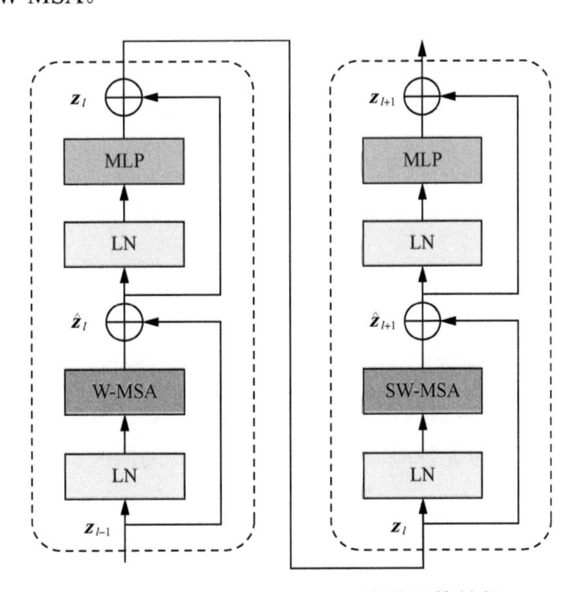

图 1.58　Swin Transformer 块的具体结构

从图 1.58 中我们可以看出输入该阶段的特征 z_{l-1} 先经过 LN 进行归一化，再经过 W-MSA 进行特征的学习，接着通过残差操作得到$\hat{z}_l$。接着通过 LN、MLP 和残差操作，得到这一层的输出特征 z_l。SW-MSA 层的结构和 W-MSA 层的类似，不同的是计算特征部分分别使用了 SW-MSA 和 W-MSA。可以从上面的源码中看出它们除了 `shifted` 的 bool 值不同，其他值是完全一致的。这一部分可以表示为式（1.45）。

$$
\begin{aligned}
\hat{z}_l &= \text{W-MSA}[\text{LN}(z_{l-1})] + z_{l-1} \\
z_l &= \text{MLP}[\text{LN}(\hat{z}_l)] + \hat{z}_l \\
\hat{z}_{l+1} &= \text{SW-MSA}[\text{LN}(z_l)] + z_l \\
z_{l+1} &= \text{MLP}[\text{LN}(\hat{z}_{l+1})] + \hat{z}_{l+1}
\end{aligned} \tag{1.45}
$$

Swin Transformer 块的源码如下所示，和论文中不同的是，LN 操作（`PerNorm()` 函数）从自注意力之前移到了自注意力之后。

```
class Residual(nn.Module):
    def __init__(self, fn):
        super().__init__()
        self.fn = fn

    def forward(self, x, **kwargs):
        return self.fn(x, **kwargs) + x

class PreNorm(nn.Module):
    def __init__(self, dim, fn):
        super().__init__()
        self.norm = nn.LayerNorm(dim)
        self.fn = fn

    def forward(self, x, **kwargs):
        return self.fn(self.norm(x), **kwargs)

class SwinBlock(nn.Module):
    def __init__(self, dim, heads, head_dim, mlp_dim, shifted, window_size,
                 relative_pos_embedding):
        super().__init__()
        self.attention_block = Residual(PreNorm(dim, WindowAttention(dim=dim,
                                        heads=heads, head_dim=head_dim,
                                        shifted=shifted, window_size=window_size,
                                        relative_pos_embedding=relative_pos_embedding)))
        self.mlp_block = Residual(PreNorm(dim, FeedForward(dim=dim, hidden_dim=mlp_dim)))

    def forward(self, x):
        x = self.attention_block(x)
        x = self.mlp_block(x)
        return x
```

5. W-MSA

W-MSA，顾名思义，就是按窗口的尺寸进行自注意力计算，与 SW-MSA 不同的是，它不会进行窗口移位，源码如下。我们这里先忽略 `shifted` 为 `True` 的情况。

```
class WindowAttention(nn.Module):
    def __init__(self, dim, heads, head_dim, shifted, window_size,
                 relative_pos_embedding):
        super().__init__()
```

```
        inner_dim = head_dim * heads
        self.heads = heads
        self.scale = head_dim ** -0.5
        self.window_size = window_size
        self.relative_pos_embedding = relative_pos_embedding # (13, 13)
        self.shifted = shifted

        if self.shifted:
            displacement = window_size // 2
            self.cyclic_shift = CyclicShift(-displacement)
            self.cyclic_back_shift = CyclicShift(displacement)
            self.upper_lower_mask = nn.Parameter(create_mask(window_size=window_size,
                                         displacement=displacement,
                                         upper_lower=True, left_right=False),
                                         requires_grad=False) # (49, 49)
            self.left_right_mask = nn.Parameter(create_mask(window_size=window_size,
                                         displacement=displacement,
                                         pper_lower=False, left_right=True),
                                         requires_grad=False) # (49, 49)

        self.to_qkv = nn.Linear(dim, inner_dim * 3, bias=False)
        if self.relative_pos_embedding:
            self.relative_indices = get_relative_distances(window_size) + window_size - 1
            self.pos_embedding = nn.Parameter(torch.randn(2 * window_size - 1,
                                         2 * window_size - 1))
        else:
            self.pos_embedding = nn.Parameter(torch.randn(window_size ** 2,
                                         window_size ** 2))

        self.to_out = nn.Linear(inner_dim, dim)

    def forward(self, x):
        if self.shifted:
            x = self.cyclic_shift(x)

        b, n_h, n_w, _, h = *x.shape, self.heads # [1, 56, 56, _, 3]
        qkv = self.to_qkv(x).chunk(3, dim=-1) # [(1,56,56,96), (1,56,56,96), (1,56,56,96)]
        nw_h = n_h // self.window_size # 8
        nw_w = n_w // self.window_size # 8
        # 分成 h/M * w/M 个窗口
        q, k, v = map(lambda t: rearrange(t, 'b (nw_h w_h) (nw_w w_w) (h d) ->
                    b h (nw_h nw_w) (w_h w_w) d', h=h, w_h=self.window_size,
                    w_w=self.window_size), qkv)
        # q、k、v : (1, 3, 64, 49, 32)
        # 按窗口的尺寸逐个进行自注意力计算
        dots = einsum('b h w i d, b h w j d -> b h w i j', q, k) * self.scale # (1,3,64,49,49)

        if self.relative_pos_embedding:
            dots += self.pos_embedding[self.relative_indices[:, :, 0],
                                    self.relative_indices[:, :, 1]]
        else:
            dots += self.pos_embedding

        if self.shifted:
            dots[:, :, -nw_w:] += self.upper_lower_mask
            dots[:, :, nw_w - 1::nw_w] += self.left_right_mask

        attn = dots.softmax(dim=-1) # (1,3,64,49,49)
        out = einsum('b h w i j, b h w j d -> b h w i d', attn, v)
```

```
    out = rearrange(out, 'b h (nw_h nw_w) (w_h w_w) d -> b (nw_h w_h) (nw_w w_w) (h d)',
                    h=h, w_h=self.window_size, w_w=self.window_size, nw_h=nw_h,
                    nw_w=nw_w) # (1, 56, 56, 96), 窗口合并
    out = self.to_out(out)
    if self.shifted:
        out = self.cyclic_back_shift(out)
    return out
```

在 forward() 函数中首先计算的是 Transformer 中介绍的 $\boldsymbol{Q}$、$\boldsymbol{K}$、$\boldsymbol{V}$ 这 3 个特征向量，所以 to_qkv() 函数进行的是线性变换。这里使用了一个实现小技巧，即只使用了一个隐层节点数为 inner_dim*3 的线性变换，然后使用 chunk(3) 操作将这 3 个特征向量切开，因此 qkv 是一个长度为 3 的张量，每个张量的维度是 (56,56,96)。

之后的 map() 函数是实现 W-MSA 中的 W 最核心的代码，该函数是通过 einops 的 rearrange 实现的。einops 是一个可读性非常高的实现常见矩阵操作的 Python 包，它可以实现矩阵转置、矩阵复制、矩阵重塑等操作。最终通过 rearrange 得到了 3 个独立窗口的权值矩阵，它们的维度均是 (3,64,49,32)，这 4 个值的意思如下。

- 3：多头自注意力的头的个数。
- 64：窗口的个数，首先通过块合并将图像的尺寸降到 56×56，因为窗口的大小为 7，所以总共剩下 $8\times8=64$ 个窗口。
- 49：窗口的像素的个数。
- 32：隐层节点的个数。

Swin Transformer 让计算区域以窗口为单位的策略极大地减小了网络的计算量，将复杂度降低到了图像尺寸的线性比例。传统的 MSA 和 W-MSA 的复杂度如式（1.46）所示。

$$\begin{aligned}\Omega(\text{MSA}) &= 4hwC^2 + 2(hw)^2C \\ \Omega(\text{W-MSA}) &= 4hwC^2 + 2M^2hwC\end{aligned} \tag{1.46}$$

式（1.46）的计算省略了 softmax 占用的计算量，这里以 $\Omega(\text{MSA})$ 为例，它的具体构成如下。

- 代码中的 to_qkv() 函数，用于生成 $\boldsymbol{Q}$、$\boldsymbol{K}$、$\boldsymbol{V}$ 这 3 个特征向量：$\boldsymbol{Q}=\boldsymbol{x}\times\boldsymbol{W}_Q$、$\boldsymbol{K}=\boldsymbol{x}\times\boldsymbol{W}_K$、$\boldsymbol{V}=\boldsymbol{x}\times\boldsymbol{W}_V$，其中 $\boldsymbol{x}$ 是输入数据，$\boldsymbol{W}$ 是用于计算 3 个特征向量的权值向量。假设权值矩阵的特征数是 C，$\boldsymbol{x}$ 的维度是 (hw,C)，$\boldsymbol{W}$ 的维度是 (C,C)，那么这 3 项的复杂度是 $3hwC^2$。
- 计算 $\boldsymbol{QK}^{\mathrm{T}}$：$\boldsymbol{Q}$、$\boldsymbol{K}$、$\boldsymbol{V}$ 的维度均是 (hw,C)，因此它的复杂度是 $(hw)^2C$。
- softmax 之后乘 $\boldsymbol{V}$ 得到 $\boldsymbol{Z}$（即源码中的 out）：因为 $\boldsymbol{QK}^{\mathrm{T}}$ 的维度是 (hw,hw)，所以它的时间复杂度是 $(hw)^2C$。
- $\boldsymbol{Z}$ 乘矩阵 $\boldsymbol{W}_Z$ 得到最终输出，即代码中的 to_out() 函数的结果，它的时间复杂度是 hwC^2。

通过 Transformer 的计算式（1.47），我们可以有更直观的理解：在 Transformer 部分中我们介绍自注意力是通过点乘的方式得到查询向量和键向量的相似度的，即式（1.47）中的 $\boldsymbol{QK}^{\mathrm{T}}$。然后通过这个相似度匹配值向量。因此这个相似度是通过逐个元素进行点乘计算得到的。如果比较的范围是一幅图像，那么计算的瓶颈就在于整幅图像的逐像素比较，因此复杂度是 $(hw)^2$。而 W-MSA 是在窗口内进行逐像素比较的，因此复杂度是 M^2hw，其中 M 是 W-MSA 的窗口的大小。式（1.47）中 d_k 是特征向量 $\boldsymbol{Q}$ 或 $\boldsymbol{K}$ 或 $\boldsymbol{V}$ 的长度。

$$\boldsymbol{Z} = \text{softmax}\left(\frac{\boldsymbol{QK}^{\mathrm{T}}}{\sqrt{d_k}}\right)\boldsymbol{V} \tag{1.47}$$

回到代码，接下来的 dots 变量便是我们刚刚介绍的 $\boldsymbol{QK}^{\mathrm{T}}$。关于加入相对位置编码，我们放到最后介绍。attn 和 einsum 完成了式（1.47）的整个流程，然后再次使用 rearrange 将维度调

整回 (56,56,96)，最后通过 `to_out()` 将维度调整为超参数设置的输出维度的值。

这里我们介绍一下 W-MSA 的相对位置编码 $\boldsymbol{B}$。首先这个相对位置编码是加在乘归一化尺度之后的 `dots` 变量上的，因此 Z 的计算方式如式（1.48）所示。因为 W-MSA 是以窗口为单位进行特征匹配的，所以相对位置编码的范围也应该以窗口为单位，它的具体实现见如下代码。相对位置编码的具体思想参考 UniLMv2[1]。

$$\boldsymbol{Z} = \text{softmax}\left(\frac{\boldsymbol{QK}^{\mathrm{T}}}{\sqrt{d_k}} + \boldsymbol{B}\right)\boldsymbol{V} \tag{1.48}$$

```
def get_relative_distances(window_size):
    indices = torch.tensor(np.array([[x, y] for x in range(window_size)
                           for y in range(window_size)]))
    distances = indices[None, :, :] - indices[:, None, :]
    return distances
```

单独使用 W-MSA 得到的网络的建模能力是非常差的，因为它将每个窗口当作一个独立区域进行处理而忽略了窗口之间交互的必要性。为了解决这个问题，Swin Transformer 提出了 SW-MSA。

6. SW-MSA

SW-MSA 接在 W-MSA 之后，因此只要我们提供一种和 W-MSA 不同的窗口切分方式便可以实现跨窗口的通信。SW-MSA 的窗口切分方式如图 1.59 所示。我们之前说过，输入阶段 1 的图像的尺寸是 56×56（见图 1.59（a）），W-MSA 的窗口切分的结果如图 1.59（b）所示。那么我们如何得到和 W-MSA 不同的切分方式呢？ SW-MSA 的思想很简单，将图像循环上移和循环左移半个窗口的大小，那么图 1.59（c）中的蓝色和红色区域将分别被移动到图像的下侧和右侧，如图 1.59（d）所示。如果在移位的基础上再按照 W-MSA 切分窗口，就会得到和 W-MSA 不同的窗口切分方式。图 1.59（d）中红色框和蓝色框分别是 W-MSA 和 SW-MSA 的切分窗口的结果。这一部分可以通过 PyTorch 的 `roll()` 函数实现，源码中是 `CyclicShift()` 函数：

```
class CyclicShift(nn.Module):
    def __init__(self, displacement):
        super().__init__()
        self.displacement = displacement

    def forward(self, x):
        return torch.roll(x, shifts=(self.displacement, self.displacement), dims=(1, 2))
```

其中，`displacement` 的值是窗口宽度除以 2。

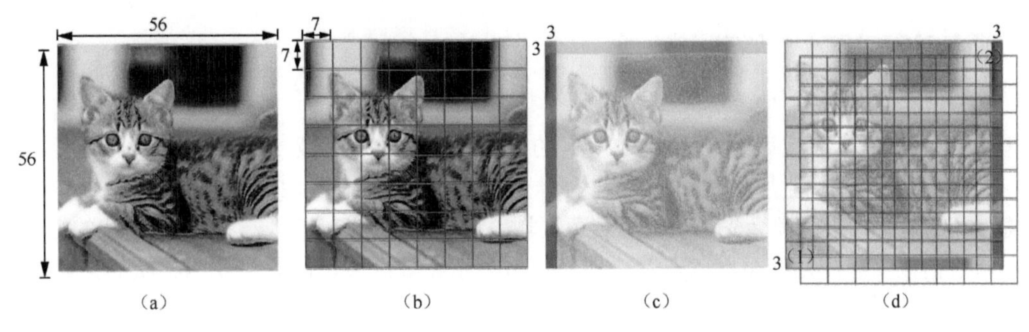

图 1.59　SW-MSA 的窗口切分方式

1　参见 Hangbo Bao、Li Dong、Furu Wei 等人的论文“UniLMv2: Pseudo-Masked Language Models for Unified Language Model Pre-Training”。

这种窗口切分方式引入了一个新的问题，即在移位图像的最后一行和最后一列各引入了一块移位过来的区域，如图 1.59（d）所示。因为位移图像的最右边是由原始图像的左右两个边拼接而成，位移图像的最下边由原始图像的上下两个边拼接而成。因为图像的两个边不具备明显的语义相关性，所以计算位移图像的右边和下边是没有意义的，即只需要对比图 1.59（d）所示的一个窗口中相同颜色的区域。我们以图 1.59（d）左下角的区域（1）和右上角的区域（2）为例来说明 SW-MSA 是怎么解决这个问题的。

区域（1）移位行的计算方式如图 1.60 所示。首先一个 7×7 大小的窗口通过线性运算得到 ***Q***、***K***、***V*** 这 3 个特征向量的权值，如我们介绍的，它的维度是 (49,32)。在这 49 行中，前 28 行是按照滑窗的方式遍历区域（1）的上半部分得到的，后 21 行则是遍历区域（1）的下半部分得到的，此时它们对应的位置关系依旧保持上黄下蓝。

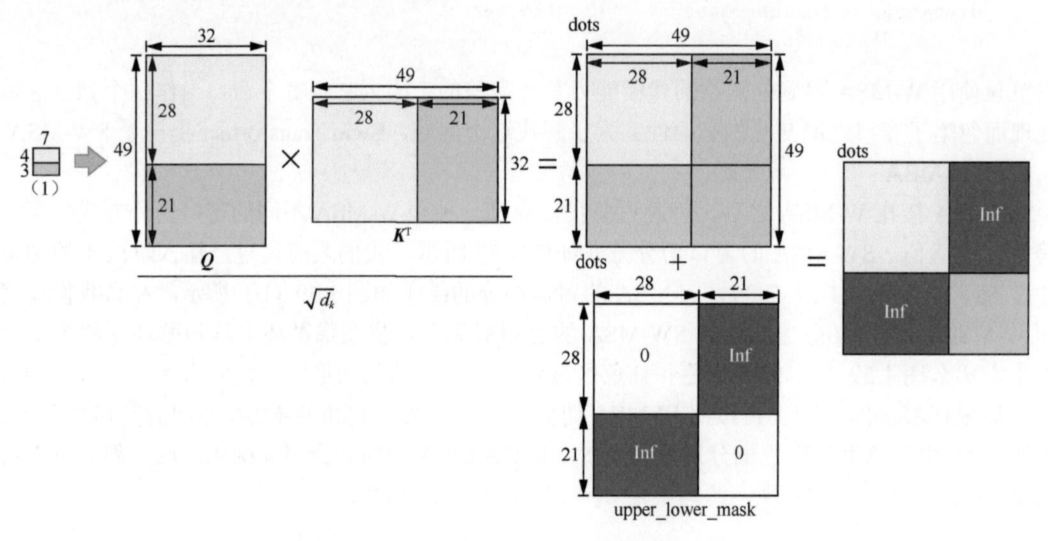

图 1.60　SW-MSA 的区域（1）移位行的计算方式

接着便计算 QK^T，根据分块矩阵的矩阵乘法，我们知道在图中相同颜色区域相互计算后会保持颜色不变，而黄色和蓝色区域计算后会变成绿色，绿色部分表示相似度无意义。在论文中使用了 `upper_lower_mask` 将其替换为掩码，`upper_lower_mask` 是由 0 和无穷大（Inf）组成的二值矩阵，最后通过单位加得到最终的 `dots` 变量。

`upper_lower_mask` 的计算方式如下。

```
mask = torch.zeros(window_size ** 2, window_size ** 2)
mask[-displacement*window_size:, :-displacement*window_size] = float('-inf')
mask[:-displacement*window_size, -displacement*window_size:] = float('-inf')
```

区域（2）移位行的计算方式和区域（1）的类似，不同的是区域（2）是图像循环左移之后的结果，如图 1.61 所示。因为区域（2）是左右排列的，所以它得到的 ***Q***、***K***、***V*** 是条纹状的，即先逐行遍历。在这 7 行中，都会先遍历 4 个黄色区域，再遍历 3 个红色区域。两个条纹状的矩阵相乘后，得到的相似度矩阵是网络状的，其中橙色区域表示无效区域，因此需要网格状的掩码 `left_right_mask` 来进行覆盖。

`left_right_mask` 的生成方式如下面代码所示。

```
mask = torch.zeros(window_size ** 2, window_size ** 2)
mask = rearrange(mask, '(h1 w1) (h2 w2) -> h1 w1 h2 w2', h1=window_size, h2=window_size)
```

```
mask[:, -displacement:, :, :-displacement] = float('-inf')
mask[:, :-displacement, :, -displacement:] = float('-inf')
mask = rearrange(mask, 'h1 w1 h2 w2 -> (h1 w1) (h2 w2)')
```

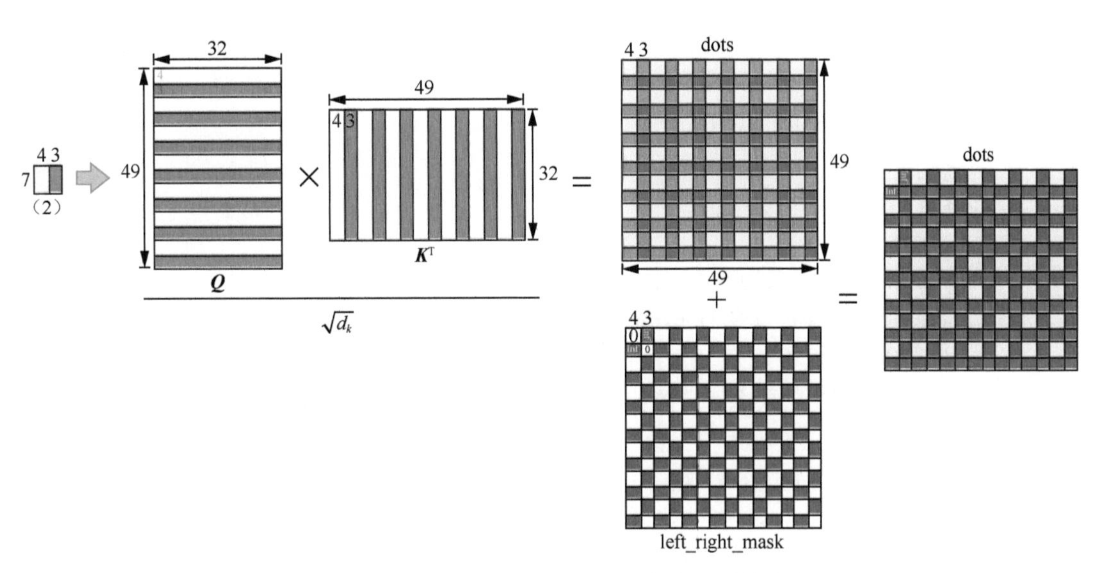

图 1.61 SW-MSA 的区域（2）移位行的计算方式

关于 upper_lower_mask 和 left_right_mask 这两个掩码的值，读者可以自己代入一些值来验证，可以设置 window_size 的值，然后将 displacement 的值设为 window_size 的一半即可。

窗口移位和掩码的计算是在 WindowAttention 类的第一个 if 中实现的，掩码的相加是在第二个 if 中实现的，最后一个 if 则将图像复原。

截至目前，我们对 Swin-T 的阶段 1 进行了完整的梳理，后面 3 个阶段除了几个超参数和图像的尺寸与阶段 1 不同，其他的结构均保持一致，这里不赘述。

7. 输出层

最后我们介绍一下 Swin Transformer 的输出层。在阶段 4 完成计算后，特征的维度是 (768,7,7)。Swin Transformer 先通过全局平均池化得到长度为 768 的特征向量，再通过 LN 和全连接得到最终的预测结果，如式（1.49）所示。

$$\hat{y} = \text{MLP}\{\text{LN}[\text{GAP}(z^4)]\} \tag{1.49}$$

1.9.2 Swin Transformer 家族

Swin Transformer 共提出了 4 个不同尺寸的模型，它们的区别在于隐层节点的长度、每个阶段的网络层数、多头自注意力机制的头的个数，具体值见下面的代码。

```
def swin_t(hidden_dim=96, layers=(2, 2, 6, 2), heads=(3,6,12, 24), **kwargs):
    return SwinTransformer(hidden_dim=hidden_dim, layers=layers, heads=heads, **kwargs)

def swin_s(hidden_dim=96, layers=(2, 2, 18, 2), heads=(3,6,12,24), **kwargs):
    return SwinTransformer(hidden_dim=hidden_dim, layers=layers, heads=heads, **kwargs)

def swin_b(hidden_dim=128, layers=(2, 2, 18, 2), heads=(4,8,16,32), **kwargs):
    return SwinTransformer(hidden_dim=hidden_dim, layers=layers, heads=heads, **kwargs)
```

```
def swin_l(hidden_dim=192, layers=(2, 2, 18, 2), heads=(6,12,24,48), **kwargs):
    return SwinTransformer(hidden_dim=hidden_dim, layers=layers, heads=heads, **kwargs)
```

因为 Swin Transformer 是一个多阶段的网络结构，而且每一个阶段的输出都是一组特征图，所以我们可以非常方便地将其迁移到几乎所有 CV 任务中。作者的实验结果也表明，Swin Transformer 在检测和分割领域达到了先进的 CNN 分类模型的水平。

1.9.3 小结

Swin Transformer 是近年来为数不多的让人兴奋的算法，它让人兴奋的原因有 3 个。

- 解决了长期困扰业界的将 Transformer 应用到 CV 领域时出现的速度慢的问题。
- 设计非常巧妙，具有新颖又紧扣 CNN 的优点，充分考虑 CNN 的位移不变性、尺寸不变性、感受野与层次的关系、分阶段降低分辨率以增加通道数等特点。没了这些特点，Swin Transformer 是无法被称为一个骨干网络的；
- 在诸多 CV 领域有先进的表现。

当然，我们对 Swin Transformer 还是要站在一个客观的角度来评价的。虽然论文中说 Swin Transformer 是一个骨干网络，但是这样评价还为时尚早，原因如下。

- Swin Transformer 并没有提供一个像反卷积那样的上采样的算法，因此对于这个问题，并不能直接使用 Swin Transformer 替换骨干网络，也许可以采用双线性插值来实现，但效果如何还需要评估。
- 从 1.9.1 节中我们可以看出 W-MSA 每个窗口都有一组独立的 $\boldsymbol{Q}$、$\boldsymbol{K}$、$\boldsymbol{T}$，因此 Swin Transformer 并不具有 CNN 一个特别重要的特性：权值共享。这也造成了 Swin Transformer 在速度上和同级别的 CNN 仍有不小的差距。所以就目前来看，在嵌入式平台上 CNN 还有着不可撼动的地位。

1.10 Vision Transformer 之 CSWin Transformer

在本节中，先验知识包括：

- ❑ Swin Transformer（1.9 节）；
- ❑ Transformer（4.3 节）；
- ❑ Xception（2.3 节）；
- ❑ 残差网络（1.4 节）。

感受野是影响 CV 模型效果至关重要的属性之一，因为模型是无法对它感知不到的区域建模的。在 DeepLab 系列算法中，空洞卷积在不增加参数数量的同时可以快速增加感受野。之前介绍的 Swin Transformer 仅仅通过移动窗口来增加感受野的方式仍然过于缓慢，因为这个算法需要通过大量堆叠网络块的方式来增加感受野。本节要介绍的 CSWin（cross-shape window）Transformer[1] 是 Swin Transformer 的改进版，它提出了通过十字形的窗口来实现自注意力机制，不仅计算效率非常高，而且能够通过两层计算获得全局的感受野。CSWin Transformer 还提出了新的编码方式——局部加强位置编码，进一步提高了模型的准确率。

1 参见 Xiaoyi Dong、Jianmin Bao、Dongdong Chen 等人的论文“CSWin Transformer: A General Vision Transformer Backbone with Cross-Shaped Windows”。

1.10.1 CSWin Transformer 概述

CSWin Transformer 的网络结构如图 1.62 所示。它的输入是一幅 3 通道彩色图像，尺寸为 $H \times W \times 3$，图像首先经过一组步长为 4 的 7×7 卷积，得到特征图的尺寸为$\frac{H}{4} \times \frac{W}{4} \times \mathrm{C}$。这一点相比之前的直接无重叠的拆分是要有所提升的。之后 CSWin Transformer 分成 4 个阶段，每个阶段之间通过步长为 2 的 3×3 卷积来降采样，这一点就和 VGG 等 CNN 结构很像了。

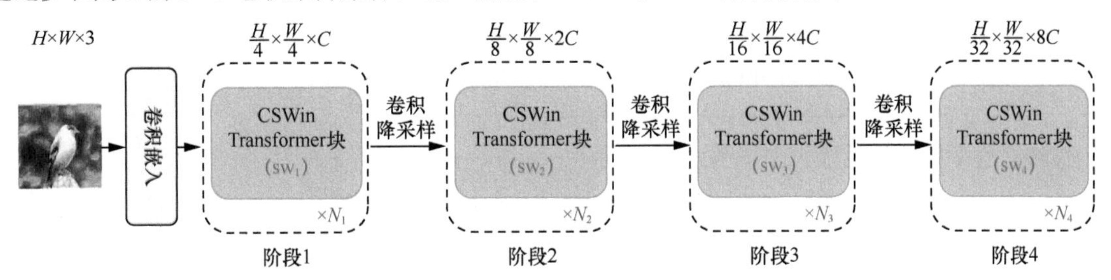

图 1.62 CSWin Transformer 的网络结构

1.10.2 十字形窗口自注意力机制

本节的核心是十字形窗口自注意力（cross-shaped window self-attention）机制，它由并行的横向自注意力和纵向自注意力组成。对于一个多头的自注意力模型，CSWin Transformer 块将头的一半分给横向自注意力，另一半分给纵向自注意力，然后将这两个特征拼接起来，如图 1.63 所示。假设网络有 K 个头，其中 $1,\cdots,K/2$ 用于横向自注意力的计算，$K/2+1,\cdots,K$ 用于纵向自注意力的计算。

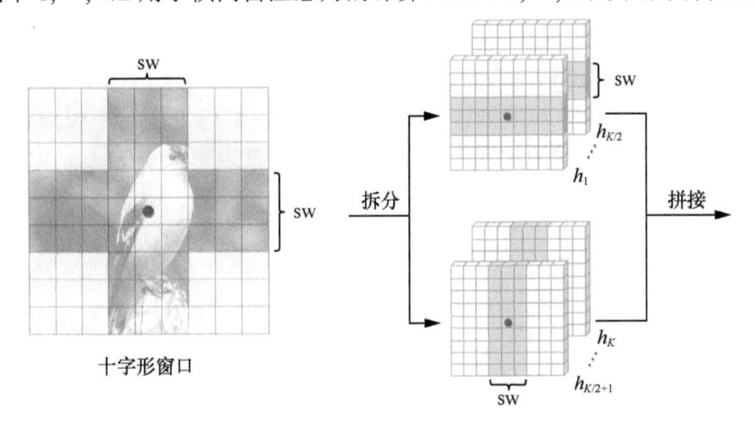

图 1.63 十字形窗口自注意力模型

具体地讲，我们假设模型的输入特征图是 $\boldsymbol{X} \in \mathbb{R}^{(H \times W) \times C}$，为了计算它在横向上的自注意力，首先将它拆分成$M=\frac{H}{\mathrm{sw}}$个横条的数据。其中 sw 是横条的宽度，在这 4 个不同的阶段中取不同的值，实验结果表明 [1,2,7,7] 这组值在速度和精度上取得了比较好的均衡。

对于每个条状特征 $\boldsymbol{X}_i, i=1,2,\cdots,M$，使用 Transformer 可以得到它的特征 $\boldsymbol{Y}^i$，最后将这 M 个特征拼接到一起便得到了这个头的输入。我们假设它属于第 k 个头，那么横向自注意力 $\text{H-Attention}_k(\boldsymbol{X})$ 的计算方式如式（1.50）所示。

$$
\begin{aligned}
& \boldsymbol{X}=[\boldsymbol{X}_1,\boldsymbol{X}_2,\cdots,\boldsymbol{X}_M], \text{其中 } \boldsymbol{X}_i \in \mathbb{R}^{(\mathrm{sw}\times W)\times C} \text{ 且 } M=H/\mathrm{sw} \\
& \boldsymbol{Y}_k^i=\mathrm{Attention}(\boldsymbol{X}_i\boldsymbol{W}_k^{\boldsymbol{Q}},\boldsymbol{X}_i\boldsymbol{W}_k^{\boldsymbol{K}},\boldsymbol{X}_i\boldsymbol{W}_k^{\boldsymbol{V}}) \text{ 且 } i=1,\cdots,M \\
& \text{H-Attention}_k(\boldsymbol{X})=[\boldsymbol{Y}_k^1,\boldsymbol{Y}_k^2,\cdots,\boldsymbol{Y}_k^M]
\end{aligned} \tag{1.50}
$$

其中，$\boldsymbol{W}_k^{\boldsymbol{Q}}\in\mathbb{R}^{C\times d_k}$、$\boldsymbol{W}_k^{\boldsymbol{K}}\in\mathbb{R}^{C\times d_k}$、$\boldsymbol{W}_k^{\boldsymbol{V}}\in\mathbb{R}^{C\times d_k}$是 $\boldsymbol{Q}$、$\boldsymbol{K}$、$\boldsymbol{V}$ 这 3 个向量的映射矩阵。$d_k=C/K$，它的作用是保证经过十字形窗口自注意力模型之后特征图的通道数保持不变。

纵向自注意力和横向自注意力的计算方式类似，不同的是纵向自注意力取的是宽度为 sw 的竖条，表示为式（1.51）。

$$
\begin{aligned}
& \boldsymbol{X}=[\boldsymbol{X}_1,\boldsymbol{X}_2,\cdots,\boldsymbol{X}_M], \text{其中 } \boldsymbol{X}_i \in \mathbb{R}^{(\mathrm{sw}\times H)\times C} \text{ 且 } M=W/\mathrm{sw} \\
& \boldsymbol{Y}_k^i=\mathrm{Attention}(\boldsymbol{X}_i\boldsymbol{W}_k^{\boldsymbol{Q}},\boldsymbol{X}_i\boldsymbol{W}_k^{\boldsymbol{K}},\boldsymbol{X}_i\boldsymbol{W}_k^{\boldsymbol{V}}) \text{ 且 } i=1,\cdots,M \\
& \text{V-Attention}_k(\boldsymbol{X})=[\boldsymbol{Y}_k^1,\boldsymbol{Y}_k^2,\cdots,\boldsymbol{Y}_k^M]
\end{aligned} \tag{1.51}
$$

最终，这个网络块的输出表示为式（1.52）：

$$
\begin{aligned}
& \text{CSWin-Attention}(\boldsymbol{X})=\mathrm{Concat}(\mathrm{head}_1,\cdots,\mathrm{head}_k)\boldsymbol{W}^O \\
& \text{且 } \mathrm{head}_k=\begin{cases}\text{H-Attention}_k(\boldsymbol{X})k=1,\cdots,K/2 \\ \text{V-Attention}_k(\boldsymbol{X})k=K/2+1,\cdots,K\end{cases}
\end{aligned} \tag{1.52}
$$

其中，O 表示输出，$\boldsymbol{W}^O\in\mathbb{R}^{C\times C}$用来调整特征图的通道数，并可以将两个不同方向的自注意力特征进行融合。

十字形窗口自注意力的一个非常重要的属性是它只需要两层就可以得到全局感受野，对于图像中的一点 $p_{i,j}$，它的当前层的感受野是它同行和同列的像素点：$\{p_{i,:}\cup p_{:,j}\}$。对于 $p_{i,:}$ 上任意一点 $p_{i,k}, k=1,\cdots,H$，它的感受野为$\{p_{i,:}\cup p_{:,k}\}$，所以仅需要两层就可以将感受野扩充到全图。

1.10.3 局部加强位置编码

因为 Transformer 与输入顺序无关，所以需要向其中加入位置编码。在 Transformer 的论文中提出的绝对位置编码（absolute position encoding，APE）和条件位置编码（conditional position encoding，CPE）[1] 的位置编码是直接加到输入数据 $\boldsymbol{X}$ 之上的，如图 1.64（a）所示。相对位置编码（relative position encoding，RPE）[2] 将位置编码加入自注意力内部，即直接加入 softmax，如图 1.64（b）所示。

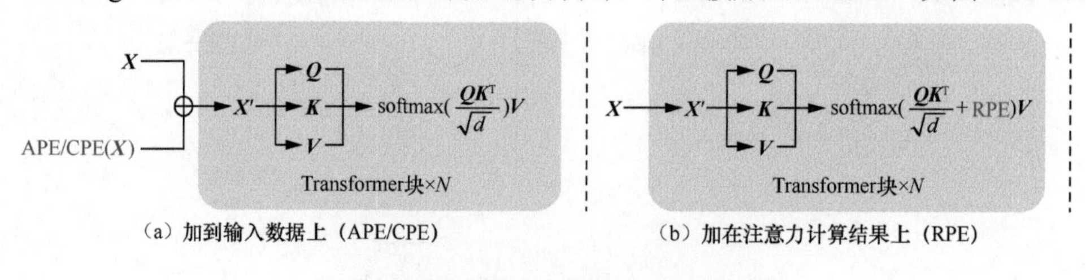

（a）加到输入数据上（APE/CPE）　（b）加在注意力计算结果上（RPE）

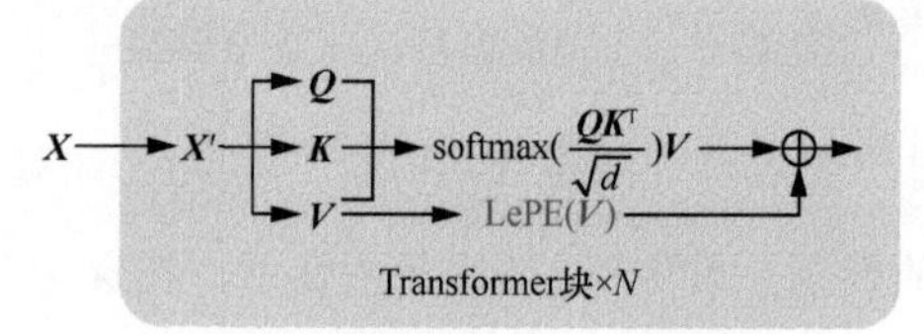

（c）本节提出的LePE，加到V上

图 1.64　Transformer 常见的编码方式

1　参见 Xiangxiang Chu、Zhi Tian、Bo Zhang 等人的论文“Conditional Positional Encodings for Vision Transformers”。

2　参见 Peter Shaw、Jakob Uszkoreit、Ashish Vaswani 的论文“Self-Attention with Relative Position Representations”。

本节提出的局部加强位置编码（Local enhanced Position Encoding，LePE）直接将位置编码添加到了值向量上，该添加操作是通过将位置编码 $\boldsymbol{E}$ 和 $\boldsymbol{V}$ 相乘完成的。然后通过一个捷径将添加了位置编码的 $\boldsymbol{V}$ 和通过自注意力加权的 $\boldsymbol{V}$ 单位加到一起，如图 1.64(c) 所示，它的计算方式如式（1.53）所示。

$$\text{Attention}(\boldsymbol{Q},\boldsymbol{K},\boldsymbol{V}) = \text{softmax}\left(\boldsymbol{Q}\boldsymbol{K}^{\mathrm{T}} / \sqrt{d}\right)\boldsymbol{V} + \boldsymbol{E}\boldsymbol{V} \tag{1.53}$$

位置编码 $\boldsymbol{E}$ 是一个深度卷积，深度卷积在位置编码中的作用是捕获当前位置的像素和它周围邻居之间的位置关系，如式（1.54）所示。从另一个角度看，CSWin Transformer 块是一个由十字形窗口自注意力和 CNN 组成的多分支的结构。

$$\text{Attention}(\boldsymbol{Q},\boldsymbol{K},\boldsymbol{V}) = \text{softmax}\left(\boldsymbol{Q}\boldsymbol{K}^{\mathrm{T}} / \sqrt{d}\right)\boldsymbol{V} + \text{DWConv}(\boldsymbol{V}) \tag{1.54}$$

1.10.4 CSWin Transformer 块

CSWin Transformer 块的网络结构如图 1.65 所示，它最显著的特点是添加了两个捷径，并使用 LN 对特征进行归一化，计算方式如式（1.55）所示。

$$\begin{aligned} \hat{\boldsymbol{X}}_l &= \text{CSWin-Attention}[\text{LN}(\boldsymbol{X}_{l-1})] + \boldsymbol{X}_{l-1} \\ \boldsymbol{X}_l &= \text{MLP}[\text{LN}(\hat{\boldsymbol{X}}_l)] + \hat{\boldsymbol{X}}_l \end{aligned} \tag{1.55}$$

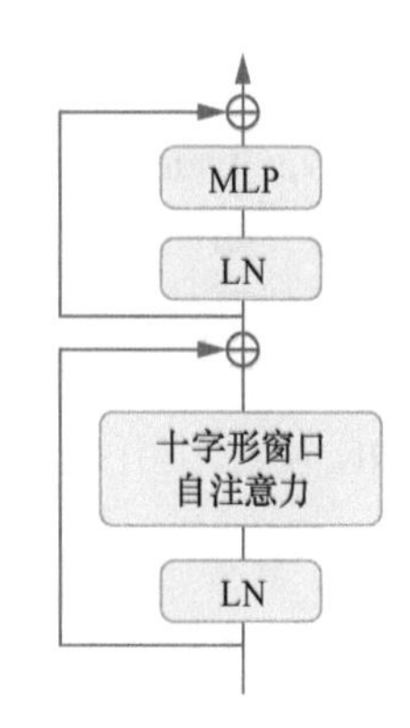

图 1.65 CSWin Transformer 块的网络结构

1.10.5 CSWin Transformer 的复杂度

最后我们讨论一下 CSWin Transformer 的复杂度，它的计算方式如下。

对于横向自注意力：$\boldsymbol{X}_i \in \mathbb{R}^{\text{sw}\times W\times C}$，$\boldsymbol{W} \in \mathbb{R}^{C\times d_k}$，其中 $\boldsymbol{W}$ 有 $\boldsymbol{Q}$、$\boldsymbol{K}$、$\boldsymbol{V}$ 共 3 个特征向量，$\boldsymbol{X}$ 有 M 组，自注意力机制共有 $K/2$ 个头，因此这一部分的复杂度如式（1.56）所示。

$$\begin{aligned} & 3\times M\times\frac{K}{2}\times(\text{sw}\times W\times C\times d_k) \\ = & 3\times\frac{H}{\text{sw}}\times\frac{K}{2}\times\left(\text{sw}\times W\times C\times\frac{C}{K}\right) \\ = & \frac{3}{2}\times H\times W\times C^2 \end{aligned} \tag{1.56}$$

$\boldsymbol{Q} \in \mathbb{R}^{\text{sw}\times W\times d_k}$，$\boldsymbol{K}^{\mathrm{T}} \in \mathbb{R}^{d_k\times\text{sw}\times W}$，因此 $\boldsymbol{Q}\boldsymbol{K}^{\mathrm{T}}$ 的复杂度如式（1.57）所示。

$$\begin{aligned} & M\times\frac{K}{2}\times(\text{sw}\times W\times d_k\times\text{sw}\times W) \\ = & \frac{H}{\text{sw}}\times\frac{K}{2}\times\left(\text{sw}\times W\times\frac{C}{K}\times\text{sw}\times W\right) \\ = & \frac{1}{2}H\times W^2\times C\times\text{sw} \end{aligned} \tag{1.57}$$

$\text{softmax}\left(\boldsymbol{Q}\boldsymbol{K}^{\mathrm{T}} / \sqrt{d}\right) \in \mathbb{R}^{(\text{sw}\times W)\times(\text{sw}\times W)}$，$\boldsymbol{V} \in \mathbb{R}^{(\text{sw}\times W)\times d_k}$，它们的积的复杂度如式（1.58）所示。

$$\begin{aligned} & M\times\frac{K}{2}\times(\text{sw}\times W\times\text{sw}\times W\times d_k) \\ = & \frac{1}{2}H\times W^2\times C\times\text{sw} \end{aligned} \tag{1.58}$$

同理对于纵向自注意力，前面 3 项的复杂度依次为$\frac{3}{2}\times H\times W\times C^2$、$\frac{1}{2}H^2\times W\times C\times \text{sw}$、$\frac{1}{2}H^2\times W\times C\times \text{sw}$。

最后一项是拼接头之后的值乘 $\boldsymbol{W}^O$，这一部分的复杂度是 $H\times W\times C^2$。综上，CSWin-Attention 的复杂度为前面 7 项之和，最终结果如式（1.59）所示。

$$\Omega(\text{CSWin-Attention}) = H\times W\times C\times(4C+\text{sw}\times H+\text{sw}\times W) \tag{1.59}$$

从式（1.59）中可以看出，在比较浅的层中，H 和 W 的值比较大，出于速度方面的考虑，这时候建议使用比较小的 sw；随着层数的增加，H 和 W 可能成比例缩小，这时候就可以使用感受野更大的 sw 了。

1.10.6 小结

CSWin Transformer 披着 Transformer 的“外衣”，但的确是 Transformer 和卷积的混合算法。在模型的最开始便是一个有重叠的 7×7 卷积，接着每个阶段可以看作由十字形窗口自注意力和深度卷积组成的双分支结构，在每个阶段中又添加了 CNN 最为经典的残差结构，而每个阶段之间又使用步长为 2 的 3×3 卷积进行降采样。至于 CSWin Transformer 最大的创新点——十字形窗口，其实在 CNN 领域，2019 年出现的 CCNet[1] 就提出过的类似的思想。

1.11 MLP? :MLP-Mixer

在本节中，先验知识包括：

- ❑ LN（6.3 节）；
- ❑ MobileNet（2.2 节）。

这里介绍一个争议非常大的号称全部由 MLP 组成的图像分类模型：MLP-Mixer[2]。MLP-Mixer 诞生后，很多微信公众号文章中宣称“CNN 的时代”已经过去了，那么 MLP-Mixer 真的有这么神奇吗？下面我们来一步步揭开它的“神秘面纱”。

1.11.1 网络结构

MLP-Mixer 的网络结构如图 1.66 所示，它由 3 个核心模块组成：

- 在每个块上的全连接；
- 通道混合的全连接；
- 像素点混合的全连接。

它的实现如下：

```
class MlpMixer(nn.Module):
  num_classes: int
  num_blocks: int
  patch_size: int
  hidden_dim: int
```

1　参见 Zilong Huang、Xinggang Wang、Lichao Huang 等人的论文“CCNet: Criss-Cross Attention for Semantic Segmentation”。

2　参见 Ilya Tolstikhin、Neil Houlsby、Alexander Kolesnikov 等人的论文“MLP-Mixer: An all-MLP Architecture for Vision”。

```
tokens_mlp_dim: int
channels_mlp_dim: int
@nn.compact
  def __call__(self, x):
  s = self.patch_size
  x = nn.Conv(self.hidden_dim , (s,s), strides=(s,s), name='stem')(x)
  x = einops.rearrange(x, 'n h w c -> n (h w) c')
for _ in range(self.num_blocks):
    x = MixerBlock(self.tokens_mlp_dim , self.channels_mlp_dim)(x)
x = nn.LayerNorm(name='pre_head_layer_norm')(x)
  x = jnp.mean(x, axis=1)
  return nn.Dense(self.num_classes , name='head', kernel_init=nn.initializers.zeros)(x)
```

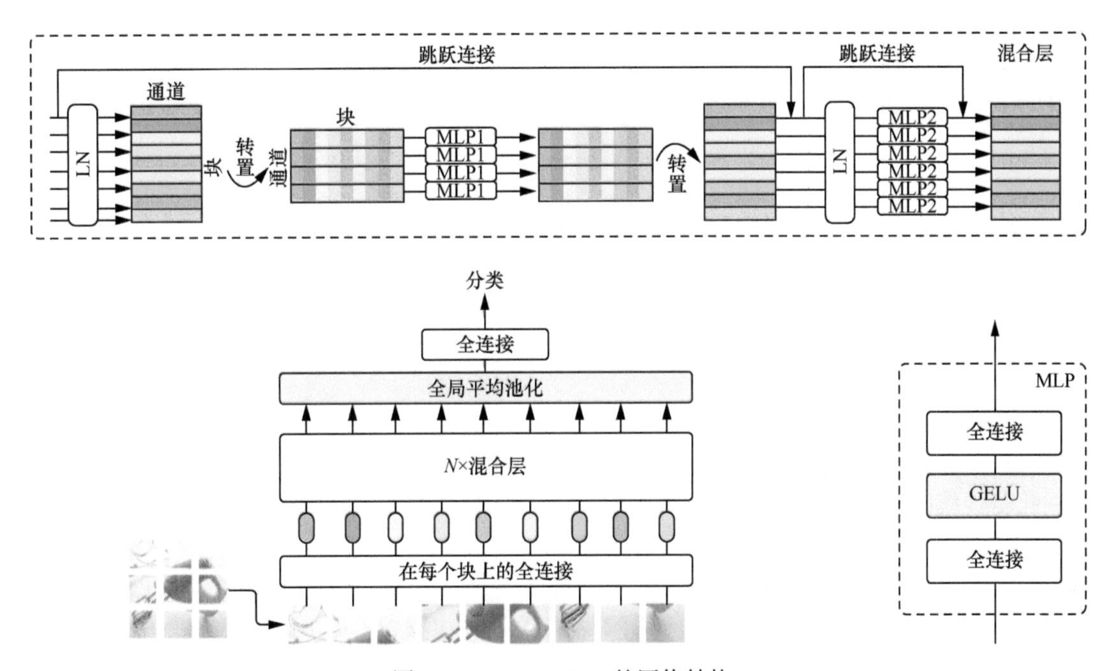

图 1.66　MLP-Mixer 的网络结构

1. 在每个块上的全连接

如图 1.66 所示，MLP-Mixer 首先将图像按照滑窗的方式转换成一个长度为 S 的图像块序列，假设每个图像块的大小为 P，序列的长度 $S=H\times W/P^2$，然后在这个序列上使用一个共享的全连接，将其编码为长度为 C 的特征向量$\boldsymbol{X}\in\mathbb{R}^{R\times C}$。

这时大家应该已经看出这一部分实际上就是一个步长为 P、卷积核的大小也是 P 的 CNN，这里也是使用卷积实现这个操作的。

2. 混合层

MLP-Mixer 的骨干网络是由 N 个混合层（mixer layer）组成的，每个混合层的网络结构如图 1.67 所示。混合层的核心结构是图 1.67 中的两个 MLP，其中 MLP1 用于标志混合（token-mixing）全连接块（红框内），MLP2 用于通道混合（channel-mixing）全连接块（蓝框内），它们的实现如下：

```
class MixerBlock(nn.Module):
  tokens_mlp_dim: int
  channels_mlp_dim: int
  @nn.compact
```

```
        def __call__(self, x):
            y = nn.LayerNorm()(x)
        y = jnp.swapaxes(y, 1, 2)
        y = MlpBlock(self.tokens_mlp_dim , name='token_mixing')(y)
        y = jnp.swapaxes(y, 1, 2)
            x = x+y
            y = nn.LayerNorm()(x)
    return x+MlpBlock(self.channels_mlp_dim , name='channel_mixing')(y)
```

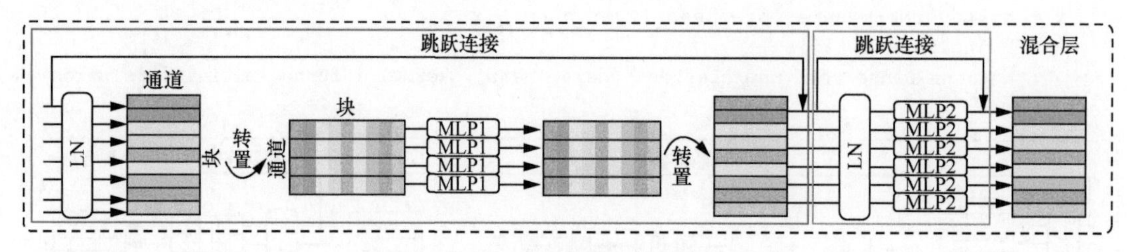

图 1.67　混合层的网络结构

在标志混合中，混合层先对输入的 $\boldsymbol{X}$ 使用 LN 进行归一化处理，然后对其进行转置，将输入数据的格式由通道为宽、图像块为高的矩阵变成图像块为宽、通道为高的矩阵。接着在每个通道上使用一个权值共享的 MLP 进行标志之间的特征加工，再使用转置将矩阵还原，最后使用一个残差结构将处理前后的两个特征进行拼接。由于这一部分实现的是同一通道不同标志之间的混合，因此叫作标志混合。

可以看出，图 1.67 中的 MLP1 其实就是 MobileNet[1] 中介绍的深度卷积（depthwise convolution），其中卷积核和步长的大小均是 P。这里的 LN 则相当于对整个特征图进行了一次白化（whitening）。图像白化是传统的计算机视觉中最常用的归一化手段，处理的方式就是将图像的像素平均值变为 0，方差变为 1。

在通道混合中，混合层也先使用 LN 对特征进行归一化，然后直接使用一个共享的 MLP 对特征图的通道特征进行混合计算。这里的 MLP2 其实就是 1×1 卷积。通道混合中还使用了残差结构进行特征的拼接。

在混合层中每个 MLP 是由两个全连接和 GELU 激活函数[2] 组成的。因此混合层本质上还是一个由连续两个深度卷积和连续两个点卷积组成的深度可分离卷积。

```
class MlpBlock(nn.Module):
  mlp_dim: int
    @nn.compact
    def __call__(self, x):
        y = nn.Dense(self.mlp_dim)(x)
        y = nn.gelu(y)
        return nn.Dense(x.shape[-1])(y)
```

3. 输出层

MLP-Mixer 的输出层使用的是 CNN 中最常使用的输出结构：一个全局平均池化和一个全连接。

1　参见 Andrew G.Howard、Menglong Zhu、Bo Chen 等人的论文“MobileNets: Efficient Convolutional Neural Networks for Mobile Vision Applications”。

2　参见 Dan Hendrycks、Kevin Gimpel 的论文“Gaussian Error Linear Units (GELUs)”。

1.11.2 讨论

1. 结构

MLP-Mixer 从本质上来说就是一个特殊形式的 CNN，无论是在每个块上的全连接，还是混合层中的标志混合和通道混合，都是一种特殊的卷积形式。虽然说 MLP-Mixer 是一个全部由 MLP 组成的模型，但是最终还是没有脱离 CNN 的范畴，更别说“MLP is all you need”（你只需要一个 MLP 结构就够了）这种耸人听闻的报道了。这么看来，LeCun 说 MLP-Mixer 是一个“挂羊头，卖狗肉”的算法也就不奇怪了。

MLP-Mixer 不仅没有继承 CNN 的优点，还失去了 CNN 的灵活性，例如全卷积对输入图像尺寸的自由度等。MLP-Mixer 的最大贡献可能是给出了 CNN 的一种全连接实现。

2. 效果

MLP-Mixer 虽然在 ImageNet 上取得了不错的分类效果，但是对比主流的 CNN 或者基于 Transformer 的方法仍有一些差距，且它的效果还依赖于 JFT-300M 数据集作为预训练数据集。当我们发现 MLP-Mixer 就是一种特殊的 CNN 之后，对它的效果也就不意外了。

所以各位 CV 领域的同行们完全不必惊慌，也没必要被一些微信公众号影响，继续放心地研究 CNN 吧！

第 2 章 轻量级 CNN

CNN 的另外一个方向是轻量级 CNN，即在不大幅度[1]降低模型精度的前提下，尽可能地压缩模型的大小，以提高运算的速度。轻量级 CNN 的第一个尝试是 SqueezeNet，SqueezeNet 的策略是使用 1×1 卷积代替 3×3 卷积，它对标的模型是 AlexNet。

轻量级 CNN 最经典的策略是深度可分离卷积，经典算法包括 MobileNet v1 和 Xception。深度可分离卷积由深度卷积和点卷积组成，深度卷积一般是以通道为单位的 3×3 卷积，在卷积过程中不同通道之间没有信息交换。而信息交换则由点卷积完成，点卷积就是标准的 1×1 卷积。深度可分离卷积的另一个比较经典的算法是 MobileNet v2，它将深度可分离卷积和残差结构进行了结合，并通过一些列理论分析和实验得出了一种更优的结合方式。

轻量级 CNN 的另外一种策略是选择在普通卷积和深度可分离卷积之间的一个折中方案，即分组卷积，它是在 ResNeXt 中提出的。所谓分组卷积，是指在深度卷积中以几个通道为一组的卷积。分组卷积的问题是组与组之间没有信息交互，这成了分组卷积的性能瓶颈。ShuffleNet v1 提出了通道洗牌策略以加强不同通道之间的信息流通，ShuffleNet v2 则通过分析整个测试时间，提出了在内存访问方面更高效的卷积方式。ShuffleNet v2 得出的结构是一种和 DenseNet 非常相似的密集连接结构。黄高团队的 CondenseNet 则是通过为每个分组学习一个索引层的形式来完成通道之间的信息流通。

2.1 SqueezeNet

在本节中，先验知识包括：
AlexNet（1.1 节）。

从 LeNet-5 到 DPN，再到 CSWin Transformer，反映了 CV 的一个发展方向：提高精度。这里我们开始对轻量级 CNN 的介绍：**在不大幅度降低模型精度的前提下，最大程度地提高运算速度**。

提高运算速度有两个方法：

- 减少可学习的参数的数量；
- 减少整个网络的计算量。

提高运算速度带来的效果是非常明显的：

- 可减少模型训练和测试时的计算量，单个计算步的速度更快；
- 可减小模型文件的大小，更利于模型的保存和传输；

1 “不大幅度”表示小幅降、不变或有提升。

- 可学习参数更少，网络占用的显存更小。

SqueezeNet[1] 正是诞生在这个环境下的一个经典的网络，它能够在 ImageNet 数据集上达到与 AlexNet 近似的效果，但是参数数量约是 AlexNet 的 1/50，结合其模型压缩技术——深度压缩（Deep Compression），模型文件大小约为 AlexNet 的 1/510。

2.1.1 SqueezeNet 的压缩策略

SqueezeNet 的模型压缩使用了 3 个策略。

- 将 3×3 卷积替换成 1×1 卷积：通过这一步，一个卷积操作的参数数量减少到原来的 1/9。
- 减少 3×3 卷积的通道数：一个 3×3 卷积的计算量是 $3\times3\times M\times N$（其中 M、N 分别是输入特征图和输出特征图的通道数），作者认为这样的计算量过于庞大，因此希望将 M、N 减小以减少参数数量。
- 将降采样后置：作者认为较大的特征图含有更多的信息，因此将降采样往分类层移动。注意，这样的操作虽然会提升网络的精度，但是有一个非常严重的缺点，即会增加网络的计算量。

2.1.2 点火模块

SqueezeNet 是由若干个点火（fire）模块结合 CNN 中卷积层、降采样层、全连接层等组成的。一个点火模块由压缩（squeeze）部分和扩张（expand）部分组成（注意，其和 1.5 节中的 SENet 的区别）。压缩部分由一组连续的 1×1 卷积组成，扩张部分则由一组连续的 1×1 卷积和一组连续的 3×3 卷积拼接组成，因此 3×3 卷积需要使用 same 卷积。点火模块的结构如图 2.1 所示。

在点火模块中，压缩部分 1×1 卷积的通道数记作 $s_{1\times1}$，扩张部分 1×1 卷积和 3×3 卷积的通道数分别记作 $e_{1\times1}$ 和 $e_{3\times3}$[2]。在点火模块中，作者建议 $s_{1\times1}<e_{1\times1}+e_{3\times3}$，这么做相当于在两个 3×3 卷积的中间加入了瓶颈层。图 2.1 中 $s_{1\times1}=3$，$e_{1\times1}=e_{3\times3}=4$。

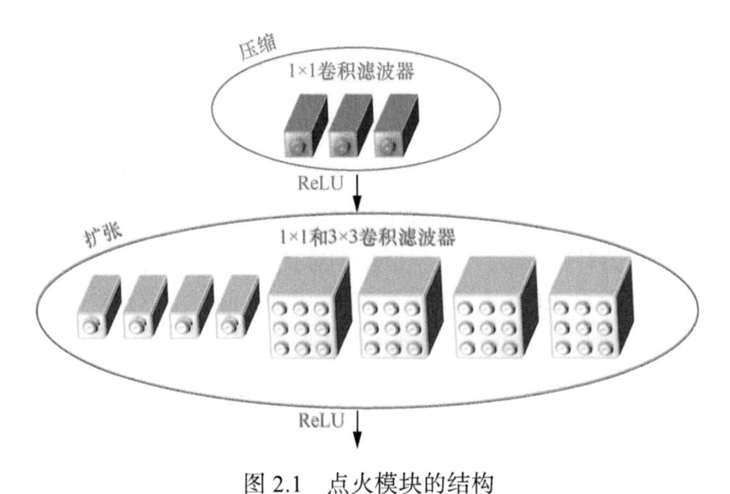

图 2.1 点火模块的结构

1 参见 Forrest N.Iandola、Song Han、Matthew W.Moskewicz 等人的论文“SqueezeNet: AlexNet-level accuracy with 50x fewer parameters and< 0.5 MB model size”。

2 论文中的图画得不好，不要错误地理解成卷积的层数。

下面代码片段展示了使用Keras实现的点火模块，注意，拼接特征图的时候使用的是拼接操作，这样不必要求 $e_{1\times1}=e_{3\times3}$。

```
def fire_model(x, s_1x1, e_1x1, e_3x3, fire_name):
    # 压缩部分
    squeeze_x = Conv2D(kernel_size=(1,1),filters=s_1x1,padding='same',
                       activation='relu',name=fire_name+'_s1')(x)
    # 扩张部分
    expand_x_1 = Conv2D(kernel_size=(1,1),filters=e_1x1,padding='same',
                        activation='relu',name=fire_name+'_e1')(squeeze_x)
    expand_x_3 = Conv2D(kernel_size=(3,3),filters=e_3x3,padding='same',
                        activation='relu',name=fire_name+'_e3')(squeeze_x)
    expand = merge([expand_x_1, expand_x_3], mode='concat', concat_axis=3)
    return expand
```

图 2.2 展示了使用 Keras 自带的 plot_model 功能可视化的点火模块，其中$s_{1\times1}=\frac{e_{1\times1}}{4}=\frac{e_{3\times3}}{4}=16$。

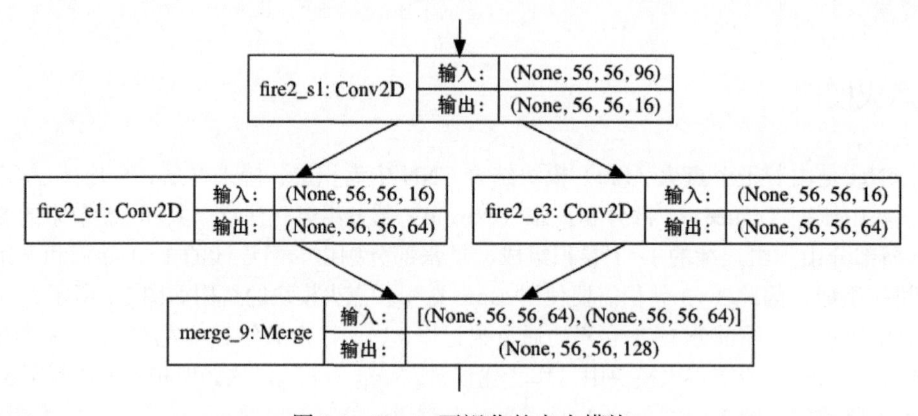

图 2.2　Keras 可视化的点火模块

2.1.3 SqueezeNet 的网络结构

图 2.3 展示了 SqueezeNet 的网络结构，图 2.3(a) 所示的是不加捷径的 SqueezeNet 的网络结构，图 2.3（b）所示的是加了捷径的 SqueezeNet 的网络结构，图 2.3（c）所示的是捷径跨不同特征图个数的卷积的 SqueezeNet 的网络结构。还有一些细节在图 2.3 中并没有体现出来：

- 激活函数默认都使用 ReLU；
- fire9 之后接了一个丢失率为 0.5 的 Dropout 层；
- 使用 same 卷积。

图 2.4 给出了 SqueezeNet 的详细网络参数。

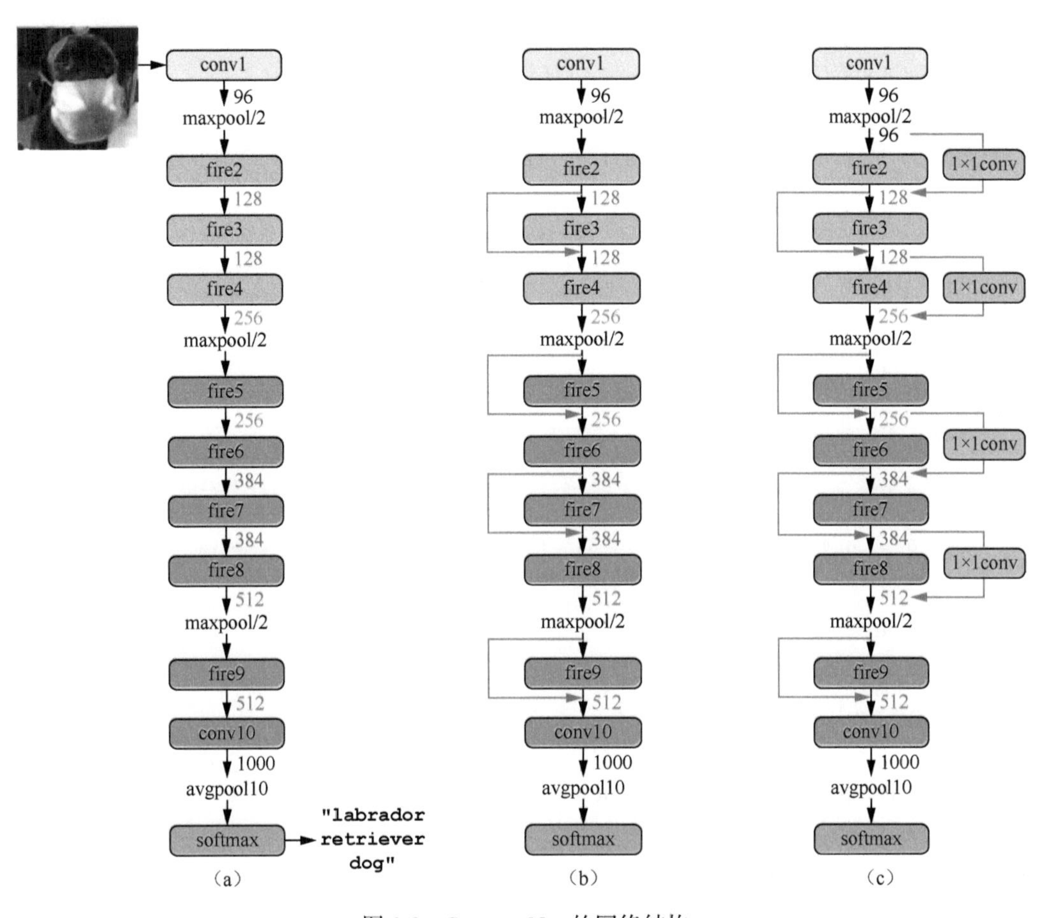

图 2.3　SqueezeNet 的网络结构

层名称/类型	输出尺寸	滤波器尺寸/步长（如果不是点火模块层）	深度	$s_{1\times1}$（1×1卷积压缩）	$e_{1\times1}$（1×1卷积扩张）	$e_{3\times3}$（3×3卷积扩张）	$s_{1\times1}$稀疏	$e_{1\times1}$稀疏	$e_{3\times3}$稀疏	比特数	减少参数之前	减少参数之后
输入图像	224×224×3										-	-
conv1	111×111×96	7×7/2（×96）	1				100% (7×7)			6bit	14 208	14 208
maxpool1	55×55×96	3×3/2	0									
fire2	55×55×128		2	16	64	64	100%	100%	33%	6bit	11 920	5 746
fire3	55×55×128		2	16	64	64	100%	100%	33%	6bit	12 432	6 258
fire4	55×55×256		2	32	128	128	100%	100%	33%	6bit	45 344	20 646
maxpool4	27×27×256	3×3/2	0									
fire5	27×27×256		2	32	128	128	100%	100%	33%	6bit	49 440	24 742
fire6	27×27×384		2	48	192	192	100%	50%	33%	6bit	104 880	44 700
fire7	27×27×384		2	48	192	192	50%	100%	33%	6bit	111 024	46 236
fire8	27×27×512		2	64	256	256	100%	50%	33%	6bit	188 992	77 581
maxpool8	13×12×512	3×3/2	0									
fire9	13×13×512		2	64	256	256	50%	100%	30%	6bit	197 184	77 581
conv10	13×13×1000	1×1/1（×1000）	1				20%（3×3）			6bit	513 000	103 400
avgpool10	1×1×1000	13×13/1	0									
共计											1 248 424	421 098

激活　　参数　　压缩信息

图 2.4　SqueezeNet 的详细网络参数

根据图 2.4，我们的 SqueezeNet 的 Keras 实现如下面代码片段所示。该代码片段的完整内容、模型的参数汇总，以及 SqueezeNet 的 Keras 可视化见随书资料。

```
def squeezeNet(x):
    conv1 = Conv2D(input_shape = (224,224,3), strides = 2, filters=96,
                   kernel_size=(7,7), padding='same', activation='relu')(x)
    pool1 = MaxPool2D((2,2))(conv1)
    fire2 = fire_model(pool1, 16, 64, 64,'fire2')
    fire3 = fire_model(fire2, 16, 64, 64,'fire3')
    fire4 = fire_model(fire3, 32, 128, 128,'fire4')
    pool2 = MaxPool2D((2,2))(fire4)
    fire5 = fire_model(pool2, 32, 128, 128,'fire5')
    fire6 = fire_model(fire5, 48, 192, 192,'fire6')
    fire7 = fire_model(fire6, 48, 192, 192,'fire7')
    fire8 = fire_model(fire7, 64, 256, 256,'fire8')
    pool3 = MaxPool2D((2,2))(fire8)
    fire9 = fire_model(pool3, 64, 256, 256,'fire9')
    dropout1 = Dropout(0.5)(fire9)
    conv10 = Conv2D(kernel_size=(1,1), filters=1000, padding='same',
                    activation='relu')(dropout1)
    gap = GlobalAveragePooling2D()(conv10)
    return gap
```

2.1.4 SqueezeNet 的性能

图 2.3（a）的 SqueezeNet 的正确率（top-1：57.5%。top-5：80.3%）是高于 AlexNet 的（top-1：57.2%。top-5：80.3%）。从图 2.4 中我们可以看出，SqueezeNet 总共有 1 248 424 个参数，同性能的 AlexNet 则有 58 304 586 个参数（主要集中在全连接层，去掉之后有 3 729 472 个）。使用他们提出的深度压缩[1]算法压缩后，模型的参数数量可以降到 421 098 个。

2.1.5 小结

SqueezeNet 的压缩策略是通过将 3×3 卷积替换成 1×1 卷积来达到的，其参数数量约是等性能的 AlexNet 的 2.14%。从参数数量上来看，SqueezeNet 的目的达到了。SqueezeNet 的最大贡献在于开拓了模型压缩这一方向，之后的一系列论文也就此方向展开。

这里我们着重说一下 SqueezeNet 的缺点。

- SqueezeNet 侧重的应用方向是嵌入式环境，目前嵌入式环境的主要问题是实时性。SqueezeNet 通过压缩模块和扩张模块的结构，虽然能减少网络的参数，但是丧失了网络的并行能力，测试时间反而会更长，这与目前的主要挑战是背道而驰的。
- 论文的题目非常吸引人眼球，虽然论文中将参数数量减少到约 1/50，但是问题的主要症结在于 AlexNet 本身全连接节点过于庞大，参数的减少和 SqueezeNet 的设计并没有关系，考虑去掉全连接之后将参数减小到约 1/3 更为合适。
- SqueezeNet 得到的模型大小约 5MB，而论文中提到的 0.5MB 的模型还要得益于深度压缩。虽然深度压缩也是 SqueezeNet 论文团队的论文内容，但是将 0.5 这个数列在论文的题目中显然不是很合适。

1　参见 Song Han、Huizi Mao、William J. Dally 的论文“Deep Compression: Compressing Deep Neural Networks with Pruning, Trained Quantization and Huffman Coding”。

2.2 MobileNet v1 和 MobileNet v2

在本节中，先验知识包括：

- ❑ ResNet（1.4 节）；
- ❑ SqueezeNet（2.1 节）。

MobileNet v1[1] 中使用的深度可分离卷积（depthwise separable convolution）是模型压缩的一个最为经典的策略，它通过将跨通道的 3×3 卷积换成单通道的 3×3 卷积（深度卷积）加上跨通道的 1×1 卷积（点卷积）来达到模型压缩的目的。

MobileNet v2[2] 在 MobileNet v1 的深度可分离卷积的基础上引入了残差结构，并发现了 ReLU 在通道数较少的特征图上有非常严重的信息损失问题，由此引入了线性瓶颈模块和翻转卷积模块。

首先在本节中我们会详细介绍两个版本的 MobileNet，然后我们会介绍如何使用 Keras 实现这两个算法。

2.2.1 MobileNet v1

1. 回顾：普通卷积的参数数量和计算量

传统的 CNN 是跨通道的，对于一个通道数为 M 的输入特征图，我们要得到通道数为 N 的输出特征图。普通卷积会使用 N 个不同的 $D_K \times D_K \times M$ 尺寸的窗口以滑窗的形式遍历输入特征图，因此对于一个尺寸为 $D_K \times D_K$ 的普通卷积，它的参数个数为 $D_K \times D_K \times M \times N$。一个普通卷积的计算可以表示为式（2.1），其中，$\boldsymbol{K}$ 是卷积核，$\boldsymbol{F}$ 是特征图，$\boldsymbol{G}$ 是卷积之后的特征图，k、l 是特征图的宽和高，m、n 分别表示输入特征图和输出特征图的通道数。

$$\boldsymbol{G}_{k,l,n} = \sum_{i,j,m} \boldsymbol{K}_{i,j,m,n} \cdot \boldsymbol{F}_{k+i-1,l+j-1,m} \tag{2.1}$$

它的一层网络的计算代价约为：

$$D_K \times D_K \times M \times N \times D_W \times D_H$$

其中，(D_W, D_H) 为特征图的尺寸。普通卷积的特征图之间的卷积核情况如图 2.5 所示。

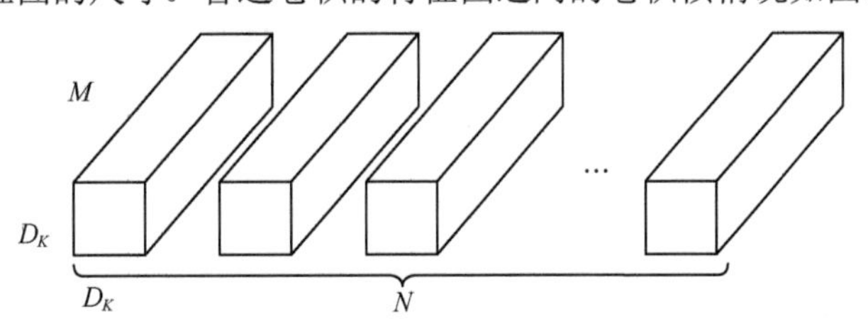

图 2.5 普通卷积的特征图之间的卷积核情况

MobileNet v1 中介绍的深度可分离卷积就用于解决普通卷积的参数数量过多和计算代价过于高昂的问题。深度可分离卷积由深度卷积（depthwise convolution）和点卷积（pointwise convolution）组成。

2. 深度卷积

深度卷积是指不跨通道的卷积，也就是说特征图的每个通道有一个独立的卷积核，并且这个卷积核作用且仅作用在这个通道之上，如图 2.6 所示。

1 参见 Andrew G.Howard、Menglong Zhu、Bo Chen 等人的论文“Mobilenets: Efficient Convolutional Neural Networks for Mobile Vision Applications”。

2 参见 Mark Sandler、Andrew Howard、Menglong Zhu 等人的论文“MobileNetV2: Inverted Residuals and Linear Bottlenecks”。

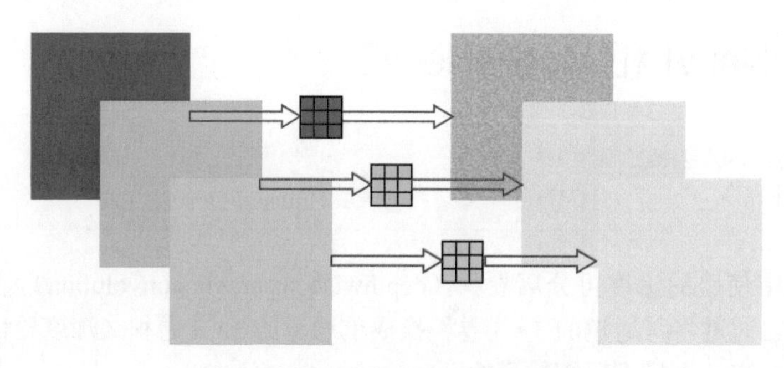

图 2.6　深度卷积示意（3 个通道）

从图 2.6 和图 2.5 的对比中我们可以看出，因为放弃了卷积时的跨通道，深度卷积的参数数量为 $D_K \times D_K \times M$。深度卷积的数学表达式如式（2.2）所示。

$$\hat{\boldsymbol{G}}_{k,l,m} = \sum_{i,j} \hat{\boldsymbol{K}}_{i,j,m} \cdot \boldsymbol{F}_{k+i-1,l+j-1,m} \tag{2.2}$$

它的计算代价是普通卷积的 $\frac{1}{N}$，表示为：

$$D_K \times D_K \times M \times D_W \times D_H$$

在 Keras 中，我们可以使用 `DepthwiseConv2D()` 实现深度卷积操作，它有几个重要的参数。

- `kernel_size`：卷积核的尺寸，一般设为 3×3。
- `strides`：卷积的步长。
- `padding`：是否加边。
- `activation`：激活函数。

由于深度卷积的每个通道的特征图产生且仅产生一个与之对应的特征图，也就是说输出层的特征图的通道数量等于输入层的特征图的通道数量。因此 `DepthwiseConv2D()` 不需要控制输出层的特征图的通道数量，也就没有通道数（filters）这个参数。

3. 点卷积

深度卷积的操作虽然非常高效，但是它仅相当于对当前的特征图的一个通道施加了一个滤波器，并不会合并若干个特征，从而实现跨通道的特征计算，而且由于在深度卷积中输出特征图的通道数等于输入特征图的通道数，因此它并没有升维或者降维的功能。

为了解决这些问题，MobileNet v1 中引入了点卷积，用于特征合并以及升维或者降维。很自然地，我们可以想到使用 1×1 卷积来完成这个功能。点卷积的参数数量为 $M \times N$，计算量为：

$$M \times N \times D_W \times D_H$$

点卷积示意如图 2.7 所示。

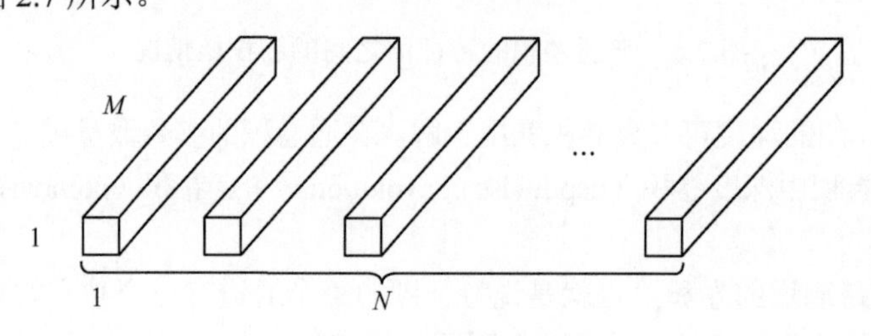

图 2.7　点卷积示意

4. 深度可分离卷积

合并深度卷积和点卷积便可得到 MobileNet v1 中的深度可分离卷积。它的一组操作（一次深度卷积加一次点卷积）涉及的参数数量为：$D_K \times D_K \times M + M \times N$，和普通卷积的比值如式（2.3）所示。

$$\frac{D_K \times D_K \times M + M \times N}{D_K \times D_K \times M \times N} = \frac{1}{N} + \frac{1}{D_K^2} \tag{2.3}$$

它的计算量为 $D_K \times D_K \times M \times D_W \times D_H + M \times N \times D_W \times D_H$，和普通卷积的比值如式（2.4）所示。

$$\frac{D_K \times D_K \times M \times D_W \times D_H + M \times N \times D_W \times D_H}{D_K \times D_K \times M \times N \times D_W \times D_H} = \frac{1}{N} + \frac{1}{D_K^2} \tag{2.4}$$

所以，对一个 3×3 的卷积而言，MobileNet v1 的参数数量和计算代价均为普通卷积的$\frac{1}{8}$左右。

5. MobileNet v1 的 Keras 实现及实验结果分析

通过上面的分析，我们知道一个深度可分离卷积的一组卷积操作可以拆分成一个深度卷积和一个点卷积，由此形成 MobileNet v1 的结构。在这个实验中我们首先会搭建一个普通卷积，然后将其改造成 MobileNet v1，在 MNIST 数据集上运行并得出实验结果，运行环境分别为 CPU 和 GPU。

首先我们搭建的普通卷积的结构如下面代码片段所示：

```
def Simple_NaiveConvNet(input_shape, k):
    inputs = Input(shape=input_shape)
    x = Conv2D(filters=32, kernel_size=(3,3), strides=(2,2), padding='same',
               activation='relu', name='n_conv_1')(inputs)
    x = Conv2D(filters=64, kernel_size=(3,3),padding='same', activation='relu',
               name='n_conv_2')(x)
    x = Conv2D(filters=128, kernel_size=(3,3),padding='same', activation='relu',
               name='n_conv_3')(x)
    x = Conv2D(filters=128, kernel_size=(3,3), strides=(2,2),padding='same',
               activation='relu', name='n_conv_4')(x)
    x = GlobalAveragePooling2D(name='n_gap')(x)
    x = BatchNormalization(name='n_bn_1')(x)
    x = Dense(128, activation='relu', name='n_fc1')(x)
    x = BatchNormalization(name='n_bc_2')(x)
    x = Dense(k, activation='softmax', name='n_output')(x)
    model = Model(inputs, x)
    return model
```

通过将 3×3 的 `Conv2D()` 换成 3×3 的 `DepthwiseConv2D()` 加上 1×1 的 `Conv2D()`（第一层保留普通卷积），我们将普通卷积改造成了 MobileNet v1。

```
def Simple_MobileNetV1(input_shape, k):
    inputs = Input(shape=input_shape)
    x = Conv2D(filters=32, kernel_size=(3, 3), strides=(2, 2), padding='same',
               activation='relu', name='m_conv_1')(inputs)
    x = DepthwiseConv2D(kernel_size=(3, 3), padding='same', activation='relu',
               name='m_dc_2')(x)
    x = Conv2D(filters=64, kernel_size=(1, 1), padding='same', activation='relu',
               name='m_pc_2')(x)
    x = DepthwiseConv2D(kernel_size=(3, 3), padding='same', activation='relu',
               name='m_dc_3')(x)
    x = Conv2D(filters=128, kernel_size=(1, 1), padding='same', activation='relu',
               name='m_pc_3')(x)
    x = DepthwiseConv2D(kernel_size=(3, 3), strides=(2, 2), padding='same',
               activation='relu', name='m_dc_4')(x)
    x = Conv2D(filters=128, kernel_size=(1, 1), padding='same', activation='relu',
               name='m_pc_4')(x)
    x = GlobalAveragePooling2D(name='m_gap')(x)
```

```
    x = BatchNormalization(name='m_bn_1')(x)
    x = Dense(128, activation='relu', name='m_fc1')(x)
    x = BatchNormalization(name='m_bc_2')(x)
    x = Dense(k, activation='softmax', name='m_output')(x)
    model = Model(inputs, x)
    return model
```

通过 Summary() 函数我们可以得到每个网络中每层的参数数量，如图 2.8 所示。图 2.8（a）所示的是普通卷积的参数数量汇总，图 2.8（b）所示的是 MobileNet v1 的参数数量汇总。

Layer (type)	Output Shape	Param #
input_44 (InputLayer)	(None, 28, 28, 1)	0
n_conv_1 (Conv2D)	(None, 14, 14, 32)	320
n_conv_2 (Conv2D)	(None, 14, 14, 64)	18 496
n_conv_3 (Conv2D)	(None, 14, 14, 128)	73 856
n_conv_4 (Conv2D)	(None, 7, 7, 128)	147 584
n_gap (GlobalAveragePooling2	(None, 128)	0
n_bn_1 (BatchNormalization)	(None, 128)	512
n_fc1 (Dense)	(None, 128)	16 512
n_bc_2 (BatchNormalization)	(None, 128)	512
n_output (Dense)	(None, 10)	1 290

Total params: 259 082
Trainable params: 258 570
Non-trainable params: 512

（a）

Layer (type)	Output Shape	Param #
input_45 (InputLayer)	(None, 28, 28, 1)	0
m_conv_1 (Conv2D)	(None, 14, 14, 32)	320
m_dc_2 (DepthwiseConv2D)	(None, 14, 14, 32)	320
m_pc_2 (Conv2D)	(None, 14, 14, 64)	2 112
m_dc_3 (DepthwiseConv2D)	(None, 14, 14, 64)	640
m_pc_3 (Conv2D)	(None, 14, 14, 128)	8 320
m_dc_4 (DepthwiseConv2D)	(None, 7, 7, 128)	1 280
m_pc_4 (Conv2D)	(None, 7, 7, 128)	16 512
m_gap (GlobalAveragePooling2	(None, 128)	0
m_bn_1 (BatchNormalization)	(None, 128)	512
m_fc1 (Dense)	(None, 128)	16 512
m_bc_2 (BatchNormalization)	(None, 128)	512
m_output (Dense)	(None, 10)	1 290

Total params: 48 330
Trainable params: 47 818
Non-trainable params: 512

（b）

图 2.8　普通卷积和 MobileNet v1 的参数数量汇总

普通卷积的参数总量为 259 082，去除未改造的部分剩余的参数数量为 239 936，即图 2.8（a）中所有卷积部分的参数数量。MobileNet v1 的参数总量为 48 330，去除未改造的部分剩余的参数数量为 29 184 个，即图 2.8（b）中所有卷积和深度卷积的参数。两个的比值为 $\frac{239\,936}{29\,184} \approx 8.22$，符合我们之前的推算。

接着我们利用 MNIST 数据集进行实验，我们在 CPU（Intel Core i7）和 GPU（NVIDIA GeForce GTX 1080 Ti）两个环境下运行，得到的收敛曲线如图 2.9 所示。在都训练 10 个 epoch 的情况下，我们发现 MobileNet v1 的结果要略差于普通卷积，这点完全可以理解，毕竟 MobileNet v1 的参数更少。

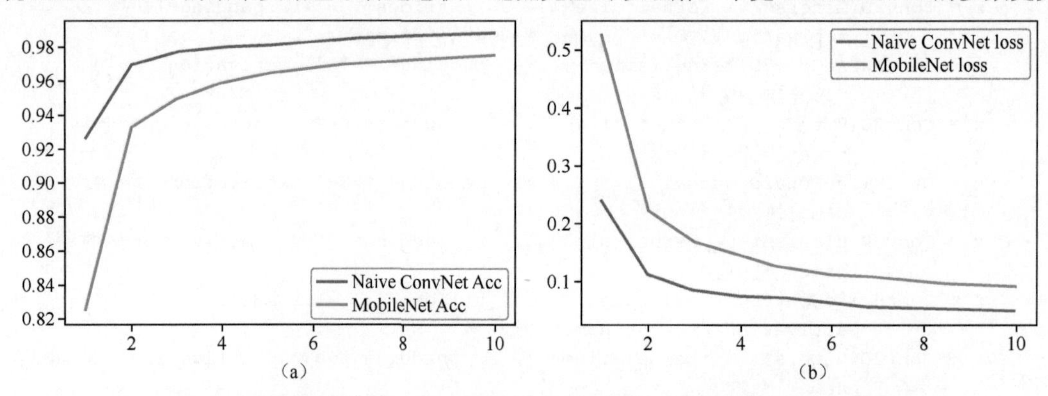

（a）　　（b）

图 2.9　普通卷积（蓝）和 MobileNet v1（橙）在 MNIST 上的收敛曲线

当年进行实验时（2018 年），我在对比单个 epoch 的训练时间的时候发现了一个奇怪的现象：在 CPU 上，MobileNet v1 的训练时间约为 70s，普通卷积的训练时间约为 140s，这和我们的预测是类似的；但是在 GPU 环境下，普通卷积和 MobileNet v1 的训练时间分别约为 40s 和 50s。MobileNet v1 在 GPU 上的训练速度反而更慢了，这是什么原因呢？

问题在于 cuDNN 对普通卷积的并行支持比较完善，而在 cuDNN 7 之前的版本并不支持深度卷积，现在虽然支持了，其并行性并没有优化，依旧采用循环的形式遍历每个通道，因此在 GPU 环境下 MobileNet v1 训练速度反而要慢于普通卷积。所以说，**是底层框架训练速度慢，并不是 MobileNet v1 算法训练速度慢**。

最后，论文中给出了两个超参数 α 和 ρ，分别用于控制每层的特征图的数量和输入图像的尺寸，由于并没有涉及很多特有知识，这里不过多介绍。

2.2.2 MobileNet v2

在 MobileNet v2 中，作者将残差网络加入了 MobileNet v1 中，同时分析了 MobileNet v1 的几个缺点并针对性地做了改进。MobileNet v2 的改进策略非常简单，但是在论文中，分析缺点的部分涉及了流形学习等内容，使优化过程变得非常复杂。我们在这里简单总结一下 MobileNet v2 中给出的缺点分析，希望能对阅读论文的读者有所帮助，对 MobileNet v2 的原理感兴趣的读者可以阅读论文原文。

当我们单独去看特征图的每个通道的像素的值的时候，其实这些值代表的特征可以映射到一个低维子空间的一个流形区域上。在完成卷积操作之后往往会接一个激活函数来增强特征的非线性，一个最常见的激活函数便是 ReLU。根据我们在 1.4 节中介绍的数据处理不等式，ReLU 一定会带来信息损耗，而且这种损耗是没有办法恢复的。ReLU 带来的信息损耗在通道数非常少的时候更为明显。为什么这么说呢？我们看图 2.10 所示的这个例子，其输入是一个表示流形数据的矩阵，和卷积操作类似，其会经过 n 个 ReLU 操作得到 n 个通道的特征图，然后我们试图通过这 n 个特征图还原输入数据，还原程度越高说明信息损耗得越少。从图 2.10 中我们可以看出，当 n 的值比较小时，ReLU 的信息损耗非常严重，当 n 的值比较大时，输入数据的还原程度越高。

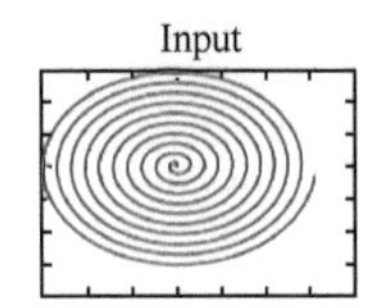

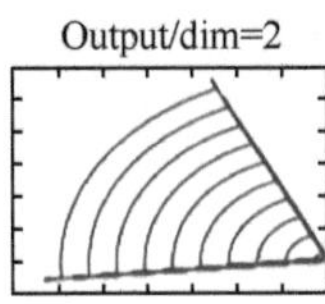

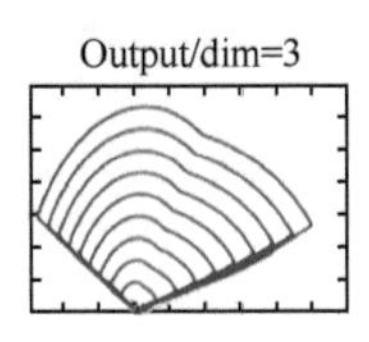

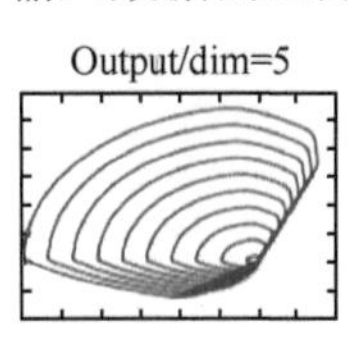

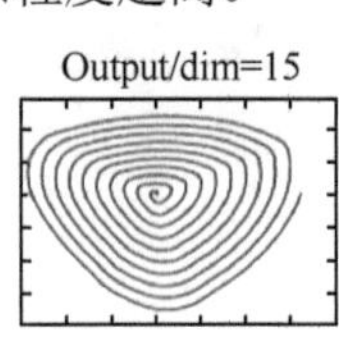

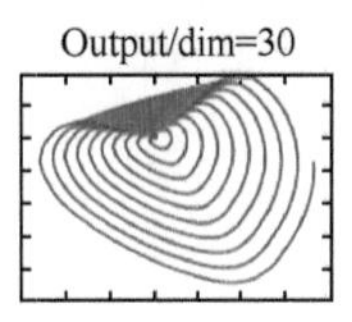

图 2.10　使用 ReLU 激活函数的通道数和信息损耗之间的关系

根据对上面提到的信息损耗问题的分析，我们有两种解决方案：

- 既然是 ReLU 导致的信息损耗，那么我们就将 ReLU 替换成线性激活函数；
- 如果比较多的通道数能减少信息损耗，那么我们使用更多的通道。

1. 线性瓶颈层

我们当然不能把 ReLU 全部换成线性激活函数，不然网络将会退化为单层神经网络，一个折中方案是在输出特征图的通道数较少的时候（也就是瓶颈层部分）使用线性激活函数，其他时候使用 ReLU。代码片段如下：

```
def _bottleneck(inputs, nb_filters, t):
    x = Conv2D(filters=nb_filters * t, kernel_size=(1,1), padding='same')(inputs)
```

```
    x = Activation(relu6)(x)
    x = DepthwiseConv2D(kernel_size=(3,3), padding='same')(x)
    x = Activation(relu6)(x)
    x = Conv2D(filters=nb_filters, kernel_size=(1,1), padding='same')(x)
    # 不使用激活函数
    if not K.get_variable_shape(inputs)[3] == nb_filters:
        inputs = Conv2D(filters=nb_filters, kernel_size=(1,1), padding='same')(inputs)
    outputs = add([x, inputs])
    return outputs
```

这里使用了 MobileNet v1 中的 ReLU6 激活函数，它将 ReLU 激活函数的最大值控制到 6，数学形式如式（2.5）所示：

$$\text{ReLU6}=\min[\max(0,x),6] \tag{2.5}$$

图 2.11（a）展示的是结合了残差网络和线性激活函数的 MobileNet v2 的一个网络块，图 2.11（b）展示的是 MobileNet v1。

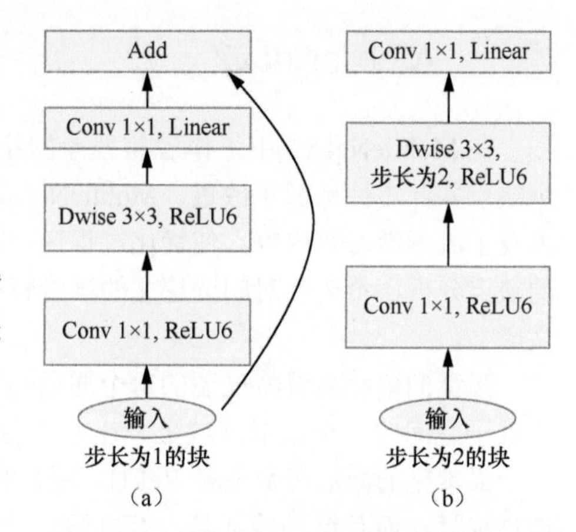

图 2.11　MobileNet v2 的线性瓶颈层和 MobileNet v1 的深度可分离卷积的对比

2. 反转残差

当激活函数使用 ReLU 时，我们可以通过增加通道数来减少信息的损耗，使用参数 t 来控制，表示该层的通道数是输入特征图的通道数的 t 倍。对于传统的残差块，t 一般取小于 1 的小数，常见的取值为 0.1，而在 MobileNet v2 中这个值一般在 5 到 10 内，在作者的实验中，t=6。考虑到残差网络和 MobileNet v2 的 t 的不同取值范围，它们分别形成了锥子形（两头小、中间大）和沙漏形（两头大、中间小）的结构，如图 2.12 所示，其中图 2.12（b）第一组特征图之间使用的是线性激活函数。

因为捷径被转移到了瓶颈层，所以这种形式的卷积块被叫作反转残差块（inverted residual block）。

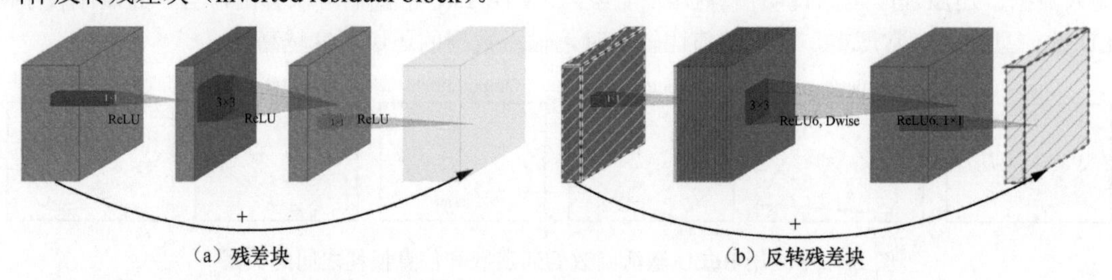

图 2.12　残差网络的残差块和 MobileNet v2 的反转残差块卷积对比

3. MobileNet v2

综上，我们可以得到 MobileNet v2 的一个网络块的详细参数，如表 2.1 所示，其中 s 代表步长。

表 2.1　MobileNetv2 的一个网络块的详细参数

输入	模型运算	输出
$h\times w\times k$	1×1 Conv 2D，ReLU6	$h\times w\times(t\times k)$
$h\times w\times t\times k$	3×3 DWConv，s，ReLU6	$\frac{h}{s}\times\frac{w}{s}\times(t\times k)$
$\frac{h}{s}\times\frac{w}{s}\times t\times k$	Linear，1×1 Conv 2D	$\frac{h}{s}\times\frac{w}{s}\times k'$

MobileNet v2 可以通过堆叠瓶颈块的方式实现，如下面的代码片段所示：

```
def MobileNetV2_relu(input_shape, k):
    inputs = Input(shape = input_shape)
    x = Conv2D(filters=32, kernel_size=(3,3), padding='same')(inputs)
    x = _bottleneck_relu(x, 8, 6)
    x = MaxPooling2D((2,2))(x)
    x = _bottleneck_relu(x, 16, 6)
    x = _bottleneck_relu(x, 16, 6)
    x = MaxPooling2D((2,2))(x)
    x = _bottleneck_relu(x, 32, 6)
    x = GlobalAveragePooling2D()(x)
    x = Dense(128, activation='relu')(x)
    outputs = Dense(k, activation='softmax')(x)
    model = Model(inputs, outputs)
    return model
```

2.2.3　小结

在本节中，我们介绍了两个版本的 MobileNet，它们和普通卷积的对比如图 2.13 所示。

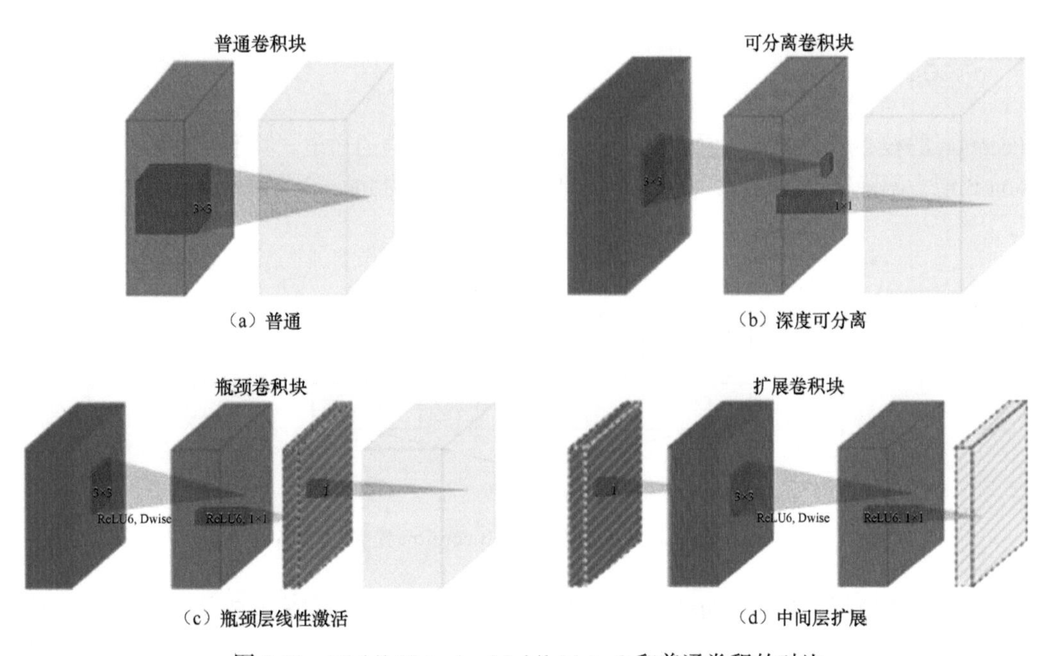

图 2.13　MobileNet v1、MobileNet v2 和普通卷积的对比

如图 2.13（b）所示，MobileNet v1 最主要的贡献是提出了深度可分离卷积，它又可以拆分成深度卷积和点卷积。MobileNet v2 主要将残差网络和深度可分离卷积进行了结合，通过分析单通道的流形特征对残差块进行了改进，包括对中间层的扩展（如图 2.13（d）所示）以及瓶颈层的线性激活（如图 2.13（c）所示）。深度可分离卷积的分离式设计直接将模型压缩到$\frac{1}{8}$左右，但是精度并没有损失得非常严重，这一点还是非常震撼的。

深度可分离卷积的设计非常精彩，MobileNet 系列高速度的特性给了 MobileNet 很大的市场空间，尤其是在嵌入式平台领域中。

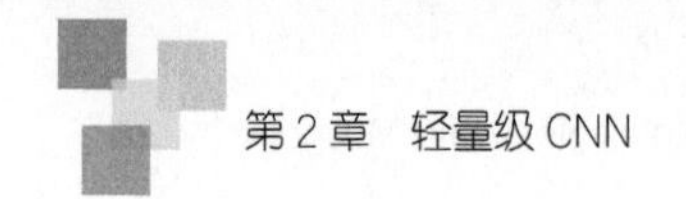

最后，不得不承认 MobileNet v2 的论文的一系列证明非常精彩，虽然没有这些证明我们也能明白 MobileNet v2 的工作原理，但是这些证明过程还是非常值得仔细品鉴的，尤其是对于科研人员。

2.3　Xception

在本节中，先验知识包括：

- ❑ GoogLeNet（1.3 节）；
- ❑ ResNet（1.4 节）。

深度可分离卷积是 Laurent Sifre 在其博士论文[1]中率先提出的。经典的 MobileNet 系列算法便采用深度可分离卷积作为其核心结构。

本节主要从 Inception 的角度出发，探讨 Inception 和深度可分离卷积的关系，从一个全新的角度解释深度可分离卷积。再结合前沿的残差网络，一个新的架构 Xception[2] 应运而生。Xception 取义“极端的 Inception”（extreme Inception），即 Xception 是一种极端的 Inception，下面我们来看看它是如何体现极端的。

2.3.1　Inception 回顾

Inception 的核心思想是将通道分成若干个感受野大小不同的通道。除了能获得不同的感受野，Inception 还能大幅降低参数数量。图 2.14 所示的是一个简单的 Inception 模型。

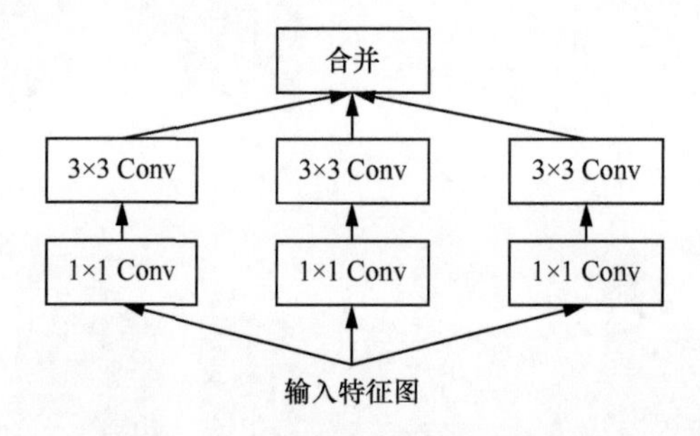

图 2.14　一个简单的 Inception 模型

对于一个输入特征图，首先通过 3 组 1 × 1 卷积得到 3 组特征图，它和先使用一组 1 × 1 卷积得到一组特征图，再将这组特征图分成 3 组是完全等价的（见图 2.15）。假设图 2.14 中 1 × 1 卷积核的数量都是 k_1，3 × 3 卷积核的数量都是 k_2，输入特征图的通道数为 m，那么这个简单的 Inception 模型的参数数量为：

$$m \times k_1 + 3 \times 3 \times 3 \times \frac{k_1}{3} \times \frac{k_2}{3} = m \times k_1 + 3 \times k_1 \times k_2$$

对比通道数相同，但是没有分组的普通卷积，其参数数量为 $m \times k_1 + 3 \times 3 \times k_1 \times k_2$，约为 Inception 的 3 倍。

1　参见 Laurent Sifre、Stéphane Mallat 的论文“Rigid-Motion Scattering for Image Classification”。

2　参见 Francois Chollet 的论文“Xception: Deep Learning with Depthwise Separable Convolutions”。

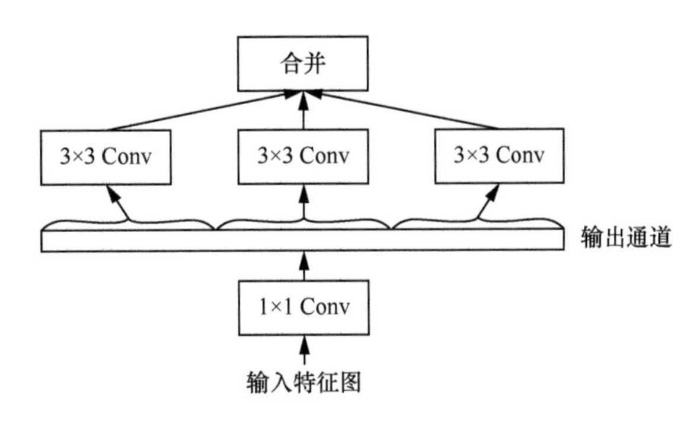

图 2.15　简单 Inception 模型的等价形式

2.3.2 Xception 详解

如果 Inception 将 3×3 卷积分成 3 组，那么考虑一种极端的情况：将 Inception 的 1×1 卷积得到的 k_1 个通道的特征图完全分开，也就是使用 k_1 个不同的卷积分别在每个通道上进行卷积，涉及的参数数量是 $m \times k_1 + k_1 \times 3 \times 3$。为了对齐普通卷积的输出通道数，我们希望两组卷积的输出特征图相同，这里我们将 Inception 的 1×1 卷积的通道数设为 k_2，即参数数量为 $m \times k_2 + k_2 \times 3 \times 3$，它的参数数量是普通卷积的$\frac{1}{k_1}$，我们把这种形式的 Inception 叫作极端的 Inception，如图 2.16 所示。

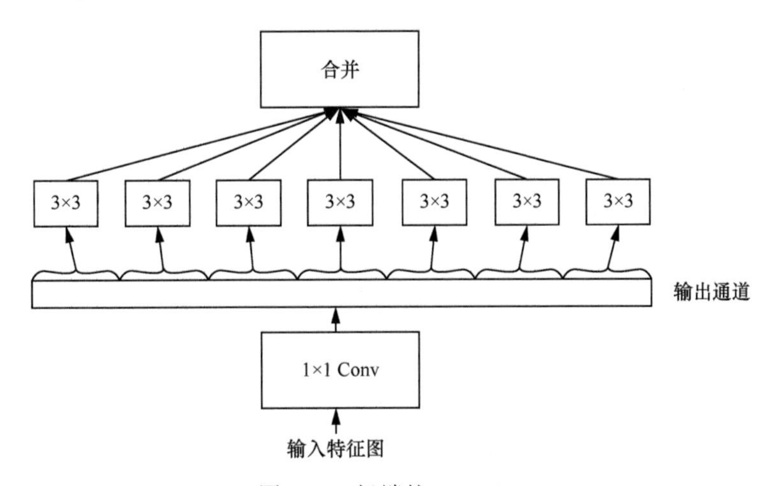

图 2.16　极端的 Inception

在搭建 GoogLeNet 时，我们一般采用堆叠 Inception 的方式，同理在搭建由极端的 Inception 构成的网络时也采用堆叠的方式，论文中将这种形式的网络结构叫作 Xception。如果我们看过深度可分离卷积的话就会发现，它和 Xception 几乎是等价的，第一个不同点就是先计算点卷积还是先计算深度卷积。在 MobileNet v2 中，我们指出瓶颈层的最后一层 1×1 卷积核为线性激活时有助于减少信息损耗，这也就是 Xception 和深度可分离卷积（准确地说是 MobileNet v2）的第二个不同点。结合残差结构，一个完整的 Xception 模型如图 2.17 所示。Xception 由入口流（Entry flow）、中间流（Middle flow）和出口流（Exit flow）组成，其中入口流由普通卷积和深度可分离卷积组成，而中间流和出口流仅由深度可分离卷积组成。

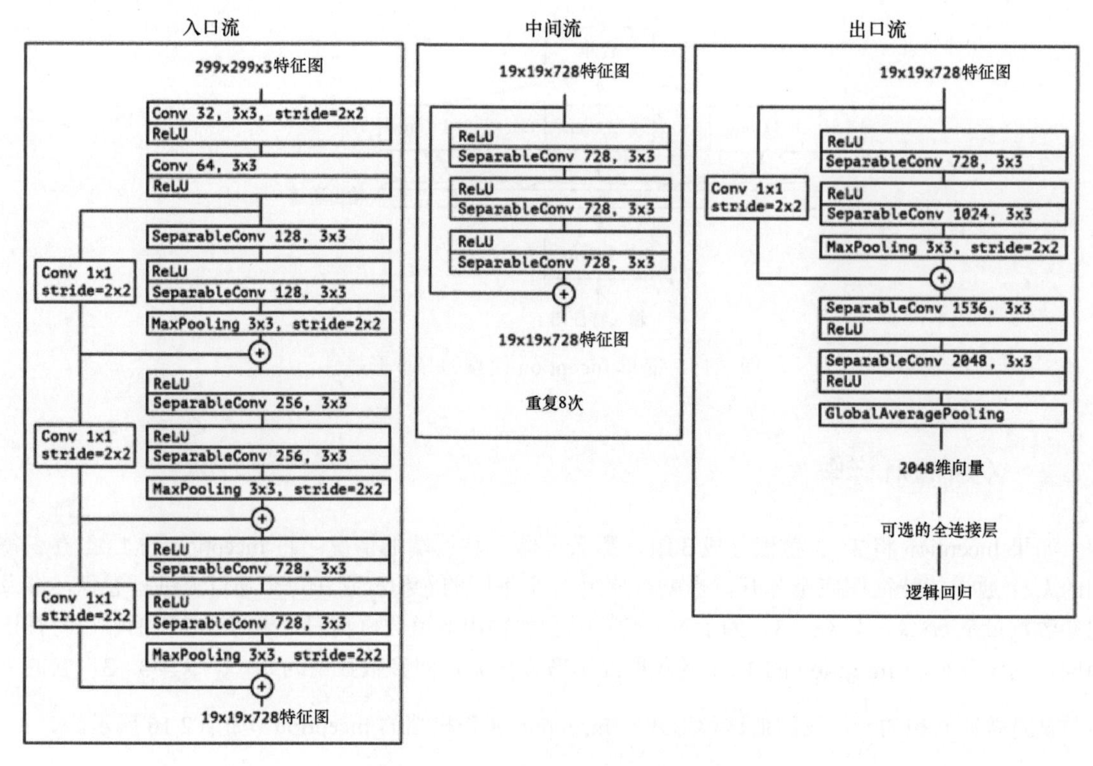

图 2.17　一个完整的 Xception 模型

图 2.17 中要注意的几点：

- Keras 的 `SeparableConv()` 函数是由 3 × 3 的深度卷积和 1 × 1 的点卷积组成的，因此可用于升维和降维；
- 图 2.17 中的⊕是单位加操作，即对两个特征图进行单位加。

2.3.3 小结

Xception 的结构和 MobileNet 的非常像，两个算法的提出时间近似，不存在谁抄袭谁的问题。它们从不同的角度揭示了深度可分离卷积的强大作用：MobileNet 是通过将普通 3 × 3 卷积拆分来减少参数数量的，而 Xception 则是通过对 Inception 的充分解耦来减少参数数量的。

2.4 ResNeXt

在本节中，先验知识包括：

- ❑ GoogLeNet（1.3 节）；
- ❑ 残差网络（1.4 节）；
- ❑ MobileNet（2.2 节）。

本节介绍 ResNeXt[1]。ResNeXt 是残差网络和 Inception 的结合体，不同于 Inception v4 的是，残

1　参见 Saining Xie、Ross Girshick、Piotr Dollár 等人的论文“Aggregated Residual Transformations for Deep Neural Networks”。

差网络不需要人工设计复杂的 Inception 结构细节，每一个分支都采用相同的拓扑结构。ResNeXt 的本质是分组卷积（group convolution），通过变量**基数**（cardinality）来控制组的数量。分组卷积是普通卷积和深度可分离卷积的一个折中方案，即将特征图分成若干组，在每个组的内部使用普通卷积进行计算。

2.4.1 从全连接讲起

给定有 D 个通道的输入数据 $\boldsymbol{x}=[\boldsymbol{x}_1,\boldsymbol{x}_2,\cdots,\boldsymbol{x}_D]$，其输入权值的通道数也是 D，表示为 $\boldsymbol{w}=[\boldsymbol{w}_1,\boldsymbol{w}_2,\cdots,\boldsymbol{w}_D]$，一个没有偏置的线性激活神经元如式（2.4）所示：

$$\sum_{i=1}^{D}\boldsymbol{w}_i\boldsymbol{x}_i \tag{2.6}$$

全连接的拆分 - 转换 - 合并结构如图 2.18 所示。

这是一个最简单的拆分 - 转换 - 合并（split-transform-merge）结构。具体地讲，图 2.18 可以拆分成 3 部分。

（1）拆分：将数据 $\boldsymbol{x}$ 拆分成 D 个特征。

（2）转换：每个特征经过一个线性变换 $w_i x_i$。

（3）合并：通过单位加得到最后的输出 $\sum_{i}^{D}\boldsymbol{w}_i\boldsymbol{x}_i$。

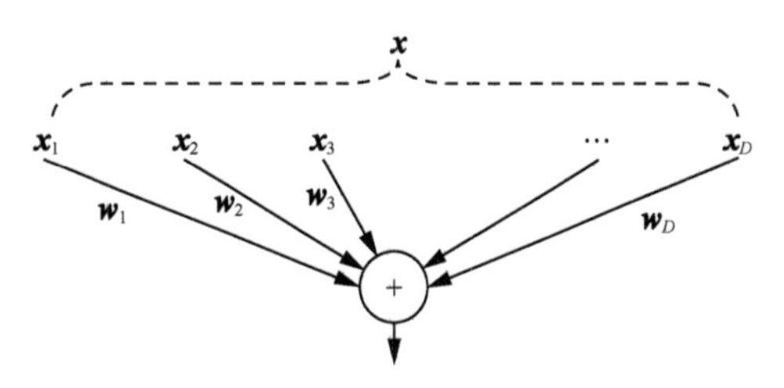

图 2.18 全连接的拆分 - 转换 - 合并结构

2.4.2 简化 Inception

Inception 的结构也是非常明显的拆分 - 转换 - 合并结构，作者认为 Inception 不同分支的不同拓扑结构的特征有非常刻意的“人工雕琢”的痕迹，而调整 Inception 的内部结构往往涉及大量的超参数，调整这些超参数是非常困难的。所以作者的想法是每个结构使用相同的拓扑结构，那么这时候的 Inception 表示为式（2.5）：

$$\mathcal{F}=\sum_{i=1}^{C}\mathcal{T}_i(\boldsymbol{x}) \tag{2.7}$$

其中，C 是简化 Inception 的基数（之后多被叫作分组卷积的组数），$\mathcal{T}_i()$ 是任意的变换，例如一系列的卷积操作等。图 2.19 所示的便是一个简化 Inception 的拆分 - 转换 - 合并结构，其 $\mathcal{T}_i()$ 是由连续的卷积（1 × 1 → 3 × 3 → 1 × 1）组成的。

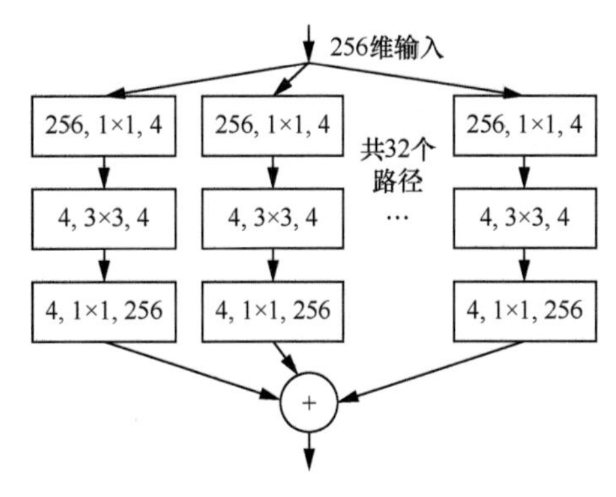

图 2.19 一个简化 Inception 的拆分 - 转换 - 合并结构

2.4.3 ResNeXt 详解

结合强大的残差网络，我们得到的便是完整的 ResNeXt，也就是在式（2.5）中添加一条捷径，表示为式（2.6）。

$$\mathcal{F}=\boldsymbol{x}+\sum_{i=1}^{C}\mathcal{T}_i(\boldsymbol{x}) \tag{2.8}$$

ResNeXt 的结构如图 2.20 所示。

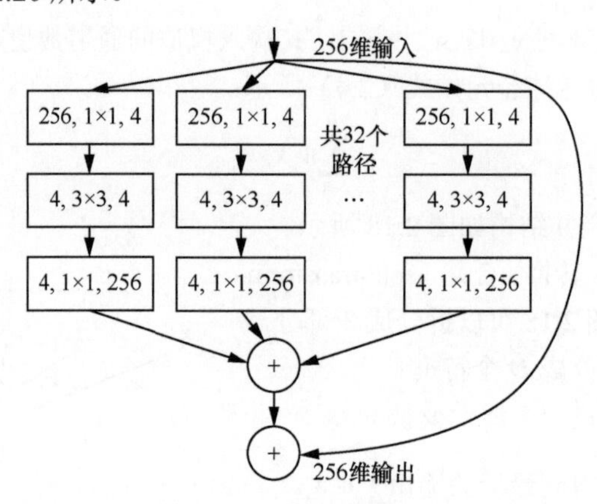

图 2.20 ResNeXt 的结构

在图 2.20 中，单位加操作之前是 32 个独立的通道数为 256 的 1×1 卷积，它等价于将 32 个 3×3 卷积之后的通道数为 4 的特征图拼接起来之后再使用一个通道数为 256 的 1×1 卷积，如图 2.21 所示。

图 2.20 和图 2.21 所示的结构可以等价为提前把 1×1 卷积合并的结构，如图 2.22 所示。

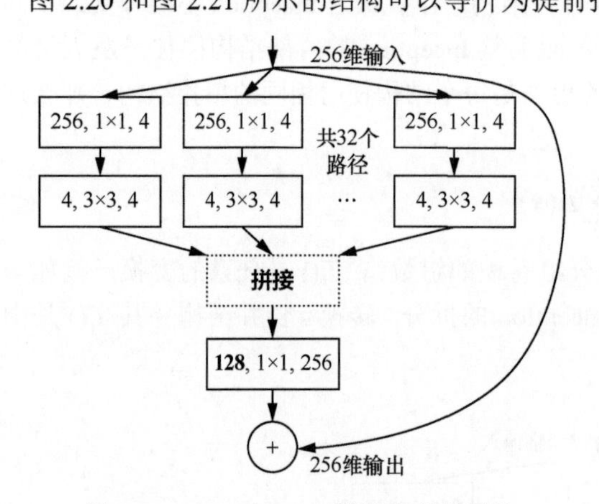

图 2.21 Inception v4 拼接在前的结构

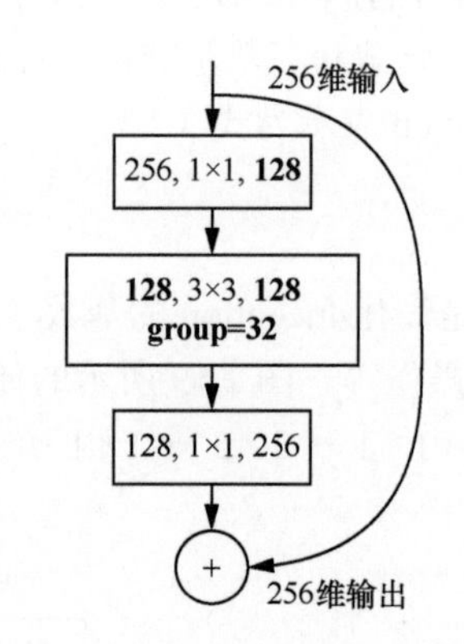

图 2.22 分组卷积的第 3 种形式

2.4.4 分组卷积

分组卷积的雏形要追溯到 2012 年深度学习"鼻祖"AlexNet，其网络结构如图 1.4 所示。受限于当时的硬件条件，AlexNet 论文作者不得不将卷积操作拆分到两个 GPU 上运行，这两个 GPU 的参数是不共享的。

分组卷积是介于普通卷积和深度可分离卷积之间的一种折中方案，不是彻底地为每个通道单独赋予一个独立的卷积核，也不是整个特征图使用同一个卷积核。

2.4.5 小结

ResNeXt 提出了一种介于普通卷积和深度可分离卷积之间的策略：分组卷积。它通过控制分组的数量（基数）来达到两种卷积的平衡。分组卷积的思想源自 Inception，不同于 Inception 需要人工设计每个分支，ResNeXt 的每个分支的拓扑结构是相同的。最后结合残差网络，得到的便是最终的 ResNeXt。

从上面的分析中我们可以看出 ResNeXt 的结构非常简单，但是其在 ImageNet 上取得了优于类似框架的残差网络，这也有 Inception 的一部分功劳。

ResNeXt 的超参数确实比 Inception v4 的超参数更少，但是它直接废除了 Inception 的囊括不同感受野的特性仿佛不是很合理。在更多的环境中我们发现 Inception v4 的效果是优于 ResNeXt 的。类似结构的 ResNeXt 的运行速度应该是优于 Inception v4 的，因为 ResNeXt 的相同拓扑结构的分支设计更符合 GPU 的硬件设计原则。

2.5 ShuffleNet v1 和 ShuffleNet v2

在本节中，先验知识包括：

- ❑ ResNeXt（2.4 节）；
- ❑ Xception（2.3 节）；
- ❑ DenseNet（1.6 节）；
- ❑ 残差网络（1.4 节）；
- ❑ MobileNet（2.2 节）。

在 ResNeXt 中，分组卷积作为普通卷积和深度可分离卷积之间的一种折中方案被采用。这时大量的对整个特征图的点卷积成了 ResNeXt 的性能瓶颈。一种更高效的策略是在组内进行点卷积，但是这种组内点卷积的方式不利于通道之间的信息流通。为了解决这个问题，ShuffleNet v1[1] 中提出了通道洗牌（channel shuffle）操作。

在 ShuffleNet v2[2] 的论文中作者指出，现在普遍采用的用每秒浮点运算数（floating-point operations per second，FLOPS）评估模型性能的方式是非常不合理的，因为计算一批样本的训练时间除了要考虑 FLOPS，还要考虑很多过程，如文件 I/O、内存读取、GPU 执行等。作者从内存消耗成本、GPU 并行性两个方向分析了模型可能带来的非 FLOPS 的行动损耗，进而设计了更加高效的 ShuffleNet v2。ShuffleNet v2 的架构和 DenseNet 的有异曲同工之妙，而且其速度和精度都要优于 DenseNet。

2.5.1 ShuffleNet v1

1. 通道洗牌

通道洗牌是介于整个通道的点卷积和组内点卷积之间的一种折中方案。传统策略是在整个特征图上执行卷积操作。假设一个传统的深度可分离卷积由一个 3×3 的深度卷积和一个 1×1 的点卷积

1 参见 Xiangyu Zhang、Xinyu Zhou、Mengxiao Lin 等人的论文“ShuffleNet: An Extremely Efficient Convolutional Neural Network for Mobile Devices”。

2 参见 Ningning Ma、Xiangyu Zhang、Hai-Tao Zheng 等人的论文“ShuffleNet v2: Practical Guidelines for Efficient CNN Architecture Design”。

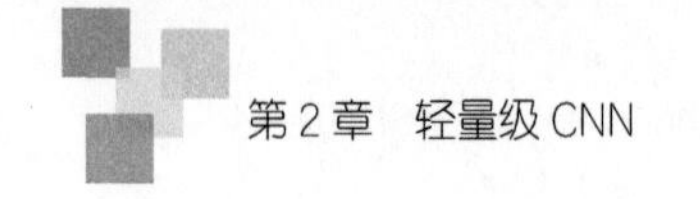

组成。其中输入特征图的尺寸为 $h\times w\times c_1$，输出特征图的尺寸为 $h\times w\times c_2$，1×1 卷积处的 FLOPS 如式（2.9）所示。

$$F=\underbrace{9\times h\times w\times c_1}_{\text{深度卷积}}+\underbrace{h\times w\times c_1\times c_2}_{\text{点卷积}} \tag{2.9}$$

一般情况下 c_2 是远大于 9 的，也就是说深度可分离卷积的性能瓶颈主要体现在点卷积上。

为了解决这个问题，ResNeXt 提出了仅在分组内进行点卷积。对于一个分成了 g 个组的分组卷积，其 FLOPS 如式（2.10）所示。

$$F=9\times h\times w\times c_1+\frac{h\times w\times c_1\times c_2}{g} \tag{2.10}$$

从式（2.10）中我们可以看出组内点卷积可以非常有效地解决性能瓶颈问题。然而这个策略的一个非常严重的问题是特征图之间是不存在通道特征的信息交互的，网络趋近于由多个结构类似的网络构成的模型，精度大打折扣，如图 2.23（a）所示。

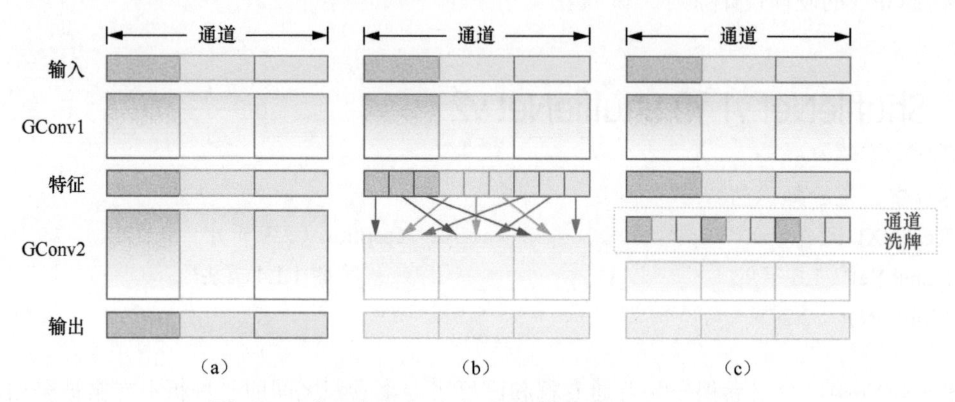

图 2.23　分组点卷积（a）和通道洗牌（b，c）对比

为了解决通道之间的沟通问题，ShuffleNet v1 提出了其最核心的操作：**通道洗牌**。假设分组特征图的尺寸为 $w\times h\times g\times n$，其中 g 表示分组的组数。通道洗牌的操作细节如下：

（1）将特征图展开成 $g\times n\times w\times h$ 的四维矩阵；

（2）沿着尺寸为 $g\times n\times w\times h$ 的矩阵的 g 轴和 n 轴转置；

（3）将 g 轴和 n 轴平铺后得到洗牌之后的特征图；

（4）进行组内 1×1 卷积。

通道洗牌的结果如图 2.23（c）所示，具体操作细节如图 2.24 所示，Keras 实现如下：

```
def channel_shuffle(x, groups):
    """
        举例：由3个组构成的1维向量
        >>> d = np.array([0,1,2,3,4,5,6,7,8])
        >>> x = np.reshape(d, (3,3))
        >>> x = np.transpose(x, [1,0])
        >>> x = np.reshape(x, (9,))
        '[0 1 2 3 4 5 6 7 8] --> [0 3 6 1 4 7 2 5 8]'
    """
    height, width, in_channels = x.shape.as_list()[1:]
    channels_per_group = in_channels // groups
    x = K.reshape(x, [-1, height, width, groups, channels_per_group])
```

```
x = K.permute_dimensions(x, (0, 1, 2, 4, 3))  # 移位
x = K.reshape(x, [-1, height, width, in_channels])
return x
```

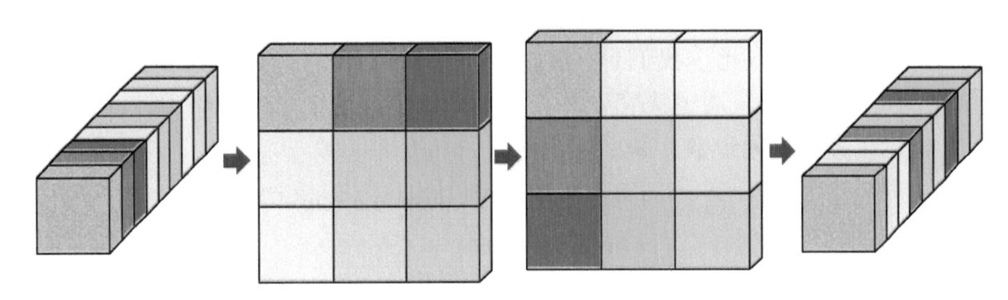

图 2.24　通道洗牌过程详解

从代码中我们也可以看出，通道洗牌的操作是步步可微分的，因此可以保证整个 CNN 的可学习性。

2. ShuffleNet v1 单元

图 2.25（a）所示的是一个普通的带有残差结构的深度可分离卷积，如 MobileNet、Xception。ShuffleNet v1 的结构如图 2.25（b）、图 2.25（c）所示。其中，图 2.25（b）所示的是不需要降采样的情况，图 2.25（c）所示的是需要降采样的情况。

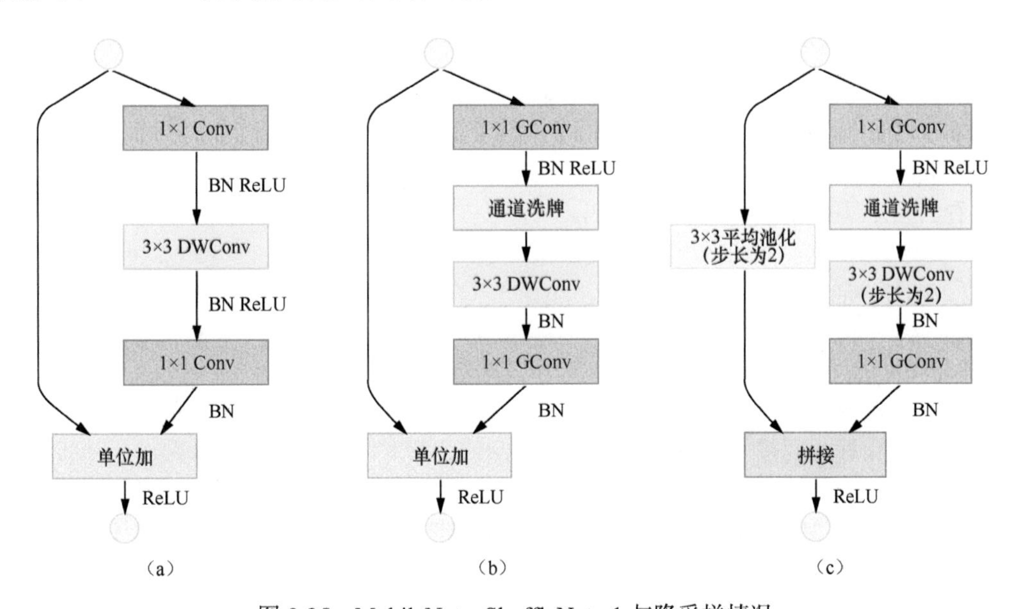

图 2.25　MobileNet、ShuffleNet v1 与降采样情况

图 2.25（b）和图 2.25（c）已经展示了 ShuffleNet v1 的全部实现细节，我们仔细分析。

（1）上、下两个红色部分的 1×1 卷积替换为 1×1 的分组卷积，分组的组数 g 一般不会很大，论文中选择的几个值分别是 1、2、3、4、8。当 $g=1$ 时，ShuffleNet v1 退化为 Xception。g 的值需确保能够被通道数整除，保证重塑操作的有效执行。

（2）在第一个 1×1 卷积之后添加 2.5.1 节介绍的通道洗牌操作。

（3）在图 2.25（c）中，左侧捷径部分使用的是步长为 2 的 3×3 平均池化，右侧使用的是步长为 2 的 3×3 的深度卷积。

（4）ShuffleNet v1 去掉了 3×3 卷积之后的 ReLU 激活函数，目的是减少 ReLU 激活函数造成的信息损耗，具体原因见 2.2 节。

（5）如果进行了降采样，为了保证参数数量不骤减，通道数量往往需要加倍。所以在图 2.25（c）中通过拼接操作来加倍通道数，而图 2.25（b）中则通过单位加来加倍通道数。

最后基于 ShuffleNet v1 单元，我们计算一下残差网络、ResNeXt 和 ShuffleNet v1 的 FLOPS，即执行一个单元需要的计算量。通道洗牌处的操作数非常少，这里可以忽略不计。假设输入特征图的尺寸为 $w \times h \times c$，瓶颈处的通道数为 m：

$$\begin{aligned} F_{\text{ResNet}} &= hwcm + 3\times3\times hwmm + hwcm \\ &= hw(2cm + 9m^2) \end{aligned}$$

$$\begin{aligned} F_{\text{ResNeXt}} &= hwcm + 3\times3\times hw\frac{m}{g}\frac{m}{g}g + hwcm \\ &= hw\left(2cm + \frac{9m^2}{g}\right) \end{aligned}$$

$$\begin{aligned} F_{\text{ShuffleNet v1}} &= hw\frac{c}{g}\frac{m}{g}g + 3\times3\times hwm + hw\frac{c}{g}\frac{m}{g}g \\ &= hw\left(\frac{2cm}{g} + 9m\right) \end{aligned}$$

我们可以非常容易地得到它们的 FLOPS 的关系：

$$F_{\text{ResNet}} > F_{\text{ResNeXt}} > F_{\text{ShuffleNet v1}}$$

3．ShuffleNet v1 网络

ShuffleNet v1 完整网络的搭建可以通过堆叠 ShuffleNet v1 单元的方式实现，这里不赘述。具体细节请查看已经开源的 ShuffleNet v1 的源码。

2.5.2 ShuffleNet v2

1．模型性能的评估指标

在前文中我们统一使用 FLOPS 作为评估一个模型性能的指标，但是在 ShuffleNet v2 的论文中作者指出这个指标是间接的，因为一个模型实际的运行时间除了要把计算操作的时间算进去，内存读写、GPU 并行性、文件 I/O 等的时间也应该考虑进去。在整个模型的计算周期中，FLOPS 耗时仅占 50% 左右，如果我们能优化另外 50%，就能够在不损失计算量的前提下进一步提高模型的效率。所以最直接的方案是回归最原始的策略，即直接在同一个硬件上观察每个模型的运行时间。

在 ShuffleNet v2 中，作者从内存访问代价（memory access cost，MAC）和 GPU 并行性的方向分析了网络应该怎么设计才能进一步减少运行时间，直接提高模型的效率。

2．高效模型的设计准则

G1：当输入通道数和输出通道数相同时，MAC 最小。

假设一个卷积操作的输入特征图 p 的尺寸是 $w \times h \times c_1$，输出特征图的尺寸为 $w \times h \times c_2$。卷积操作的 FLOPS 为 $F = hwc_1c_2$。在计算这个卷积的过程中，输入特征图占用的内存大小是 hwc_1，输出特征图占用的内存大小是 hwc_2，卷积核占用的内存大小是 c_1c_2，总计：

$$
\begin{aligned}
\mathrm{MAC} &= hw(c_1+c_2)+c_1c_2 \\
&= \sqrt{[hw(c_1+c_2)]^2}+\frac{B}{hw} \\
&= \sqrt{(hw)^2(c_1+c_2)^2}+\frac{B}{hw} \\
&\geqslant \sqrt{(hw)^2 \cdot 4c_1c_2}+\frac{B}{hw} \\
&= 2\sqrt{hw(hwc_1c_2)}+\frac{B}{hw} \\
&= 2\sqrt{hwB}+\frac{B}{hw}
\end{aligned}
$$

其中，$B=hwc_1c_2$。上面的不等式拥有一个下界，且在 $c_1=c_2$ 时取等号。也就是说，当 FLOPS 确定的时候，若 $c_1=c_2$，则模型的运行效率最高，因为此时的 MAC 最小。

G2：MAC 与分组数量 g 成正比。

在分组卷积中，FLOPS 为$F=hw\frac{c_1}{g}\frac{c_2}{g}g=\frac{hwc_1c_2}{g}$，其 MAC 的计算方式为：

$$
\begin{aligned}
\mathrm{MAC} &= hw(c_1+c_2)+\frac{c_1}{g}\frac{c_2}{g}g \\
&= hw(c_1+c_2)+\frac{c_1c_2}{g} \\
&= Bg\left(\frac{1}{c_1}+\frac{1}{c_2}\right)+\frac{B}{hw}
\end{aligned}
$$

其中，$B=hwc_1c_2/g$。根据 G2 可知，我们在设计网络时 g 的值不应过大。

G3：较多的分支数量降低网络的并行能力。

分支数量比较多的典型网络是 Inception、NASNet 等。作者通过一组对照实验来证明这一准则，如图 2.26 所示，通过控制卷积的通道数来使 5 组对照实验的 FLOPS 相同。通过实验，我们发现它们按效率从高到低排列依次是图 2.26（a）> 图 2.26（b）> 图 2.26（d）> 图 2.26（c）> 图 2.26（e）。

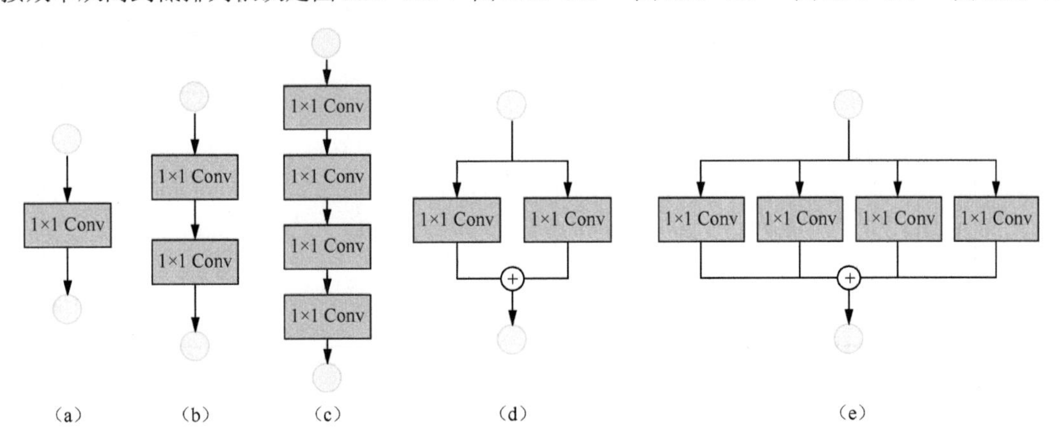

图 2.26　网络分支对照实验样本示意

造成这种现象的原因是更多的分支需要更多的卷积核来进行加载和同步操作。

G4：点单位操作是非常耗时的。

我们在计算 FLOPS 时往往只考虑卷积中的乘法操作，一些点单位操作（如 ReLU 激活函数、偏置、单位加等）往往被忽略掉。作者指出这些点单位操作看似数量很少，但它们对模型的速度影响非常大。尤其是深度可分离卷积这种 MAC/FLOPS 比值较大的算法。

图 2.27 中统计了 ShuffleNet v1 和 MobileNet v2 中各个操作在 GPU 和 ARM 上的消耗时间占比。

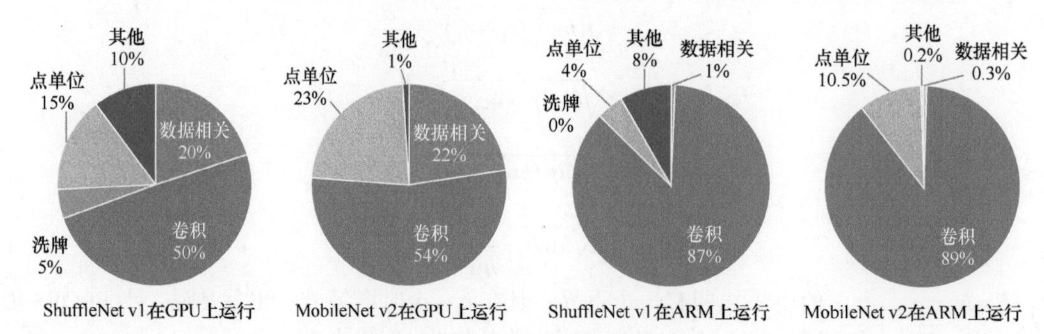

图 2.27　模型训练时间拆分示意

总结一下，在设计高性能网络时，我们要尽可能做到：

- 对于 G1，使用输入通道数和输出通道数相同的卷积操作；
- 对于 G2，谨慎使用分组卷积；
- 对于 G3，减少网络分支数；
- 对于 G4，减少点单位操作。

例如，在 ShuffleNet v1 中使用分组卷积是违背 G2 的，而每个 ShuffleNet v1 单元使用瓶颈结构是违背 G1 的，在 MobileNet v2 中使用大量分支是违背 G3 的，在深度可分离卷积处使用 ReLU6 激活函数是违背 G4 的。

虽然 ShuffleNet v2 和很多算法的 FLOPS 接近，但是从它的对照实验中我们可以看出，ShuffleNet v2 要比和它 FLOPS 接近的模型的速度要快，Xception、MobileNet v2、ShuffleNet v1、ShuffleNet v2 在 GPU 和 ARM 上的每秒百万次浮点运算数（millon float-pointing operations per second，MFLOPS）和训练速度的关系，如图 2.28 所示。

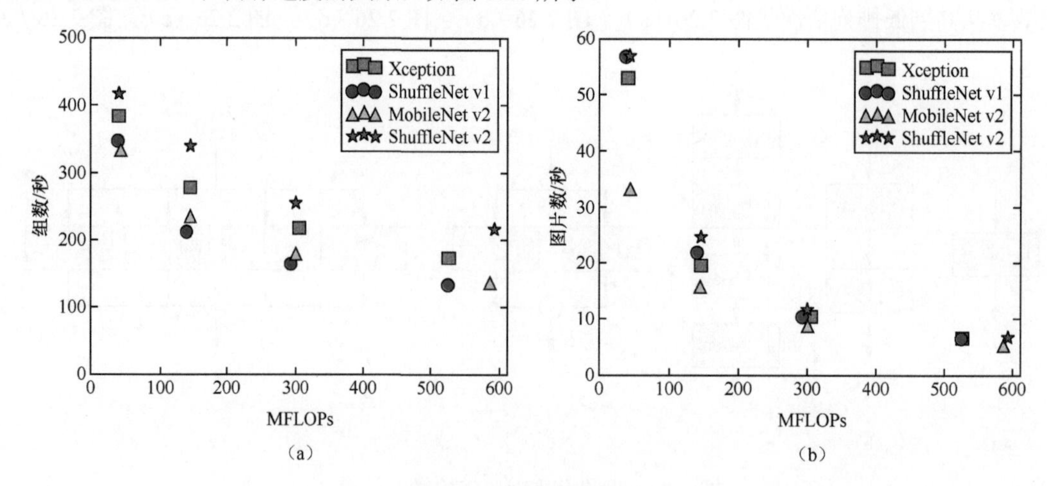

图 2.28　对照实验结果

3. ShuffleNet v2 的结构

图 2.29（a）和图 2.29（b）展示了上面介绍的 ShuffleNet v1 及其降采样，图 2.29（c）和图 2.29（d）展示了接下来要介绍的 ShuffleNet v2 及其降采样。

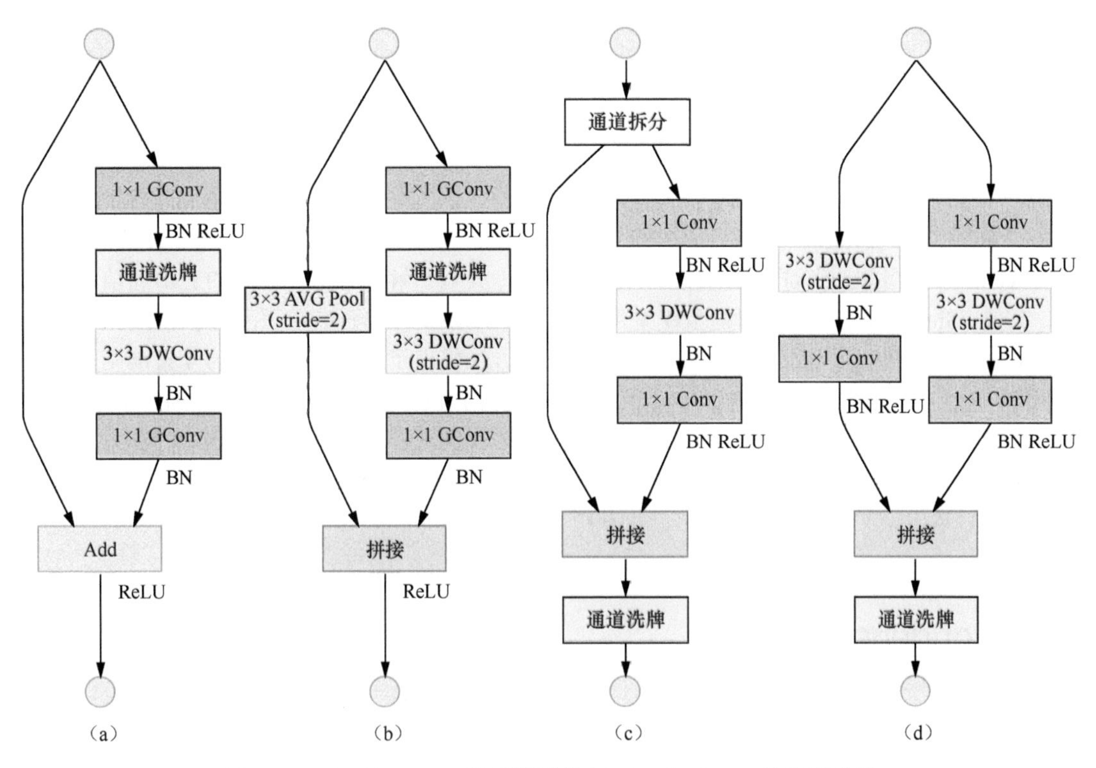

图 2.29　ShuffleNet v1 及其降采样与 ShuffleNet v2 及其降采样

仔细观察图 2.29（c）、图 2.29（d）所示的对网络的改进，我们发现了以下几点。

- 在图 2.29（c）中，ShuffleNet v2 使用了一个通道拆分（channel split）操作。这个操作非常简单，即将 c 个输入特征分成 $c-c'$ 和 c' 两组，一般情况下$c'=\frac{c}{2}$。这种设计是为了尽量控制分支数，为了满足 G3。
- 在拆分之后的两个分支中，左侧是一个直接映射，右侧是一个输入通道数和输出通道数均相同的深度可分离卷积，为了满足 G1。
- 在右侧的卷积中，1×1 卷积并没有使用分组卷积，为了满足 G2。
- 在合并的时候均使用拼接操作，为了满足 G4。
- 在堆叠 ShuffleNet v2 的时候，通道拼接、通道洗牌和通道拆分可以合并成 1 个点单位操作，也是为了满足 G4。

最后当需要降采样时，我们通过不进行通道拆分的方式实现通道数量的加倍，如图 2.29（d）所示，非常简单。

4. ShuffleNet v2 和 DenseNet

ShuffleNet v2 之所以能够得到非常高的精度是因为它和 DenseNet 有着非常一致的结构：强壮的特征重用（feature reuse）。在 DenseNet 中，作者大量使用拼接操作直接将上一层的特征图“原汁原味”地传到下一个乃至下几个模块。从图 2.29（c）中我们也可以看出，左侧的直接映射和 DenseNet 的特征重用是非常相似的。

不同于 DenseNet 的整个特征图的直接映射，ShuffleNet v2 只映射了一半。恰恰是这一点不同，使 ShuffleNet v2 有了和 DenseNet 的升级版 CondenseNet 相同的思想。在 CondenseNet 中，作者通过可视化 DenseNet 的特征重用和特征图的距离关系发现距离越近的特征图之间的特征重用越重要。ShuffleNet v2 中第 i 个和第 $i+j$ 个特征图的重用特征的数量是$\left(\frac{1}{2}\right)^j \cdot c$。也就是说距离越远，重用的特征越少。

2.5.3 小结

截至本节完稿，ShuffleNet 算是将轻量级网络推上了新的巅峰，两个版本都有其独到的地方。ShuffleNet v1 中提出的通道洗牌操作非常具有创新性，其对于解决分组卷积中的通道通信问题非常简单、高效。ShuffleNet v2 分析了衡量模型性能更直接的指标：运行时间。根据对运行时间的拆分，ShuffleNet v2 通过数学证明、实验证明或理论分析等方法提出了设计高效模型的 4 条准则，并根据这 4 条准则设计了 ShuffleNet v2。ShuffleNet v2 中的通道拆分也极具创新性。通过仔细分析通道拆分，我们发现了 ShuffleNet 和 DenseNet 有异曲同工之妙，在这里轻量模型和高精度模型交汇在了一起。ShuffleNet v2 的证明、实验和网络结构非常精彩，整篇论文读完给人一种畅快淋漓的感觉，建议读者读完本节后拿出论文通读一遍，一定会收获很多。

2.6 CondenseNet

在本节中，先验知识包括：

- ❑ DenseNet（1.6 节）；
- ❑ ResNeXt（2.4 节）；
- ❑ ShuffleNet（2.5 节）。

CondenseNet[1] 是黄高团队对他们的 DenseNet 的升级版。他们认为 DenseNet 的密集连接其实是存在冗余的，它最大的缺点便是影响网络的效率。首先，为了缓解 DenseNet 的冗余问题，CondenseNet 提出了在训练的过程中对不重要的权值进行剪枝，即学习一个稀疏的网络。但是测试的整个过程就是一个简单的卷积，因为网络已经在训练的时候优化完毕。其次，为了进一步提升效率，CondenseNet 在 1×1 卷积的时候使用了分组卷积。最后，CondenseNet 中指出邻近的特征重用更重要，因此采用了呈指数级增长的增长率（growth rate），并在 DenseNet 的网络块之间添加了捷径。

DenseNet、CondenseNet 的训练和测试阶段的示意如图 2.30 所示。这个图乍看起来让人一头雾水，对于其中的细节我们会在后文中给出详细的解析。

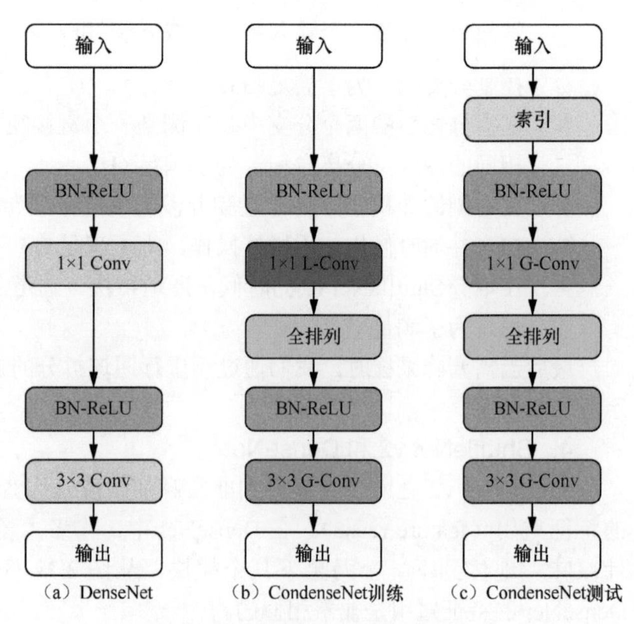

图 2.30　CondensetNet 概览

1　参见 Gao Huang、Shichen Liu、Laurens van der Maaten 等人的论文“CondenseNet: An Efficient DenseNet using Learned Group Convolutions”。

2.6.1 分组卷积的问题

在 ShuffleNet 中我们指出分组卷积存在通道之间的信息沟通不畅和特征多样性不足的问题。CondenseNet 提出的解决策略是在训练的过程中让模型自主地选择更好的分组方式，所以理论上每个通道的特征图是可以和所有特征图沟通到的。图 2.31 所示的是普通卷积和分组卷积的对比示意，普通卷积的问题是卷积的计算量庞大，虽然模型容量更大但不适用于轻量模型；分组卷积的特点是信息沟通只发生在同一个组内部，虽然减小了计算量但是缺乏组与组之间的信息交互。

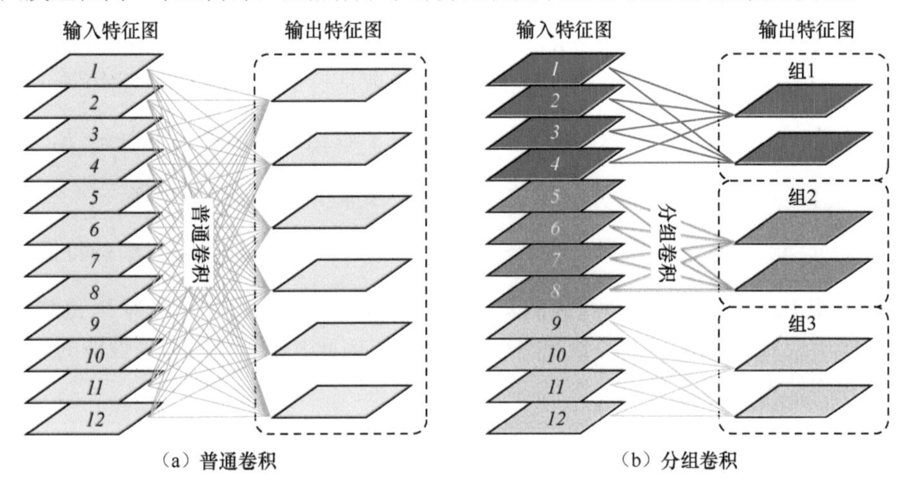

图 2.31　普通卷积和分组卷积的对比示意

2.6.2 可学习分组卷积

如图 2.32 所示，可学习分组卷积（learned group convolution）可以分成两个阶段：浓缩（condensing）阶段和优化（optimizing）阶段。其中浓缩阶段用于剪枝没用的特征，优化阶段用于优化剪枝之后的网络。

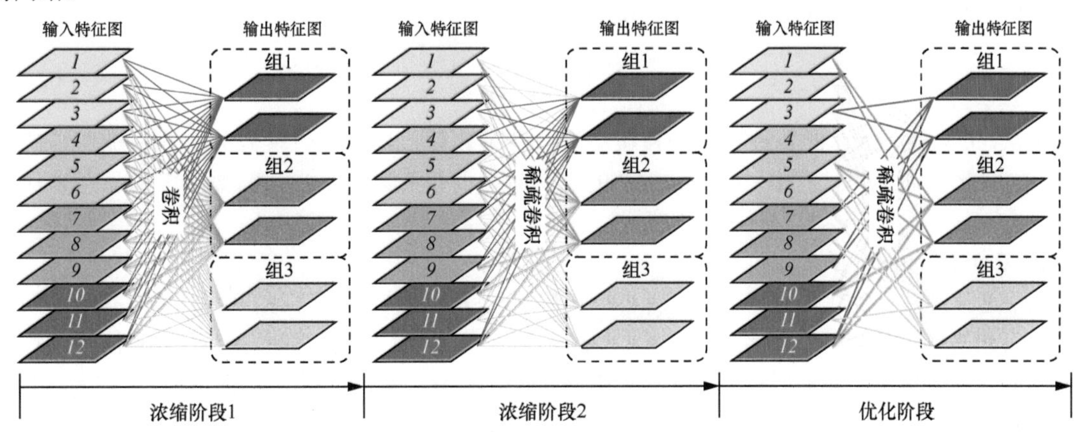

图 2.32　$C=3$ 时的 CondenseNet 的训练情况

1. CondenseNet 的浓缩过程

浓缩的目的是对普通卷积进行剪枝，将密集连接剪枝成稀疏连接，它的核心参数有两个，分组数 G 和浓缩率 C。在图 2.32 所示的例子中，分组数 $G=3$，浓缩率 $C=3$，它表示稀疏连接只保留原来密集连接的$\frac{1}{3}$。

具体地讲，浓缩率为 C 的 CondenseNet 会有 $C-1$ 个浓缩阶段。它的浓缩阶段 1（图 2.32 的最左侧）的初始化是普通的 CNN，在训练该网络时使用了分组 Lasso 正则项，这样学到的特征会呈现结构化稀疏分布，好处是在后面剪枝部分不会过分影响精度。在每次浓缩阶段训练完成之后会有$\frac{1}{C}$的特征被剪枝掉。也就是说，经过 $C-1$ 个浓缩阶段后，仅有$\frac{1}{C}$的特征被保留下来。

假设输入特征图的通道数是 R，输出特征图的通道数是 O，图像的尺寸是 $W \times H$。那么这时普通卷积的计算本质上是通过一个大小为 $R \times O \times W \times H$ 的 4 维张量来实现的。CondenseNet 的浓缩阶段一般发生在 1×1 卷积部分，那么这个 4 维的张量本质就是一个大小为 $O \times R$ 的矩阵。对分组卷积而言，假设组数为 G，那么普通卷积的计算矩阵被分成了 G 组，每组的大小为$\frac{O}{G} \times R$，我们假设它们为 $\{\boldsymbol{F}_1, \boldsymbol{F}_2, \cdots, \boldsymbol{F}_G\}$。其中，$\boldsymbol{F}_{g,i,j}$ 表示第 g 组的第 i 个输入到 j 个输出的权值矩阵。

在上面我们介绍到每个浓缩阶段中会有$\frac{1}{C}$的特征被剪枝，那么如何确定哪些特征应该被剪枝呢？因为经过分组 Lasso 正则化之后得到的是稀疏的特征，我们一般可以认为 L_1 范数和越大，该特征越重要，而不重要的特征的 L_1 范数和往往更接近 0，因此其被剪枝对模型性能的影响更小。L_1 范数和的计算方式如式（2.11）所示。

$$\sum_{i=1}^{\frac{O}{G}} |\boldsymbol{F}_{g,i,j} \tag{2.11}$$

如果只按照上面的方式进行剪枝，那么虽然得到的连接是稀疏的，但是因为每个特征的连接都不通，所以无法将它们分组。为了确保能够引入分组卷积，我们必须保证一个组内的特征拥有类似的稀疏模式，即使用组级别的稀疏模式来代替权值级别的稀疏模式。在 CondenseNet 中，这个模式叫作 group lasso。为了获得组级别的稀疏，CondenseNet 在训练过程中使用了 group lasso 正则项[1]，正则项的内容如式（2.12）所示。通过 group lasso 正则项得到的权值矩阵更倾向于以组为单位将权值矩阵的一列均向 0 逼近，这样便可以得到以组为单位的稀疏模式。图 2.32 所示的每个浓缩阶段的连接便是通过添加 group lasso 正则项实现的。

$$\sum_{g=1}^{G}\sum_{j=1}^{R}\sqrt{\sum_{i=1}^{O/G}\boldsymbol{F}_{g,i,j}^2} \tag{2.12}$$

注意，CondenseNet 的剪枝并不是直接将这个特征删除，而是通过掩码的形式将被剪枝的特征置 0，因此在训练的过程中 CondenseNet 的训练时间并没有减少，反而需要更多的显存来保存掩码。

2. CondenseNet 的优化过程

浓缩过程之后是优化过程，优化过程会针对浓缩过程得到的剪枝之后的网络结构进行长时间的学习以得到最终的结果。在作者的实验中，CondenseNet 用于优化过程的总 epoch 数和浓缩过程的是相同的。具体地讲，我们假设网络的总训练 epoch 数是 M，那么浓缩过程和优化过程的 epoch 数均是$\frac{M}{2}$。因为浓缩过程要分成 $C-1$ 个阶段，所以每个阶段的 epoch 数是$\frac{M}{2(C-1)}$。图 2.33 所示的是 CondenseNet 在浓缩率 $C=4$ 时的训练过程和损失函数的收敛过程。

1　参见 Ming Yuan、Yi Lin 的论文“Model selection and estimation in regression with grouped variables”。

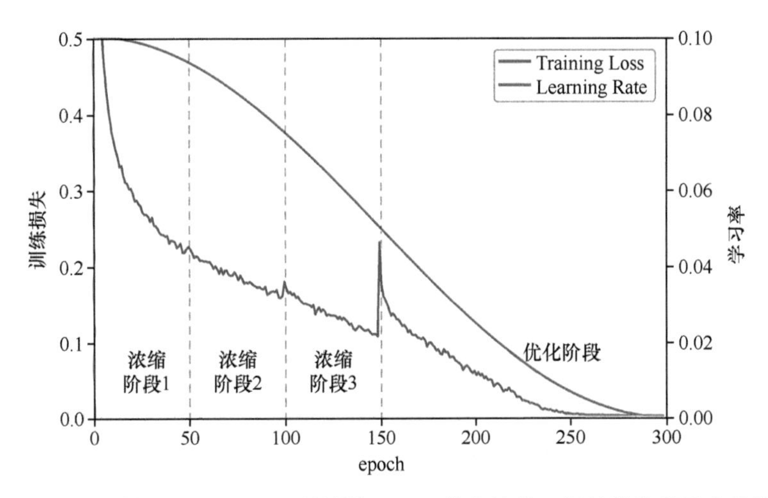

图 2.33 $C=4$ 时的 CondenseNet 的训练 epoch 分布情况、训练损失以及余弦学习率

图 2.33 所示的训练过程基于 CIFAR-10 数据集，CondenseNet 的浓缩率 $C=4$，所以有 3 个浓缩阶段。学习率采用的是余弦学习率。每次浓缩之后损失值会有明显的变化，因为这时候我们会剪枝一部分特征，之所以最后一个阶段损失值变化得最为明显是因为这一阶段被剪枝的特征的比例最高（3 个阶段被剪枝的特征的比例依次是$\frac{1}{4}$、$\frac{1}{3}$和$\frac{1}{2}$）。

3. 索引层

经过训练过程的剪枝之后我们得到了一个稀疏结构，如图 2.32 最右侧所示。但是在推理时，剪枝的形式是不能用开源框架提供的分组卷积操作得到的，而如果使用训练过程中的掩码的形式便不能提升推理速度，剪枝的意义将不复存在。

为了解决这个问题，在测试的时候 CondenseNet 引入了索引层（index layer），索引层的作用是将输入特征图重新整理成组，然后使用分组卷积的高效的特性。例如，图 2.32 中，组 1 使用的输入特征图是 (3,7,9,12)，组 2 使用的输入特征图是 (1,5,10,12)，组 3 使用的输入特征图是 (5,6,8,11)，索引层的作用就是将输入特征图排列成 (3,7,9,12,1,5,10,12,5,6,8,11) 的形式，之后便可以只使用标准的分组卷积，如图 2.34 所示。在 PyTorch 中，我们可以使用 index_select 快速实现索引层的功能。

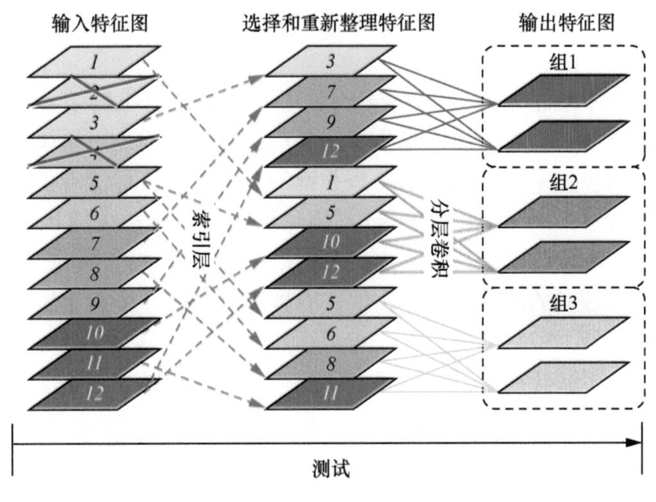

图 2.34 CondenseNet 的测试和索引层示意

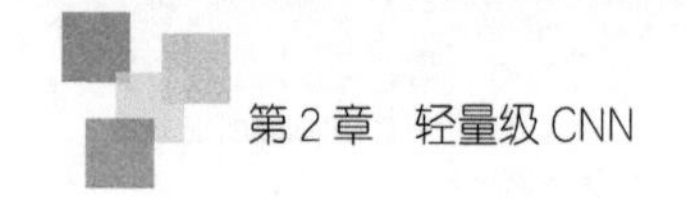

2.6.3 架构设计

在 CondenseNet 中作者对 DenseNet 做了两点改进。

- **增长率的指数级增长**：增长率 k 是在 DenseNet 中提出的一个超参数，反映的是每个密集块中特征图通道数的增长速度，例如一个网络块中第 1 层的特征图的通道数是 k_0，那么第 i 层的通道数即 $k_0+k\cdot(i-1)$，DenseNet 的增长方式是线性的。通过可视化 DenseNet 中特征重用的热力图，作者发现对一个深层的网络来说，越接近输出层的特征对结果的贡献越大。为了实现上述目的，CondenseNet 使用了指数级增长的增长率。按照上面给出的定义，第 i 层的通道数是 $k=2^{i-1}\cdot k_0$，也就是说越接近输出层的地方保留的特征图越多。增长率的指数级变化会带来准确率的提升，但会对速度产生负面影响。更多时候，我们会将增长率的变化方式作为平衡速度与精度的超参数。
- **全密集连接**：在 DenseNet 中，块之间是没有捷径的，CondenseNet 在块之间也增加了捷径，结合平均池化，用于实现不同尺寸的特征图之间的拼接，进而实现更强的特征重用，如图 2.35 所示。

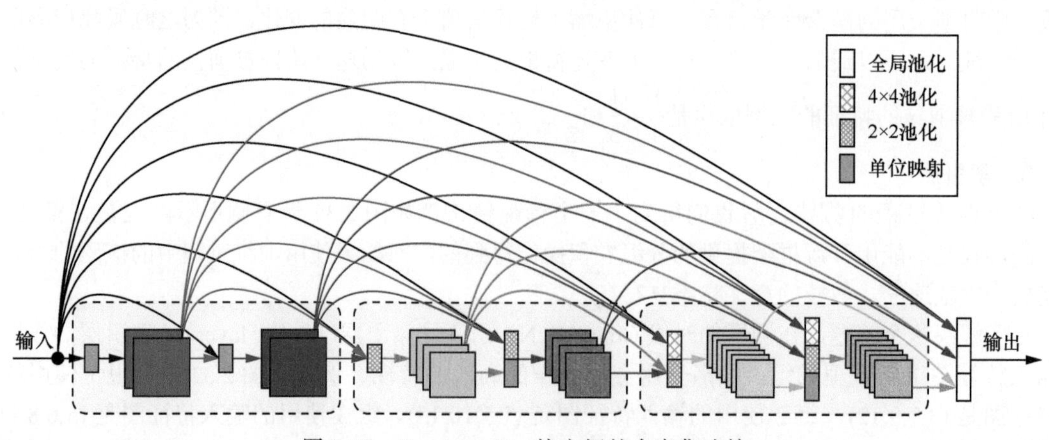

图 2.35 CondenseNet 块之间的全密集连接

2.6.4 小结

CondenseNet 最大的创新点是将模型剪枝和分组卷积进行了有机的结合。稀疏卷积和分组卷积的共同点是只有部分权值参与计算，不同点是稀疏卷积的有效权值是无规律的，而分组卷积的有效权值是以组为单位的，所以如果要连接它们，最关键的步骤是要将稀疏卷积的无规律的特征整理成分组卷积的有规律的特征。而使用 group lasso 正则化可以实现这一关键步骤，通过 group lasso 正则化我们可以得到以组为单位的稀疏模式，也就可以以组为单位进行特征剪枝了。上述操作均发生在训练阶段，为了模型推理时的高速运行，需要在剪枝之后添加一个索引层来将带有剪枝的分组卷积转换为普通的分组卷积。

对比 ShuffleNet 通过通道交换的方式来进行不同组的通道之间的通信，CondenseNet 则通过剪枝来学习哪些特征需要通信、哪些权值要被剪枝，所以理论上要比 ShuffleNet 拥有更好的效果。对于 DenseNet 的改进，指数级的增长率和捷径连接则不具有很强的创新性。

第3章 模型架构搜索

模型架构搜索最早可以追溯到PolyNet。PolyNet将CNN归纳为一个多项式，将多项式展开并在展开式的基础上设计了更多的网络模型。但是它并没有使用强化学习，探索的过程由人工设计并完成。

目前公认的基于强化学习的神经架构搜索算法在以Quoc V.Le为核心的Google Deep Mind团队的神经架构搜索（neural architecture search，NAS）系列论文中提出，他们的核心观点是使用强化学习来生成一个完整的网络或一个可以重复使用的网络节点。NAS在该系列的第一篇论文中提出，它使用强化学习在CIFAR-10上学习到了一个类似于DenseNet的完整的密集连接的网络。

NASNet解决了NAS不能应用在ImageNet上的问题，它学习的不再是一个完整的网络而是一个网络单元。这种单元的结构往往比NAS网络要简单得多，因此学习起来效率更高；而且通过堆叠更多NASNet单元的方式可以非常方便地将其迁移到其他任何数据集，包括ImageNet。PNASNet则是一个性能更高的强化学习方法，其具有比NASNet更小的搜索空间，而且使用了启发式搜索、策略函数等强化学习领域的方法，优化了网络超参数的学习过程。

除了强化学习，AmoebaNet使用了遗传算法的进化（evolution）策略实现了模型架构的学习过程，它主要提出了一个叫作年龄进化（aging evolution，AE）的进化策略，使得训练过程可以更加关注网络结构而非模型参数。

模型架构搜索的另一个方向是搜索一个更轻量级的模型架构，MnasNet将网络时延作为了优化目标的约束条件，得到了超过MobileNet v2的速度和精度。MobileNet v3使用了全局优化和局部优化“两步走”的策略，并结合人工设计对耗时的单元进行了调整。EfficientNet v1从最基础的超参数——图像分辨率、模型的深度和宽度3个方向对模型架构进行了搜索，探索出了一个基线（baseline）模型，在基线模型的基础上可以快速缩放出更多的模型。EfficientNet v2将训练速度也作为优化指标之一，并深入探讨了模型优化和正则项（数据扩充、正则等）之间的关系，提出了递增式的自动机器学习（AutoML）方法。

通过上面的分析我们可以看出CV中的经典分类网络有3个主流的方向，分别是提升精度、轻量化和基于强化学习的模型架构搜索。3个方向相辅相成，相互借鉴又相互超越，共同为CV的蓬勃发展做出贡献。

3.1 PolyNet

在本节中，先验知识包括：

- GoogLeNet（1.3节）；
- 残差网络（1.4节）；
- DenseNet（1.6节）；
- Dropout（6.1节）。

在 CV 领域，优化卷积模型的骨干网络有 3 个主要方向：精度、速度、模型架构搜索。其中，Inception 和残差网络是骨干网络中最具代表性的两个模型，它们分别从模型的深度和宽度进行了探索。在 Inception-ResNet 中，它将 Inception 模块和残差模块进行了整合，进一步提升了模型的建模能力。

本节要介绍的 PolyNet[1] 可以看作 Inception-ResNet 的进一步扩展，它从多项式的角度推出了更加复杂且效果更好的混合模型，并通过实验得出了这些复杂模型的最优混合形式，命名为 Very Deep PolyNet。它认为虽然增加网络的深度和宽度能带来性能的提升，但是随着深度或者宽度的不断增加，由此带来的收益会很快趋于平稳，这时候如果从结构多样性的角度出发优化模型，带来的效益也许会优于增加深度或者宽度带来的效益，这为我们优化模型架构提供了一个新的方向。

PolyNet 最大的创新点是将网络结构建模为多项式的形式，再通过对多项式的展开和改造，得到更多的模型架构。PolyNet 虽然没有像 NAS 等使用强化学习来搜索模型结果，但是这种人工搜索也可以归类为 AutoML 技术的一种。

3.1.1 结构多样性

当前提高网络表达能力的一个最常见的策略是增加网络深度，但是如图 3.1 所示，随着网络深度的增加，网络的收益很快趋于平稳。另一个模型优化的策略是增加网络的宽度，例如增加特征图的数量。但是增加网络的宽度是非常不经济的，因为每增加 k 个参数，其计算复杂度和占用的显存都要增加 k^2。而且有实验证明，卷积中的特征图存在很大的冗余，更宽的网络往往会继续增大这种冗余，模型也很快进入性能增长的平缓期。

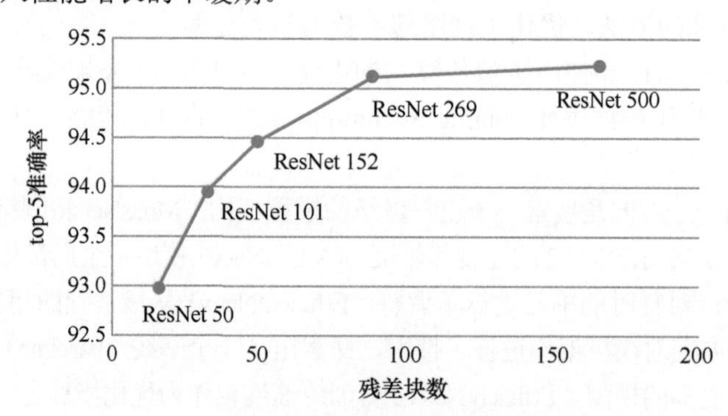

图 3.1 模型准确率随网络深度增加而提升

因此作者基于 Inception-ResNet 的思想，希望通过更复杂的网络块结构来获得比增加深度或者增加宽度所得到的更大的效益，这种策略在真实场景中还是非常有用的，例如在有限的硬件资源条件下最大化模型的精度。

3.1.2 多项式模型

PolyNet 是从多项式的角度推导网络块结构的。首先，一个经典的残差网络块可以表示为：

$$(I+F)\cdot \boldsymbol{x}=\boldsymbol{x}+F\cdot \boldsymbol{x}=\boldsymbol{x}+F(\boldsymbol{x}) \tag{3.1}$$

1 参见 Xingcheng Zhang、Zhizhong Li、Chen Change Loy 等人的论文“PolyNet: A Pursuit of Structural Diversity in Very Deep Networks”。

其中，$\boldsymbol{x}$ 是输入，I 是单位映射，“+”表示单位加操作，F 表示在残差网络中的非线性变换。如果 F 是 Inception 的话，式（3.1）便是 Inception-ResNet 的表达式，如图 3.2 所示。

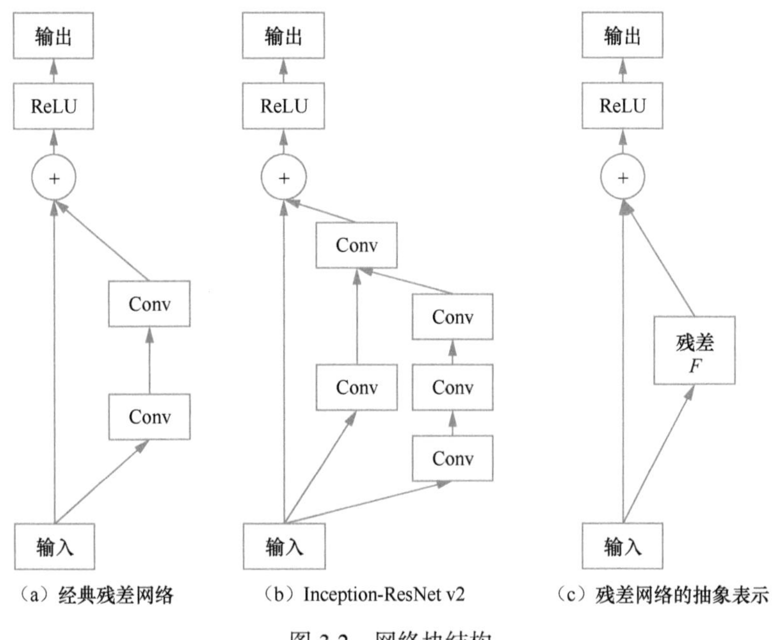

图 3.2　网络块结构

下面我们将 F 看作 Inception，然后通过将式（3.1）表示为更复杂的多项式的形式来推导出几个更复杂的结构。

- **poly-2**：$I+F+F^2$。在这个结构中，网络有 3 个分支，左侧路径是一个直接映射，中间路径是一个 Inception，右侧路径是两个连续的 Inception，如图 3.3（a）所示。在这个网络中，所有 Inception 的参数是共享的，所以不会引入额外的参数。由于参数共享，我们可以推出它的等价形式，如图 3.3（b）所示。因为 $I+F+F^2=I+(I+F)F$，这种形式的网络的计算量少了 1/3。
- **mpoly-2**：$I+F+GF$。这个网络块的结构和图 3.3（b）所示的相同，不同之处是两个 Inception 的参数不共享。也可以将其表示为 $I+(I+G)F$，如图 3.3（c）所示。它具有更强的表达能力，但是参数数量也加倍了。
- **2-way**：$I+F+G$。这个结构是向网络中添加一个额外且参数不共享的残差块，思想和多路 - 残差网络相同，如图 3.3（d）所示。

上面介绍的多项式模型都是二次幂的。但是只要我们不限制多项式的幂数，便可以衍生出无限的网络模型。但是出于对计算速度的考虑，我们仅考虑下面 3 个三次幂的结构。

- **poly-3**：$I+F+F^2+F^3$。
- **mploy-3**：$I+F+GF+HGF$。
- **3-way**：$I+F+G+H$。

回顾我们在 1.6 节介绍的 DenseNet，你会发现 DenseNet 本质上也是一个多项式模型。一个含有 n 个卷积块的 DenseNet，可以用式（3.2）表示：

$$I \oplus C \oplus C^2 \oplus \cdots \oplus C^n \tag{3.2}$$

其中，C 表示一个普通的卷积操作，$\oplus$ 表示特征拼接。

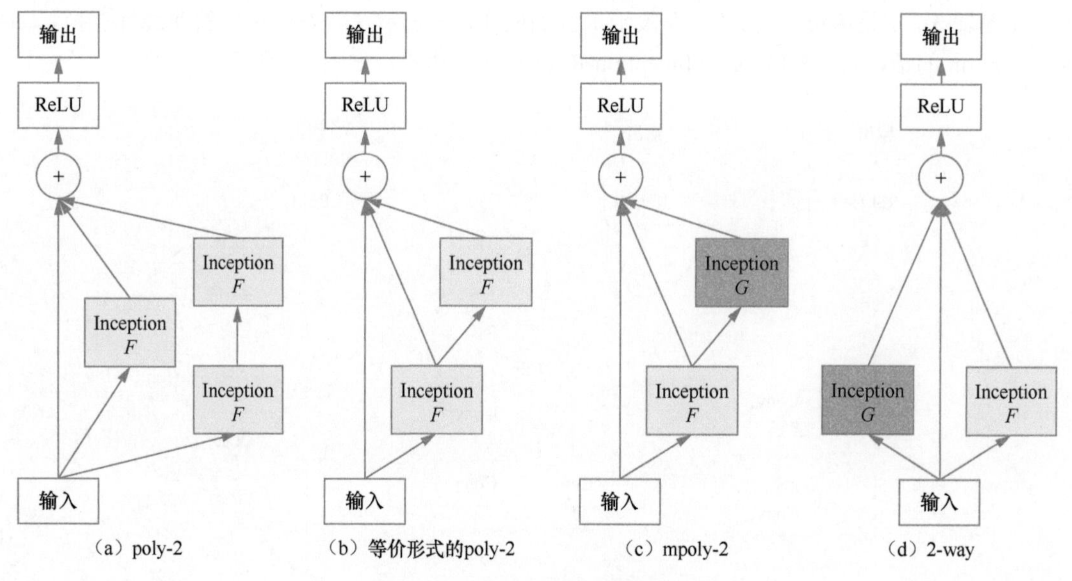

图 3.3　PolyNet 的几种网络块

3.1.3 对照实验

如图 3.4 所示，我们把 Inception-ResNet 分成 A、B、C 共 3 个阶段，它们处理的特征图尺寸分别是 35×35、17×17、8×8。如果将 A、B、C 分别替换为 3.1.2 节中提出的 6 个模型（3 个二次幂模型，3 个三次幂模型），我们可以得到共 18 个不同的网络结构。给它们相同的超参数和训练集，我们得到的对照实验结果如图 3.5 所示。图 3.5（a）比较的是训练时间和精度的关系，图 3.5（b）比较的是参数数量和精度的关系。其中，Inception-ResNet 3-6-3 表示图 3.4（b）网络。

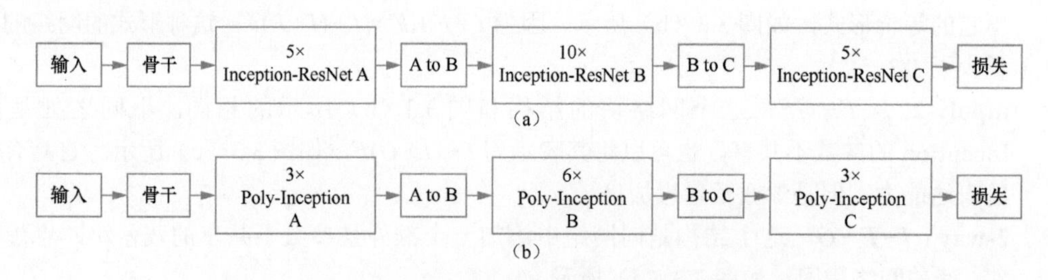

图 3.4　Inception 的 3 个阶段和 PolyNet 提供的替换方式

通过图 3.5 我们可以得到下面几条重要信息：

- 阶段 B 的替换最有效；
- 阶段 B 中使用 mpoly-3 最有效，poly-3 次之，但是 poly-3 的参数数量要少于 mpoly-3 的；
- 阶段 A 和阶段 C 均是使用 3-way 替换最有效，但是引入的参数最多；
- 3 路 Inception 的结构一般要优于 2 路 Inception 的。

另外一种策略是使用 3 路 Inception 的混合模型，在论文中使用的是 4 组 3-way → mpoly-3 → poly-3 替换 Inception-ResNet 中的阶段 B，实验结果表明这种替换的效果要优于任何形式的非混合模型。

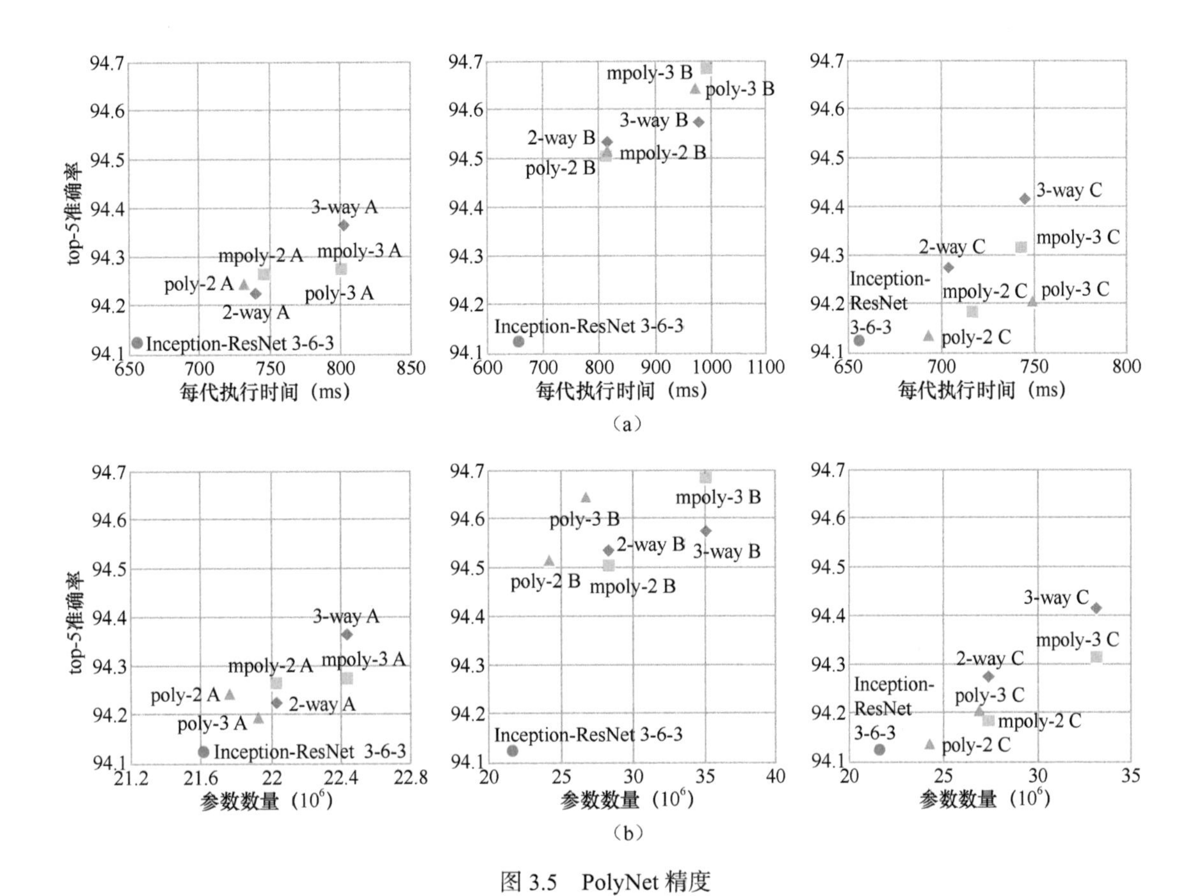

图 3.5　PolyNet 精度

3.1.4 Very Deep PolyNet

基于上面提出的几个模型，作者提出了骨干网络 Very Deep PolyNet，结构如下。

- 阶段 A：包含 10 个 2-way 的基础模块。
- 阶段 B：包含 10 个 poly-3、10 个 2-way 的基础模块（即 20 个基础模型）。
- 阶段 C：包含 5 个 poly-3、5 个 2-way 的基础模块（即 10 个基础模块）。

初始化：作者发现如果先搭好网络再使用随机初始化的策略非常容易导致模型不稳定，因此使用了两个策略。

（1）插入初始化（initialization by insertion）：先使用迁移学习训练一个 Inception-ResNet 模型，再通过向其中插入一个 Inception 块构成 poly-2。

（2）交叉插入（interleaved）：当加倍网络的深度时，将新加入的随机初始化的模型交叉地插入迁移学习的模型中效果很好。

初始化如图 3.6 所示。

随机路径：受到 Dropout 的启发，PolyNet 在训练的时候会随机丢掉多项式网络块中的一项或几项，如图 3.7 所示。这一步相当于数据扩充，对提升模型的泛化能力非常有帮助。

加权路径：简单版本的多项式结构容易导致模型不稳定，Very Deep PolyNet 提出的策略是为 Inception 部分乘权值 β，例如 2-way 的表达式将由 $I+F+G$ 变成 $I+\beta F+\beta G$，论文给出的 β 的参考值是 0.3。

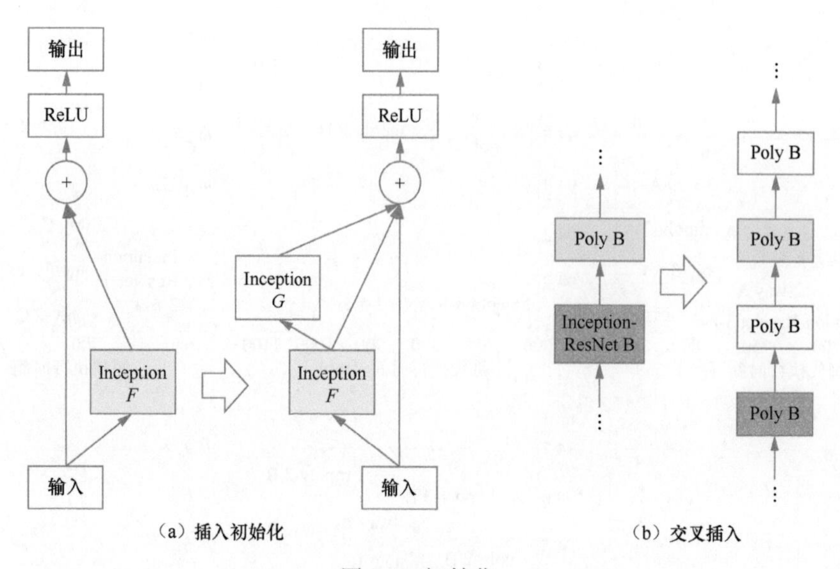

图 3.6　初始化

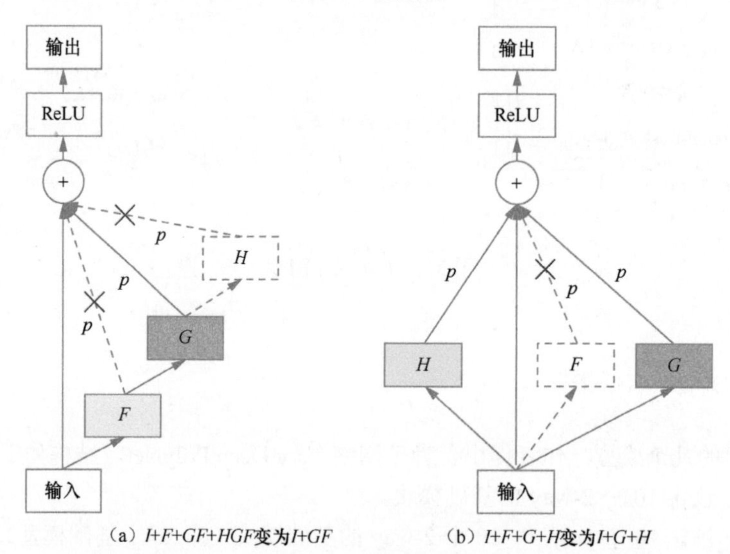

图 3.7　随机路径

3.1.5 小结

PolyNet 从多项式的角度提出了更多由 Inception 和残差块组合而成的网络结构，模型并没有创新性。其最大的优点在于从多项式的角度出发，并且我们从这个角度发现了 PolyNet 和 DenseNet 有异曲同工之妙。

论文中最优结构的选择是通过实验得出的，如果能结合数学推导得出前因后果，PolyNet 将上升到另一个水平。结合上面的网络块，作者提出了混合模型 Very Deep PolyNet 并在 ImageNet 取得了约 4.25% 的 top-5 的错误率。

最后训练的时候使用的初始化策略和基于集成思想的随机路径非常有实用价值。PolyNet 最大的贡献在于开辟了使用数学表达式的形式对模型架构进行搜索的道路。与之对应的另一种方式是我们接下来要介绍的使用强化学习来对网络结构进行设计。

3.2 NAS

在本节中，先验知识包括：

- ❑ AlexNet（1.1 节）；
- ❑ LSTM（4.1 节）；
- ❑ 残差网络（1.4 节）；
- ❑ 注意力机制（4.2 节）。

CNN 和 RNN 是目前主流的 CNN 框架，这些网络均由人工设计，然而设计这些网络是非常困难的，它依靠开发者的经验。Quoc V. Le 等人在神经架构搜索（neural architecture search，NAS）[1] 的论文中提出了使用强化学习（reinforcement learning，RL）学习一个 CNN 的完整架构（后面简称 NAS-CNN）或者一个 RNN 单元（后面简称 NAS-RNN）。在 CIFAR-10 图像数据集上，NAS-CNN 的准确率已经逼近当时效果最好的DenseNet，在Penn Treebank语言模型文本数据集上[2]，NAS-RNN 的表现要优于 LSTM。

这篇论文提出了 NAS，算法的主要目的是使用强化学习寻找最优网络，包括一个图像分类网络的卷积部分（表示层）和 RNN 的一个类似于 LSTM 的门控单元。和之前介绍的算法不同的是，NAS 学习的是网络的**超参数**而不是参数。超参数的一个特点是不能通过反向传播来优化，因此需要借助强化学习的采样策略来实现超参数的优化。

现在的神经网络一般采用堆叠连续的网络块的方式搭建而成，这种堆叠的超参数可以通过一个序列来表示。而这种序列的表示正是 RNN 所擅长的工作，所以 NAS 会使用一个由 RNN 构成的控制器（controller），以概率 P 随机采样一个网络结构 A，接着训练这个网络并得到其在验证集上的精度作为奖励 R（reward），最后使用奖励 R 更新控制器的参数，如此循环执行直到模型收敛或达到停止条件，如图 3.8 所示。

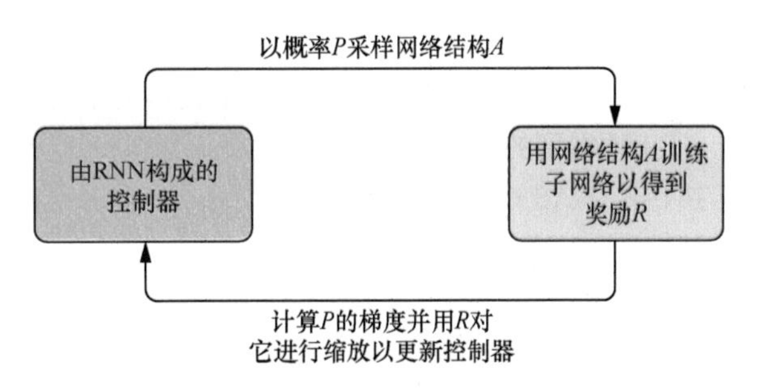

图 3.8 NAS 的算法流程

3.2.1 NAS-CNN

首先我们考虑最简单的只由卷积层构成的 CNN，这种类型的网络是很容易用由 RNN 构成的控制器来表示的。具体地讲，我们将控制器分成 N 段，每一段有若干个输出，每个输出表示 CNN 的一个超参数，如卷积核的数量、卷积核的高度、卷积核的宽度、纵向步长、横向步长等，如图 3.9 所示。

NAS 的控制器选择了 LSTM 节点的 RNN，那唯一剩下的难点便是如何更新控制器的参数 θ_c 了。

控制器每生成一个网络可以看作一个行动，记作 $a_{1:T}$（action），其中 T 是要预测的超参数的数量。当模型收敛时其在验证集上的精度是 R。我们使用 R 来作为强化学习的奖励，也就是说通过调整参数 θ_c 来最大化 R 的期望，表示为式（3.3）。

$$J(\theta_c) = \mathbb{E}_{P(a_{1:T};\theta_c)}(R) \tag{3.3}$$

由于 R 是不可导的，因此我们需要一种可以更新 θ_c 的策略，NAS 中采用的是 Williams 等人提出的强化规则（reinforce rule）[3]，如式（3.3）所示。

1 参见 Barret Zoph、Quoc V. Le 的论文“Neural Architecture Search with Reinforcement Learning”。

2 参见 Mitchell Marcus、Beatrice Santorini、Mary Ann Marcinkiewicz 的论文“Building a Large Annotated Corpus of English: The Penn Treebank”。

3 参见 Ronald J.Williams 的论文“Simple Statistical Gradient-Following Algorithms for Connectionist Reinforcement Learning”。

$$\nabla_{\theta_c} J(\theta_c) = \sum_{t=1}^{T} \mathbb{E}_{P(a_{1:T};\theta_c)}[\nabla_{\theta_c} \log P(a_t \mid a_{(t-1):1};\theta_c) R] \tag{3.4}$$

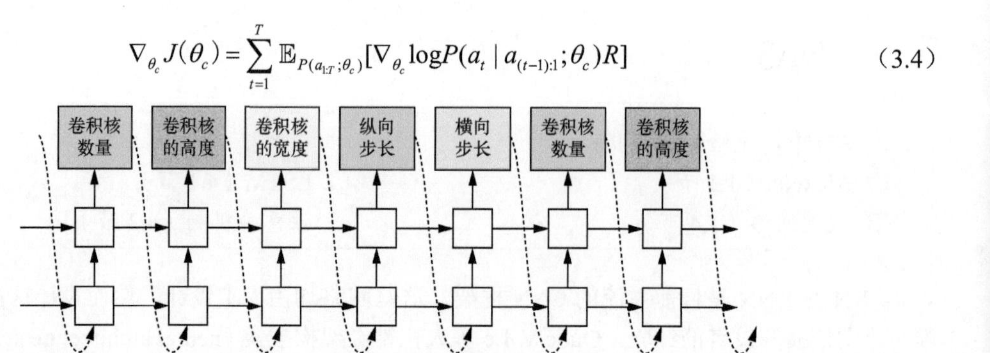

图 3.9　NAS-CNN 的控制器结构

式（3.4）近似等价于：

$$\frac{1}{m}\sum_{k=1}^{m}\sum_{t=1}^{T}\nabla_{\theta_c} \log P(a_t \mid a_{(t-1):1};\theta_c) R_k \tag{3.5}$$

其中，m 是每个批次中网络的数量。

式（3.5）是对梯度的无偏估计，但是往往方差比较大，为了减小方差，算法中使用的是更新值：

$$\frac{1}{m}\sum_{k=1}^{m}\sum_{t=1}^{T}\nabla_{\theta_c} \log P(a_t \mid a_{(t-1):1};\theta_c)(R_k - b)$$

基线 b 是以前训练的架构的精度的指数移动平均值。

上面得到的控制器的搜索空间是不包含跳跃连接的，所以不能产生类似于残差网络或者 Inception 的网络。NAS-CNN 是通过在上面的控制器中添加注意力机制来添加跳跃连接的，如图 3.10 所示。

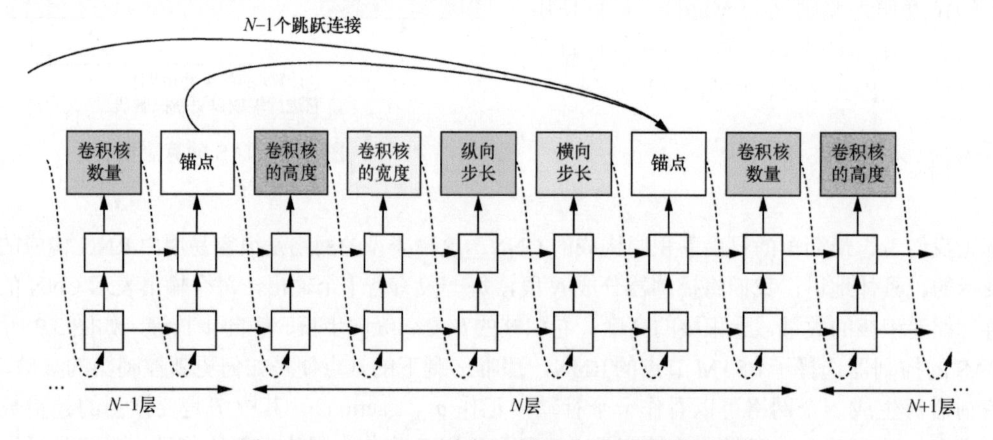

图 3.10　NAS-CNN 中加入跳跃连接的控制器结构

在第 N 层，我们添加 $N-1$ 个锚点来确定是否需要在该层和之前的某一层之间添加跳跃连接，这个锚点是通过两层的隐层节点状态和 sigmoid 激活函数来完成判断的。具体地讲，我们可以将第 i 个节点与第 j 个节点之间是否有捷径表示为式（3.6）：

$$P(j\text{ 层是 }i\text{ 层的输入}) = \text{sigmoid}[\boldsymbol{v}^T \tanh(\boldsymbol{W}_{\text{prev}} \cdot \boldsymbol{h}_j + \boldsymbol{W}_{\text{curr}} + \boldsymbol{h}_i)] \tag{3.6}$$

其中，$\boldsymbol{h}_i$ 和 $\boldsymbol{h}_j$ 分别是当前层和第 j 层在控制器中隐层节点的状态，$j \in [0, N-1]$。$\boldsymbol{W}_{\text{prev}}$、$\boldsymbol{W}_{\text{curr}}$ 和 $\boldsymbol{v}^T$ 是可学习的参数，注意，跳跃连接的添加并不会影响更新策略。

由于添加了跳跃连接，由训练得到的参数可能会产生许多问题，例如某个层和其他所有层都没有产生连接等，因此对于几个特殊情况我们需要注意：

- 如果一个层和其之前的所有层都没有产生跳跃连接，那么这层将作为输入层；
- 如果一个层和其之后的所有层都没有产生跳跃连接，那么这层将作为输出层，并和所有输出层拼接之后作为分类器的输入；
- 如果输入层拼接了多个尺寸的输入，我们可以给小尺寸输入添加值为 0 的边距让其尺寸与大尺寸输入对齐。

除了卷积和跳跃连接，池化、BN、Dropout 等策略也可以通过相同的方式添加到控制器中，只不过这时候需要引入更多的策略相关参数。

经过训练之后，在 CIFAR-10 上得到的 CNN 如图 3.11 所示，它是 NAS-CNN 生成的密集连接的网络结构。其中，FH 指卷积核的高度，FW 指卷积核的宽度，N 指卷积核的个数。

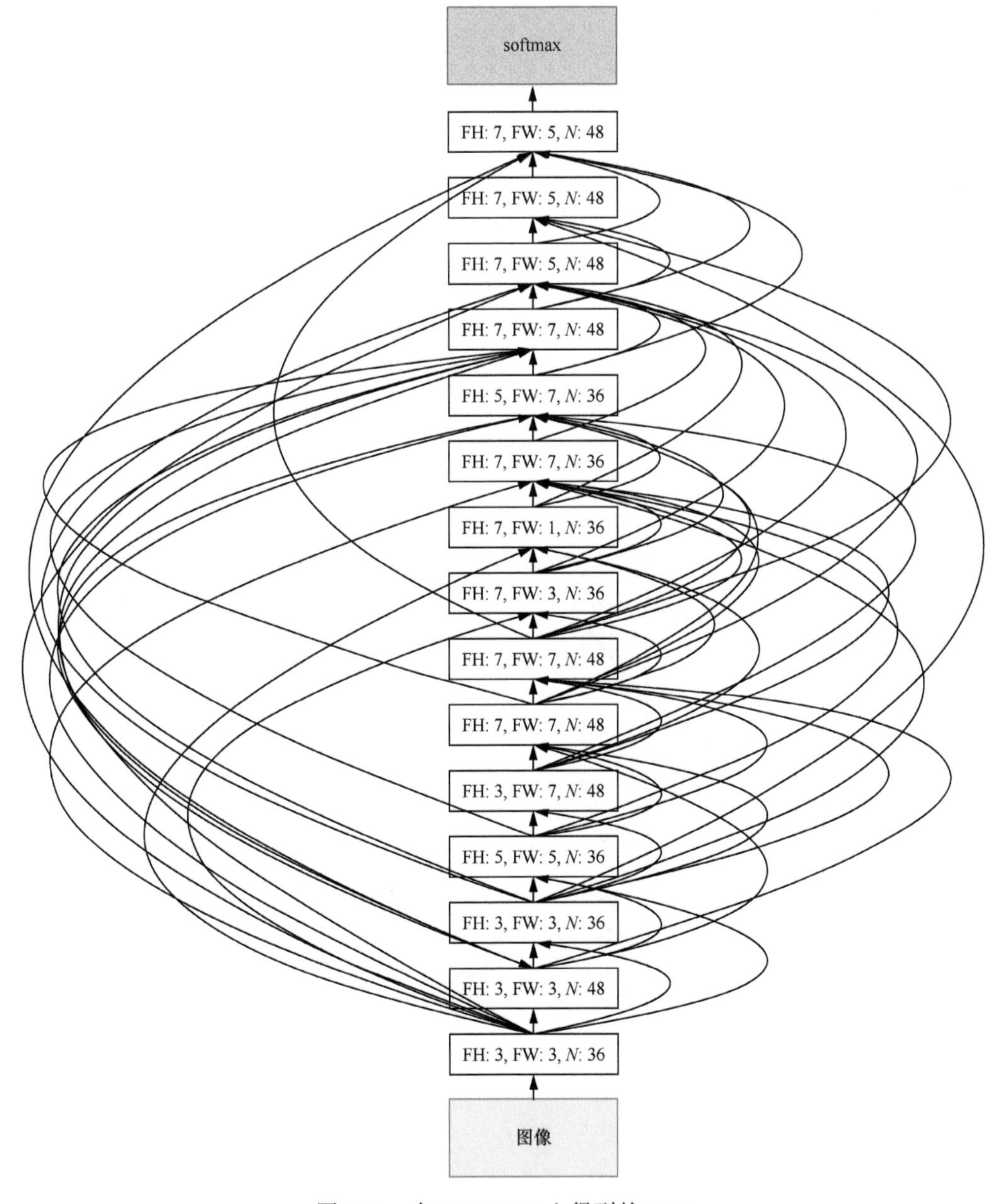

图 3.11 在 CIFAR-10 上得到的 CNN

从图 3.11 中我们可以发现，NAS-CNN 和 DenseNet 有很多相通的地方：

- 都用密集连接；
- 特征图的个数都比较少；
- 特征图之间都采用拼接的方式进行连接。

在 NAS-CNN 的实验中，使用的是 CIFAR-10 数据集。搜索空间如下：

- 卷积核的高度的范围是 {1,3,5,7}；
- 卷积核的宽度的范围也是 {1,3,5,7}；
- 通道个数的范围是 {24,36,48,64}；
- 步长分为固定为 1 和范围为 {1,2,3} 两种情况；
- 再加上 BN 和跳跃连接。

控制器使用的是含有 35 个隐层节点的 LSTM。

3.2.2 NAS-RNN

在这篇论文中，作者采用强化学习的方法同样生成了类似于 LSTM 的门控机制的一个 RNN 单元。控制器的参数更新方法和 3.2.1 节所述的类似，这里我们主要介绍如何使用一个 RNN 控制器来描述一个 RNN 单元。

传统 RNN 的输入是 $\boldsymbol{x}_t$ 和 $\boldsymbol{h}_{t-1}$，输出是 $\boldsymbol{h}_t$，计算方式是 $\boldsymbol{h}_t=\tanh(\boldsymbol{W}_1\boldsymbol{x}_t+\boldsymbol{W}_2\boldsymbol{h}_{t-1})$。LSTM 的输入是 $\boldsymbol{x}_t$、$\boldsymbol{h}_{t-1}$ 以及单元状态 $\boldsymbol{c}_{t-1}$，输出是 $\boldsymbol{h}_t$ 和 $\boldsymbol{c}_t$，所以 LSTM 的门控单元可以看作一个将 $\boldsymbol{x}_t$、$\boldsymbol{h}_{t-1}$ 和 $\boldsymbol{c}_{t-1}$ 作为根节点的树结构，树中的各个节点表示 LSTM 的不同的门控单元，如图 3.12 所示。

练习： 你能从图 3.12 中找出 LSTM 的输入门、输出门以及遗忘门吗？

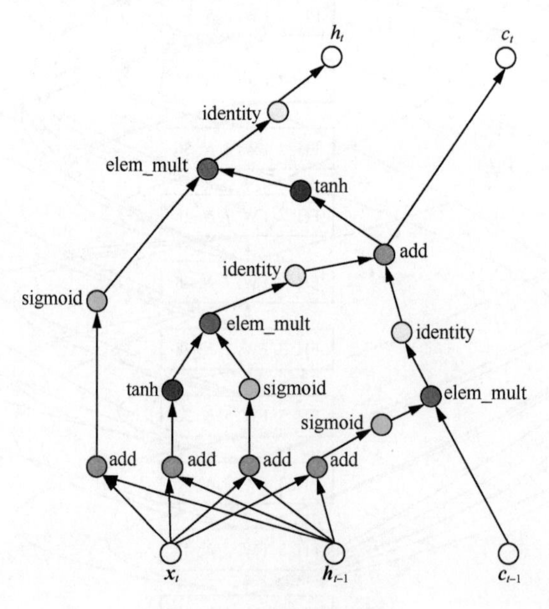

图 3.12　LSTM 的计算

和 LSTM 一样，NAS-RNN 也需要输入一个 $\boldsymbol{c}_{t-1}$，输出一个 $\boldsymbol{c}_t$，并在控制器的最后两个单元中控制如何使用 $\boldsymbol{c}_{t-1}$ 以及如何计算 $\boldsymbol{c}_t$。

NAS-RNN 的控制器如图 3.13 所示，在这个树结构中有两个叶子节点和一个中间节点，这种有两个叶子节点的情况简称为base2，而图3.12中的LSTM则是base4。叶子节点的索引是0、1，中间节点的索引是2，如图3.13（a）所示。也就是说，控制器需要预测3个网络块，每个网络块包含一个操作（加、点乘等）和一个激活函数（ReLU、sigmoid、tanh等）。在3个网络块之后接的是一个添加单元（cell inject），用于控制 $\boldsymbol{c}_{t-1}$ 的使用，最后是一个指示单元（cell indices），确定哪些树用于计算 $\boldsymbol{c}_t$，如图3.13（b）所示。

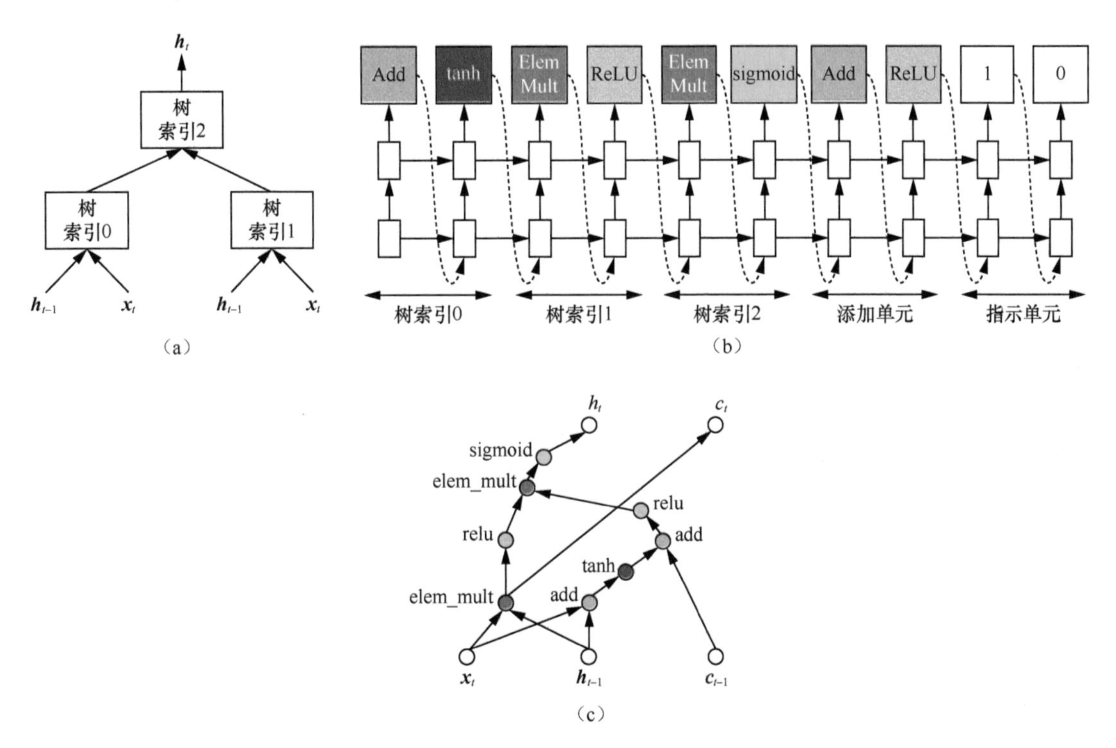

图3.13　NAS-RNN的控制器生成RNN节点示意

详细分析一下图3.13：

- 控制器为索引为0的树节点，预测的操作和激活函数分别是单位加和tanh，意味着 $\boldsymbol{a}_0=\tanh(\boldsymbol{W}_1\times\boldsymbol{x}_t+\boldsymbol{W}_2\times\boldsymbol{h}_{t-1})$；
- 控制器为索引为1的树节点，预测的操作和激活函数分别是ElemMult和ReLU，意味着 $\boldsymbol{a}_1=\mathrm{ReLU}[(\boldsymbol{W}_3\times\boldsymbol{x}_t)\odot(\boldsymbol{W}_4\times\boldsymbol{h}_{t-1})]$；
- 控制器为指示单元的第二个元素预测的值为0，添加单元的操作和激活函数是单位加和ReLU，意味着 $\boldsymbol{a}_0$ 值需要更新为 $\boldsymbol{a}_0^{\mathrm{new}}=\mathrm{ReLU}(\boldsymbol{a}_0+\boldsymbol{c}_{t-1})$，注意这里不需要额外的参数；
- 控制器为索引为2的节点预测的操作和激活函数分别是ElemMult和sigmoid，意味着 $\boldsymbol{a}_2=\mathrm{sigmoid}(\boldsymbol{a}_0^{\mathrm{new}}\odot\boldsymbol{a}_1)$，因为 $\boldsymbol{a}_2$ 是最大的树的索引，所以 $\boldsymbol{h}_t=\boldsymbol{a}_2$；
- 控制器为指示单元的第一个元素预测的值是1，意思是 $\boldsymbol{c}_t$ 要先使用索引为1的树再使用激活函数的值，即 $\boldsymbol{c}_t=(\boldsymbol{W}_3\times\boldsymbol{x}_t)\odot(\boldsymbol{W}_4\times\boldsymbol{h}_{t-1})$。

上面是以base2的超参数为例进行讲解的，如图3.13（c）所示。在实际中使用的是base8，得到图3.14所示的两个RNN单元。图3.14（a）所示的是不包含max和sin的搜索空间，图3.14（b）所示的是包含max和sin的搜索空间（控制器并没有选择sin）。

在生成NAS-RNN的实验中，使用的是Penn Treebank数据集。操作的范围是[add,elem_mult]，激活函数的范围是[identity,tanh,sigmoid,relu]。

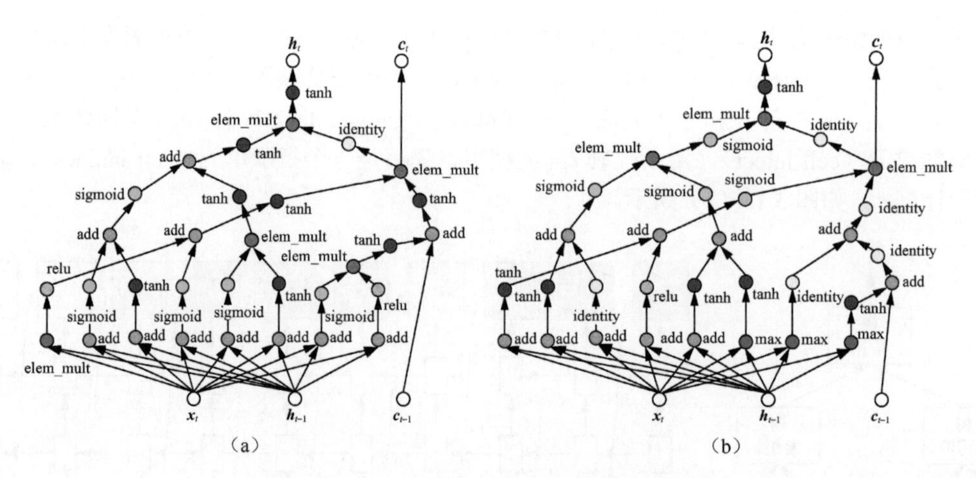

图 3.14 NAS-CNN 生成的网络节点的计算

3.2.3 小结

Google 的 Quoc V. Le 团队是 AutoML 领域的领军者，他们除了具有很多机构难以企及的硬件资源，还拥有扎实的技术积累。Quoc V. Le 等人的 NAS 的论文开创性地使用了强化学习进行模型架构的搜索，提出了 NAS-CNN 和 NAS-RNN 两个架构，二者的共同点是都使用一个 RNN 作为控制器来描述生成的网络结构，并使用生成的网络结构在验证集上的表现，结合强化学习算法来训练控制器的参数。

Quoc V.Le 等人的 NAS 的论文可以说是 AutoML 领域的基石级别论文，极具创新性，不止是其算法足够新颖，更重要的是 Quoc V. Le 团队开辟的使用强化学习来学习网络结构可能在未来几年引领模型自动生成的方向，尤其是在硬件资源不再那么昂贵的时候。论文的探讨比较基础，留下了大量的待开发空间供科研工作者探索，期待未来几年出现更高效、更精确的模型。

3.3 NASNet

在本节中，先验知识包括：

- ❑ NAS（3.2 节）

在 3.2 节中我们介绍了如何使用强化学习学习一个完整的 CNN 或一个独立的 RNN 单元，这种数据集敏感（dataset interest）的网络的效果是目前最优的。但是 NAS 提出的网络的计算代价是相当大的，仅仅在 CIFAR-10 上学习一个网络就需要 500 块 GPU 运行 28 天才能找到最优结构。这使得 NAS 很难迁移到大数据集上，更不要提 ImageNet 这样几百 GB 的数据集了。而在目前的行业规则上，如果不能在 ImageNet 上取得令人信服的结果，这样的网络结构很难令人信服。

为了将 NAS 迁移到大数据集乃至 ImageNet 上，这篇论文提出了在小数据集（CIFAR-10）上学习一个网络单元，然后通过堆叠更多的网络单元的方式将网络迁移到更复杂、尺寸更大的数据集上。因此这篇论文的最大贡献便是介绍了如何使用强化学习学习这些网络单元。作者将用于 ImageNet 的 NAS 简称为 NASNet[1]，实验结果证明了 NASNet 的有效性，其在 ImageNet 数据集上的

1 参见 Barret Zoph、Vijay Vasudevan、Jonathon Shlens 等人的论文“Learning Transferable Architectures for Scalable Image Recognition”。

top-1 准确率和 top-5 准确率均取得了当时最优的效果。

阅读本节前，强烈建议看完 3.2 节，因为本节并不会涉及强化学习部分，只会介绍控制器是如何学习一个 NASNet 网络块的。

3.3.1 NASNet 控制器

在 NASNet 中，完整的网络结构还是需要手动设计的，NASNet 学习的是完整网络中被堆叠、被重复使用的网络单元。为了便于将网络迁移到不同的数据集上，我们需要学习两种类型的网络块。

- **普通单元（normal cell）**：输出特征图和输入特征图的尺寸相同。
- **缩减单元（reduction cell）**：输出特征图相对输入特征图进行了一次降采样。在缩减单元中，使用特征图作为输入的操作（卷积或者池化）的默认步长为 2。

NASNet 的控制器的结构示意如图 3.15 所示，每个网络单元由 B 个网络块组成，在实验中 $B=5$。每个块的具体形式如图 3.15（b）所示，每个块由并行的两个卷积组成，它们会由控制器决定选择哪些特征图作为输入（灰色部分）以及使用哪些操作（黄色部分）来计算输入的特征图。最后它们会由控制器决定如何合并特征图。

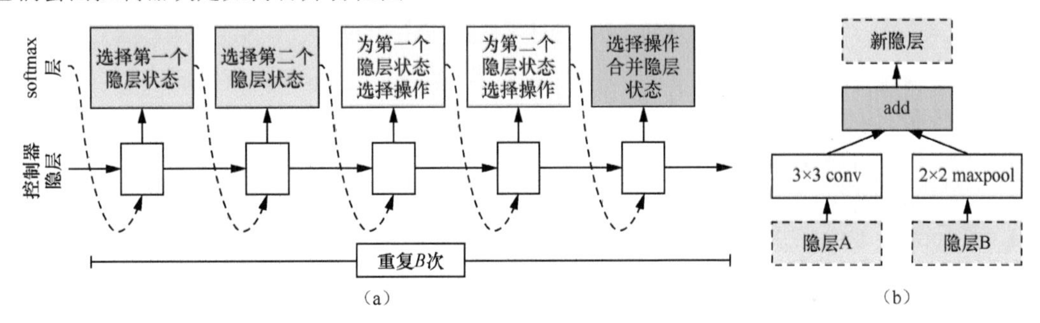

图 3.15　NASNet 的控制器的结构示意

更精确地讲，NASNet 网络单元的计算分为 5 步：

（1）从第 $i-1$ 个特征图或者第 i 个特征图或者之前已经生成的网络块中选择一个特征图作为隐层 A 的输入；

（2）采用和第（1）步类似的方法为隐层 B 选择一个输入；

（3）为第（1）步的特征图选择一个操作；

（4）为第（2）步的特征图选择一个操作；

（5）选择一个合并操作，合并第（3）步和第（4）步得到的特征图。

图 3.16 所示的是学习到的网络单元，从中可以看到 2 种不同的输入特征图的情况。

在第（3）步和第（4）步中我们可以选择的操作（卷积类型空间）有：

- 直接映射；
- 1×1 卷积；
- 3×3 卷积；
- 3×3 深度可分离卷积；
- 3×3 空洞卷积；
- 3×3 平均池化；
- 3×3 最大池化；
- 1×3 卷积 $+3\times1$ 卷积；

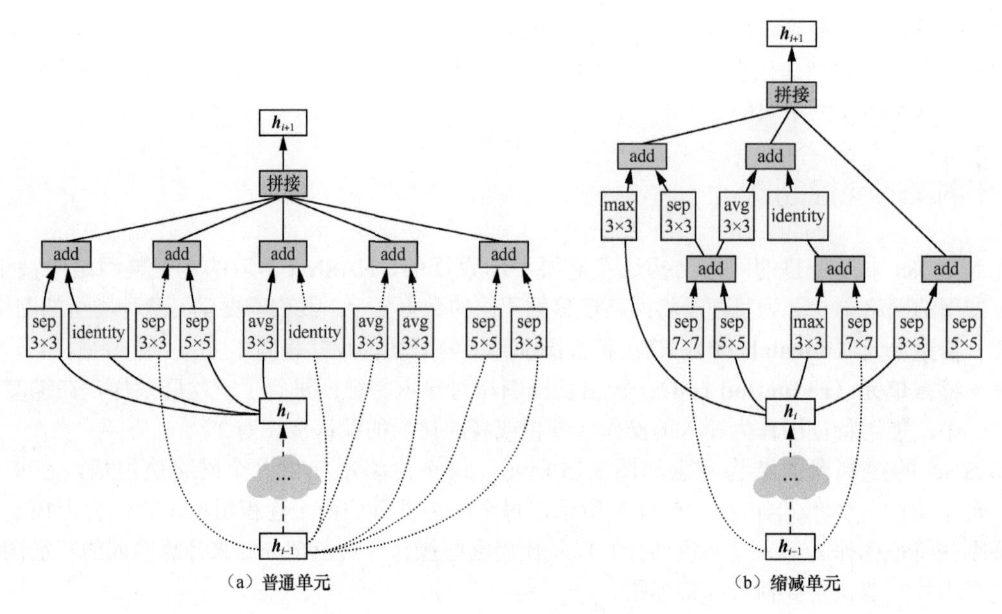

（a）普通单元　　（b）缩减单元

图 3.16　NASNet 生成的 CNN 单元

- 5×5 深度可分离卷积；
- 5×5 最大池化；
- 7×7 深度可分离卷积；
- 7×7 最大池化；
- 1×7 卷积+7×1 卷积。

在第（5）步中可以选择的合并操作有单位加、拼接。

最后所有生成的特征图通过拼接操作合成一个完整的特征图。

为了能让控制器同时预测普通单元和缩减单元，RNN 会有 $2\times5\times B$ 个输出，其中前 $5\times B$ 个输出预测普通单元的 B 个块（如图 3.15（a）所示的每个块有 5 个输出），后 $5\times B$ 个输出预测缩减单元的 B 个块。RNN 使用的是单层 LSTM，隐层节点数为 100。

3.3.2 NASNet 的强化学习

NASNet 的强化学习思路和 NAS 的相同，有几个技术细节这里说明一下：

- NASNet 进行迁移学习时使用的优化策略是最近策略优化（proximal policy optimization，PPO）[1]；
- 作者尝试了均匀分布的搜索策略，效果略差于 PPO。

3.3.3 计划 DropPath

在优化类似于 Inception 的多分支结构时，以一定概率随机丢弃掉部分分支是避免过拟合的一种非常有效的策略，如 DropPath[2]。但是 DropPath 对 NASNet 不是非常有效。在 NASNet 的计划

1　参见 John Schulman、Filip Wolski、Prafulla Dhariwal 等人的论文“Proximal Policy Optimization Algorithms”。

2　参见 Gustav Larsson、Michael Maire、Gregory Shakhnarovich 的论文“FractalNet: Ultra-Deep Neural Networks without Residuals”。

DropPath（scheduled DropPath）中，丢弃的概率会随着训练时间的增加而线性增加。这么做的动机很好理解：训练的次数越多，模型越容易过拟合，DropPath 的避免过拟合的作用才能发挥得越充分。

3.3.4 其他超参数

在 NASNet 中，强化学习的搜索空间大大减小，很多超参数已经固定，仅有少部分需要人工设定。这里介绍一下 NASNet 需要人为设定的超参数。

- 激活函数统一使用 ReLU，实验结果表明 ELU 非线性效果略差于 ReLU。
- 全部使用有效卷积，边距（padding）值由卷积核大小决定。
- 缩减单元的特征图的数量需要乘 2，普通单元数量不变。初始数量人为设定，一般来说数量越多，计算越慢，效果越好。
- 普通单元的重复次数（图 3.17 中的 N）人为设定。
- 深度可分离卷积在深度卷积和点卷积中不使用 BN 或 ReLU。
- 使用深度可分离卷积时，该算法执行两次。
- 所有卷积遵循 ReLU → 卷积 → BN 的计算顺序。
- 为了保持特征图的数量的一致性，必要的时候添加 1 × 1 卷积。

堆叠单元在 CIFAR-10 和 ImageNet 上得到的网络结构如图 3.17 所示。

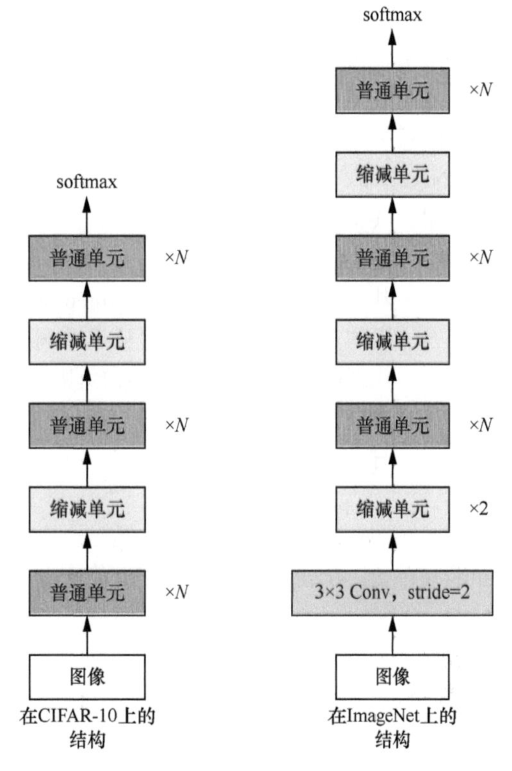

图 3.17　NASNet 在 CIFAR-10 和 ImageNet 上的网络结构

3.3.5 小结

NASNet 最大的贡献是解决了 NAS 无法应用到大数据集上的问题，它使用的策略是先在小数据集上学习一个网络单元，然后在大数据集上堆叠更多的单元来完成模型迁移。

NASNet 已经不再是数据集敏感的网络了，因为其中大量的参数都是人为设定的，网络的搜索空间更倾向于**密集连接的方式**。这种人为设定参数的正面影响就是缩小了强化学习的搜索空间，从而提高了运算速度，在相同的硬件环境下，NASNet 的速度要比 NAS 的快 7 倍。

NASNet 的网络单元本质上是一个更复杂的 Inception，可以通过堆叠网络单元的方式将其迁移到任意分类任务，乃至任意类型的任务中。论文中使用 NASNet 进行物体检测的效果也要优于其他网络。

本节使用 CIFAR-10 得到的网络单元其实并不是非常具有代表性，理想的数据集应该是 ImageNet。但是现在由于硬件的计算能力有限，无法在 ImageNet 上完成网络单元的学习，随着硬件性能的提升，基于 ImageNet 的 NASNet 一定会出现。

3.4 PNASNet

在本节中，先验知识包括：
- ❑ NAS（3.2 节）；
- ❑ NASNet（3.3 节）。

在 3.2 节和 3.3 节中我们介绍了如何使用强化学习训练 CNN 的超参数。NAS 在 NAS 系列文章的第一篇中被提出，这一篇中还提出了使用强化学习训练控制器（RNN），该控制器的输出是 CNN 的超参数，可以生成一个完整的 CNN。NASNet 提出学习网络的一个单元比直接学习整个网络效率更高且更容易迁移到其他数据集，并在 ImageNet 上取得了当时最优的效果。

约翰斯·霍普金斯大学在读博士刘晨曦在 Google 实习时发布了一篇论文，基于 NASNet 提出了 PNASNet[1]。PNASNet 的训练时间降为 NASNet 的 1/8 并且在 ImageNet 上取得了比 NASNet 更优的效果。其主要的优化策略如下。

- 更小的搜索空间。
- 基于顺序模型的优化（sequential model-based optimization，SMBO）策略：一种启发式搜索的策略，训练的模型从简单到复杂，从剪枝的空间中进行搜索。
- 代理函数：使用代理函数预测模型的精度，省去了耗时的训练过程。

3.4.1 更小的搜索空间

回顾 NASNet 的控制器，它是一个有 $2 \times B \times 5$ 个输出的 LSTM，其中 2 表示分别学习普通单元和缩减单元，B 表示每个网络单元有 B 个网络块，5 表示网络块有 5 个需要学习的超参数，记作 (I_1, I_2, O_1, O_2, C)。$I_1 \in \mathcal{I}_b$用于预测网络块隐层状态的输入之一，它会从之前一个、之前两个，或者已经生成好的网络块中选择一个作为输入，I_2 同理。$O_1, O_2 \in \mathcal{O}$用于预测作用于两个输入的操作，它共有 13 个，具体的操作类型见 NASNet。$C \in \mathcal{C}$表示 O_1 和 O_2 的合并方式，有单位加和拼接两种操作。因此 NASNet 的搜索空间的大小为：

$$(2^2 \times 13^2 \times 3^2 \times 13^2 \times 4^2 \times 13^2 \times 5^2 \times 13^2 \times 6^2 \times 13^2 \times 2)^2 \approx 2.0 \times 10^{34}$$

PNASNet 的控制器的运作方式和 NASNet 的类似，但也有几点不同。

只有普通单元：PNASNet 只学习了普通单元，是否进行降采样由用户自己设置。当使用降采样时，它使用和普通单元完全相同的架构，只是要加入步长 2 并把特征图的数量乘 2。这种操作使控制器的输出节点数变为 $B \times 5$。

更小的 $\mathcal{O}$：在观察 NASNet 的实验结果时，我们发现有 5 个操作是从未被使用过的，因此我们将它们从搜索空间中删去，保留的操作有 8 个：

- 直接映射；
- 3×3 深度可分离卷积；
- 3×3 空洞卷积；
- 3×3 平均池化；
- 3×3 最大池化；
- 5×5 深度可分离卷积；
- 7×7 深度可分离卷积；

1 参见 Chenxi Liu、Barret Zoph、Maxim Neumann 等人的论文“Progressive Neural Architecture Search”。

- 1×7 卷积 $+7\times1$ 卷积。

合并 $\mathcal{C}$：通过观察 NASNet 的实验结果，作者发现拼接操作也从未被使用，因此我们也可以将这种操作从搜索空间中删掉。因此 PASNet 的超参数是 4 个值的集合 (I_1,I_2,O_1,O_2)。

因此 PNASNet 的搜索空间的大小是：

$$2^2\times8^2\times3^2\times8^2\times4^2\times8^2\times5^2\times8^2\times6^2\times8^2\approx5.6\times10^{14}$$

我们可以编写一些规则来对两个隐层状态对称的情况进行去重，但即使排除掉对称的情况，NASNet 的搜索空间的大小仍然为 10^{28} 的数量级，PNASNet 的搜索空间仍然为 10^{12} 的数量级。

3.4.2 SMBO

尽管已经将搜索空间优化到了 10^{12} 的数量级，但是这个规模依然十分庞大。在这个搜索空间内部进行搜索依旧非常耗时。为了提高模型的搜索效率，这篇论文提出了 SMBO，它在模型的搜索空间中进行优化时会剪枝一些分支从而缩小模型的搜索空间，提升搜索速度。换一个说法，SMBO 的搜索采用递进（progressive）的形式，它的网络块数会从 1 个开始逐渐增加到 B 个。

当网络块数 $b=1$ 时，它的搜索空间为 $2^2\times8^2=256$（不考虑对称情况），也就是可以生成 256 个不同的网络块 $\mathcal{B}_1$。这个搜索空间并不大，我们可以枚举出所有情况并训练由它们组成的网络 $\mathcal{M}_1$。记构成网络的超参数为 $\mathcal{S}_1$。接着我们训练所有的网络，得到训练后的模型 $\mathcal{C}_1$。通过验证集我们可以得到每个模型在验证集上的精度 $\mathcal{A}_1$。有了网络超参数 $\mathcal{S}_1$ 和它们对应的精度 $\mathcal{A}_1$，PNASNet 引入了代理函数 π 来建模参数（特征）和精度（标签）的直接关系，这样我们就可以省去非常耗时的模型训练的过程了。由代理函数得到的精度叫作**代理精度**，代理精度并不非常准确，因为在剪枝时我们不需要得到非常准确的精度，代理精度的作用是快速地为我们确定需要剪枝的模型。代理函数的细节我们会在 3.4.3 节中详细分析，这里你只需要把它看作从网络超参数 $\mathcal{S}_1$ 到它对应的精度 $\mathcal{A}_1$ 的映射即可。

当网络块数 $b=2$ 时，它的搜索空间为 $2^2\times8^2\times3^2\times8^2=147\,456$，它的实际意义是在 $b=1$ 的基础上再扩展一个网络块，表示为 $\mathcal{S}_2'$。使用 $b=1$ 时得到的代理函数 π 可以为每个扩展模型非常快速地预测一个精度，表示为 $\mathcal{A}_2'$。接着我们会根据代理精度选取 top-K 个扩展模型 $\mathcal{S}_2$，一般 K 的值远小于搜索空间。仿照之前的过程，我们会依次使用 $\mathcal{S}_2$ 搭建 CNN $\mathcal{C}_2$，使用 $\mathcal{C}_2$ 得到模型在验证集上的精度 $\mathcal{A}_2$，最后我们使用得到的 $(\mathcal{S}_2,\mathcal{A}_2)$ 更新代理函数 π。

仿照之前的过程，我们可以使用 $b\geqslant2$ 更新的代理函数 π 得到 $b+1$ 的 top-K 的扩展结构并得到新的代理函数 π。以此类推，直到 $b=B$，如算法 1 和图 3.18 所示。

算法 1　递进神经架构搜索（PNAS）

输入： B（块的最大数量）、E（最大 epoch 数）、F（第一层的卷积核的数量）、K（搜索宽度）、N（回滚单元的次数）、trainSet（训练集）、valSet（验证集）

1: $\mathcal{S}_1=\mathcal{B}_1$ // 单个网络块中的候选模型集合

2: $\mathcal{M}_1=$ cell-to-CNN$(\mathcal{S}_1, N, F)$ // 根据特定的单元构建神经网络

3: $\mathcal{C}_1=$ train-CNN$(\mathcal{M}_1, E,$ trainSet$)$ // 训练代理 CNN

4: $\pi=$ fit$(\mathcal{S}_1, \mathcal{A}_1)$ // 从头训练奖励预测模型

5: **for** $b=2:B$ **do**

6: 　$\mathcal{S}_b'=$ expand-cell$(\mathcal{S}_{b-1})$ // 根据多个网络块扩充候选模型集合

7: 　$\hat{\mathcal{A}}_b'=$ predict$(\mathcal{S}_b'.\ \pi)$ // 使用奖励预测模型预测准确率

8: 　$\mathcal{S}_b=$ top-$K(\mathcal{S}_B', \hat{\mathcal{A}}_b', K)$ // 根据预测结果选择 K 个模型

9:　$\mathcal{M}_b$ = cell-to-CNN($\mathcal{S}_b$,N, F)
10:　$\mathcal{C}_b$ = train-CNN($\mathcal{M}_b$, E, trainSet)
11:　$\mathcal{A}_b$ = eval-CNN($\mathcal{C}_b$, valSet)
12:　π = update-predictor($\mathcal{S}_b$, $\mathcal{A}_b$, π) // 使用新数据微调奖励预测模型
13: **end for**
14: **return** top-K($\mathcal{S}_B$, $\mathcal{A}_B$, 1)

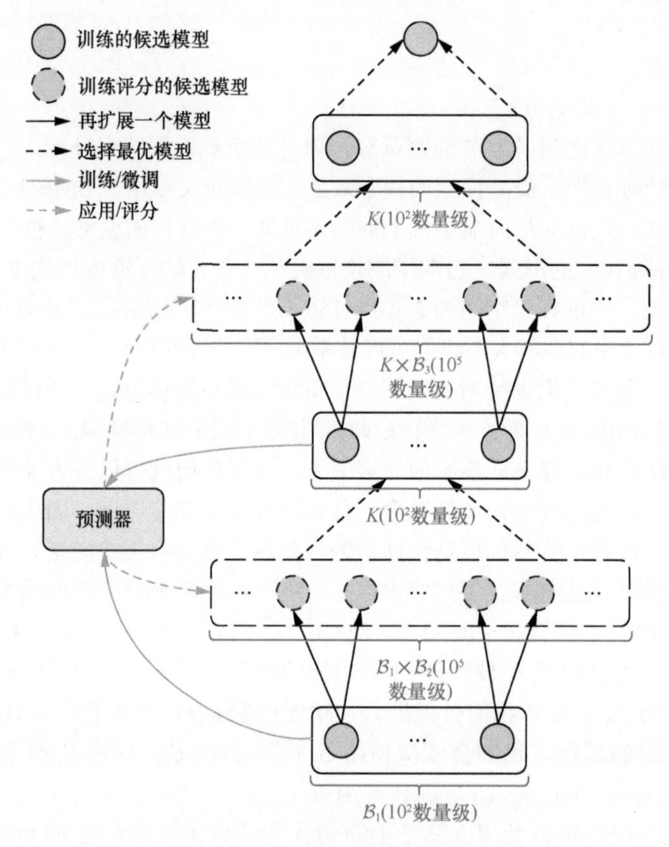

图 3.18　SMBO 流程（$B=3$）

3.4.3 代理函数

3.4.2 节中介绍 SMBO 时，代理函数 π 在其中发挥了至关重要的作用，从上面的流程中我们知道代理函数必须有下面 3 条特征。

- **处理变长数据**：在 SMBO 中我们会使用网络块数为 b 的数据更新模型并在网络块数为 $b+1$ 的扩展模型上预测精度。
- **正相关**：因为代理精度$\mathcal{A}'_b$的作用是选取 top-K 个扩展模型，所以其预测的精度不一定准确；但选取的 top-K 个扩展模型要尽可能准确，所以保证代理函数预测的精度至少和实际精度是正相关的。
- **样本有效**：在 SMBO 中我们用于训练模型的样本数量是 K，K 的值一般会很小，所以我们希望代理函数在小数据集上也能有好的表现。

处理变长数据的一个非常经典的模型便是 RNN，因为它可以将输入数据按照网络块切分成时间片。具体地讲，LSTM 的输入是尺寸为 $4\times b$ 的超参数 $\mathcal{S}_b$，其中 4 指的是超参数的 4 个元素 (I_1,I_2,O_1,O_2)。输入 LSTM 之前，(I_1,I_2) 经过独热（one-hot）编码后会通过一个共享的嵌入层进行编码，(O_1,O_2) 也会先经过独热编码再通过另外一个共享的嵌入层进行编码。最后的隐层节点经过一个激活函数为 sigmoid 的全连接得到最后的预测精度。损失函数使用 L_1 损失，即最小化预测值和目标值之差的绝对值。

作者采用了一组 MLP 作为对照试验，编码方式是将每个超参数转换成一个 D 维的特征向量，4 个超参数拼接之后会得到一个 4 维的特征向量。如果网络块数 $b > 1$，我们则取这 b 个特征向量的均值作为输入，这样不管有几个网络块，MLP 的输入数据的维度都是 4。损失函数同样使用 L_1 损失。

由于样本数非常少，作者使用的是由 5 个模型组成的集成模型。为了验证代理函数在变长数据上的表示能力，作者在 LSTM 和 MLP 上做了一组排序相关性的对照试验。分析出的结论是在相同网络块数下，LSTM 优于 MLP，但是在预测网络块多一个的模型上 MLP 要优于 LSTM，原因可能是 LSTM 过拟合了。

3.4.4 PNASNet 的实验结果

增进式的结构：根据 3.4.2 节介绍的 SMBO 流程，PNASNet 可以非常容易地得出网络块数小于或等于 B 的所有模型，其结果如图 3.19 所示。

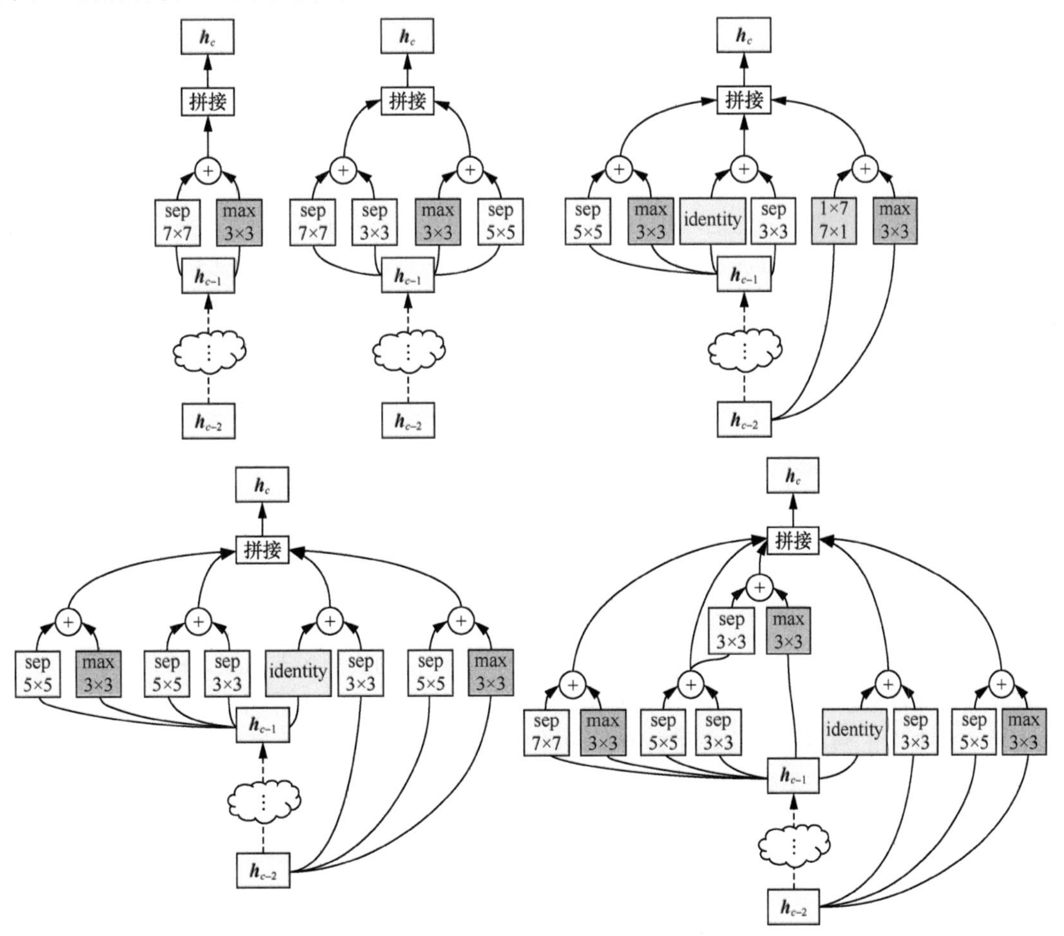

图 3.19 PNASNet 得出的 $B=1,2,3,4,5$ 的几个网络单元，推荐使用 $B=5$

迁移到 ImageNet：NAS 中提出学习数据集敏感的网络结构，但是把 NASNet 和 PNASNet 在 CIFAR-10 上学习到的网络结构迁移到 ImageNet 上也可以取得非常好的效果。作者通过一组不同网络单元在 CIFAR-10 和 ImageNet 上的实验验证了在 CIFAR-10 和 ImageNet 上的网络结构的强相关性，实验结果如图 3.20 所示。

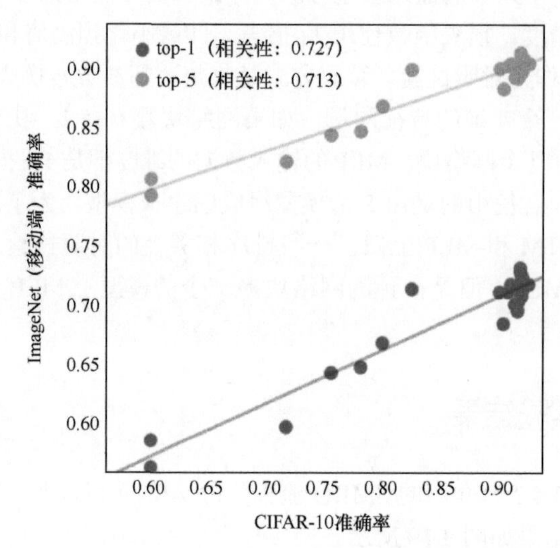

图 3.20　在 CIFAR-10 和 ImageNet 上的网络结构的强相关性

3.4.5 小结

PNASNet 是继 NAS 和 NASNet 之后的第三个模型架构搜索的算法，其重点是强化学习的搜索空间的优化，几个优化的策略也是以此为目的的。更少的参数是为了缩小搜索空间，SMBO 是为了使用剪枝策略来优化强化学习探索的区域，而代理函数则提供了比随机采样更有效的采样策略。剪枝策略和代理函数是强化学习中最常见的技巧，如 AlphaGo。在 AutoML 方向，如何优化剪枝策略和布局搜索空间也是一个非常重要的方向。

3.5 AmoebaNet

在本节中，先验知识包括：

- ☐ NASNet（3.3 节）；
- ☐ 残差网络（1.4 节）。

在讲解 AmoebaNet[1] 之前，先给大家讲一个故事：在一个物质资源非常匮乏的外星球上居住着一种只能进行无性繁殖的外星人，这个星球上的资源匮乏到只够养活 P 个外星人。然而外星人为了种族进化还是要产生新的后代的，那么谁有资格产生后代呢？最优秀的那个外星人 A 提出：最优秀的外星人才有资格产生后代。其他外星人有意见了，因为他们担心整个星球都是 A 家族的人进而破坏了基因多样性。于是他们提出了一个折中方案：每次随机抽 S 个候选者参与竞争，里面最优秀的才有资格产生后代。如果 A 被抽中了，那 A 是里面最优秀的，就让 A 产生后代，如果 A 没有

1　参见 Esteban Real、Alok Aggarwal、Yanping Huang 等人的论文“Regularized Evolution for Image Classifier Architecture Search”。

被抽中，也给其他不是很优秀的外星人一个机会。这样既保证了优秀基因容易产生更多后代，也保证了星球上的基因多样性。接着，由于产生了一个新的外星人，但是星球上的资源有限，因此必须流放一个外星人，以给新的外星人让位置。那么如何决定哪个外星人要被流放呢？A 又提出：我们流放最不优秀的那个吧！其他外星人又不高兴了，产生后代的时候 A 的概率最高，流放的时候又轮不到 A 了，久而久之这个星球上又全是 A 的后代了。经过商议，它们提出了一个最简单的方法：流放岁数最大的那个。

故事讲完，我们步入正题。在我们之前介绍的 NAS 系列算法中，模型架构的搜索均是通过强化学习实现的。本节要介绍的 AmoebaNet 是通过遗传算法的进化策略实现模型架构的学习过程的。该算法的主要特点是在进化过程中引入了年龄的概念，使进化时更倾向于选择更为年轻的性能好的结构，这样确保了进化过程中的多样性，具有优胜劣汰的特点，这个过程叫作年龄进化（AE）。作者为他的网络取名 AmoebaNet，Amoeba 译为变形体，是对形态不固定的生物体的统称，作者也借这个词来表达 AE 拥有探索更广的搜索空间的能力。AmoebaNet 取得了当时在 ImageNet 数据集上 top-1 和 top-5 的最高准确率。

3.5.1 搜索空间

AmoebaNet 使用的是和 NASNet 相同的搜索空间。仿照 NASNet，AmoebaNet 也学习两个单元：普通单元和缩减单元。在这里，两个单元是完全独立的。然后通过重复堆叠普通单元和缩减单元，我们可以得到一个完整的网络，如图 3.21（a）所示。

在 AmoebaNet 中，普通单元的步长始终为 1，因此不会改变特征图的尺寸，缩减单元的步长为 2，因此会将特征图的尺寸缩减为原来的 1/2。因此我们可以连续堆叠更多的普通单元以获得更大的模型容量（不能堆叠缩减单元），如图 3.21（a）中普通单元右侧的 $\times N$ 符号所示。在堆叠普通单元时，AmoebaNet 使用了捷径的机制，即普通单元的一个输入来自上一层，另外一个输入来自上一层的上一层，如图 3.21（b）所示。

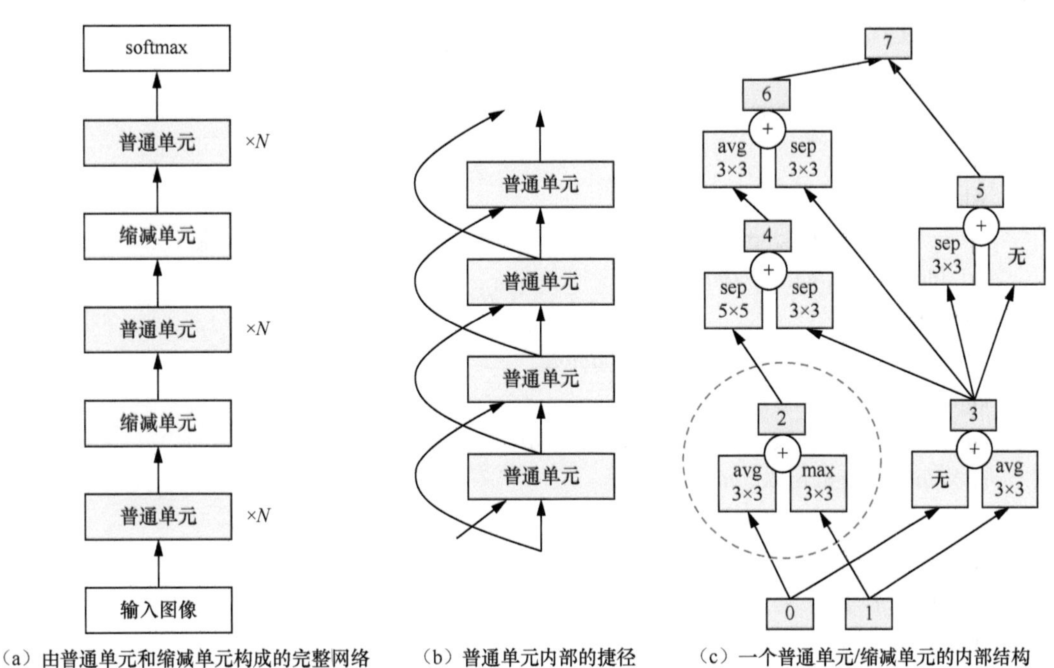

（a）由普通单元和缩减单元构成的完整网络　（b）普通单元内部的捷径　（c）一个普通单元/缩减单元的内部结构

图 3.21　AmoebaNet 的搜索空间

在每个卷积操作中，我们需要学习两个参数。

- 卷积操作的类型：卷积类型空间参考 NASNet 部分。
- 卷积核的输入：从该单元中所有可以选择的特征图中选择两个，每个特征图选择一个操作，通过合并这两个特征图得到新的特征图。最后将所有没有扇出（fan-out）的特征图合并作为最终的输出。

上面所说的合并均是单位加操作，因此特征图的个数不会改变。举例说明这个过程，根据图 3.21 中的跳跃连接，每个单元有两个输入，对应图 3.21(c) 中的 0、1。那么第一个操作（红圈部分）选择 0、1 作为输入进行平均池化和最大池化操作以构成新的特征图 2。接着第二个操作可以从（0、1、2）中选择两个作为输入，形成特征图 3，依此类推可以得到特征图 4、5、6、7。

最终 AmoebaNet 骨干网络仅仅有两个变量需要决定，一个是每个特征图的卷积核数量 F，另一个是堆叠的普通单元的个数 N，这两个参数为人工设定的超参数，作者也实验了 N 和 F 的各种组合。

3.5.2 年龄进化

AmoebaNet 的进化算法 AE 如算法 2 所示。

算法 2 AE

```
1: population ← empty queue // 群体
2: history ← Ø // 将会包含所有的模型
3: while |population| < P do
4:     model.arch ← RANDOMARCHITECTURE()
5:     model.accuracy ← TRAINANDEVAL(model.arch)
6:     add model to right of population
7:     add model to history
8: end while
9: while |history| < C do // 优化C轮
10:    sample ← Ø
11:    while |sample| < S do
12:        candidate ← random element from population // 在poplulation中的元素
13:        add candidate to sample
14:    end while
15:    parent ← highest-accuracy model in sample
16:    child.arch ← MUTATE(parent.arch)
17:    child.accuracy ← TRAINANDEVAL(child.arch)
18:    add child to right of population
19:    add child to history
20:    remove dead from left of population // 最老的
21:    discard dead
22: end while
23: return highest-accuracy model in history
```

在介绍代码之前，我们先看 3 个事实：

- 优秀的对象更容易留下后代；
- 年轻的对象比年老的对象更受欢迎；
- 无论多么优秀的对象都会有死去的一天。

这 3 个事实正是我从上面的代码中总结出来的，也是用 AE 来进化网络的动机，现在我们来看看 AE 是如何体现这 3 点的。

第 1 行代码的作用是使用 queue（队列）初始化一个 population（种族）变量。在 AE 中每个变量都有一个固定的生存周期，这个生存周期便是通过队列来实现的，因为队列的“先进先出”的特征正好符合 AE 的生命周期的特征。population 的作用是保存当前的存活模型，而只有存活的模型才有产生后代的能力。

第 2 行的 history（历史）用来保存所有训练好的模型。

第 3 行代码的作用是使用随机初始化的方式产生第一代存活的模型，个数正是循环的终止条件 P。P 的值在实验中给出了 20、64、100 这 3 个，其中 $P=100$ 的时候得到了最优解。

while 循环（第 4 ～ 8 行）中先随机初始化一个网络，然后训练并得到模型在验证集上的精度，最后将网络的架构和精度保存到 population 和 history 变量中。这里所有的模型评估都是在 CIFAR-10 上完成的。首先注意保存的是**架构**而不是模型，保存的变量的内容不会很多，因此并不会占用特别多的内存。其次由于 population 是一个队列，因此需要从右侧插入。而 history 变量插入时则没有这个要求。

第 9 ～ 22 行的第 2 个 while 循环表示的是进化的时长，即不停地向 history 中添加产生的优秀模型，直到 history 中模型的数量达到 C 个。C 的值越大就越有可能进化出一个性能更为优秀的模型。我们也可以选择在模型开始收敛的时候结束进化。在作者的实验中 $C=20\,000$。

第 10 行的 sample 变量用于从存活的样本中随机选取 S 个模型进行竞争。

第 3 个 while 循环中的代码（第 11 ～ 14 行）用于随机选择候选父代。

第 15 ～ 16 行代码从 S 个模型中选择精度最高的来产生后代。这个有权利产生后代的模型命名为 parent。论文实验中 S 设定的值有 2、16、20、25、50，其中效果最好的值是 25。

第 17 行代码使用变异（mutation）操作产生父代的后代，变量名是 child。变异的操作包括卷积操作变异和隐层状态变异，如图 3.22 所示。在每次变异中，只会进行一次变异操作，抑或是操作变异，抑或是输入变异。

第 18 ～ 19 行代码依次训练这个后代网络结构并将它依次插入 population 和 history 中。

第 20 ～ 21 行代码从 population 顶端移除最老的架构，这一行也是 AE 最核心的部分。另外一种很多人想到的策略是移除效果最差的那个架构，这个方法在论文中叫作非年龄进化（non-aging evolution，NAE）。作者没有选择 NAE 的原因是如果一个模型效果足够好，那么他有很大概率在被淘汰之前在 population 中留下自己的后代。如果按照 NAE 的思路淘汰差样本的话，population 中留下的样本很有可能来自同一个祖先，导致得到的架构由

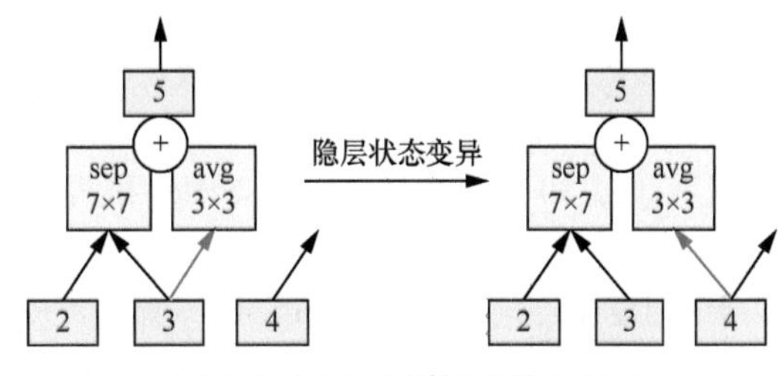

（a）隐层状态变异改变模型的输入特征图

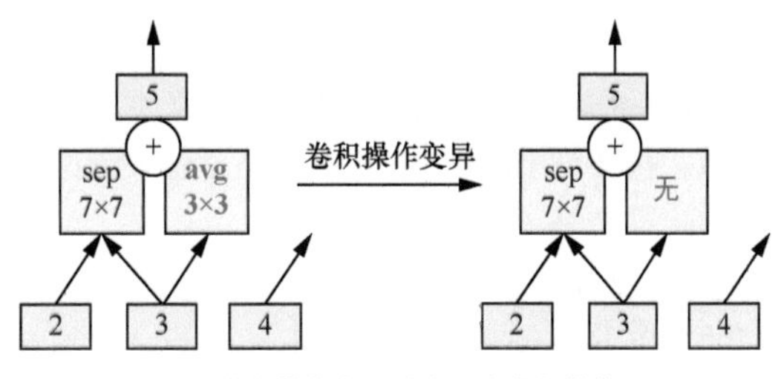

（b）卷积操作变异改变一个卷积操作

图 3.22　AmoebaNet 的变异操作

于多样性非常差，非常容易出现局部最优值问题。这种情况在遗传学中也有一个名字：近亲繁殖。而 AE 通过移除保留时间最长的模型增加了历史模型的多样性。

最后一行代码从所有训练过的模型中选择最好的那个作为最终的输出。

再回去看看开篇的那个故事，讲的就是 AE 算法。

3.5.3　AmoebaNet 的网络结构

通过上面的进化策略产生的网络结构如图 3.23 所示，作者将其命名为 AmoebaNet-A：

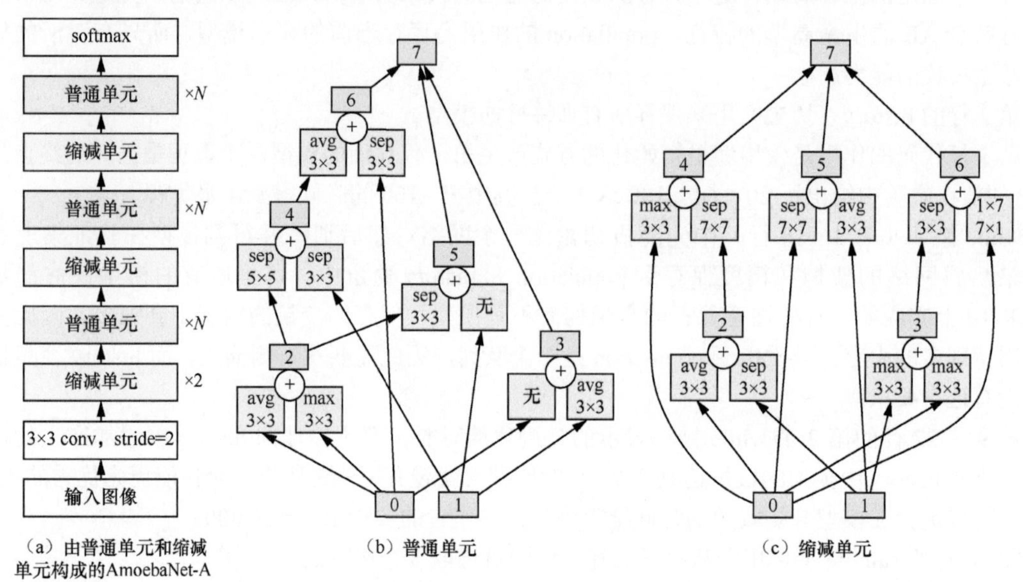

图 3.23　AmoebaNet-A 结构

在图 3.23 中还有两个要手动设置的参数，一个参数是连续堆叠的普通单元的个数 N，另一个是卷积核的数量。在第一次缩减之前卷积核的数量是 F，后面每经过一次缩减，卷积核的数量乘 2。这两个参数是需要人工设置的超参数。

实验结果表明，当 AmoebaNet 的参数数量（$N=6$，$F=190$）达到了 NASNet 以及 PNASNet 的量级（超过 80×10^7）时，AmoebaNet 和其他两个网络在 ImageNet 上的精度是非常接近的。虽然 AmoebaNet 得到的网络和 NASNet 以及 PNASNet 非常接近，但是其基于 AE 的收敛速度是要明显快于基于强化学习（reinforcement learning，RL）的收敛速度的。

而 AmoebaNet 的参数数量达到了 4.69×10^8 时，AmoebaNet-A 取得了目前在 ImageNet 上最优的测试结果。但是不知道是得益于 AmoebaNet 的网络结构还是其巨大的参数数量带来的模型容量的巨大提升。

最后作者通过一些传统的进化算法得到了 AmoebaNet-B、AmoebaNet-C、AmoebaNet-D 这 3 个模型。由于它们的效果并不如 AmoebaNet-A，因此这里不过多介绍，感兴趣的读者可以去阅读论文的附录 D 部分。

从模型的精度上来看 AE、强化学习得到的同等量级参数的架构在 ImageNet 上的表现是几乎相同的，因此我们无法贸然地下结论说 AE 得到的模型要优于强化学习。但是 AE 的收敛速度快于强化学习是非常容易从实验结果中得到的。另外作者添加了一个随机搜索（random search，RS）进行对照实验，3 个方法的收敛曲线如图 3.24 所示。

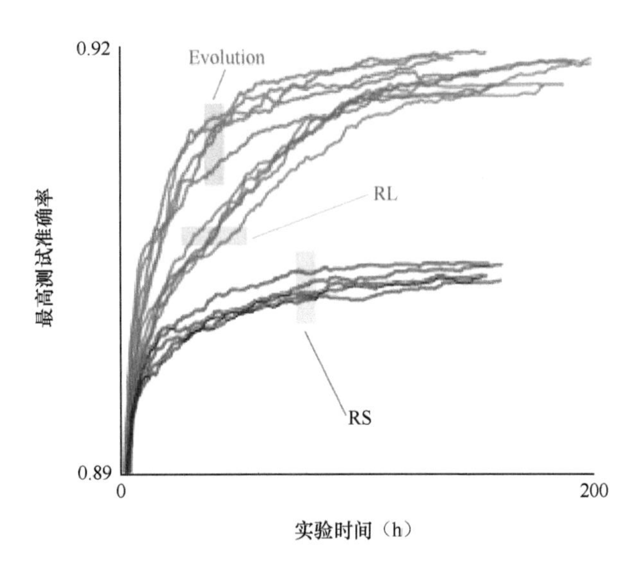

图 3.24　AE（Evolution）、强化学习（RL）及 RS 的收敛曲线

3.5.4 小结

这篇论文在 NASNet 的搜索空间的基础上尝试使用进化策略来搜索网络的架构，并提出了一个叫作 AE 的进化策略。AE 可以看作一个带有正则项的进化策略，它使得训练过程可以更加关注网络结构而非模型参数。无论是将 RL 和 NAE 对比还是将 NAE 和 AE 对比，AE 在收敛速度上均有明显的优势。同时 AE 的算法非常简单，正如 3.5.2 节的算法 2 所示的它只有 P、C、S 这 3 个参数，对比之下强化学习需要构建一个由 LSTM 构成的控制器，AE 的超参数明显少了很多。

最后，作者得到了一个当时在 ImageNet 上分类效果最好的 AmoebaNet-A，虽然它的参数有 4.69 亿个。

3.6 MnasNet

在本节中，先验知识包括：

- ❑ MobileNet v2（2.2 节）；
- ❑ SENet（1.5 节）；
- ❑ NAS（3.2 节）。

在之前介绍的 NAS 系列算法中，我们都使用了准确率作为模型架构搜索的唯一指标，通过这种方式搜索出来的模型往往拥有分支复杂、并行性很差而且速度很慢的网络结构，这种网络结构因为速度的限制往往很难应用到移动端环境。在一些搜索轻量级模型的算法中，它们都选择了 FLOPS 作为评价指标，但是 MnasNet（Mobile NASNet）[1] 中指出这个指标并不能真实地反映移动端的推理速度，因此 MnasNet 中提出了将识别准确率和实际移动端的推理延迟共同作为优化目标，MnasNet 的搜索空间则是直接使用了 MobileNet v2 的搜索空间，这极大缩小了搜索空间，提升了搜索效率，得到了当时在 ImageNet 上最高的 top-1 的识别准确率以及比 MobileNet v2 更快的推理速度。

1　参见 Mingxing Tan、Bo Chen、Ruoming Pang 等人的论文“MnasNet: Platform-Aware Neural Architecture Search for Mobile”。

在设计模型架构搜索算法时，有3个最重要的点。

- 优化目标：决定了搜索出来的网络结构的性能和效率。
- 搜索空间：决定了网络由哪些基本模块组成，以及搜索的效率如何。
- 优化策略：决定了强化学习的收敛速度。

本文将从这3个角度出发，来对MnasNet进行讲解，MnasNet的强化学习流程如图3.25所示。

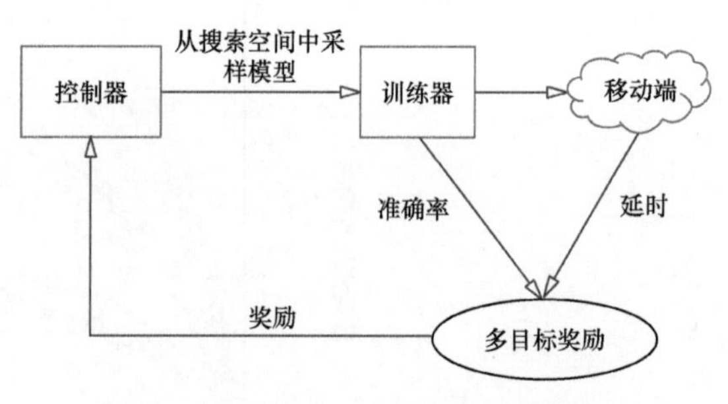

图3.25 MnasNet的强化学习流程

3.6.1 优化目标

在上文中我们介绍了，MnasNet是一个同时侧重于推理速度和推理准确率的模型，因此MnasNet同时将准确率ACC(m)和推理延迟LAT(m)作为优化目标。在实际应用场景中优化目标可以定义为：在满足延迟小于T的前提下，最大化搜索模型的识别准确率，表示为式（3.7）。

$$\begin{aligned}&\max_{m} \ \text{ACC}(m)\\&\text{如果} \ \text{LAT}(m)\leqslant T\end{aligned} \tag{3.7}$$

MnasNet的推理延迟是在真实硬件上测出来的真实值，作者使用的设备是Google的Pixel手机，而传统的方法是使用FLOPS作为性能评价指标。作者指出，实验结果表明，受限于嵌入式平台复杂的硬件环境，FLOPS并不是一个准确的性能评价指标，例如MobileNet和NASNet的FLOPS非常接近（分别为5.75×10^8和5.64×10^8），但是它们的速度差异非常大（分别为113ms和183ms）。

对于式（3.7）这种表示方式，训练出来的模型并不能提供多个帕累托最优解（Pareto Optimal）。帕累托最优解在这里指的是如果模型能够在不降低准确率的情况下提升推理速度或者在不降低推理速度的情况下提升准确率，那么它就是一个帕累托最优解。但显然以式（3.5）作为优化目标的话并不能最大化提升推理速度。

根据我们的知识，有很多方式可以提供帕累托最优解，如加权损失等。MnasNet使用的是加权乘积的方式，这时候优化目标定义为式（3.8）：

$$\max_{m} \ \text{ACC}(m)\times\left[\frac{\text{LAT}(m)}{T}\right]^{w} \tag{3.8}$$

其中w为权值。w表示为式（3.9）：

$$w=\begin{cases}\alpha，\text{如果 LAT}(m)\leqslant T\\\beta，\text{其他}\end{cases} \tag{3.9}$$

那么如何设置α和β呢？一个比较直观的方法是参考式（3.7），当满足时延时，便不再优化速度，当速度大于约束时延时，同时优化速度和准确率，作者将这种约束叫作**硬约束**（hard constraint）。硬约束的一组可用的值是$\alpha=0,\beta=-1$。

根据作者的经验，作者发现了这么一条规律：如果一个模型的推理速度慢了$\frac{1}{2}$，那么它的识别准确率大约提升5%。根据这条规律，快的模型（M1）和慢的模型（M2）的奖励也可以满足这个平衡条件，那么根据这条规律得到的奖励函数可以表示为式（3.10）。

$$\begin{aligned}&\text{Reward(M1)}\approx\text{Reward(M2)}\Rightarrow\\&\alpha\cdot(1+5\%)\cdot(2l/T)^{\beta}\approx a\cdot(l/T)^{\beta}\end{aligned} \tag{3.10}$$

求解式（3.10）得到$\beta\approx-0.07$，因此在这里使用了$\alpha=\beta=-0.07$，作者将这种约束叫作**软约束**

（soft constraint）。使用软约束的优点是模型可能同时学习出速度快但准确率略低或者速度慢但准确率非常高的模型，更有可能的是速度和准确率两个值同时优化。这两个约束的函数曲线如图 3.26 所示。

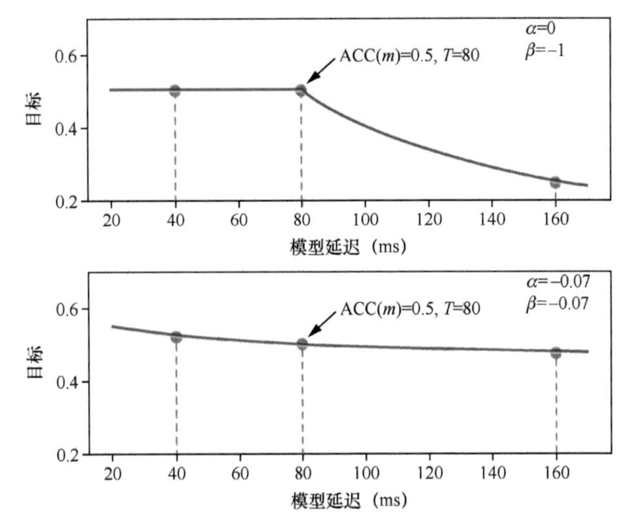

图 3.26 MnasNet 的硬约束（上）和软约束（下）的函数曲线

根据图 3.27 所示，MnasNet 在两组约束上的实验结果我们可以看出，硬约束上搜索出的模型更倾向于速度快的模型，但是准确率会略低，而软约束上搜索出来的模型拥有更广的时间范围，并且准确率会更高。

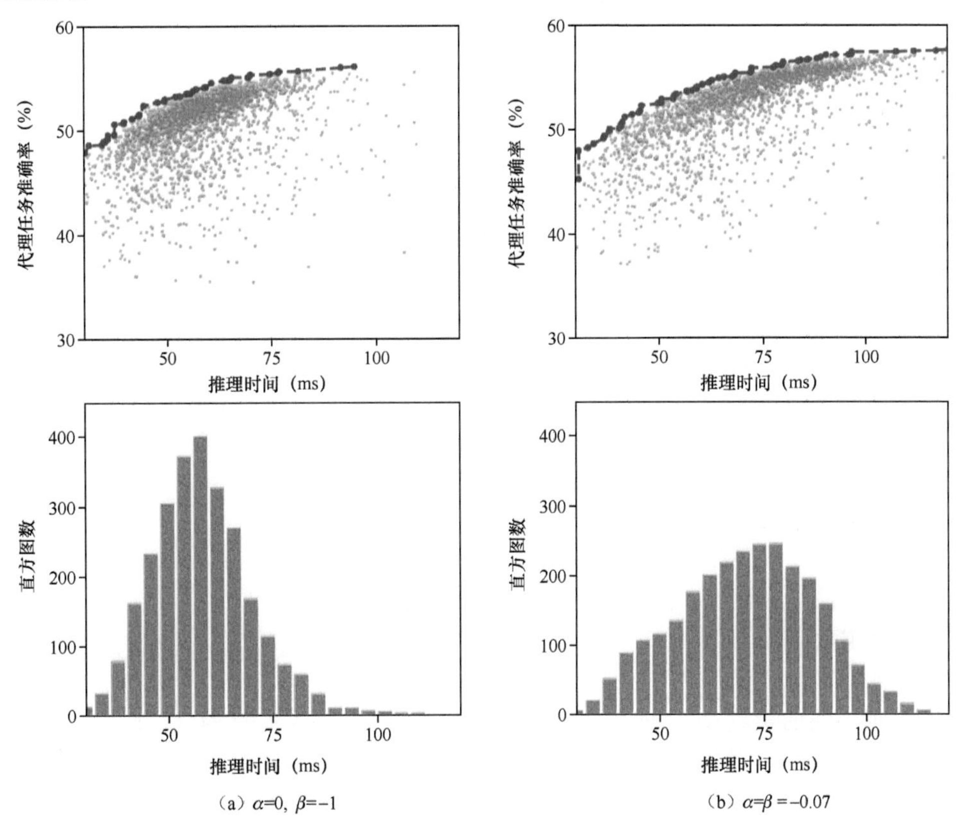

图 3.27 MnasNet 在硬约束和软约束上的实验结果

3.6.2 搜索空间

在之前的论文中，都是通过搜索一个网络块，然后将网络块堆叠成一个网络的方式来搭建网络的。作者认为这种方式并不是一种合适的方式，因为在深度学习中不同的网络层有着不同的功能，如果笼统地给每一个网络块都套用相同的结构的话，很难保证这个网络块作用到全网络。之前之所以采用网络块的方式进行搜索，是因为搜索空间过于庞大，基于全图的搜索空间更是基于网络块的搜索空间的指数倍，但是如果搜索空间足够小的话，就能够基于全图进行结构搜索。

在 MnasNet 中，作者提出了**分解层次搜索空间**（factorized hierarchical search space）来进行搜索空间的构造，如图 3.28 所示。分解层次搜索空间是由机器搜索结合人工搭建共同构建神经网络的。具体地讲，它将一个网络分成若干个网络块，每一个网络块又由若干个相同的层组成，然后为每一个层单独进行结构搜索。如果块与块之间需要进行降采样的话，则第一层的步长为 2，其他层的步长为 1。另外在每一层中都有一个单位连接。

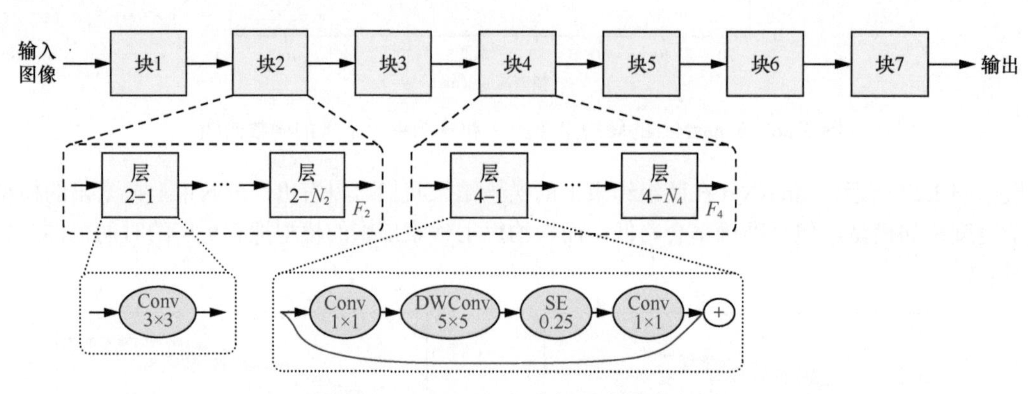

图 3.28　MnasNet 的分解层次搜索空间

这么做的好处有两点：

- 不同层次的网络块对速度的影响不同，例如接近输入层的网络的输入特征图的分辨率越大，对运行速度的影响也越大；
- 不同的网络层有了不同的结构后，对准确率的提升也有帮助。

MnasNet 能对每一层进行独立搜索的一个重要原因是它使用了更小的搜索范围，它不是从大量的基本操作中进行搜索，而是使用了从 MobileNet v2 拆分出的操作单元，如下。

- 卷积操作，包括常规卷积（Conv）、深度卷积（DWConv）和 MobileNet v2 中提出的可逆瓶颈卷积（mobile inverted bottleneck Conv，MBConv）。
- 卷积核的尺寸：3 × 3 和 5 × 5。
- SENet 的压缩 - 激发（Squeeze-and-Excitation）模块，以及对应的 SERatio：0 和 0.25。
- 跳跃相关操作：池化、单位连接和无跳跃连接。
- 输出通道数：F_i。
- 每个网络块的层数：N_i。

对于每个网络块的层数 N_i，MnasNet 使用的是相对于 MobileNet v2 的值，搜索空间是 {0, + 1, −1}；对于输出通道数，它使用的也是相对于 MobileNet v2 的值，搜索空间为 {0.75,1.0,1.25}。可以看出 MnasNet 在搜索空间上极大参考了 MobileNet v2，因此得到的模型也和 MobileNet v2 非常相似，如图 3.29 所示。从这个结果可以看出，人工设计的模型其实是非常优秀的。

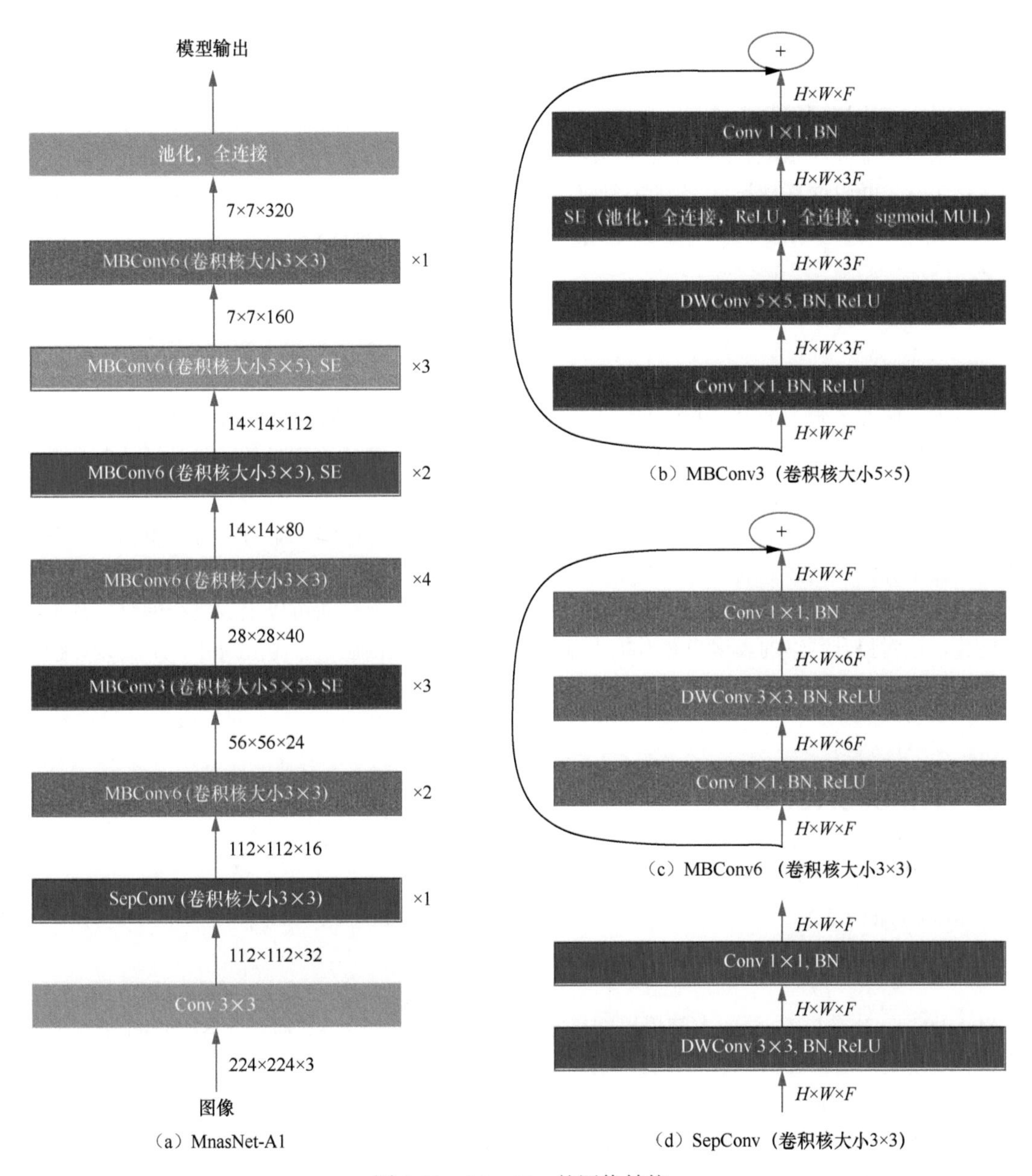

图 3.29　MnasNet 的网络结构

在图 3.29 中，SepConv 表示深度可分离卷积，由 1 × 1 深度卷积核组成；MBConv 表示可逆瓶颈卷积。和之前我们得到的经验不同的是，MnasNet 搜索到了 5 × 5 卷积，而实验结果也表明这种 5 × 5 的卷积核使模型在速度和精度之间得到了很好的平衡。

3.6.3 优化策略

MnasNet 使用的是和 NASNet 相同的搜索算法，即将要搜索的网络结构表示成一个由若干个标志（token）组成的列表，表示为 $\alpha_{1:T}$，而这个列表可以通过一个序列模型来生成。假设这个序列模型的参数是 θ，那么强化学习的目标可以表示为最大化生成模型的奖励 $R(m)$，表示为式（3.11）：

$$J = \mathbb{E}_{P(a_{1:T};\theta)}[R(m)] \tag{3.11}$$

其中，m 是由标志序列得到的模型。

首先通过一个基于 RNN 的控制器生成一个模型，然后训练这个模型，得到它在验证集上的准确率 ACC(m)，再通过移动设备得到这个模型的推理时延 LAT(m)，最后使用最近策略优化算法，以 ACC(m) 和 LAT(m) 共同作为奖励（式（3.8））优化控制器的参数 θ。

3.6.4 小结

当我们设计一个要考虑速度的网络时，将速度相关指标加入强化学习的奖励中是非常自然的想法，MnasNet 抛弃了常用的 FLOPS 而使用了直接的在移动设备上的推理延迟。但是在 MnasNet 的论文中只使用了一种品牌的手机，是否其网络的设计过于拟合了这个型号的手机的性能？是否会因为手机硬件的不同而在其他型号的手机上表现不好？

MnasNet 的搜索空间很大程度上参考了 MobileNet v2，其通过强化学习的方式得到了超越其他模型架构搜索算法和其参照的 MobileNet v2 算法的搜索空间，从中可以看出人工设计和强化学习互相配合应该是一个更好的发展方向。MnasNet 中提出的层次搜索空间可以生成每个网络块都不同的网络结构，这对提升网络的表现也是有很大帮助的，但这点也得益于参考 MobileNet v2 设计搜索空间后大幅降低了搜索难度。

3.7 MobileNet v3

在本节中，先验知识包括：

- ☐ MobileNet（2.2 节）；
- ☐ MnasNet（3.6 节）；
- ☐ SENet（1.5 节）。

MobileNet v3[1] 是由 Google 大脑提出的，它的前身是 MnasNet，是通过在 MnasNet 基础上的进一步优化实现的。MobileNet v3 的设计初衷和 MnasNet 的相同：通过 AutoML 技术搜索出一个既快又准的网络结构。MobileNet v3 的主要贡献有 4 点：

- 使用平台相关神经架构搜索（platform-aware NAS）得到网络的初始结构；
- 使用 NetAdapt[2] 对网络的部分层进行局部优化；
- 对网络中耗时的结构进行重新设计；
- 设计了一组运行速度更快的激活函数。

另外，作者基于 MobileNet v3 和 R-ASPP 设计了一个又快又准的场景分割网络 LR-ASPP。

MobileNet v3 使用的是块级别搜索（block-wise search）和层级别搜索（layer-wise search）相结合的模型架构搜索方案。所谓块级别搜索是指通过强化学习搜索这个块内具体的结构细节，而层级别搜索是指固定一个网络的整体结构，然后单独对网络的一层进行学习。因此在介绍这两个搜索策略之前，我们首先需要知道 MobileNet v3 参考了哪些网络结构。

---

1 参见 Andrew Howard、Mark Sandler、Grace Chu 等人的论文“Searching for MobileNetV3”。

2 参见 Tien-Ju Yang、Andrew Howard、Bo Chen 等人的论文“NetAdapt: Platform-Aware Neural Network Adaptation for Mobile Applications”。

3.7.1 参考结构

MobileNet v3 参考的网络结构有 3 个，它们分别是 MobileNet v1、MobileNet v2 和 MnasNet。MobileNet v1 提出的模块是深度可分离卷积，深度可分离卷积由以通道为单位的 3×3 卷积（深度卷积）和跨通道的 1×1 卷积（点卷积）组成。MobileNet v2 提出的模块是线性瓶颈的逆残差结构（Inverted Residual with Linear Bottleneck），如图 2.12（b）所示。MnasNet 则在 MobileNet v2 的基础上加入了 SENet 中提出的压缩 - 激发模块。SENet 和 MnasNet 的残差结构使用了不同的结合方式，其中 SENet 将压缩 - 激发模块放在了残差模块之后，而 MnasNet 则将这个模块放在了残差模块内部，如图 3.30 所示。

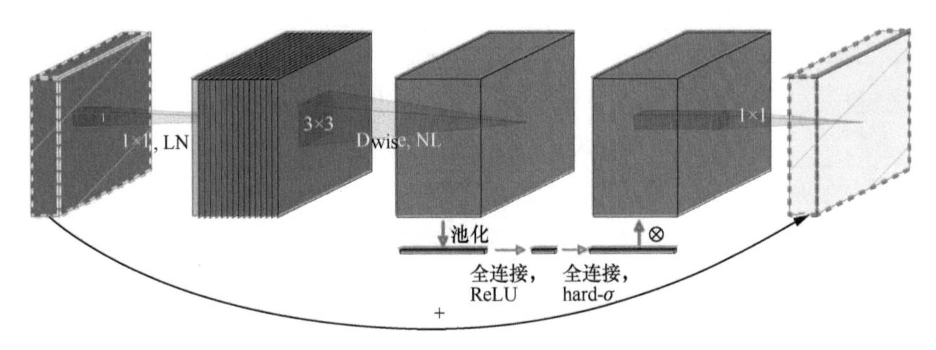

图 3.30 MobileNet v3 的结构，它将压缩 - 激发模块放在了残差模块内部

3.7.2 网络搜索

如之前我们所介绍的，MobileNet v3 的搜索分成两步，先通过块级别搜索得到网络的整体架构，再通过层级别搜索对网络层进行微调。这两步分别在全局和局部的搜索上起到了互补的作用，是 MobileNet v3 论文的一大创新点。

1. 平台相关的块级别搜索

这里的标题可以分成 3 部分来理解。

（1）网络结构搜索：即采用了 AutoML 的方式进行结构设计，包括由 RNN 组成的控制器和搜索空间，MobileNet v3 采用了和 MnasNet 相同的结构，而且使用了 MnasNet-A1 作为初始结构。

（2）平台相关的：平台相关的核心思想在于在特定平台下训练一个速度和精度平衡的模型。在 MnasNet 中我们就介绍了一个多目标的奖励函数 $ACC(m)\times[LAT(m)/TAR]^{w}$ 来近似帕累托最优解。作者观察到小模型的精度会随着延时的变大先增加，因此使用了一个更小的权重因子 $w=-0.15$（MnasNet 中这个值是 -0.07）来补偿不同延时下更大的精度变化。

（3）块级别搜索：与之对应的是层级别搜索。块级别搜索相当于全局搜索，通过这种方式得到了一个种子模型。然后使用层级别搜索对这个种子模型进行微调，最终得到的是 MobileNet v3-Small。

2. 层级别搜索：NetAdapt

MobileNet v3 的层级别搜索使用的是 NetAdapt 提出的策略，NetAdapt 是一个局部优化方法，局部优化是指它可以只对一个网络的部分层进行优化。NetAdapt 的优化流程如图 3.31 所示。首先我们需要一个种子网络，它已经在上文中得到了，然后不停迭代直到得到的最终网络的性能经验度量（empirical measurement）满足我们的性能预算要求。在这个迭代中我们会在约束范围内不停地随机生成新的网络并对它们的准确率和运行时间进行评估。

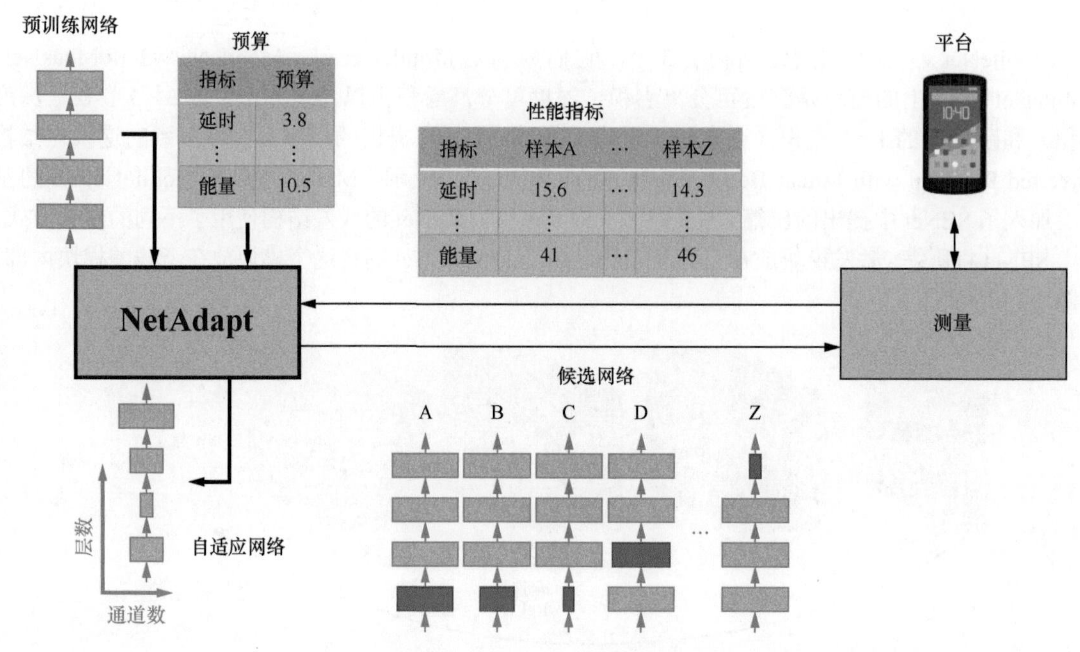

图 3.31 NetAdapt 的优化流程

NetAdapt 的优化目标是最大化准确率，而 MobileNet v3 的目标是最大化准确率的改变值和延时改变值的比值：$\frac{\Delta \mathrm{ACC}}{\Delta \mathrm{LAT}}$。其中 ΔLAT 要满足算法 3 中的目标延时。如算法 3 所展示的，MobileNet v3 支持两种类型的候选（proposal）：

- 改变扩展层的大小，即使用 1×1 卷积增加通道数；
- 改变一个块中瓶颈层（残差连接的最后一个模块）的大小，因为我们要使用残差进行特征的单位加。

算法 3 NetAdapt 算法

输入：种子网络 Net_0

目标延时 Bud

资源衰减计划 ΔR_i

输出：满足目标资源需求的网络 $\hat{\mathrm{Net}}$

1: $i=0$

2: $\mathrm{Res}_i = \mathrm{TakeEmpiricalMeasurement}(\mathrm{Net}_i)$

3: **while** $\mathrm{Res}_i > \mathrm{Bud}$ **do**

4: $\mathrm{Con} = \mathrm{Res}_i - \Delta R_i$; // 收紧运算资源

5: **for** k from 1 to K **do**

6: // 减小扩张层的大小

7: // 减小瓶颈层的大小

8: // 模型初始化并微调模型 T 步，得到 Net_k、Res_k

9: **end for**

10: $\text{Net}_{i+1}, \text{Res}_{i+1} \leftarrow \text{PickHighestAccuracy}(\text{Net}_k, \text{Res}_k)$
11: $i=i+1$
12: **end while**
13: // 对网络 Net_i 进行训练，得到 $\hat{\text{N}}\text{et}$
14: **return** $\hat{\text{N}}\text{et}$

算法 3 中，$\Delta R_{i,j}$ 表示资源衰减计划（resource reduction schedule），是一个类似于学习率衰减计划（learning rate reduction schedule）的变量，表示第 i 次迭代中第 j 个资源约束收紧了多少，并且随着迭代的进行，它的值也会变化。TakeEmpiricalMeasurement() 是用来评估网络准确率和速度等指标的函数。

3.7.3 人工设计

除使用 NAS 得到网络之外，MobileNet v3 还可对得到的网络进行修改，它的修改有两点：

- 对计算耗时的模块进行重新设计；
- 设计更快的激活函数 h-swish。

1. 重新设计耗时模块

MobileNet v3 的第一个修改是对输出模块的重新设计，它的改动如图 3.32 所示。图 3.32（a）所示的是原始的输出模块，其作用是高效地生成输出层，它的维度是 $1 \times 1 \times C$，其中 C 是类别数，图 3.32 中 C 的值是 1 000。在 MobileNet v2 中，这一部分的输入特征图的尺寸是 7×7，因为它的全局平均池化的操作的位置比较靠后，造成了很多改变特征数的卷积操作都是在 7×7 的特征图上进行的。作者认为如果仅仅为了得到输出层，那完全可以把全局平均池化操作提前，然后后续的卷积等操作在 1×1 的特征图上运行即可。基于这个思想，MobileNet v3 提出了图 3.32（b）所示的输出模块，对比原始输出模块，新的输出模块不仅速度大幅提升，而且没有降低准确率。

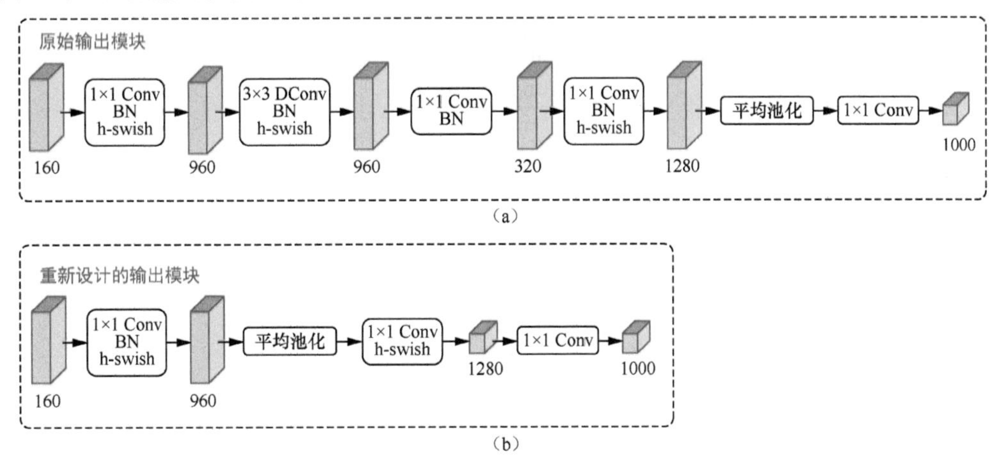

图 3.32 原始耗时的输出模块和 MobileNet v3 重新设计的输出模块

MobileNet v3 中可以手动调整输入层之后的卷积核的数量。通过 3.7.2 节中的方案搜索出来的网络结构在输入图像之后的特征图通道数是 32，我们知道在 CNN 中，图像之后的卷积操作往往可以看作一些特定形状的滤波器。作者发现这一部分卷积核学习好之后含有大量的彼此的镜像，因此将通道数降到了 16。

2. h-swish 激活函数

MobileNet v3 的第二个修改是提出了 h-swish 激活函数，那么它的动机是什么呢？为了清楚地解答这个问题，我们通过纵观激活函数的发展史来拨开迷雾。sigmoid 和 tanh 是最早被使用的激活函数之一，它们的问题是存在“饱和”现象。为了解决这个问题，AlexNet 中选择使用了 ReLU，这就产生了两个分支，它们分别是基于 sigmoid 和 ReLU 进行优化。

sigmoid 的一个优化方案是 swish，它定义为：$\text{swish}(x)=x\cdot\text{sigmoid}(\beta x)$。其中 β 是一个可以学习的参数，它的函数曲线如图 3.33 所示。但是在大多数情况下 β 并不需要学习，而是被设置为 1，此时的 swish 叫作“swish-1”，它的表达形式为 $x\sigma(x)$。swish-1 还有一个名字叫作 SiLU，SiLU 最开始在 GELU[1] 中提出。

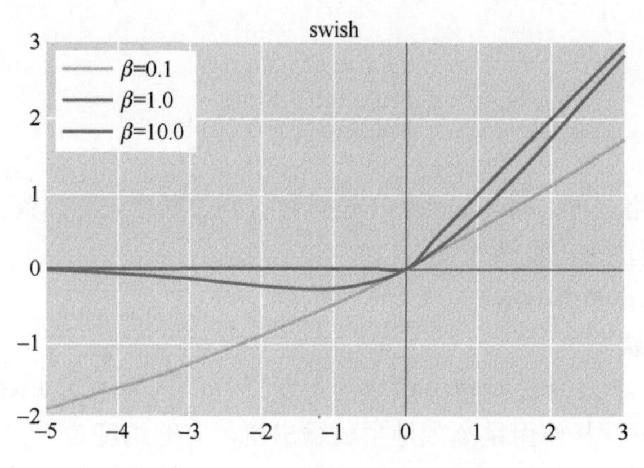

图 3.33　swish 激活函数的函数曲线

ReLU 的改进有很多，如比较著名的 Leaky ReLU、PReLU、ReLU6 等。我们这里介绍和 h-swish 相关的 ReLU6。ReLU6 的激活函数如式（3.12）所示，它的思想很简单，就是对 ReLU 得到的结果进行最大值为 6 的截断。通过式（3.13）的变化可以将 ReLU6 的函数曲线变成以 (0,0.5) 为中心、值域为 [0,1] 的曲线，如图 3.34 所示。

$$y=\min[\max(x,0),6] \tag{3.12}$$

$$y=\frac{\text{ReLU6}(x+3)}{6} \tag{3.13}$$

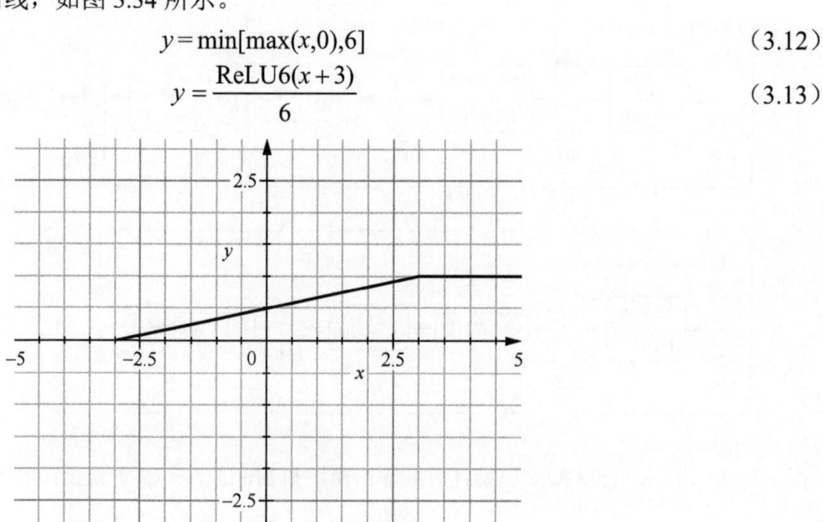

图 3.34　式（3.13）的函数曲线

1　参见 Dan Hendrycks、Kevin Gimpel 的论文“Gaussian Error Linear Units (GELUs)”。

结合 swish 和式（3.13），MobileNet v3 推出了它的激活函数 h-swish，如式（3.14）所示。h-swish 比式（3.13）有更高的精度且不会像 sigmoid 等激活函数有饱和的问题。更重要的是 h-swish 的运算速度要明显快于 swish 和 sigmoid。它的函数曲线如图 3.35 所示。

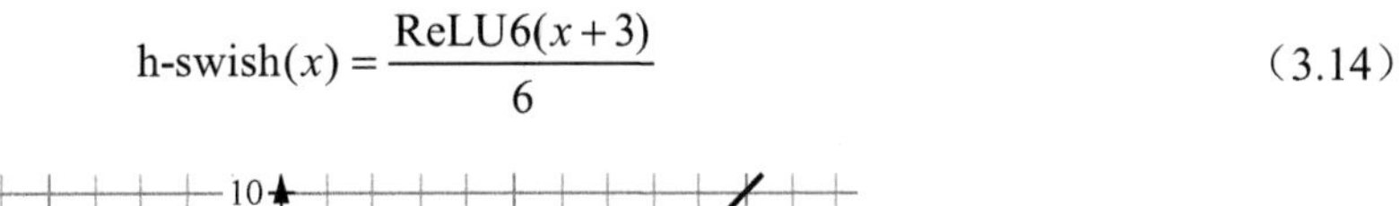

$$\text{h-swish}(x) = \frac{\text{ReLU6}(x+3)}{6} \tag{3.14}$$

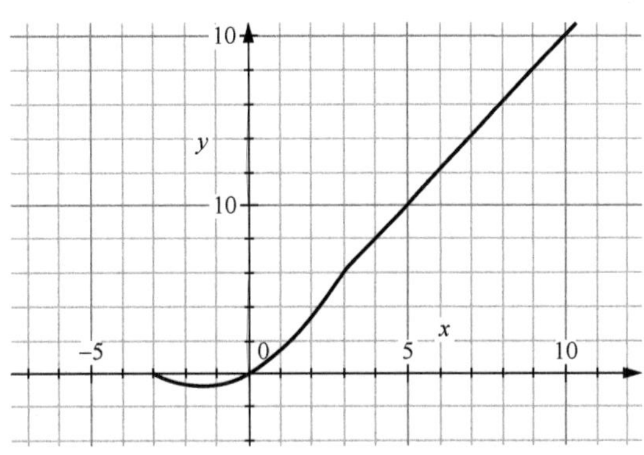

图 3.35　h-swish 的函数曲线

对比 ReLU6，h-swish 的速度要略慢但是拥有更高的精度。考虑到模型的速度与准确率的平衡，在 MobileNet v3 中作者在前半部分图像尺寸较大的时候使用了速度更快的 ReLU（不是 ReLU6），而在后半部分使用了准确率更高的 h-swish。

3.7.4 修改 SE 块

在 SENet 中，压缩 - 激发模块的通道数是卷积通道数的 1/16，MobileNet v3 改成了 1/4。

通过上面的方式，最终得到的 MobileNet v3-Large 和 MobileNet v3-Small 的结构分别如表 3.1 和表 3.2 所示。其中，SE 表示是否使用压缩 - 激发操作；激活函数中 RE 表示 ReLU，HS 表示 h-swish；运算中 NBN 表示不使用 BN 操作。

表 3.1　MobileNet v3-Large 的结构

输入	运算	扩展层大小	输出通道数	SE	激活函数	步长
$224^2 \times 3$	conv2d	—	16	—	HS	2
$112^2 \times 16$	bneck, 3 × 3	16	16	—	RE	1
$112^2 \times 16$	bneck, 3 × 3	64	24	—	RE	2
$56^2 \times 24$	bneck, 3 × 3	72	24	—	RE	1
$56^2 \times 24$	bneck, 5 × 5	72	40	√	RE	2
$28^2 \times 40$	bneck, 5 × 5	120	40	√	RE	1
$28^2 \times 40$	bneck, 5 × 5	120	40	√	RE	1
$28^2 \times 40$	bneck, 3 × 3	240	80	—	HS	2
$14^2 \times 80$	bneck, 3 × 3	200	80	—	HS	1
$14^2 \times 80$	bneck, 3 × 3	184	80	—	HS	1
$14^2 \times 80$	bneck, 3 × 3	184	80	—	HS	1
$14^2 \times 80$	bneck, 3 × 3	480	112	√	HS	1

续表

输入	运算	扩展层大小	输出通道数	SE	激活函数	步长
$14^2 \times 112$	bneck, 3 × 3	672	112	√	HS	1
$14^2 \times 112$	bneck, 5 × 5	672	160	√	HS	2
$7^2 \times 160$	bneck, 5 × 5	960	160	√	HS	1
$7^2 \times 160$	bneck, 5 × 5	960	160	√	HS	1
$7^2 \times 160$	conv2d, 1 × 1	—	960	—	HS	1
$7^2 \times 960$	pool, 7 × 7	—	—	—	—	1
$7^2 \times 960$	conv2d, 1 × 1, NBN	—	1 280	—	HS	1
$1^2 \times 1\,280$	conv2d, 1 × 1, NBN	—	*k*	—	—	1

表 3.2　MobileNet v3-Small 的结构

输入	运算	扩展层大小	输出通道数	SE	激活函数	步长
$224^2 \times 3$	conv2d, 3 × 3	—	16	—	HS	2
$112^2 \times 16$	bneck, 3 × 3	16	16	√	RE	2
$56^2 \times 16$	bneck, 3 × 3	72	24	—	RE	2
$28^2 \times 24$	bneck, 3 × 3	88	24	—	RE	1
$28^2 \times 24$	bneck, 5 × 5	96	40	√	HS	2
$14^2 \times 40$	bneck, 5 × 5	240	40	√	HS	1
$14^2 \times 40$	bneck, 5 × 5	240	40	√	HS	1
$14^2 \times 40$	bneck, 5 × 5	120	48	√	HS	1
$14^2 \times 48$	bneck, 5 × 5	144	48	√	HS	1
$14^2 \times 48$	bneck, 5 × 5	288	96	√	HS	2
$7^2 \times 96$	bneck, 5 × 5	576	96	√	HS	1
$7^2 \times 96$	bneck, 5 × 5	576	96	√	HS	1
$7^2 \times 96$	conv2d, 1 × 1	—	576	√	HS	1
$7^2 \times 576$	pool, 7 × 7	—	—	—	—	1
$1^2 \times 576$	conv2d, 1 × 1, NBN	—	1 024	—	HS	1
$1^2 \times 1\,024$	conv2d, 1 × 1, NBN	—	*k*	—	—	1

3.7.5　Lite R-ASPP

基于 MobileNet v3 的结构，作者又设计了用于分割网络的 Lite R-ASPP（LR-ASPP），如图 3.36 所示。其中，R-ASPP 是 DeepLab v2[1] 中提出的空洞空间金字塔池化（atrous spatial pyramid pooling，ASPP）的简化设计，R-ASPP 仅由 1 × 1 卷积核、全局平均池化组成，而 LR-ASPP 则是比 R-ASPP 更快的网络。LR-ASPP 使用了一个大型卷积核、大步长的全局平均池化和一个 1 × 1 卷积。作者在 MobileNet v3 的最后一个块后加上空洞卷积来提取密集特征，然后添加了一个低层级的特征来捕获细节信息。

1　参见 Liang-ChiehChen、George Papandreou、Iasonas Kokkinos 等人的论文“DeepLab: Semantic Image Segmentation with Deep Convolutional Nets, Atrous Convolution, and Fully Connected CRFs”。

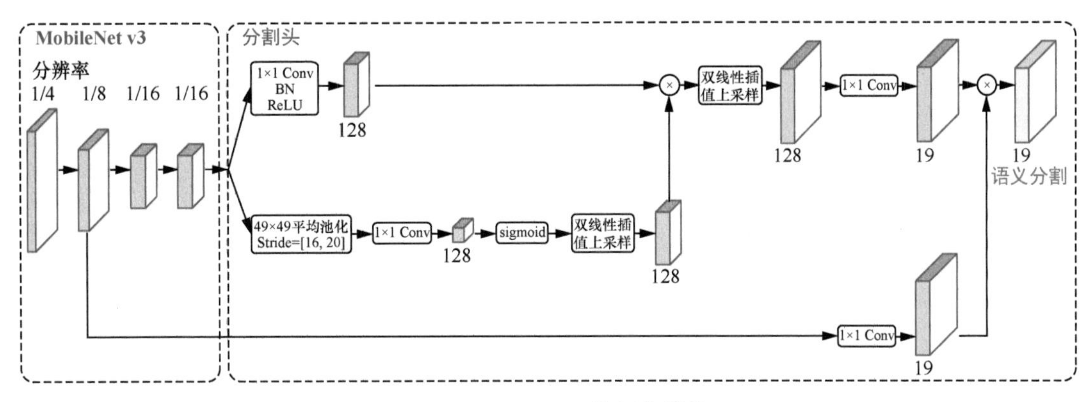

图 3.36 LR-ASPP 的网络结构

3.7.6 小结

MobileNet v3 是一个结合了 NAS 技术和人工设计的网络结构。在搜索时，它使用了先全局搜索的平台相关 NAS，接着使用了对局部进行优化的 NetAdapt 进行微调。在人工设计时，作者手动对耗时部分进行调整，并设计了新的激活函数 h-swish。从技术角度讲，本文是一篇创新点很多但内容有些零散的论文，这种分阶段 NAS 加上人工设计的思想也有一定的参考价值。

3.8 EfficientNet v1

在本节中，先验知识包括：

- ❑ MobileNet（2.2 节）；
- ❑ MnasNet（3.6 节）；
- ❑ 残差网络（1.4 节）。

当我们训练一个模型时，在硬件资源固定的情况下，我们可以先选取一个基线模型，然后在它的基础上通过增大网络的深度、宽度或者输入图像的分辨率这 3 个参数的值来提升这个网络的泛化能力或者通过减小这 3 个参数的值来使其能够在硬件资源有限的平台上运行。现有很多方法都是单一地改变某一个参数，但是 EfficientNet v1[1] 指出这 3 个参数其实是相互影响的，因此有必要重新设计一个模型缩放的标准来合理地对这 3 个参数进行统一调整，最后通过模型架构搜索的策略来学习这 3 个参数。EfficientNet v1 得到了当时在 ImageNet 上最高的准确率，以及比类似准确率的模型更快的速度。

3.8.1 背景知识

1. 模型缩放

模型缩放（model scaling）是指希望通过一个基线模型（如图 3.37（a））衍生出多个模型，然后根据不同的硬件环境选择不同的模型。常见的模型缩放策略有 3 个，如图 3.37（b）、图 3.37（c）、图 3.37（d）所示：

- 缩放网络宽度；

1 参见 Mingxing Tan、Quoc V.Le 的论文“Efficientnet: Rethinking Model Scaling for Convolutional Neural Networks”。

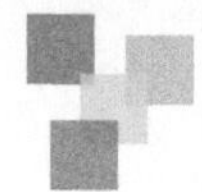

- 缩放网络深度；
- 缩放输入图像的分辨率。

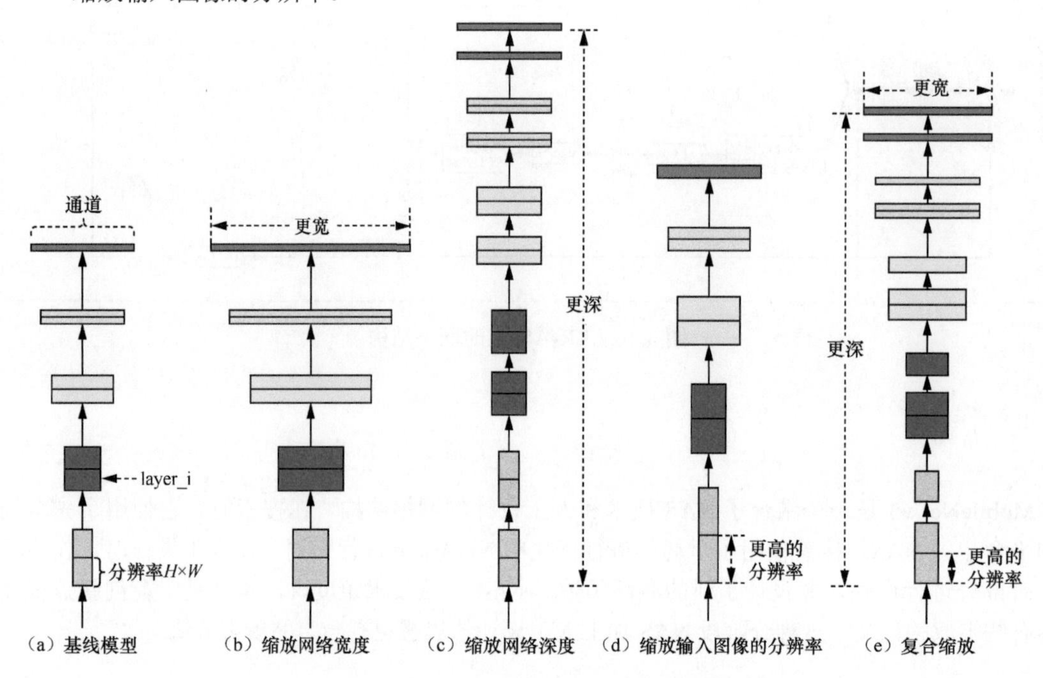

图 3.37　网络缩放的 3 个策略与复合缩放

网络宽度：模型缩放的一个策略是改变网络的宽度，改变网络的宽度意味着模型拥有更多的卷积核来提取不同种类的特征。但是有实验结果表明 CNN 中的卷积核存在大量的冗余，因此网络的性能随着宽度的增加将很快陷入瓶颈。

网络深度：改变网络深度是常见的一个缩放策略，因为更深的网络将意味着模型拥有更强的表征能力。但是随着网络深度的增加，可能会产生梯度消失、模型退化等问题。虽然残差网络等算法解决了这个问题，但是模型的收益会随着深度的增加变得越来越平缓。

图像分辨率：最后一个模型缩放的策略是改变输入图像的分辨率，但是实验结果表明网络性能的收益随着分辨率的增加将很快消失。我们放大输入图像的一个目的是获取图像中更多的纹理信息，但如果卷积核不够的话，这些纹理信息也是无法捕获的。

综上，我们可以得出，单纯在一个维度上进行模型缩放，模型的收益很快会陷入瓶颈，如图 3.38 所示。

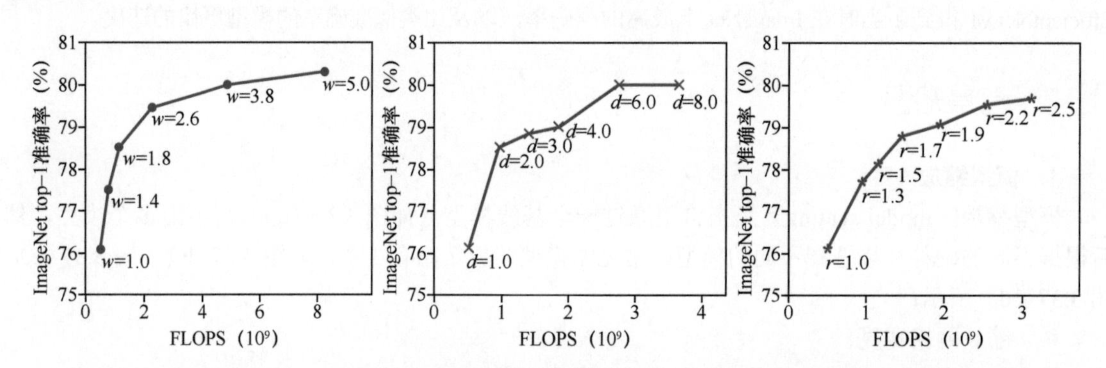

图 3.38　模型收益与 3 个缩放指标的关系，从左到右依次是宽度、深度和输入图像的分辨率

2. 复合缩放

实际上，宽度、深度和输入图像的分辨率这 3 个指标是互相关联的，原因如下。

- 更大的输入尺寸意味着深层部分的卷积操作需要拥有更大的感受野，这样模型分类才能拥有全局视野。在不使用空洞卷积的前提下，往往只能通过增加网络深度来增大深层网络的感受野。
- 更高的分辨率意味着图像拥有更多的纹理信息，而更多的纹理信息意味着需要更多的通道来学习，也就意味着增大输入图像分辨率的时候也需要增加网络的宽度。

基于上面的分析，我们发现单纯地缩放一个指标从理论上来讲是有问题的，一种更合理的方法是 3 个指标一起调整。那么怎么平衡 3 个指标的调整幅度呢，这就是 EfficientNet v1 所做的工作。

3.8.2 EfficientNet v1 详解

1. 问题建模

一个神经网络的一层可以定义为式（3.15），其中 $\mathcal{F}_i$ 表示卷积运算，$\boldsymbol{X}_i$ 是输入向量，它的维度是（H_i,W_i,C_i），$\boldsymbol{Y}_i$ 是输出向量，表示为式（3.15）：

$$\boldsymbol{Y}_i=\mathcal{F}_i(\boldsymbol{X}_i) \tag{3.15}$$

一个神经网络 $\mathcal{N}$ 是由若干个网络层组成的，根据 VGG 中的网络块的形式，每个块的网络结构是完全相同的，在块与块之间会进行降采样以及通道数的增减，那么一个 CNN 可以定义为式（3.16）：

$$\mathcal{N}=\bigodot_{i=1,2,\cdots,s}\mathcal{F}_i^{L_i}[\boldsymbol{X}_{(H_i,W_i,C_i)}] \tag{3.16}$$

其中，$\mathcal{F}_i^{L_i}$表示在第 i 个阶段中，网络层 $\mathcal{F}_i$ 会重复 L_i 次，如图 3.37（a）所示。其输入图像的维度是 (224,224,3)，经过一系列卷积操作后维度变成了 (7,7,512)。

根据模型缩放的概念，模型缩放就是对式（3.16）中的 L_i（深度）、C_i（宽度）以及 H_i 和 W_i（输入图像的分辨率）进行改变，假设这 3 个维度的缩放参数分别为 d、w、r，那么符合缩放要求的建模可以定义为通过调整 d、w、r 这 3 个值，在固定计算资源（如显存、速度要求等）的前提下最大化模型的识别准确率，因此有了式（3.17）的定义。

$$\begin{aligned}&\max_{d,w,r} && \text{ACC}[\mathcal{N}(d、w、r)]\\&\text{约束} && \mathcal{N}(d,w,r)=\bigodot_{i=1,2,\cdots,s}\mathcal{F}_i^{d\cdot L_i}[\boldsymbol{X}_{(r\cdot H_i,r\cdot W_i,w\cdot C_i)}]\\&&& \text{Memory}(\mathcal{N})\leqslant \text{target\_memory}\\&&& \text{FLOPS}(\mathcal{N})\leqslant \text{target\_FLOPS}\end{aligned} \tag{3.17}$$

2. 复合模型缩放

这篇论文的核心便是复合缩放方法（compound scaling method），它使用一个系数 ϕ 共同调整 d、w、r 这 3 个值，具体表示为式（3.18）：

$$\begin{aligned}\text{深度}\quad & d=\alpha^{\phi}\\\text{宽度}\quad & w=\beta^{\phi}\\\text{分辨率}\quad & r=\gamma^{\phi}\\\text{约束}\quad & \alpha\cdot\beta^2\cdot\gamma^2\approx 2\\& \alpha\geqslant 1,\beta\geqslant 1,\gamma\geqslant 1\end{aligned} \tag{3.18}$$

其中，(α,β,γ) 是通过网格搜索（grid search）得到的一组参数，ϕ 是由用户根据自己的条件设置的一个超参数。因为考虑到提升网络的深度是最有效的策略，所以将其他两个维度的缩放进行了平方操作，使得模型更倾向于提升网络的深度。当一个网络缩放完毕后，它的 FLOPS 提升的倍数为 $(\alpha \cdot \beta^2 \cdot \gamma^2)^\phi$，约束 $\alpha \cdot \beta^2 \cdot \gamma^2 \approx 2$ 则将 FLOPS 的最大值控制到了 2^ϕ。

3. EfficientNet v1 的网络结构

在进行 NAS 时，作者参考了当时最优的 MnasNet。首先它使用了和 MnasNet 相同的搜索空间，不同的是 EfficientNet 并没有使用 MnasNet 中的时间延迟作为优化目标，而是使用了 FLOPS，表示为式（3.19）：

$$\mathrm{ACC}(m) \times [\mathrm{FLOPS}(m)/T]^w \tag{3.19}$$

其中，w 是用来平衡准确率和 FLOPS 的一个超参数。

因为使用了相同的搜索空间，EfficientNet v1 得到的网络结构也和 MnasNet 非常相似，作者将其命名为 EfficientNet-B0，如图 3.39 所示。

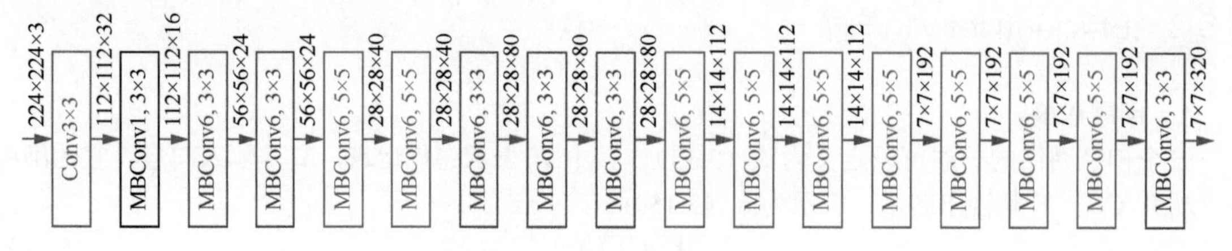

图 3.39　EfficientNet-B0

EfficientNet-B0 的核心结构是在 MnasNet 和 MobileNet v2 中使用的可逆瓶颈卷积层（MBConv），另外为了提升精度，作者向其中添加了 SENet 中的压缩 - 激发结构。

在 EfficientNet-B0 的基础上，作者通过下面两步得到了 EfficientNet-B0 到 EfficientNet-B7：

（1）固定 $\phi=1$，基于式（3.17）和式（3.18），我们对 α、β、γ 进行网格搜索。根据作者的实验，得出最好的值为 $\alpha=1.2$、$\beta=1.1$、$\gamma=1.15$；

（2）固定 α、β、γ，使用 ϕ 对模型进行缩放，得到了 EfficientNet-B0 到 EfficientNet-B7，它们的准确率如图 3.40 所示。

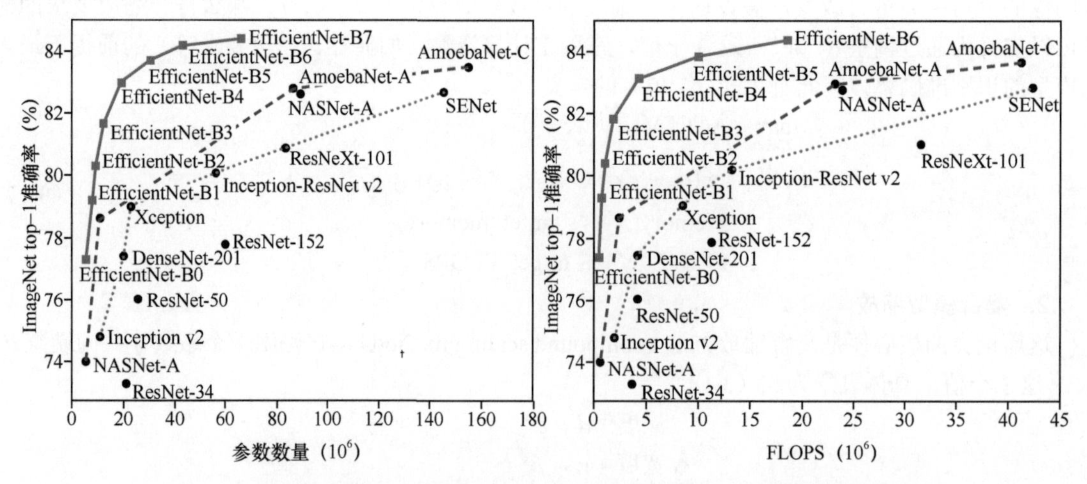

图 3.40　EfficientNet-B0 到 EfficientNet-B7 的准确率、参数数量和 FLOPS

图 3.40 中，EfficientNet-B7 达到了最高的准确率，但是相比同性能的 Gpipe[1]，EfficientNet-B7 参

1　参见 Yanping Huang、Youlong Cheng、Ankur Bapna 等人的论文“GPipe: Efficient Training of Giant Neural Networks using Pipeline Parallelism”。

数数量减小到 1/8.4，速度增加到 6.1 倍。

在进行以 EfficientNet-B0 为基础的缩放时，为了得到更快的训练和预测速度，我们通常需要将通道数调整为 8 的整数倍，因为目前主流的显卡的底层设计都是采用二分法对通道进行分配计算的，8 的整数倍个通道能提高显卡的并行效率[1]。

4. 复合缩放应用到其他网络

作者同样将复合缩放应用到现有的一些比较流行的网络中，如 MobileNet 和残差网络，实验结果表明应用复合缩放后，模型的准确率均有了一定程度的提升。

3.8.3 小结

网络的宽度、深度、输入图像分辨率是“调参侠”最常调整的 3 个超参数，EfficientNet v1 从这 3 个参数入手，为这 3 个参数的调整提供了非常好的指导方向，即先确定 α、β、γ，然后根据硬件调整 ϕ。在 EfficientNet v1 中，α、β、γ 这 3 个参数的搜索使用了网格搜索，有没有更快的类似于强化学习中启发式搜索的参数搜索方法呢？期待后续工作给出答案。另外 EfficientNet-v1 算法的创新性略显不足，并没有像 NAS 系列的网络那样给出自己的搜索空间等，但是该算法的准确率很高。

3.9 EfficientNet v2

在本节中，先验知识包括：

- ❑ SENet（1.5 节）；
- ❑ 残差网络（1.4 节）；
- ❑ MobileNet（2.2 节）；
- ❑ EfficientNet（3.8 节）；
- ❑ Dropout（6.1 节）。

Swin Transformer 为 Transformer 阵营夺下 ImageNet 的 top-1 准确率的阵地（86.4%）不久，以 Quoc V. Le 为首的 CNN 阵营又通过“大杀器”AutoML 再次抢占了这个阵地（87.3%），而得到这个 top-1 准确率的模型便是我们这里要介绍的 EfficientNet v2[2]。

那么 EfficientNet v2 是如何做到的呢？对比其他 AutoML 算法，EfficientNet v2 深入探索了输入图像尺寸和模型的正则尺度的关系，并提出了递增式的 AutoML 算法，即通过逐渐增加输入图像的尺寸并不断调整与之匹配的模型的正则尺度来进行网络的构建。EfficientNet v2 的另外一个贡献是把训练速度作为优化目标之一。通过对近年 CNN 的若干算法的总结，作者发现了影响训练速度的几个重要因素，并以这些因素作为出发点，对模型的搜索空间进行了约束。

3.9.1 算法动机

1. 训练速度

在训练网络时，作者发现了几个影响训练速度的因素，它们分别是：

- 使用大的图像作为输入会使训练变慢；
- 在网络的浅层中，深度可分离卷积会比普通卷积要慢；

1 参见 Jiahui Yu、Thomas Huang 的论文“Universally Slimmable Networks and Improved Training Techniques”。

2 参见 Mingxing Tan、Quoc V.Le 的论文“EfficientNetV2: Smaller Models and Faster Training”。

- 像 EfficientNet v1 中使用相同的尺度对模型的每个阶段进行缩放并不是最优选择。

第一个因素比较容易理解。在我们的训练环境（显存容量）固定时，大的训练图像意味着只能使用更小的批次大小，因此训练速度会变慢。

第二个因素和我们之前对于深度可分离卷积的认知相冲突。在我们的认知中，深度可分离卷积一直是比普通卷积速度要快、参数数量要少的一个操作。出现这个冲突的原因在于现在的一些加速设备或者移动设备在普通卷积上拥有更好的优化，但是对深度可分离卷积的优化有所欠缺，因此在某些条件下普通卷积会拥有比深度可分离卷积更快的计算速度。那么究竟是硬件对提速更重要还是算法设计对提速更重要呢，这就需要我们通过实验结果来验证了。在这篇论文中，作者对比了在 EfficientNet v1 的不同融合阶段将可逆瓶颈卷积层（MBConv）替换为融合可逆瓶颈卷积层（Fused-MBConv）[1] 的表现（见表 3.3），发现将阶段 1 ～ 3 的 MBConv 替换为 Fused-MBConv 可提高预测速度和准确率。其中将融合阶段 1 ～ 3 替换的模型在准确率和 TPU 速度上取得了最好的表现，将融合阶段 1 ～ 5 替换的模型在 V100 上取得了最好的效果，而全融合或者全不融合都不是最好的选择。Fused-MBConv 和 MBConv 的不同点在于 Fused-MBConv 将 MBConv 的深度可分离卷积替换成了普通卷积，如图 3.41 所示。

表 3.3　在不同的融合阶段替换 MBConv 为 Fused-MBConv 的表现

	参数数量（10^6）	FLOPS(10^9)	top-1 准确率	TPU 速度 imgs/sec/core	V100 效果 imgs/sec/gpu
不融合	19.3	4.5	82.8%	262	155
融合阶段 1 ～ 3	20.0	7.5	83.1%	362	216
融合阶段 1 ～ 5	43.4	21.3	83.1%	327	223
融合阶段 1 ～ 7	132.0	34.4	81.7%	254	206

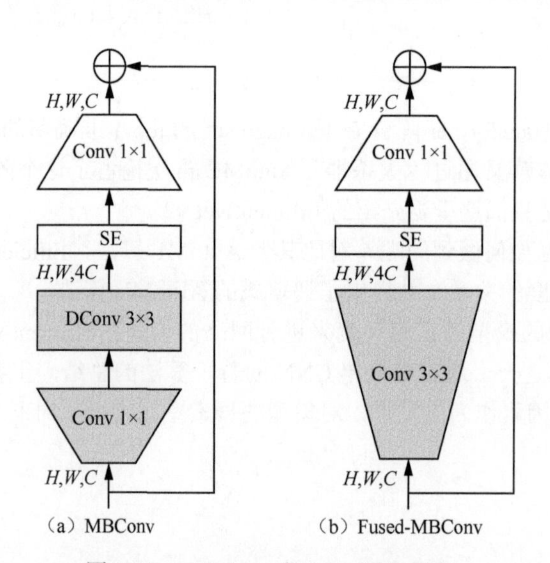

图 3.41　MBConv 和 Fused-MBConv

EfficientNet v1 是通过固定 α、β 和 γ，使用 ϕ 对模型进行尺度的缩放的，它的缩放对于 EfficientNet v1 的每一个阶段是完全相同的。但是这么做其实是不合理的，因为网络的不同阶段的不同尺度对于模型的速度和准确率的影响是不同的，所以在 EfficientNet v2 中使用了不同层的非均

1　参见 Suyog Gupta、Berkin Akin 的论文“Accelerator-aware Neural Network Design using AutoML”。

匀分布的缩放方法。

2. 模型准确率

EfficientNet v2 中，当我们使用不同尺寸的输入图像训练网络时，大尺寸的输入图像训练的模型要比小尺寸的输入图像训练的模型更容易过拟合。因为大尺寸的输入图像包含更多的图像细节信息，而正是这种训练集和测试集在细节上的分布不一致导致了模型的过拟合问题。因此作者认为大尺寸的输入图像应该使用更大的正则尺度，而且通过实验验证了这一点，通过一组不同输入图像尺寸和随机扩充尺度的 RandAug[1] 的对照实验，验证了输入图像尺寸和正则尺度的正比关系，如表 3.4 所示。

表 3.4 输入图像尺寸和随机扩充尺度在 ImageNet 上 top-1 的准确率

	输入图像尺寸=128	输入图像尺寸=192	输入图像尺寸=300
随机扩充尺度=5	**78.3 ± 0.16**	81.2 ± 0.06	82.5 ± 0.05
随机扩充尺度=10	78.0 ± 0.08	**81.6 ± 0.08**	82.7 ± 0.08
随机扩充尺度=15	77.7 ± 0.15	81.5 ± 0.05	**83.2** ± **0.09**

3.9.2 EfficientNet v2 详解

EfficientNet v2 算法包括两个核心方面：

- 使用新的搜索空间和奖励函数搜索一个新的模型架构；
- 使用渐进学习（progressively learning）动态地调整正则尺度和输入图像尺寸的关系来对网络进行训练。

1. NAS

EfficientNet v2 的搜索空间如下。

- 卷积类型：MBConv、Fused-MBConv。
- 卷积核尺寸：3 × 3、5 × 5。
- 每一个阶段的层数。
- MobileNet v2 提出的扩张因子（expansion factor）：{1,4,6}。
- 是否使用 SENet 结构。

在 EfficientNet v2 中，残差是默认添加的，网络的通道数使用的是 EfficientNet-B4 值。在 EfficientNet v1 中我们说过，为了提高模型的计算速度，模型的通道数最好为 8 的整数倍。在 EfficientNet-B0 中，它的通道数依次是 {16,24,40,80,112,192,320,1280}，EfficientNet-B4 的通道数的扩充比例是 1.4，然后通过除以 8 的约束可以得到 EfficientNet-B4 的网络结构。可以通过以下代码进行计算：

```
new_filters = max(8, int(B0_channel*beta+4)//8  * 8)
```

EfficientNet v2 的奖励函数为：

$$r=A \cdot S^{w} \cdot P^{v}$$

其中，A 是模型准确率，S 是每个训练步骤的时长，P 是参数数量。w 和 v 是控制奖励比例的两个

1 参见 Ekin D. Cubuk、Barret Zoph、Jonathon Shlens 等人的论文“RandAugment: Practical automated data augmentation with a reduced search space”。

超参数，其中 $w=-0.07$，$v=-0.05$。因为 EfficientNet v2 比 EfficientNet v1 的搜索空间小了很多，所以使用了以 EfficientNet-B4 为基础的网格搜索。

最终 EfficientNet v2-S（小）的网络结构如表 3.5 所示。通过表 3.5 和 EfficientNet v1 的网络结构的对比，我们可以看出 EfficientNet v2 具有如下的特点。

- 如我们在表 3.3 中验证的，EfficientNet v2 使用了 MBConv 和 Fused-MBConv 的混合结构。
- EfficientNet v2 使用了更小的扩张因子，通过这种结构得到的网络参数更小。
- EfficientNet v2 使用的都是 3 × 3 的卷积核，但是每个阶段拥有更多的层数。
- 前 3 个阶段并没有使用 SENet。

表 3.5 EfficientNet v2-S（小）的网络结构

阶段	操作	步长	通道数	层数
0	Conv 3 × 3	2	24	1
1	Fused-MBConv1, 卷积核大小 3 × 3	1	24	2
2	Fused-MBConv4, 卷积核大小 3 × 3	2	48	4
3	Fused-MBConv4, 卷积核大小 3 × 3	2	64	4
4	MBConv4, 卷积核大小 3 × 3, SERatio 0.25	2	128	6
5	MBConv6, 卷积核大小 3 × 3, SERatio 0.25	1	160	9
6	MBConv6, 卷积核大小 3 × 3, SERatio 0.25	2	272	15
7	Conv 1 × 1 & 池化 & 全连接	—	1792	1

由 EfficientNet v2-S 扩张至 EfficientNet v2-M/L（中 / 大）使用的是和 EfficientNet v1 类似的策略，但是 EfficientNet v2 也做了几点优化：

- 将输入图像的最大尺寸限制到 480；
- 递增式地为阶段 5 和阶段 6 添加一些网络层。

2. 渐进学习

我们介绍过模型的正则尺度和输入图像的分辨率有近乎正比的关系，因此当我们在调整一个网络的输入图像的尺寸时，我们需要对应地调整网络的正则内容才能更大程度地发挥网络的性能。这就是 EfficientNet v2 中提出的渐进学习。

EfficientNet v2 的渐进学习分成两步：

（1）在训练的早期，使用更小尺寸的输入图像和更弱的正则；

（2）然后逐渐增大输入图像的分辨率和网络尺寸以及使用更强的正则。

在 EfficientNet v2 中使用的正则类型有 3 类，具体如下。

- Dropout。
- 随机扩充：在随机扩充中，一些常见的扩充策略，如图像翻转、随机裁剪等，都会等概率地被选到，它通过尺度参数 ϵ 来控制扩充的程度，ϵ 越大，图像变化越大。
- Mixup[1]：它是通过融合图像来达成数据扩充的目的的一个算法。通常它需要两幅输入图像以及它们的标签（假设它们的标签分别为 $(\boldsymbol{x}_i, y_i)$ 和 $(\boldsymbol{x}_j, y_j)$），然后通过融合参数 λ 完成两幅图像的合并：$\tilde{\boldsymbol{x}}_i = \lambda \boldsymbol{x}_j + (1-\lambda)\boldsymbol{x}_i$ 和 $\tilde{y}_i = \lambda y_j + (1-\lambda) y_i$。其中，$\lambda$ 是用来控制图像融合的尺度的。

更具体地讲，假设整个训练过程有 N 个训练步，我们训练图像的目标尺寸是 S_e，然后正则尺度的参数序列为 $\phi_e = \{\phi_e^k\}$，其中 k 是正则的种类数。我们首先将 N 个训练步分成 M 个阶段，对于第 i 个阶段我们选择一组输入图像的尺寸 S_i 和它的正则尺度 ϕ_i。在 EfficientNet v2 中是使用线性插值

1 参见 Hongyi Zhang、Moustapha Cisse、Yann N. Dauphin 等人的论文“mixup: Beyond empirical risk minimization”。

来确定这两个值的。因为在全CNN中，模型的参数和输入图像的尺寸以及正则的内容无关，所以可以直接复用不同图像尺寸和正则尺度训练得到的网络。

3.9.3 小结

2021年伊始，基于视觉的Transformer和CNN阵营的竞争好像达到了一个白热化的阶段，随之而来的便是ImageNet top-1准确率的不断刷新。本文介绍的EfficientNet v2更多的价值在于提出了图像尺寸和正则尺度的关系，整个渐进学习的过程是过拟合难度从易到难的迭代式开发，这种多图像尺寸加正则尺度无疑将大幅提高模型的泛化能力。

从NAS到EfficientNet v2，我们也看出了Auto ML的一个发展趋势：从单一的准确率的优化向着定制化的场景的优化发展，而每一个场景都会衍生出很多优秀的算法，接下来有怎样的发展方向呢？让我们拭目以待吧！

3.10 RegNet

在本节中，先验知识包括：

- ❑ 残差网络（1.4节）；
- ❑ ResNeXt（2.4节）；
- ❑ MobileNet（2.2节）；
- ❑ NAS（3.2节）。

在我们之前介绍的以NAS为代表的Auto ML算法中，它们都是专注于单个网络实例架构的设计和优化。这一类的算法有两个核心点：一个是优化模型的**搜索空间**，另一个是优化模型的**搜索策略**。通常对这些模型质量的评估也是通过对搜索出的单个模型实例在某些数据集上的速度和精度的表现来完成的，相当于评估在这个搜索空间中搜索出的最优解。而我们这里要介绍的RegNet[1]有所不同，它不是搜索出单个网络实例，而是搜索出一个简单的、易于理解的、便于量化的搜索空间，RegNet中也将它叫作设计空间（design space）。而通过搜索出的设计空间，我们可以得到模型的一系列设计准则，然后将其推广到其他不同的场景中。

3.10.1 设计空间

RegNet论文中涉及3个问题。

- 什么是设计空间？
- 如何评估设计空间的质量？
- 怎么优化设计空间？

下面我们以这3个问题为线索，逐步揭开RegNet的“神秘面纱”。

1. 基础概念定义

设计空间是Radosavovic在其名为“On Network Design Spaces for Visual Recognition”[2]的论文中提出的概念，这一篇论文一般也被看作RegNet系列的第一篇论文。在这篇论文中，作者给出了设计空间的定义和评估标准，为RegNet提供了理论和统计基础。这里我们先给出包含设计空间在内的几个重要定义。

（1）**模型族（model family）**：模型族是拥有相同高级网络结构和设计原则的一组模型架构。像

1 参见Ilija Radosavovic、Raj Prateek Kosaraju、Ross Girshick等人的论文“Designing Network Design Spaces”。
2 参见Ilija Radosavovic、Justin Johnson、Saining Xie等人的论文“On Network Design Spaces for Visual Recognition”。

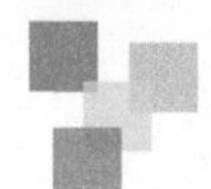

残差网络、DenseNet 等都是拥有非常明显的结构特征和设计原则的。

（2）**设计空间（design space）**：设计空间是从模型族中实例化出的一组具体的架构，它是模型族的参数化以及模型族中每个参数的取值范围。通过固定设计空间中的超参数的值，我们便可以得到一个具体的模型实例。

（3）**模型分布（model distribution）**：为了分析设计空间的质量，我们需要根据这个设计空间中的模型的质量来间接地评估设计空间的质量。如果我们采样设计空间中的所有样本，那么这个数量将是指数级的。所以这里一般会采用随机采样的方法来采集设计空间中的样本，这种通过采样来生成数据的方式在上述论文中被叫作**数据生成（data generation）**。通过分析设计空间中采集的样本的准确率，我们可以得到这个设计空间的模型分布。

笔记　在残差网络中，业内被广泛使用的结构包括 ResNet-18、ResNet-32、ResNet-50、ResNet-101、ResNet-152 等。它们都属于残差结构的模型族，这个族中最重要的超参数是模型的深度。

2. 模型分布估计

点估计与分布估计：在 NAS 等算法中，都是通过在搜索空间中搜索出的最优实例来表示这个搜索空间的质量的，这个方法在本章其他节的算法中叫作**点估计（point estimation）**。但是仅仅通过最优实例得到的结论是有偏的，因为无论是在模型的搜索过程中，还是在模型的训练过程中都存在非常大的随机性。所以 Radosavovic 等人提出了使用设计空间中的模型分布来估计设计空间的质量，这也是 RegNet 重要的基础思想。

那么如何根据采集的样本评估一个搜索空间的质量呢？在上述论文中，他们使用了经验分布函数（empirical distribution function，EDF）作为评估指标。EDF 的定义如式（3.20）所示。它的物理意义是取错误率 e_i 小于错误率 e 的样本总数：

$$F(e)=\frac{1}{n}\sum_{i=1}^{n}1(e_i<e) \tag{3.20}$$

其中，**1** 是指示函数（indicator function），它用来指示变量 x 是否在某一集合 A 中，定义如式（3.21）所示。

$$\mathbf{1}_A(x)=\begin{cases}1, & \text{如果 } x\in A\\ 0, & \text{如果 } x\notin A\end{cases} \tag{3.21}$$

对比点估计，分布估计是一个对采样数更不敏感的策略，为什么这么说呢？这里我们举例说明一下原因。在都是残差网络的设计空间中，我们分别搜索 100 个和 1000 个样本（分别是模型族 B 和模型族 M），通过对比两个模型族的点估计和分布估计，我们可以得到图 3.42 所示的对比结果。

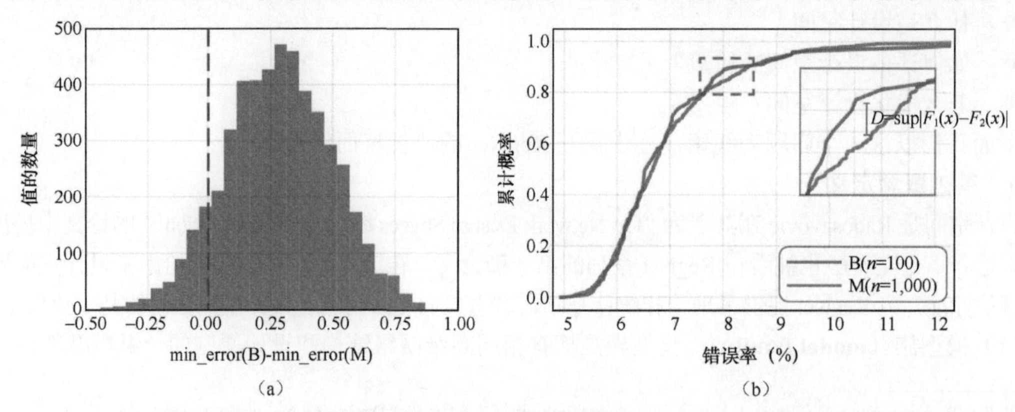

图 3.42　点估计和分布估计

图 3.42（a）展示了进行了 5 000 次随机实验的最小误差差异（测试数据集是 CIFAR-10），从图中可以看出，90% 的情况下模型族 B 的错误率高于模型族 M 的错误率，但是它们都采样自同一个设计空间，因此点估计对于设计空间的评估是有误导性的。

图 3.42（b）展示了两个模型族的误差分布，从图中我们可以看出 3 个重要信息：

- 错误率最初为 5% 左右，并且开始有一小段比较平缓的积累。表明我们采样出的模型有非常小的比例可以达到 5% 左右的错误率；
- 错误率从 10% 之后逐渐趋于平缓，表明错误率很少有高于 10% 的；
- 最重要的，两个模型族的分布曲线基本一致，这说明了分布估计比点估计更能评估设计空间。

KS- 检验：通过对比 EDF 曲线的方式评估设计空间是过于主观的，一个更科学的描述是将这个指标量化。在统计学中，对于 EDF 曲线，我们通常使用 KS- 检验（Kolmogorov-Smirnov test）来检验数据是否符合某种分布或者来比较两个数据集是否符合同一个分布，它表示为式（3.22）：

$$D = \sup|F_1(x) - F_2(x)| \tag{3.22}$$

其中，sup 是上确界函数，D 的物理意义是图 3.42（b）中两条曲线在某一点的垂直方向上的差值。在 Python 中，我们可以通过 SciPy 包的 `kstest()` 函数直接计算两个 EDF 的 KS- 检验的值。通过 `kstest()`，我们可以同时得到两个分布的差值 D 和置信度 `p-value`，`p-value` 也可以通过查表得到。在论文的实验中，他们得到 $D=0.079$，`p-value`$=0.6$，因此可以得出两个分布有一个高的置信度让我们无法拒绝它们是同一个分布的假设。这里使用了双重否定，所以意思也就是这两个 EDF 表示同一个分布。

复杂度与 EDF：在固定设计空间之后，模型复杂度是影响 EDF 分布的一个重要因素，所以我们需要考虑复杂度和模型分布之间的关系。图 3.43（a）中是复杂度不同的两个模型，其中 ResNeXt-B 的参数数量约是 ResNeXt-A 的 4.6 倍（见表 3.6）。从中可以看出，虽然两个模型取自同一个设计空间，但是因为它们的复杂度不同，所以得到的 EDF 曲线也不同。从图 3.43（b）中也可以看出模型的错误率是和参数数量（复杂度）成反比的，而且在这个图中可以看出随着参数数量的不断提升，模型的错误率还有继续下降的空间。

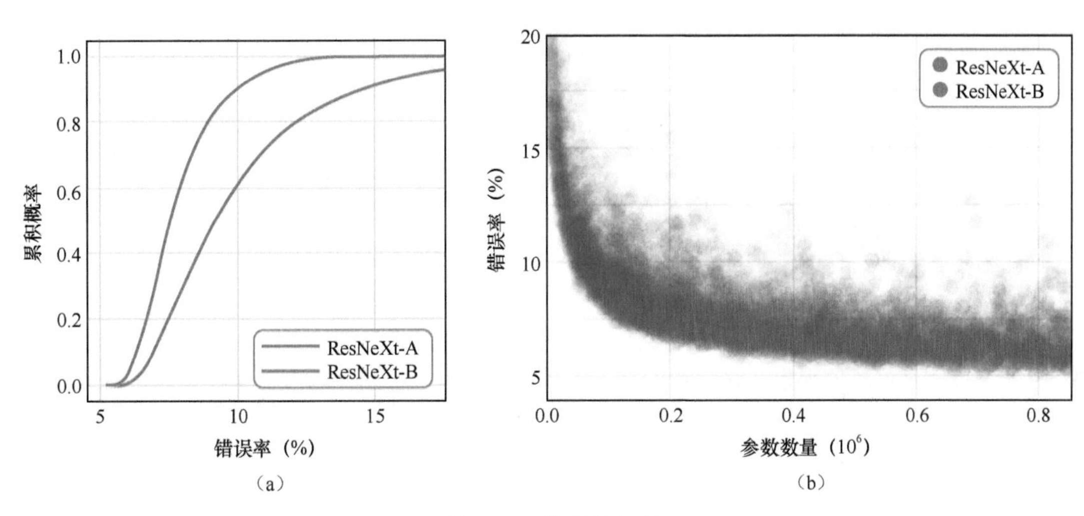

图 3.43　模型复杂度

表 3.6 几个重要对照实验的设计空间

	深度	宽度	瓶颈率	组数	参数数量
普通网络	1 249	1 625 612	—	—	1 259 712
残差网络	1 249	1 625 612	—	—	1 259 712
ResNeXt-A	1 165	162 565	143	143	11 390 625
ResNeXt-B	1 165	6 410 245	143	1 165	52 734 375

为了准确地评估设计空间的质量，我们需要排除复杂度对 EDF 曲线的影响。在论文中，他们提出了**标准化比较（normalized comparison）**来解决这个问题。具体地讲，给定 n 个模型的集合，标准化比较的思想是为每个模型赋予一个权值 w_i，其中$\sum_i w_i = 1$。标准化比较可以用在复杂度上，假设第 i 个模型的复杂度是 c_i，此时**标准复杂度 EDF（normalized complexity EDF）**定义为式（3.23）。

$$C(c) = \sum_{i=1}^{n} w_i \mathbf{1}(c_i < c) \tag{3.23}$$

同理，我们也可以定义**标准错误 EDF（normalized error EDF）**为式（3.24）。

$$\hat{F}(e) = \sum_{i=1}^{n} w_i \mathbf{1}(e_i < e) \tag{3.24}$$

式（3.23）和式（3.24）的权值 w_i 是通过分箱（bin）的方式计算的。具体地讲，我们首先使用均匀分布将复杂度分成 k 个箱，对于第 j 个箱的 m_j 个模型中的任意一个模型，权值 w_j 的计算方式为$w_j = \frac{1}{km_j}$。论文中分别基于参数数量和 FLOPS 进行了加权计算，实验结果表明加权的方式均能够减小两个分布之间的差异，如图 3.44 所示。

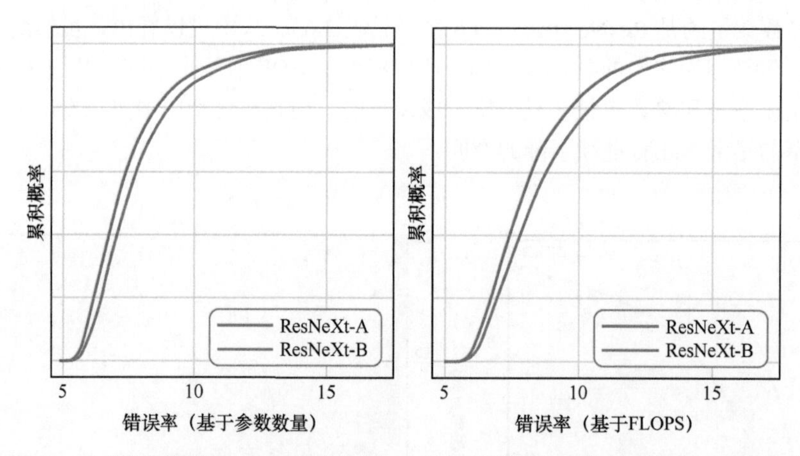

图 3.44 基于参数数量和 FLOPS 加权之后两个不同复杂度的模型的 EDF 曲线差异

采样策略：设计空间质量的评估仍要依靠从设计空间中采集到的模型，所以采样策略也是影响 EDF 曲线分布一个重要的因素。这里我们从搜索策略和样本大小两个角度对采样策略进行介绍。

随机搜索：在论文中，他们采用了随机搜索的策略。对于一个大小为 n 的模型池，如果采样大小为 m，首先我们会从模型池中随机采集 m 个样本，然后得到这 m 个样本的最小值。然后我们重复这个实验$\frac{n}{m}$次，得到抽样的均值。为了避免复杂度的影响，我们同样需要根据复杂度对采集的样本进行加权。

最小样本大小：图 3.45（a）是根据不同样本数得到的 EDF 曲线，从图中可以看出，当 $n>100$ 时，EDF 曲线便基本不变化了，而 $n=1000$ 和 $n=10\ 000$ 的曲线基本一致，所以 n 的值在 100 到 1000 范围内比较合理，如图 3.45（b）所示。KS（Kolmogorov-Smirnov）统计量，基于经验累积分布函数，是一种非参数的检验方法，用于检验两个分布是否一致。

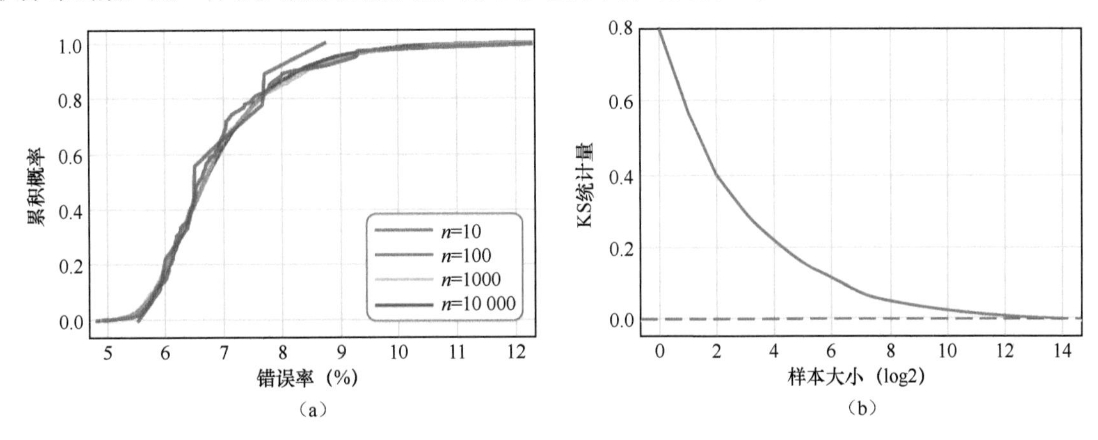

图 3.45　不同样本大小下的 EDF 曲线

EDF 效果评估：得到 EDF 曲线的分布之后，我们可以从图中得到什么信息呢？从 EDF 曲线中，我们可以看出的一个信息便是模型中样本的占比情况，EDF 曲线所在坐标系的横轴表示错误率，纵轴的意义是小于该错误率的模型数占总采样数的比例。从图 3.46 中可以看出，例如基于残差网络设计空间采样的模型中，约有 80% 的模型错误率小于 8%，而基于普通 CNN 的模型中，错误率小于 8% 的比例仅为 20%。

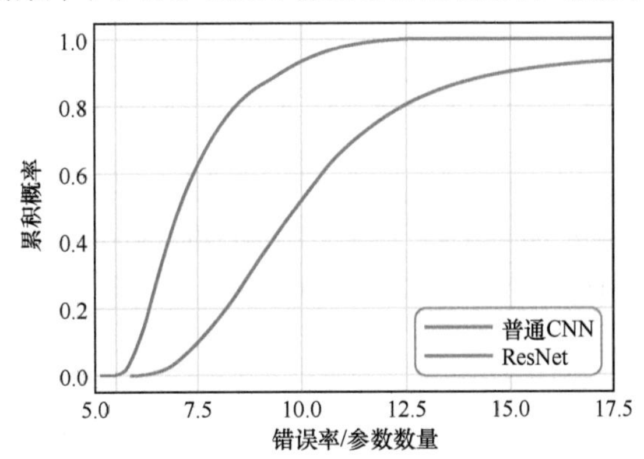

图 3.46　普通 CNN 和残差网络的 EDF 曲线

因此我们可以看出曲线越靠左，表明设计空间中低错误率的样本越多，则设计空间的质量越高。对于表 3.6 中的普通网络（类似于 VGG 的线性结构）和残差网络，因为它们设计空间的差异（是否包含残差结构），所以从图 3.46 中可以看出残差网络的曲线要比普通 CNN 的曲线偏左很多。我们可以通过曲线下方的面积来量化哪条曲线“偏左”，如式（3.25）所示。

$$\int_0^{\epsilon}\hat{F}(e)/\epsilon=1-\sum w_i\min\left(1,\frac{e_i}{\epsilon}\right) \tag{3.25}$$

3.10.2 RegNet 详解

在前文中我们介绍了如何评价一个设计空间，但是只会评价一个设计空间是没有意义的，我们需要根据评价指标来进行**设计空间的设计**（**design space design**），也就是我们这里要介绍的RegNet。RegNet论文的核心**并不是设计一个网络模型，而是设计一个网络的集合，或者说是网络的设计空间**。我们可以根据这个设计空间来抽象出模型的设计准则，从而将这些准则迁移到其他不同的硬件环境中。根据环境的不同，我们可以在这些设计准则的基础之上灵活地调整网络的细节。而RegNet便是这个设计空间中包含的诸多简单且有效的模型之一。

1. 设计空间设计

RegNet的设计空间设计遵循递进式的设计方法。在图3.47中，A、B、C是3个模型族。在设计流程中，输入是初始的设计空间，输出是更简单、效果更好的设计空间，通过这样逐步迭代的方式来完成设计空间的优化。正如图3.47中所展示的，参数集合满足$A \subseteq B \subseteq C$，但是它们的EDF曲线的效果却是$C < B < A$。

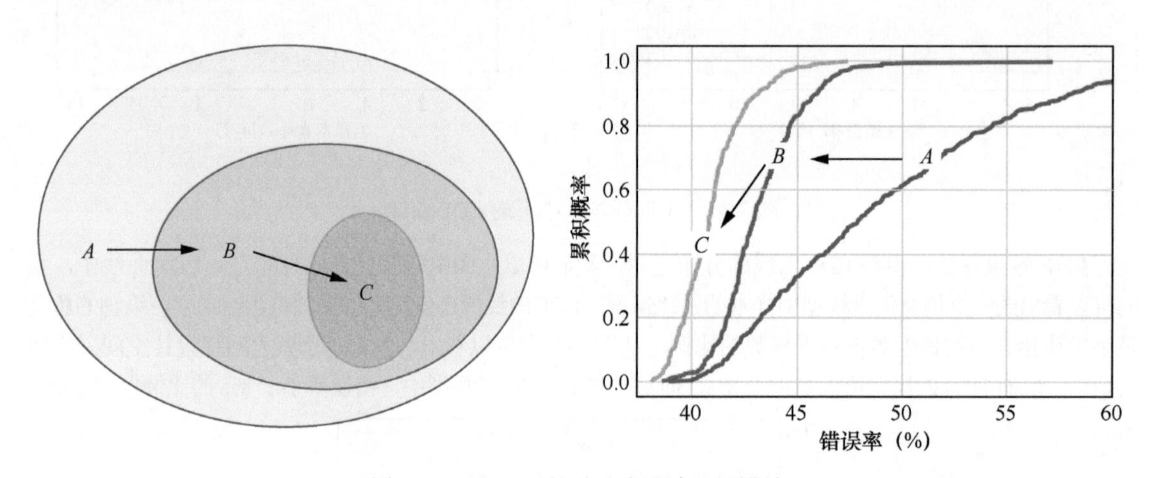

图3.47 RegNet的递进式设计空间设计

在RegNet论文中，A是设计空间的初始空间，它被叫作AnyNetX或者AnyNetX_A，它是一个设计空间组合数较多、效果较差的网络。它的每一轮设计空间的优化得到的新的设计空间依次叫作AnyNetX_B、AnyNetX_C等。所以问题的核心便是如何根据评估的设计空间的质量的优劣来优化设计空间。设计空间的优化分为4个主要步骤：

（1）从初始的输入空间中采样n个模型，训练这n个模型得到每个模型的错误率；

（2）绘制这n个模型的EDF曲线；

（3）可视化设计空间中的若干个重要指标；

（4）人工分析这些指标并对设计空间进行优化。

因为初始的设计空间质量比较差，所以我们需要进行更广的探索。在这里我们选择随机生成500个模型，每个模型训练10个epoch。下面我们详细分析5个步骤。

（1）初始设计空间AnyNetX。在深度学习中，几乎每个深度学习网络都可以抽象成3个模块，如图3.48（a）所示。

- stem：这一层又被叫作输入层，它用来处理不同类型的输入数据。
- body：这一层又被叫作骨干层，它通过堆积大量的网络模块来增加模型的容量，提取多种类型的数据特征，增强模型的表征能力。骨干层又由若干个块（RegNet论文中叫作阶段）组成，如图3.48（b）所示，每个块由降采样层分隔开来，降采样层一般表示步长为2的卷积或者池化操作。每个块由若干个层（RegNet论文中叫作块）组成，如图3.48（c）

所示，层一般表示一个卷积操作，在这里我们可以定义卷积的一些超参数，如通道数、卷积类型、卷积核的大小等。

- head：这一层又被叫作输出层，它根据不同的任务类型（分类、回归）和内容（类别数、回归分支数）等来调整输出层的结构。

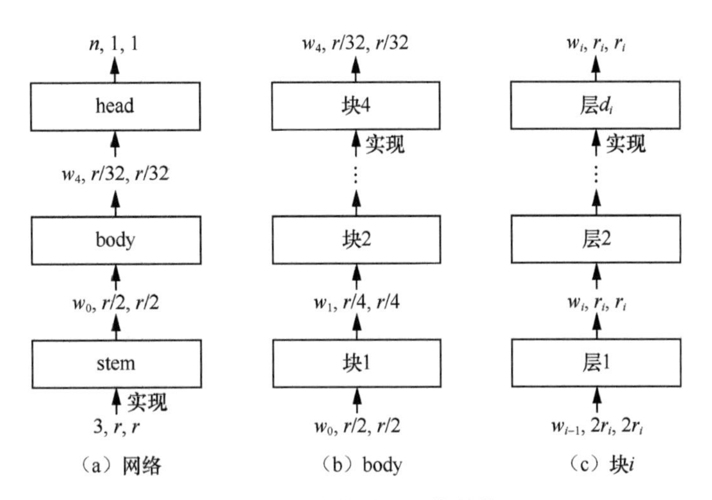

图 3.48　深度学习网络结构

AnyNetX 同样使用这个包含 3 个模块的架构，它的优化完全是在 body 部分进行的。在 AnyNetX 的 body 模块中，共有 4 个网络块，每个网络块共有 4 组超参数，如下。

- 块的层数：d_i。它的范围满足 $1 \leqslant d_i \leqslant 16$。
- 每一层的通道数：w_j。它的范围是 $8k$, 其中 $1 \leqslant k \leqslant 128$。
- MobileNet v2 中介绍的瓶颈层的瓶颈率（bottleneck ratio）：$b_i \in \{1,2,4\}$。
- 分组卷积的组数：$g_i = 2^k$，$0 \leqslant k \leqslant 5$。

所以 AnyNetX 共有 16 个超参数，它的设计空间的样本数量级为 $P_A = (16 \times 128 \times 3 \times 6)^4 \approx 1.8 \times 10^{18}$。

（2）实现 AnyNetX$_B$。得到了 AnyNetX（AnyNetX$_A$）的设计空间后，我们需要对其进行优化。这一部分优化是由人工完成的，需要由人工根据各个指标的不同影响来决定优化的策略。在人工优化时，我们要优先考虑下面的优化准则：

- 简化设计空间的结构；
- 提高设计空间的可解释性；
- 提高设计空间的质量；
- 保持模型在设计空间中的多样性。

AnyNetX$_B$ 针对 AnyNetX$_A$ 的优化固定了每一层的瓶颈率。从图 3.49（图 3.49 至图 3.52 的方括号中左侧表示最小错误率，右侧表示平均错误率）中可以看出，固定瓶颈率之后两个设计空间的 EDF 分布基本保持一致，而且设计空间的样本数量得到了减少。AnyNetX$_B$ 的设计空间的样本数量级为 $P_B = (16 \times 128 \times 6)^4 \times 3 \approx 6.8 \times 10^{16}$。

（3）实现 AnyNetX$_C$。设计空间优化的第二步是在 AnyNetX$_B$ 的基础上共享分组卷积的分组数，即 $g_i = g$。从图 3.50 中可以看出共享分组卷积的分组数之后，AnyNetX$_C$ 较 AnyNetX$_B$ 效果并没有明显变坏，因此共享分组数是一个有效的策略。因为分组卷积有 6 个值，所以 AnyNetX$_C$ 的设计空间的样本数量级为 $P_C = (16 \times 128)^4 \times 3 \times 6 \approx 3.2 \times 10^{14}$。

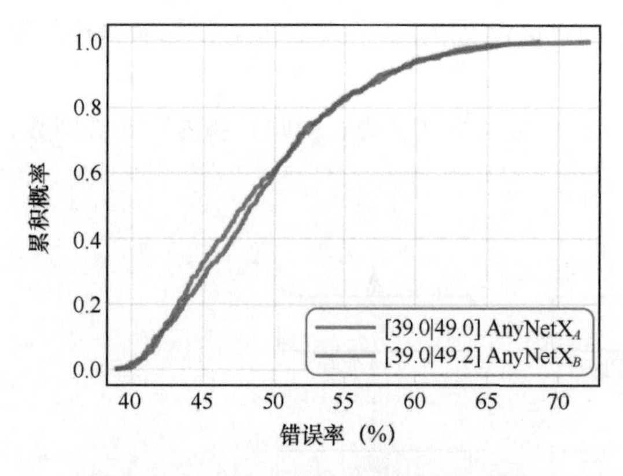

图 3.49 AnyNetX$_A$ 与 AnyNetX$_B$ 对比

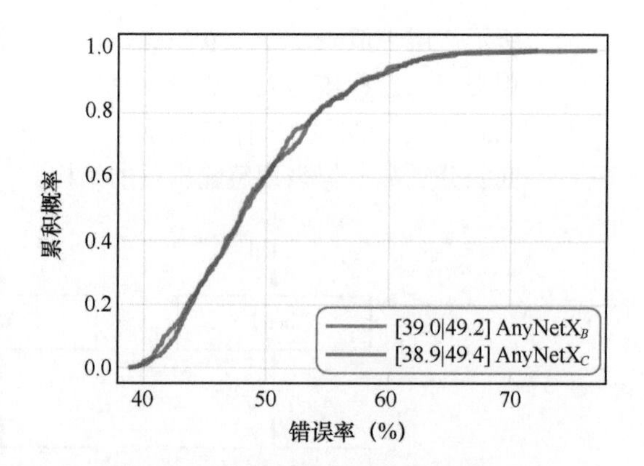

图 3.50 AnyNetX$_B$ 与 AnyNetX$_C$ 对比

（4）实现 AnyNetX$_D$。AnyNetX$_D$ 在 AnyNetX$_C$ 的基础上探讨了通道数的变化对模型的影响。从图 3.51 中可以看出，当我们共享通道数或者使用递减的通道数时，设计空间的质量都会降低。而当我们使用递增的通道数时，设计空间的质量明显提升。因此在 AnyNet$_D$ 中使用了通道数递增的方案，在这个方案下，AnyNetX$_D$ 的设计空间的样本数量级为$P_D=\frac{(16\times128)^4\times3\times6}{4!}\approx1.3\times10^{13}$。

（5）实现 AnyNetX$_E$。AnyNetX$_E$ 分析了每一个网络块中的层数对模型的影响。从图 3.52 中可以看出，当层数不断增加时，设计空间的质量会得到提升，而其他两个方案会严重降低设计空间的质量。在这个方案下，AnyNetX$_E$ 的设计空间的样本数量级为$P_E=\frac{(16\times128)^4\times3\times6}{(4!)^2}\approx5.5\times10^{11}$。

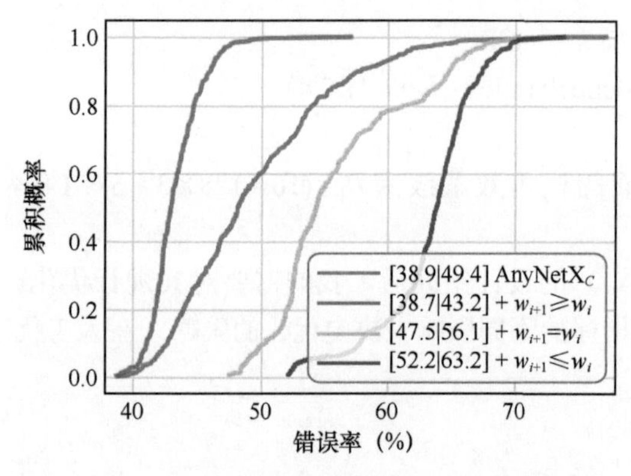

图 3.51 AnyNetX$_D$ 中不同层的不同通道数情况下的 EDF 曲线

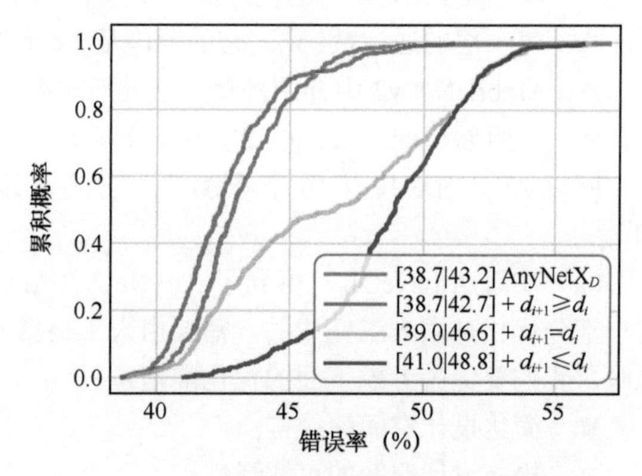

图 3.52 AnyNetX$_E$ 中不同块的不同层数情况下的 EDF 曲线

2. RegNet 相关细节

（1）RegNetX 的计算。从 AnyNet$_A$ 到 AnyNet$_E$，我们把设计空间的参数数量减少了约 10^7 个数量级，同时我们得出了模型设计的 4 条准则：

- 瓶颈率共享；
- 分组卷积的分组数共享；
- 通道数逐渐增加；
- 每一个块的层数逐渐增加。

接下来介绍的 RegNet 是对 AnyNet$_E$ 进一步优化得到的效果更好、参数数量级更小的设计空间。它首先研究的是通道数以怎样的趋势增长才是最合理的。图 3.53 中的浅灰色折线展示了在 AnyNet$_E$ 中随着层数增加采样的 20 个最优模型通道数的变化情况。根据这 20 个最优模型的折线图，我们可以拟合出一条随通道数变化的曲线，如图3.53 中的深色曲线。注意，在纵轴它的单位是2^n，在1∶1 的坐标系中深色曲线其实更逼近一条直线，表示为式（3.26）。

$$u_j = w_0 + w_a \cdot j, 0 \leqslant j < d \tag{3.26}$$

在式（3.26）中，它有 3 个参数，即初始的宽度 $w_0 > 0$、直线的坡度 $w_a > 0$、网络的深度 d，它生成的是每一层的通道数 u。

通过式（3.26），我们得到的每一层的通道数有两个问题：

- 直接通过式（3.26）计算得到的通道数可能是一个浮点数；
- 在每一个网络块中，每一层网络的通道数不同。

为了将每一个网络块中的所有层的通道数都转换为相同大小的整数，RegNet 做了如下的工作。首先它引入了超参数 w_m 和一个中间变量 s_j，计算方式如下：

- 对于第 j 个网络层，计算它的 s_j，使其满足$u_j = w_0 \cdot w_m^{s_j}$；
- 为了将 u_j 转换为整数，我们将 s_j 四舍五入（表示为$\lceil s_j \rfloor$），然后我们得到每一层的通道数，表示为$w_j = w_0 \cdot w_m^{\lceil s_j \rfloor}$；
- 对通道数进行进一步的量化，使每个网络块的通道数都保持相同，每个网络块的层数即$\lceil s_j \rfloor$等于 i 的个数，表示为式（3.27）

$$\begin{aligned} w_i &= w_9 \cdot w_m^i \\ d_i &= \sum_j \mathbf{1}(\lceil s_j \rfloor = i) \end{aligned} \tag{3.27}$$

综上，RegNetX 是由 6 个参数构成的设计空间，它们是 d、w_0、w_a、w_m、b、g。其中 $d < 64$，$w_{0,}$ $w_a < 256$，$1.5 \leqslant w_m \leqslant 3$。并且通过上述步骤可得到每个网络块的通道数和层数。RegNetX 的样本数量级为 3.0×10^8，EDF 曲线如图 3.54 所示。RegNetX 使用网格搜索优化即可。

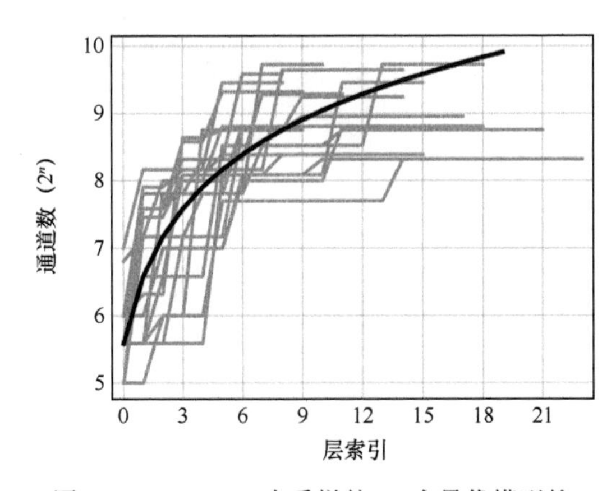

图 3.53 AnyNet$_E$ 中采样的 20 个最优模型的通道数变化示意

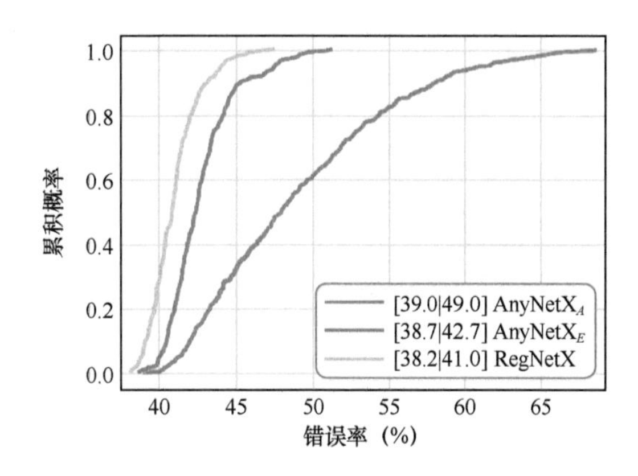

图 3.54 RegNetX 的 EDF 曲线

（2）RegNet 与模型复杂度。截至目前，我们得到的 RegNetX 是一个质量比较高的设计空间，在这个设计空间的基础上再进行优化的话则不需要采样过多的模型（100 个足够），而是需要进行更长时间的训练（25 个 epoch）。这样我们可以在更长期的训练中观察更细粒度的趋势。从图 3.55 所示的实验结果中我们可以看出效果比较好的模型通常具有如下的特征：

- 在每个网络块中 20 个层是比较好的（这与我们的“越深的网络效果越好”的认识是相违背的）;
- 瓶颈率为 1 时效果最好，也就是不使用沙漏型或者纺锤形的网络结构;
- 通道数变化梯度 w_m 在 2.5 左右时效果最好;
- 其他几个参数（g、w_a、w_m）与模型复杂度成正比的关系。

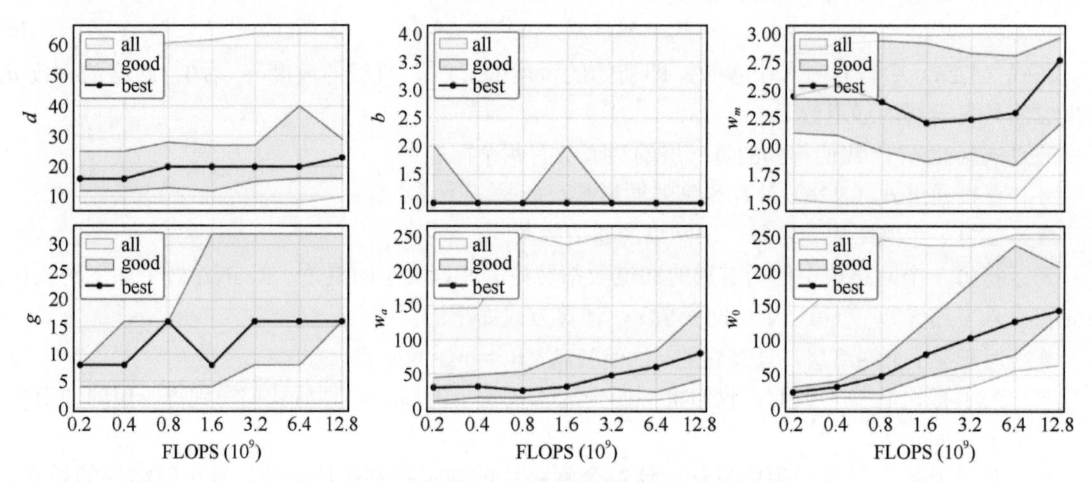

图 3.55 RegNetX 的参数与模型复杂度的关系

（3）推理时间。图 3.56 展示了推理时间与 FLOPS 和网络激活的直接关系，这里的激活指的是所有卷积层的输出向量的尺度。表 3.7 列出了常见的卷积操作的 FLOPS、参数数量以及激活之间的具体值，其中 w 为通道数，r 为图像尺寸，g 为分组数。从图 3.56 中可以看出，推理时间与激活的关系更为密切。

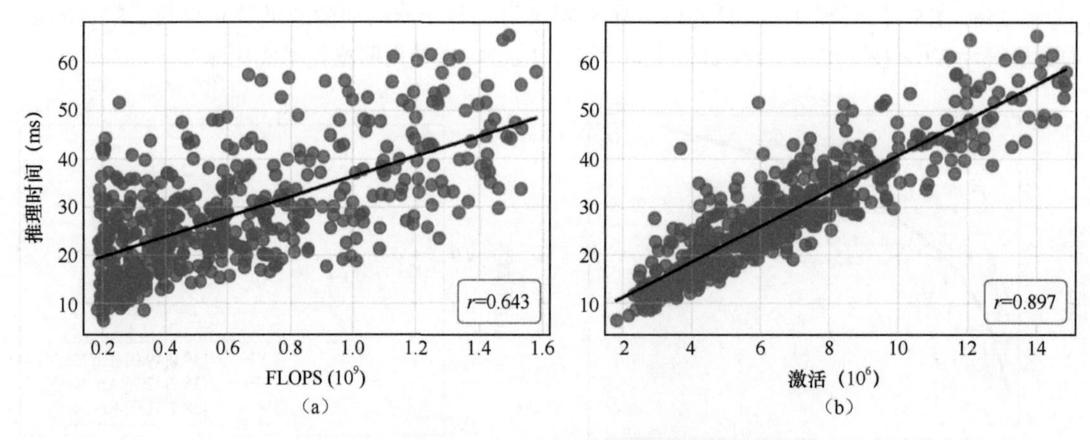

图 3.56 推理时间与 FLOPS 和网络激活的关系

表 3.7 常见卷积操作的 FLOPS、参数数量以及网络激活

	FLOPS	参数数量	网络激活
1×1 卷积	w^2r^2	w^2	wr^2
3×3 卷积	$3^2w^2r^2$	3^2w^2	wr^2
3×3 分组卷积	3^2wgr^2	3^2wg	wr^2
3×3 深度卷积	3^2wr^2	3^2w	wr^2

基于上面的分析，作者对 RegNetX 进行了进一步的优化，包括：

- 设置 $b=1$，$d \leqslant 40$，$w_m > 2$，这可以进一步缩小搜索空间；
- 限制激活和参数数量，通过这一步可以得到速度更快、参数数量更少，但是错误率降低幅度不大的模型。

除了这些，作者还讨论了几个提升模型效果的小技巧：

- 输入图像的分辨率为 224×224 时，效果最好；
- 压缩 - 激发模块可以提升模型表现，RegNetX 在添加了压缩 - 激发模块之后被叫作 RegNetY，它也是论文中效果最好的模型。

3.10.3 小结

在这里我们讨论了一个比较新颖的模型架构搜索范式，不同于 NAS 系列介绍的搜索一个具体的网络模型，这篇论文介绍的是如何搜索一个设计空间。它包含两个主要的知识点：一是什么是设计空间；二是如何根据实验结果来递进式地优化设计空间。本文的创新点是很多的，从论文中可以看出实验量非常足。从实验结果来看，搜索出的设计空间也非常逼近 ResNeXt 的结构，可以看出人工设计的强大。对比 EfficientNet-B5，RegNetY-32GF 的准确率更高 [1]（79.9% > 78.5%），推理速度更快（113ms < 504ms）。

最后我们讨论一下 RegNet 的一些问题。

- 为了节约训练资源，初始的设计空间的优化只训练了 10 个 epoch，这种未完全收敛的模型能否充分代表设计空间的真正质量值得商榷。
- 设计空间的迭代优化需要人工干预，而且过于依赖人工经验，这种只固定一个变量和忽略了变量之间的依赖性的方式是否合理值得讨论。
- 结果不具备足够的说服力。在作者对比的先进的 EfficientNet 的论文中，给出的最优的 EfficientNet-B7 在 ImageNet 上的准确率达到了 84.3%，而 RegNet 最优的 RegNetY-32GF 的准确率只有 79.9%。虽然它们的迭代数不同，但论文中并没有给出一个 RegNet 在充分训练前提下得到的最优模型。

1 这里对比的准确率和 EfficientNet 的论文中给出的 83.6% 的差距略大，因为在这里作者控制了 epoch 这个超参数。作者只训练了 100 个 epoch，而在 EfficientNet 论文的实验中，他训练了 350 个 epoch。

第二篇　自然语言处理

“一个有纸、笔、橡皮擦并且坚持严格的行为准则的人，实质上就是一台通用图灵机。”

——Alan Mathison Turing

第4章　基础序列模型

自然语言处理（NLP）指的是对人类语言进行自动化的计算与处理。它一般使用人类语言作为输入，然后产生满足特定要求的输出，抑或是一个类别，抑或是一串文本序列。自然语言处理的难点在于人类语言的歧义性、可变性以及病态性。人类语言本质上是符号化的，但是计算机能够处理的信息是数字化的。所以早期的NLP都是基于统计机器学习的，例如经典的贝叶斯算法。在使用深度学习之前，核心的NLP技术以有监督学习为主导，例如SVM、逻辑回归等。

2014年前后NLP领域开始了向深度学习的转型，其中最具代表性的算法便是RNN，它减轻了对马尔可夫假设的依赖性，被普遍用于序列模型中。RNN系列方法的另一个优点是可以处理任意长度的数据，然后生成有效的特征向量。这使NLP在预训练语言模型、机器翻译、智能对话等领域有了重大的突破。RNN系列的经典模型有LSTM、GRU、SRU等。NLP领域的另一个经典算法便是注意力机制，注意力机制最早应用在机器翻译方向，它通过为编码器的每个特征学习一个权值来选择对当前时间片重要的特征，进而提升模型的表征能力。注意力机制的特点是速度快、参数少且效果好。NLP领域近年来最具突破性的进展是在2017年提出的Transformer，它完全抛弃了RNN的循环结构，由一系列自注意力机制组成。Transformer是一个表征能力非常强的模型，被广泛应用到NLP的各个方向，并且最近几年也被CV领域所采用。Transformer诞生之后，NLP领域激活了两个方向，一个是针对Transformer的优化，例如更擅长处理长序列数据的Transformer-XL、Performer等，另一个是使用Transformer构建预训练语言模型，其中最经典的便是BERT。

4.1 LSTM和GRU

4.1.1 序列模型的背景

1. RNN

在使用深度学习处理时序问题时，RNN是最常使用的模型之一。RNN之所以在时序数据上有着优异的表现是因为RNN在t时间片时会将$t-1$时间片的隐层节点状态作为当前时间片的输入，也就是RNN具有图4.1所示的结构。这样做有效的原因是将之前时间片的信息用于计算当前时间片的内容，赋予了模型捕捉时间片之间依赖关系的能力，而传统的MLP的隐层节点的输出只取决于当前时间片的输入特征，自然就没有这个能力。

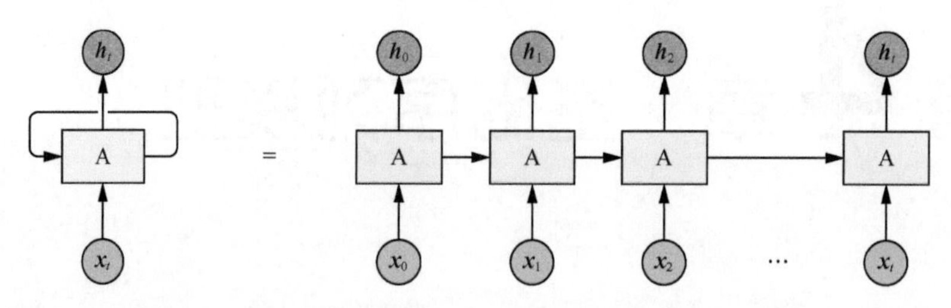

图 4.1　RNN 的链式结构，其中 A 表示一个 RNN 单元

RNN 的隐层节点的数学表达式可以为式（4.1）：

$$\boldsymbol{h}_t = \sigma(\boldsymbol{x}_t \times \boldsymbol{w}_{x_t} + \boldsymbol{h}_{t-1} \times \boldsymbol{w}_{h_t} + \boldsymbol{b}) \tag{4.1}$$

而传统的深度神经网络（DNN）的隐层节点可以表示为式（4.2）：

$$\boldsymbol{h}_t = \sigma(\boldsymbol{x}_t \times \boldsymbol{w}_{x_t} + \boldsymbol{b}) \tag{4.2}$$

对比 RNN 和 DNN 的隐层节点的计算方式，我们发现唯一的不同之处在于 RNN 将上个时间片的隐层节点状态 $\boldsymbol{h}_{t-1}$ 也作为神经网络单元的输入，这也是 RNN 擅长处理时序数据最重要的原因。

所以，RNN 的隐层节点状态 $\boldsymbol{h}_{t-1}$ 有两个作用：

- 计算在该时刻的预测值 $\hat{\boldsymbol{y}}_t$；
- 计算下个时间片的隐层节点状态 $\boldsymbol{h}_t$。

RNN 的该特性也使 RNN 可以广泛地应用于具有序列特征的数据，例如 OCR、语音识别、股票预测等领域的数据。

2. 长期依赖

在深度学习领域（尤其是 RNN）中，“长期依赖”（long term dependency）问题是普遍存在的。长期依赖产生的原因是当神经网络的节点经过若干个阶段的计算后，之前比较长的时间片的特征已经被覆盖，例如

```
eg1: The cat, which already ate a bunch of food, was full.
      |   |    |      |      |   | |   |     |    |   |
      t0  t1   t2     t3     t4 t5 t6   t7   t8   t9 t10
eg2: The cats, which already ate a bunch of food, were full.
      |   |        |       |    |  |   |      |    |    |    |
     t0  t1        t2      t3   t4 t5  t6     t7  t8   t9   t10
```

我们想预测 full 之前系动词的单复数情况，显然其取决于第二个单词 cat/cats 的单复数情况，而非其前面的单词 food。根据图 4.1 展示的 RNN 的结构，随着数据时间片的增加，RNN 更关注的可能是距离其更近的 food，而非若干个时间片之前的 cat/cats，即长期依赖，如图 4.2 所示。

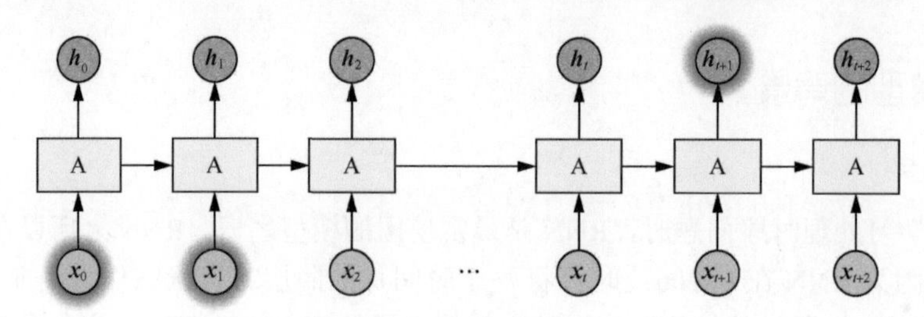

图 4.2　RNN 的长期依赖

3. 梯度消失 / 爆炸

梯度消失和梯度爆炸也是导致 RNN 模型训练困难的关键原因之一，梯度消失和梯度爆炸是由

RNN 的权值矩阵循环相乘导致的，因为相同函数的多次组合会导致极端的非线性行为，使得到的梯度值过大或过小。梯度消失和梯度爆炸主要存在于 RNN 中，因为 RNN 中每个时间片使用相同的权值矩阵。对于一个 DNN，虽然也涉及多个矩阵的相乘，但是通过精心设计权值的比例可以避免梯度消失和梯度爆炸的问题。

处理梯度爆炸可以采用梯度截断的方法。所谓梯度截断是指将值超过阈值 θ 的梯度手动降到 θ。虽然梯度截断会在一定程度上改变梯度的方向，但梯度截断的方向依旧是损失函数减小的方向。

对比梯度爆炸，梯度消失不能简单地通过类似梯度截断的阈值式方法来解决，因为长期依赖的现象会产生很小的梯度。在前面的例子中，我们希望在 t9 时刻能够读到 t1 时刻的特征，在这期间内我们自然不希望隐层节点状态发生很大的变化，所以 [t2, t8] 时刻的梯度要尽可能小，才能保证梯度变化小。很明显，如果我们刻意提高小梯度的值将会使模型失去解决长期依赖问题的能力。

4.1.2 LSTM

LSTM[1] 是具有记忆长短期信息的能力的神经网络。LSTM 在 1997 年由 Hochreiter 和 Schmidhuber 首先提出，由于深度学习在 2012 年的兴起，LSTM 又受到了若干代“大牛”的影响，因此形成了比较系统且完整的框架，并且在很多领域得到了广泛的应用。本文着重介绍“深度学习”时代的 LSTM。

LSTM 用于解决我们提到的长期依赖问题。传统的 RNN 节点输出仅由权值、偏置以及激活函数决定（见图 4.3）。RNN 是一个链式结构，每个时间片使用的是相同的参数。

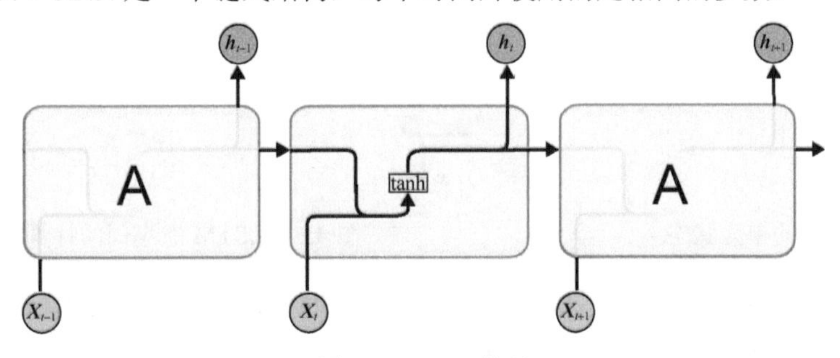

图 4.3 RNN 单元

而 LSTM 之所以能够解决 RNN 的长期依赖问题，是因为 LSTM 引入了门（gate）机制用于控制特征的流通和损失。对于上面的例子，LSTM 可以做到在 t9 时刻将 t2 时刻的特征传过来，这样就可以非常有效地判断 t9 时刻使用的是单数还是复数了。LSTM 是由一系列 LSTM 单元组成的，其链式结构如图 4.4 所示。

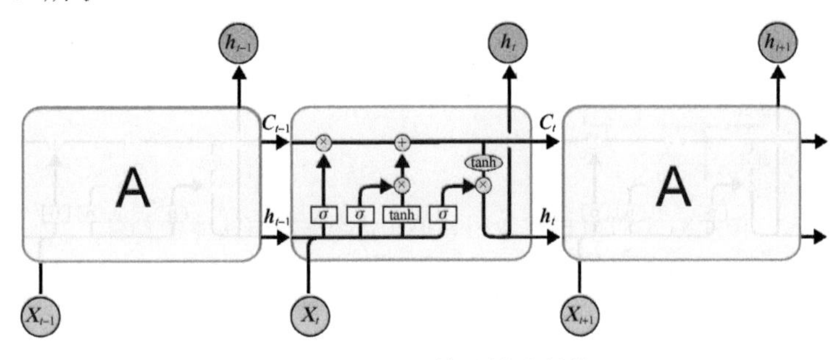

图 4.4 LSTM 单元链式结构

1 参见 Sepp Hochreiter、Jürgen Schmidhuber 的论文“Long Short-Term Memory”。

在详细讲解 LSTM 的结构之前，我们先给出 LSTM 单元中每个符号的含义。在 LSTM 单元中，每个黄色方框表示一个神经网络层，由权值、偏置以及激活函数组成；每个粉色圆圈表示元素级别操作；箭头表示向量流向；相交的箭头表示向量的拼接；分叉的箭头表示向量的复制。总结如图 4.5 所示。

图 4.5　LSTM 单元中的符号含义

LSTM 的核心部分是在图 4.4 中上面类似于传送带的部分，这一部分一般叫作单元状态（cell state），如图 4.6 所示，它自始至终存在于 LSTM 的整个链式结构中。其中：

$$\boldsymbol{C}_t = \boldsymbol{f}_t \times \boldsymbol{C}_{t-1} + \boldsymbol{i}_t \times \tilde{\boldsymbol{C}}_t \tag{4.3}$$

式（4.3）中，$\boldsymbol{f}_t$ 叫作遗忘门（forget gate），表示 $\boldsymbol{C}_{t-1}$ 的哪些特征被用于计算 $\boldsymbol{C}_t$。$\boldsymbol{f}_t$ 是一个向量，向量的每个元素均位于 [0,1]。通常我们使用 sigmoid 作为激活函数，sigmoid 的输出是一个位于 [0,1] 的值，但是当你观察一个训练好的 LSTM 时，你会发现门的值绝大多数都非常接近 0 或者 1，其余的值少之又少。图 4.6 中的 ⊗ 表示 $\boldsymbol{f}_t$ 和 $\boldsymbol{C}_{t-1}$ 之间的单位乘的关系，其中 $\boldsymbol{f}_t$ 如图 4.7 所示。

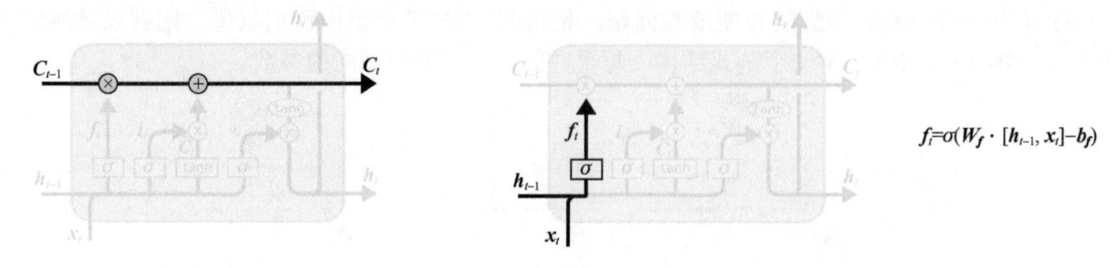

图 4.6　LSTM 的单元状态　　　　图 4.7　LSTM 遗忘门的计算方式

在图 4.8 中，$\tilde{\boldsymbol{C}}_t$表示单元状态更新值，由输入数据 $\boldsymbol{x}_t$ 和隐层节点状态 $\boldsymbol{h}_{t-1}$ 经由神经网络层得到，单元状态更新值的激活函数通常使用 tanh；$\boldsymbol{i}_t$ 叫作输入门（input gate），同 $\boldsymbol{f}_t$ 一样，也是一个元素位于 [0,1] 的向量，所以同样由 $\boldsymbol{x}_t$ 和 $\boldsymbol{h}_{t-1}$ 经由 sigmoid 激活函数计算得到。$\boldsymbol{i}_t$ 用于控制$\tilde{\boldsymbol{C}}_t$的哪些特征用于更新 $\boldsymbol{C}_t$，使用方式和 $\boldsymbol{f}_t$ 相同，如图 4.9 所示。

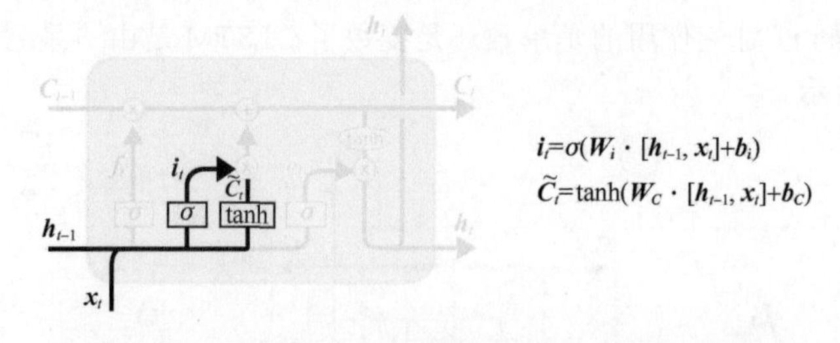

图 4.8　LSTM 的输入门和单元状态更新值的计算方式

最后，为了计算预测值 $\tilde{\boldsymbol{y}}_t$ 和生成下个时间片完整的输入，我们需要计算隐层节点的输出 $\boldsymbol{h}_t$，LSTM 的输出门如图 4.10 所示。$\boldsymbol{h}_t$ 由输出门（output gate）$\boldsymbol{o}_t$ 和单元状态 $\boldsymbol{C}_t$ 得到，其中 $\boldsymbol{o}_t$ 的计算方式与 $\boldsymbol{f}_t$ 以及 $\boldsymbol{i}_t$ 相同。在 GRU 的论文（见 4.1.3 节）中指出，通过将 $\boldsymbol{b}_o$ 的均值初始化为 1，可以使 LSTM 达到同 GRU 近似的效果。

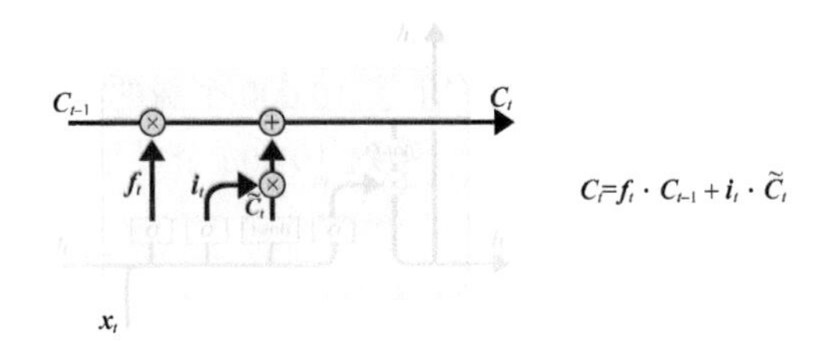

图 4.9 LSTM 的输入门的使用方法

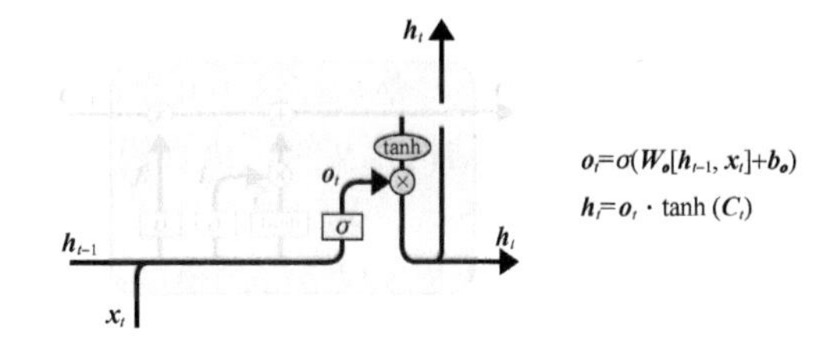

图 4.10 LSTM 的输出门

4.1.3 GRU

GRU[1] 是 LSTM 的简化版，是一种基于门控机制的 RNN 单元，但是 GRU 的结构更简单，速度更快，如图 4.11 所示。

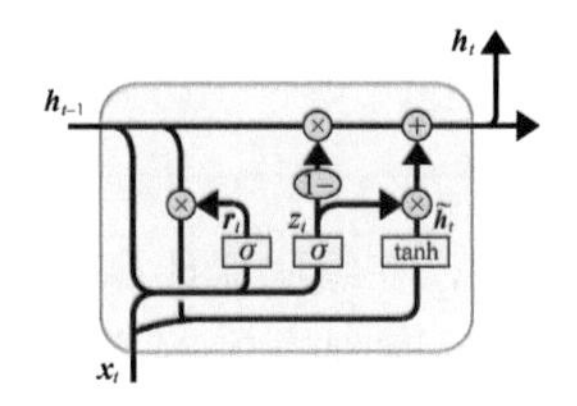

图 4.11 GRU 的基本结构

在图 4.11 中，有两个门，即重置门（reset gate）和更新门（update gate），两个门均是通过当前时间片的输入数据 $\boldsymbol{x}_t$ 和上一个时间片的隐层节点状态 $\boldsymbol{h}_{t-1}$ 计算而来的。

重置门 r_j 表达式如式（4.4）所示：

$$r_j = \sigma(\boldsymbol{W}_r \bullet [\boldsymbol{h}_{t-1}, \boldsymbol{x}_t] + \boldsymbol{b}_r) \tag{4.4}$$

更新门 z_j 表达式如式（4.5）所示：

$$z_j = \sigma(\boldsymbol{W}_z \bullet [\boldsymbol{h}_{t-1}, \boldsymbol{x}_t] + \boldsymbol{b}_z) \tag{4.5}$$

其中，σ 是 sigmoid 激活函数。

重置门 r_j 用于控制前一时刻的状态 $\boldsymbol{h}_{t-1}$ 对更新值的影响，当前一时刻的状态对当前状态的影响不大时 $r_j=0$，则更新值只受该时刻的输入数据 $\boldsymbol{x}_t$ 的影响，如式（4.6）所示：

$$\hat{\boldsymbol{h}}_t = \tanh[\boldsymbol{W}_h \boldsymbol{x}_t + \boldsymbol{U}_h(\boldsymbol{r} \odot \boldsymbol{h}_{t-1}) + \boldsymbol{b}_n] \tag{4.6}$$

其中，⊙表示向量按元素相乘。而 z_t 用于控制该时间片的隐层节点使用多少比例的前一时刻的状态、多少比例的更新值，当 $z_t=1$ 时，则完全使用前一时刻的状态，即 $\boldsymbol{h}_t=\boldsymbol{h}_{t-1}$，相当于残差网络的捷径，如式（4.7）所示：

$$\boldsymbol{h}_t = z_t \hat{\boldsymbol{h}}_t + (1-z_t)\boldsymbol{h}_{t-1} \tag{4.7}$$

GRU 的两个门机制是可以通过随机梯度下降法（stochastic gradient descent，SGD）和整个网络的参数共同训练的。

4.1.4 其他 LSTM

联想之前介绍的 GRU，可以看出 LSTM 的隐层节点的门的数量和工作方式貌似是非常灵活的，

1 参见 Kyunghyun Cho、Bart van Merriënboer、Caglar Gulcehre 等人的论文“Learning Phrase Representations using RNN Encoder-Decoder for Statistical Machine Translation”。

那么是否存在一个最好的模型或者比 LSTM 和 GRU 性能更好的模型呢？ Rafal 等人[1]采集了能采集到的 100 个最好的模型，然后在这 100 个模型的基础上通过变异的形式产生了 10 000 个新的模型。然后通过在字符串、结构化文档、语言模型、音频 4 个场景中的实验比较了这 10 000 个模型，得出的重要结论总结如下：

- GRU、LSTM 是表现最好的模型；
- GRU 在除了语言模型的场景中的表现均超过 LSTM；
- LSTM 的输出门的偏置的均值初始化为 1 时，LSTM 的性能接近 GRU；
- 在 LSTM 中，门的重要性排序是遗忘门 > 输入门 > 输出门。

4.2 注意力机制

在本节中，先验知识包括：

❑ LSTM 和 GRU（4.1 节）。

在传统的 RNN 编码器 - 解码器模型中，在编码器计算第 t 个时间片的隐层节点状态时，我们将 $t-1$ 时刻的状态 $\boldsymbol{h}_{t-1}$ 和 t 时刻的数据 $\boldsymbol{x}_t$ 输入 t 时刻的 RNN 单元中，得到 t 时刻的状态 $\boldsymbol{h}_t$，经过 T 个时间片后，得到长度等于隐层节点数量的特征向量 $\boldsymbol{c}$。在解码的过程中，将特征向量 $\boldsymbol{c}$ 和上个时间片预测的输出 $\boldsymbol{y}_{t'-1}$ 输入 RNN 的单元中，得到该时刻的输出 $\boldsymbol{y}_{t'}$，经过 T' 个时间片后得到预测的文本序列。

但在一些应用中，例如句子长度特别长的机器翻译场景中，传统的 RNN 编码器 - 解码器模型的表现非常不理想。一个重要的原因是 t' 时刻的输出可能更关心输入序列的某些部分是什么内容，而和其他部分有什么关系并不大。例如在机器翻译中，当前时间片的输出可能仅注重原句子的某几个单词而不是整个句子。

Bahdanau 等人在他们的机器翻译的论文中率先提出了注意力机制[2]的思想，通过注意力机制，模型可以同时学习原句子和目标句子的对齐关系和翻译关系。在编码过程中，将原句子编码成一组特征向量的集合，在翻译时，每个时间片会在该集合自行选择特征向量的一个子集用于产生输出结果。

4.2.1 机器翻译的注意力机制

在 Bahdanau 等人的论文中，他们使用的也是 RNN 编码器 - 解码器结构。不同于传统的单向 RNN 编码，在编码过程中，作者使用的是双向 RNN（bi-RNN），每个 RNN 单元使用的是 GRU，它用于生成输入数据的特征向量。在解码过程中，作者使用的是基于注意力机制的单向 GRU 结构，它用于生成最终的翻译结果。算法结构如图 4.12 所示。下面我们详细介绍这两个模块的具体内容。

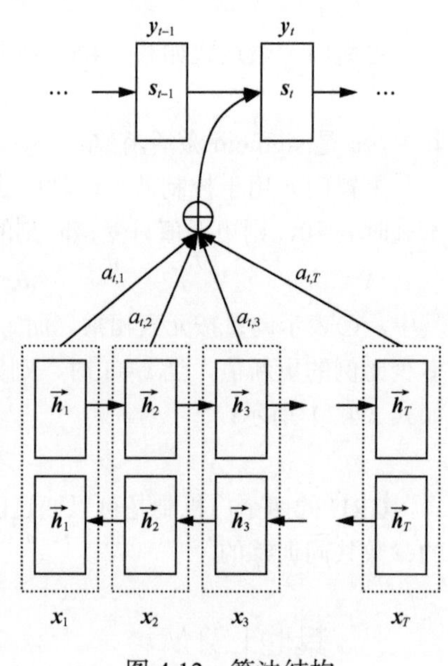

图 4.12　算法结构

1　参见 Rafal Jozefowicz、Wojciech Zaremba、Ilya Sutskever 的论文“An Empirical Exploration of Recurrent Network Architectures”。

2　参见 Dzmitry Bahdanau、KyungHyun Cho、Yoshua Bengio 的论文“Neural Machine Translation by Jointly Learning to Align and Translate”。

论文中的模型分成编码器和解码器两个部分，编码器用于将输入数据编码成特征向量，使用的是含有注意力机制的双向 GRU 结构，解码器使用的是一个单向的 GRU，下面我们介绍编码器和解码器的具体计算方式。

1. 编码器

双向 RNN 含有正向和反向两个方向，对于含有 T 个时间片的源句子 $\boldsymbol{X}=\{\boldsymbol{x}_1, \boldsymbol{x}_2, \cdots, \boldsymbol{x}_T\}$，正向的输入数据是 $\boldsymbol{x}_1 \to \boldsymbol{x}_2 \to \cdots \to \boldsymbol{x}_T$，第 t 个时间片的隐层节点状态 $\vec{\boldsymbol{h}}_t$ 表示为式（4.8）：

$$\vec{\boldsymbol{h}}_t = f(\vec{\boldsymbol{h}}_{t-1}, \boldsymbol{x}_t) \tag{4.8}$$

反向数据的输入序列是 $\boldsymbol{x}_T \to \boldsymbol{x}_{T-1} \to \cdots \to \boldsymbol{x}_1$，第 t 个时间片的隐层节点状态 $\overleftarrow{\boldsymbol{h}}_t$ 表示为式（4.9）：

$$\overleftarrow{\boldsymbol{h}}_t = f(\overleftarrow{\boldsymbol{h}}_{t+1}, \boldsymbol{x}_t) \tag{4.9}$$

其中，f 使用的是 GRU 的单元，则第 t 个时间片的特征 $\boldsymbol{h}_t$ 是前向和后向两个特征向量拼接到一起的结果，表示为式（4.10）：

$$\boldsymbol{h}_t = [\vec{\boldsymbol{h}}_t; \overleftarrow{\boldsymbol{h}}_t]^T \tag{4.10}$$

2. 解码器

在解码的过程中，传统的 RNN 编码器 - 解码器将整个句子的特征向量作为输入，其中编码器的每个时间片的特征是没有差别的，表示为式（4.11）：

$$\boldsymbol{s}_t = f(\boldsymbol{s}_{t-1}, \boldsymbol{y}_{t-1}, \boldsymbol{c}) \tag{4.11}$$

注意力模型使用所有特征向量的加权和，通过对特征向量的权值的学习，我们可以使用对当前时间片最重要的特征向量的子集 $\boldsymbol{c}_i$，如式（4.12）所示：

$$\begin{aligned}
\boldsymbol{s}_t &= f(\boldsymbol{s}_{t-1}, \boldsymbol{y}_{t-1}, \boldsymbol{c}_i) \\
e_{it} &= a(\boldsymbol{s}_{i-1}, \boldsymbol{h}_t) \\
\alpha_{it} &= \frac{\exp(e_{it})}{\sum_{k=1}^{T}\exp(e_{ik})} \\
\boldsymbol{c}_i &= \sum_{t=1}^{T}\alpha_{it}\boldsymbol{h}_t
\end{aligned} \tag{4.12}$$

其中，$\boldsymbol{c}_i$ 是 $\boldsymbol{h}_t$ 的加权和，e_{it} 是输出序列第 i 个时间片的对齐模型，表示的是该时刻和输入数据每个时间片的相关程度，使用前一时刻的状态 $\boldsymbol{s}_{i-1}$ 和第 t 个输入数据 $\boldsymbol{h}_t$ 计算得到。在作者的实验中，a 使用的是 tanh 激活函数。

4.2.2 图解注意力机制

4.2.1 节中我们对注意力机制原始论文中一部分的核心内容进行了介绍，在本节中，我们将使用组图的形式生动地展示注意力机制结构，并对现在 NLP 领域里比较流行的注意力机制进行梳理。这组图的动图，读者可移步至本书作者的知乎专栏查看。

1. 背景知识

我们最为熟悉的神经机器翻译（neural machine translation，NMT）模型便是经典的序列到序列模型[1]，这篇论文从一个序列到序列模型开始介绍，然后进一步介绍如何将注意力机制应用到 NMT 中。

在序列到序列模型中，一般使用两个 RNN，一个作为编码器，另一个作为解码器：编码器的作用是将输入数据编码成一个特征向量，解码器的作用是将这个特征向量解码成预测结果，如图 4.13 所示。

1 参见 Ilya Sutskever、Oriol Vinyals、Quoc V. Le 的论文“Sequence to Sequence Learning with Neural Networks”。

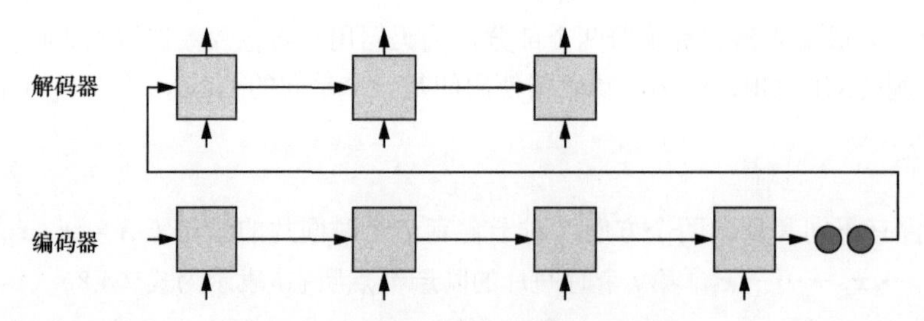

图 4.13　长度为 4 的序列到序列模型

这个模型的问题是只输出了编码器的最后一个节点的结果，但是对一个序列特别长的模型来说，这种方式无疑会遗忘大量前面时间片的特征，如图 4.14 所示。

图 4.14　长度为 64 的序列到序列模型

既然如此，我们为什么不给解码器提供更好的特征呢？与其输入最后一个时间片的结果，不如将每个时间片的输出都提供给解码器。那么让解码器正确使用这些特征就是我们这里介绍的注意力机制的作用，如图 4.15 所示。

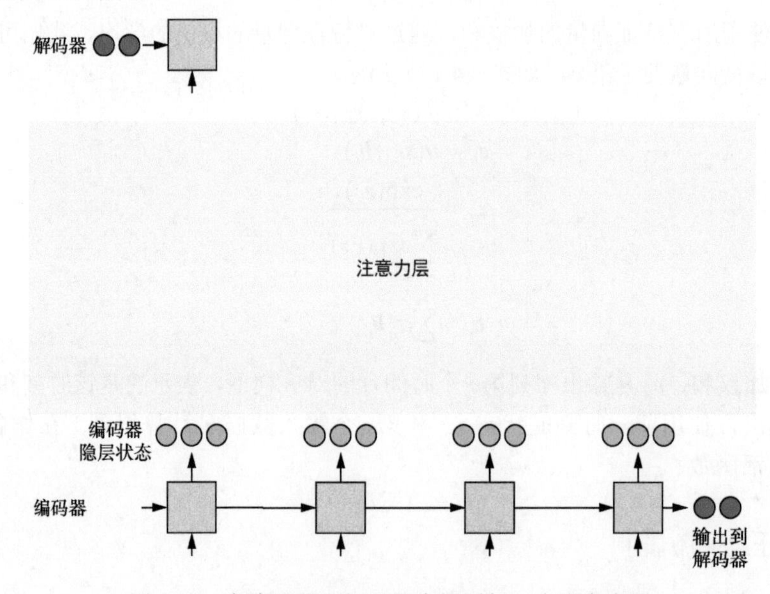

图 4.15　在编码器和解码器中间添加一个注意力层

在这里，注意力层是介于编码器和解码器之间的一个接口，用于将编码器的编码结果以一种更有效的方式传递给解码器。一个特别简单且有效的方式就是让解码器知道哪些特征重要，哪些特征不重要，即让解码器明白如何对齐当前时间片的预测结果和输入编码，如图 4.16 所示。注意力模型学习了编码器和解码器的对齐方式，因此也被叫作对齐模型（alignment model）。

如 Luong 等人[1] 的论文中介绍的，注意力有两种类型，一种作用到编码器的全部时间片，这种注意力叫作全局注意力（global attention），另一种只作用到时间片的一个子集，叫作局部注意力（local attention），这里要介绍的注意力都是全局的。

1　参见 Minh-Thang Luong、Hieu Pham、Christopher D. Manning 的论文“Effective Approaches to Attention-based Neural Machine Translation”。

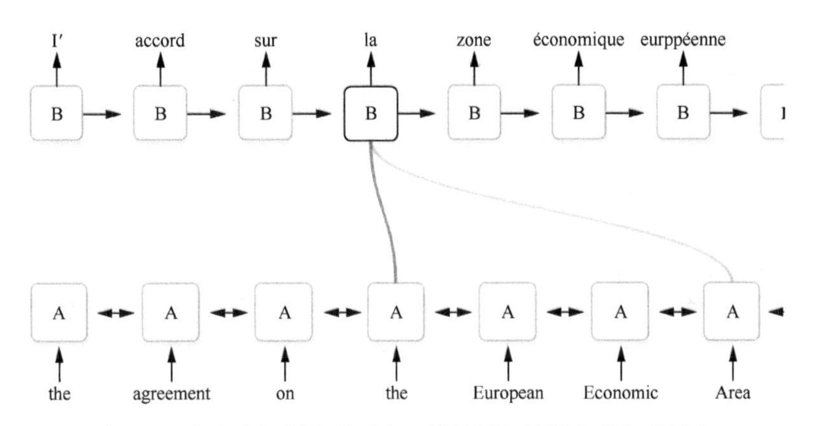

图 4.16　注意力机制中的对齐，线的颜色越深表示权重越大

2. 注意力介绍

根据上面的介绍，注意力的计算可以分为 6 步。

第一步：生成编码节点。

将输入数据依次输入 RNN 中，得到编码器每个时间片的隐层状态的编码结果（绿色），并将编码器的最后一个输出作为解码器的第一个输入隐层状态（红色）。

在图 4.17 所示的例子中，有 4 个编码器的隐层状态和 1 个解码器的隐层状态。

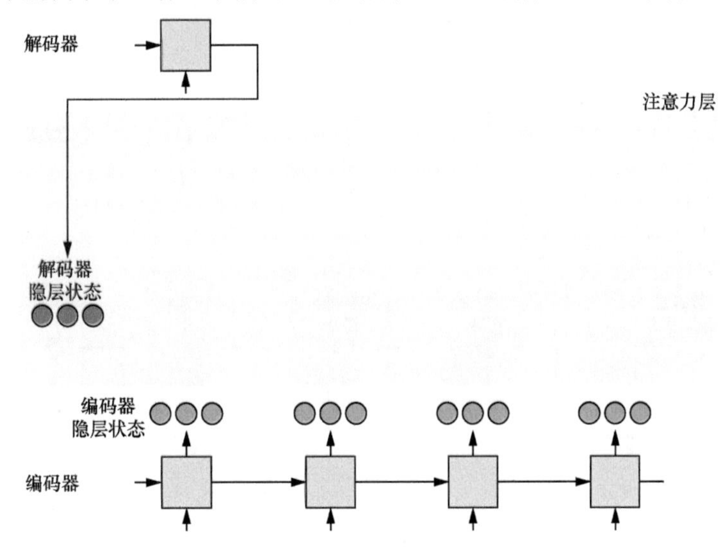

图 4.17　生成编码节点（有动图）

第二步：为每个编码器的隐层状态计算一个得分。

使用当前编码器的当前时间片的隐层状态和解码器的隐层状态计算一个得分，如图 4.18 所示，得分的计算方式有多种（见 4.2.3 节），这里使用的是点乘操作。

```
解码器隐层节点状态 = [10, 5, 10]

编码器隐层节点状态得分
---------------------
     [0, 1, 1]     15 (= 10x0 + 5x1 + 10x1, 点乘)
     [5, 0, 1]     60
     [1, 1, 0]     15
     [0, 5, 1]     35
```

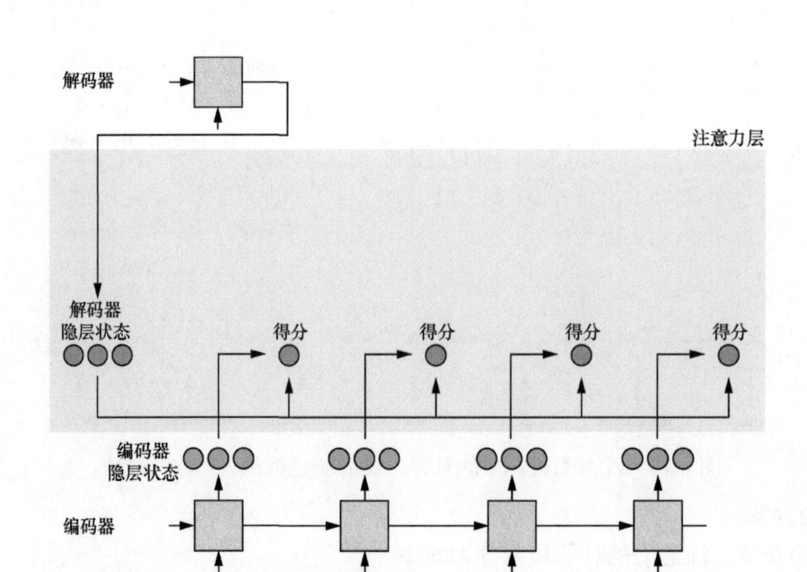

图 4.18　为每个编码器的隐层状态计算一个得分（有动图）

第三步：使用 softmax 对得分进行归一化。

将 softmax 作用到第二步的得分之上，得到和为 1 的分数，如图 4.19 所示。下面例子给出的 0 和 1 其实不是很符合真实情况，因为在实际场景中这个值往往是介于 0 和 1 之间的一个浮点数。

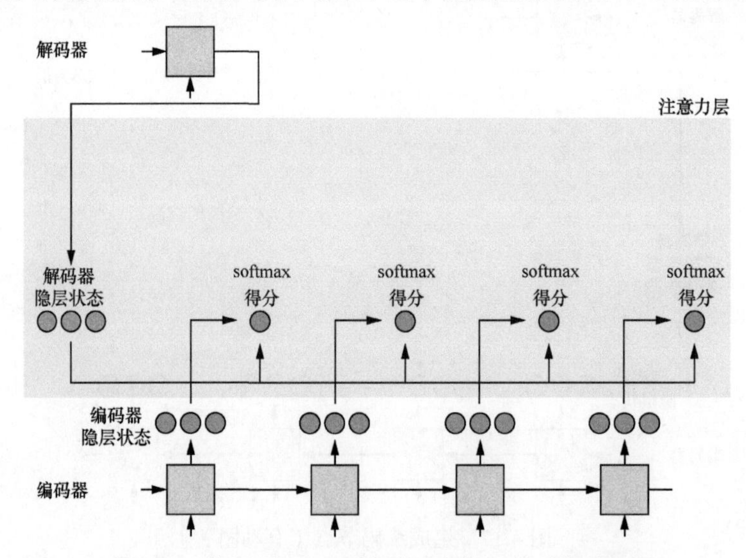

图 4.19　使用 softmax 对得分进行归一化（有动图）

```
编码器隐层节点状态    得分   softmax得分
------------------------------
    [0, 1, 1]       15        0
    [5, 0, 1]       60        1
    [1, 1, 0]       15        0
    [0, 5, 1]       35        0
```

第四步：使用得分对隐层状态进行加权。

将得分和隐层状态进行点乘操作，得到加权之后的特征，这个特征也叫作对齐特征（alignment vector）或者注意力特征（attention vector），如图 4.20 所示。

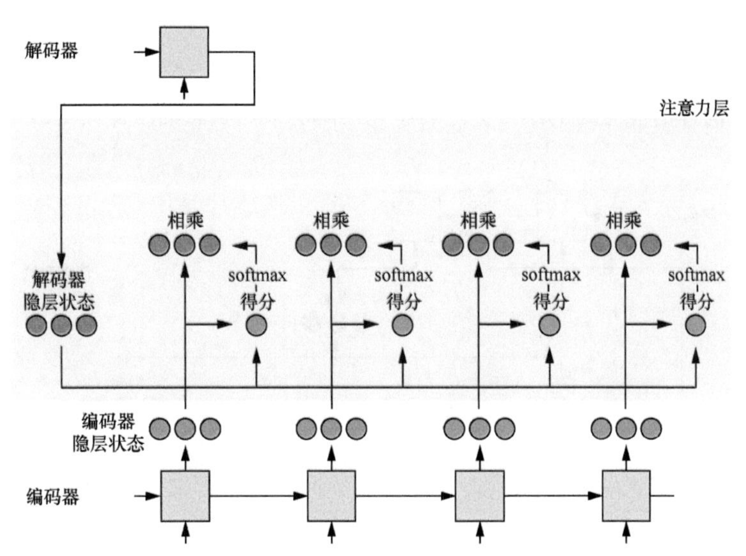

图 4.20　使用得分对隐层状态进行加权（有动图）

```
编码器隐层节点状态    得分   softmax得分   对齐
---------------------------------------------
        [0, 1, 1]    15       0       [0, 0, 0]
        [5, 0, 1]    60       1       [5, 0, 1]
        [1, 1, 0]    15       0       [0, 0, 0]
        [0, 5, 1]    35       0       [0, 0, 0]
```

第五步：特征相加。

这一步是将加权之后的特征相加，得到最终的编码器的特征向量，如图 4.21 所示。

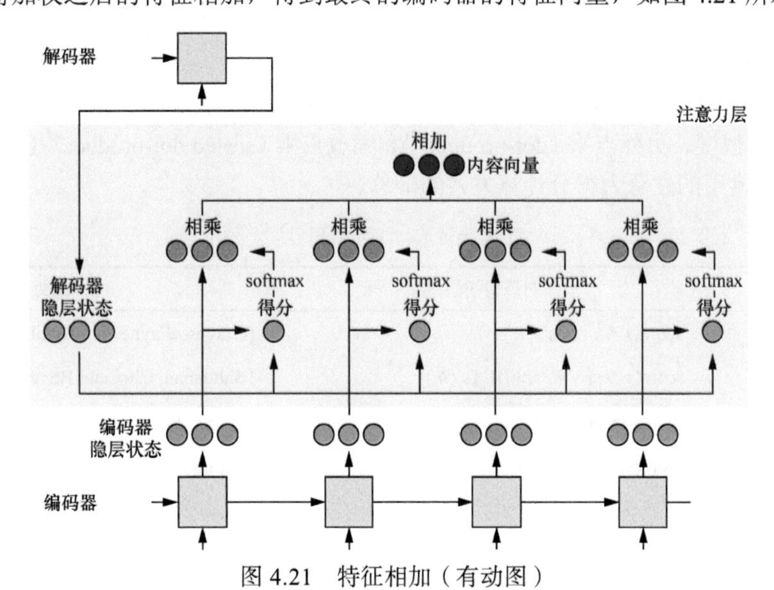

图 4.21　特征相加（有动图）

```
编码器隐层节点状态    得分   softmax得分   对齐
---------------------------------------------
        [0, 1, 1]    15       0      [0, 0, 0]
        [5, 0, 1]    60       1      [5, 0, 1]
        [1, 1, 0]    15       0      [0, 0, 0]
        [0, 5, 1]    35       0      [0, 0, 0]
内容向量= [0+5+0+0, 0+0+0+0, 0+1+0+0] = [5, 0, 1]
```

第六步：将特征向量应用到解码器。

最后一步是将含有注意力的编码器编码的结果提供给解码器进行解码，解码过程如图 4.22 所示。注意，每个时间片的注意力的结果会随着解码器隐层节点状态的改变而更改。

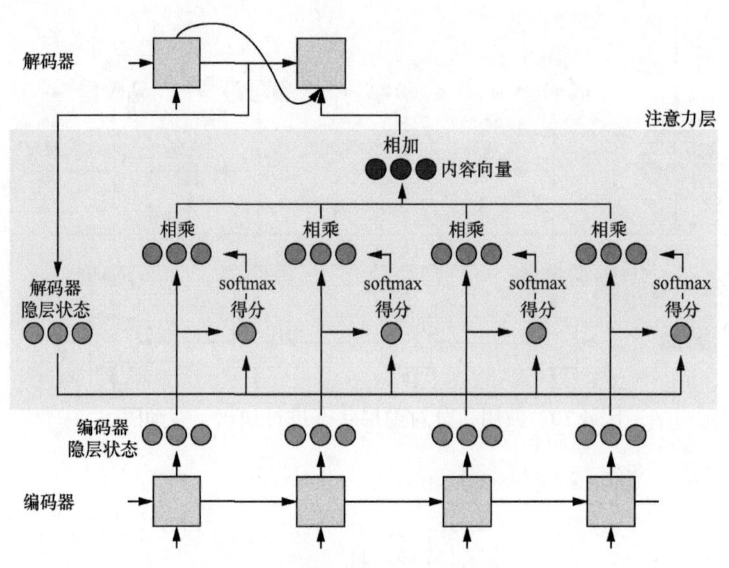

图 4.22　解码过程（有动图）

4.2.3　经典注意力模型

在介绍不同的论文中提到的不同的注意力之前，我们先看一下常用的注意力得分的计算方式，如图 4.23 所示。基于内容的注意力（content based attention）是在神经图灵机[1]中提出的基于内容相似度的注意力机制，采用这种方式得到的高权值特征向量往往意味着编码器隐层状态和解码器隐层状态拥有很高的相似度。另外点乘（dot-product）[2]和缩放点乘（scaled dot-product）[3]也起着相似度度量的作用。表 4.1 是常用的注意力得分计算方式的汇总。

表 4.1　常用的注意力得分计算方式的汇总

名称	对齐评分函数	出处
基于内容相似度	$\text{score}(\boldsymbol{s}_t,\boldsymbol{h}_i)=\cos[\boldsymbol{s}_t,\boldsymbol{h}_i]$	(Graves, Wayne, and Danihelka 2014)[1]
相加	$\text{score}(\boldsymbol{s}_t,\boldsymbol{h}_i)=\boldsymbol{v}_a^{\mathrm{T}}\tanh(\boldsymbol{W}_a[\boldsymbol{s}_t;\boldsymbol{h}_i])$	(Bahdanau, Cho, and Bengio 2014)[4]
基于位置	$a_{t,i}=\text{softmax}(\boldsymbol{W}_a\boldsymbol{S}_t)$	(Luong, Pham, and Manning 2015)[2]
通用	$\text{score}(\boldsymbol{s}_t,\boldsymbol{h}_i)=\boldsymbol{s}_t^{\mathrm{T}}\boldsymbol{W}_a\boldsymbol{h}_i$	(Luong, Pham, and Manning 2015)[2]
点乘	$\text{score}(\boldsymbol{s}_t,\boldsymbol{h}_i)=\boldsymbol{s}_t^{\mathrm{T}}\boldsymbol{h}_i$	(Luong, Pham, and Manning 2015)[2]
缩放点乘	$\text{score}(\boldsymbol{s}_t,\boldsymbol{h}_i)=\dfrac{\boldsymbol{s}_t^{\mathrm{T}}\boldsymbol{h}_i}{\sqrt{n}}$	(Vaswani et al. 2017)[3]

1　参见 Alex Graves、Greg Wayne、Ivo Danihelka 的论文“Neural Turing Machines”。

2　参见 Minh-Thang Luong、Hieu Pham、Christopher D. Manning 的论文“Effective Approaches to Attention-based Neural Machine Translation”。

3　参见 Ashish Vaswani、Noam Shazeer、Niki Parmar 等人的论文“Attention is All You Need”。

4　参见 Dzmitry Bahdanau、KyungHyun Cho、Yoshua Bengio 的论文“Neural Machine Translation by Jointly Learning to Align and Translate”。

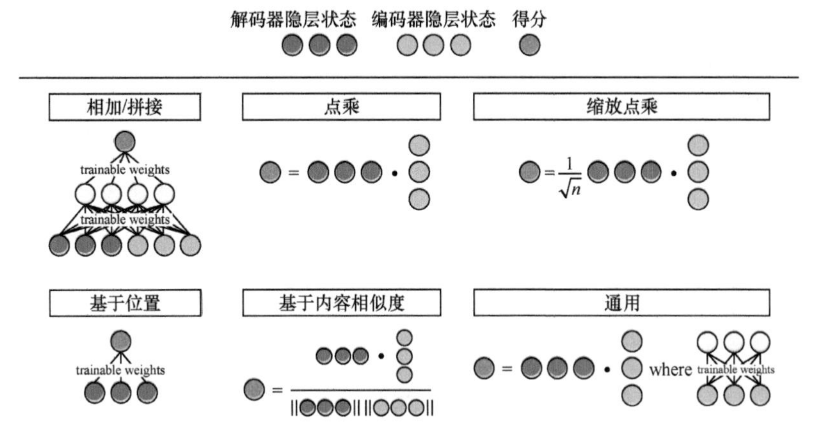

图 4.23 常用的注意力得分的计算方式

下面我们介绍 3 个经典的注意力模型，如图 4.24、图 4.25、图 4.26 所示，并给出这 3 个模型的双语评估替补（billingual evaluation understudy，BLEU）值。

1. Bahdanau 等人的注意力模型

- 我们刚刚介绍过，它的编码器使用的是双向 GRU，解码器使用的是单向 GRU，解码器的初始化输入是反向 GRU 的输出。
- 注意力操作选择的是相加或者拼接。
- 解码器的输入特征是由上一个时间片的预测结果和解码器的编码结果拼接而成的。
- BLEU 值为 26.75。

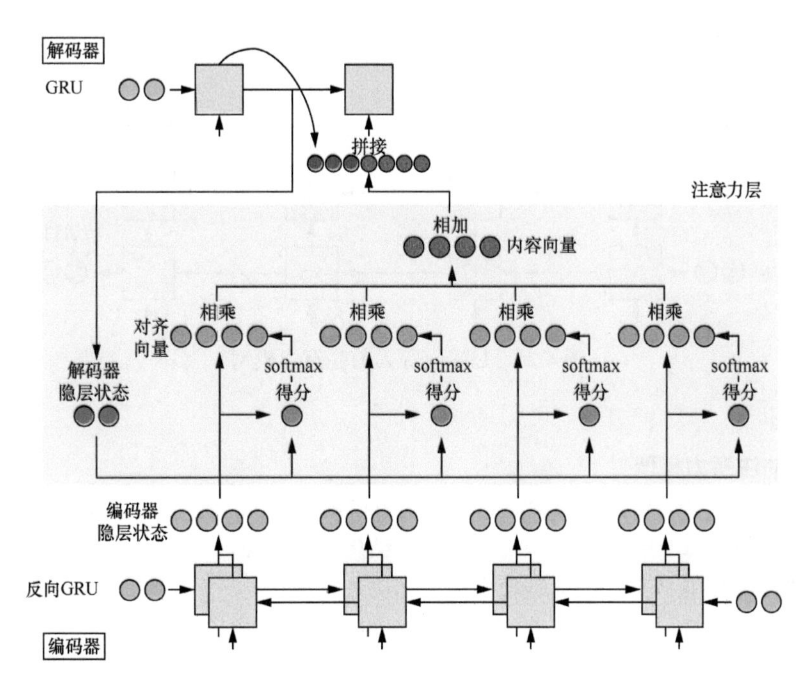

图 4.24 Bahdanau 等人的注意力模型

2. Luong 等人的注意力模型

- 编码器和解码器都使用两层的 LSTM。
- 解码器的初始化隐层状态分别是两个解码器的最后一个时间片的输出。
- 在论文中他们尝试了相加 / 拼接、点乘、基于位置和通用等得分计算方式。
- 将解码器得到的结果和编码器的结果进行拼接，送入一个前馈神经网络中得到最终的结果。
- BLEU 值为 25.9。

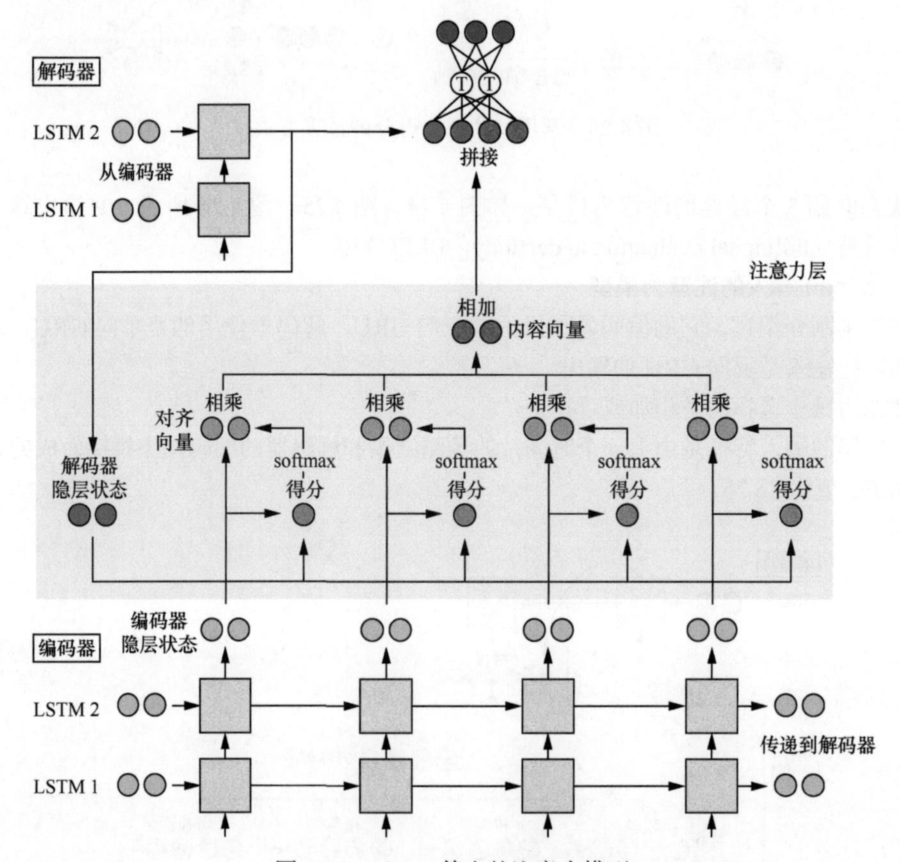

图 4.25　Luong 等人的注意力模型

3. GNMT 的注意力模型

- 编码器使用一个 8 层的 LSTM。第一层是双向的 LSTM，把它们的特征拼接后提供给第二层，在后面的每一层 LSTM 中都使用残差结构进行连接。
- 解码器使用 8 层单向 LSTM 并使用残差结构进行连接。
- 得分计算式和 Bahdanau 等人的注意力模型的相同，为相加或者拼接。
- 拼接方式也和 Bahdanau 等人的注意力模型的相同。
- 英法翻译的 BLEU 为 38.95，英德翻译的 BLEU 为 24.17。

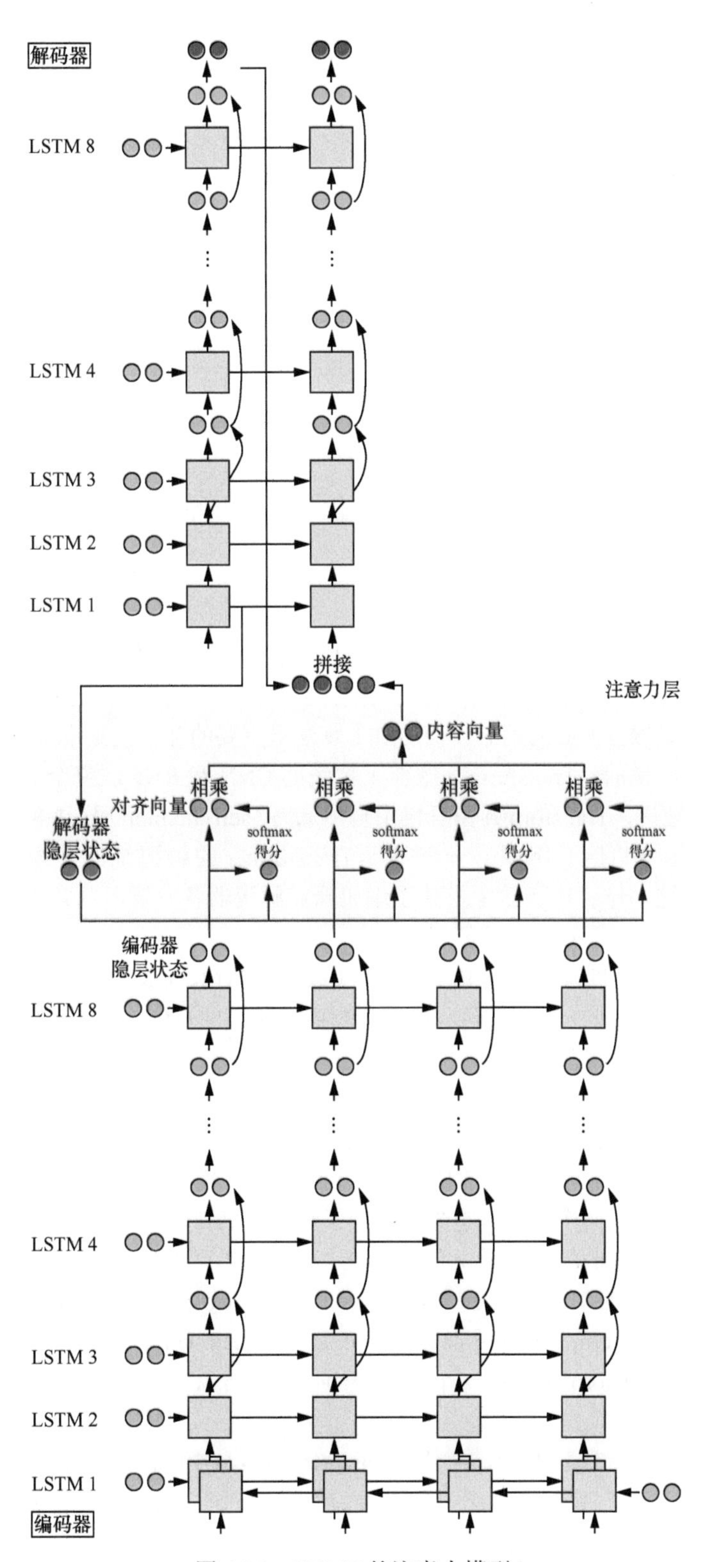

图 4.26 GNMT 的注意力模型[1]

1 参见 Yonghui Wu、Mike Schuster、Zhifeng Chen 等人的论文“Google's Neural Machine Translation System: Bridging the Gap between Human and Machine Translation”。

4.2.4 小结

注意力机制是当前深度学习中非常实用的一个模块，注意力机制虽然简单，但其中蕴含了一些使用技巧。这篇论文通过生动的图示（动图），将注意力机制的作用讲得非常清楚，对于初次接触注意力机制的读者帮助还是很大的。另外，本节介绍的 3 个注意力模型是非常经典的机器翻译框架，其中的网络结构给后面类似的模型提供了很好的参考。

4.3 Transformer

在本节中，先验知识包括：

- LSTM 和 GRU（4.1 节）；
- 注意力机制（4.2 节）；
- 残差网络（1.4 节）。

注意力机制由 Bengio 团队于 2014 年提出并在近年广泛地应用在深度学习中的各个领域，例如在 CV 领域中用于捕捉图像上的感受野，或者在 NLP 领域中用于定位关键标志或者特征。Google 团队提出的用于生成词向量的 BERT[1] 算法在 NLP 的 11 项任务中实现了效果的大幅提升，这堪称 2018 年深度学习领域最振奋人心的消息。而 BERT 算法最重要的部分便是本文提出的 Transformer。

正如论文的题目所说的，Transformer 抛弃了传统的 CNN 和 RNN，整个网络结构完全由注意力机制组成。更准确地讲，Transformer 由且仅由自注意力（self-attenion）模块和前馈神经网络（feed forward neural network，FFNN）组成。一个基于 Transformer 的可训练的神经网络可以通过堆叠 Transformer 的方式搭建，作者在实验中搭建了编码器和解码器各 6 层、总共 12 层的编码器 - 解码器结构，并在机器翻译中创造 BLEU 值的新高。

作者采用注意力机制的原因是考虑到 RNN（或者 LSTM、GRU 等）的计算是按顺序进行的，也就是说 RNN 相关算法只能从左向右依次计算或者从右向左依次计算，这种机制带来了两个问题：

- 时间片 t 的计算依赖 $t-1$ 时刻的计算结果，这样限制了模型的并行能力；
- 顺序计算的过程中信息会丢失，尽管 LSTM 等门机制的结构在一定程度上解决了长期依赖的问题，但是对于特别长期的依赖现象 LSTM 也无能为力。

Transformer 解决了上面两个问题，首先它使用了注意力机制，将序列中任意两个位置之间的距离缩小为一个常量；其次它的结构不是类似 RNN 的顺序结构，因此具有更好的并行性，符合现有的 GPU 框架。论文中给出的 Transformer 的定义是：Transformer is the first transduction model relying entirely on Self-Attention to compute representations of its input and output without using sequence aligned RNNs or convolution（Transformer 是第一个没有使用序列对齐 RNN 或卷积输入和输出，完全依赖自注意力机制的转换模型）。

遗憾的是，作者的论文比较难懂，对于 Transformer 的结构细节和实现方式并没有解释清楚。尤其是论文中的 $\boldsymbol{Q}$、$\boldsymbol{V}$、$\boldsymbol{K}$ 究竟代表什么，作者并没有说明。本书借鉴了 Jay Alammer 在其博客中对 Transfomer 的解读，感兴趣的读者可搜索学习。

1　参见 Jacob Devlin、Ming-Wei Chang、Kenton Lee 等人的论文“BERT: Pre-training of Deep Bidirectional Transformers for Language Understanding”。

4.3.1 Transformer 详解

1. 高层 Transformer

论文中验证 Transformer 的实验是基于机器翻译的，下面我们就以机器翻译为例详细剖析 Transformer 的结构。在机器翻译中，Transformer 的输入是原句子，输出是翻译结果，可概括为图 4.27。

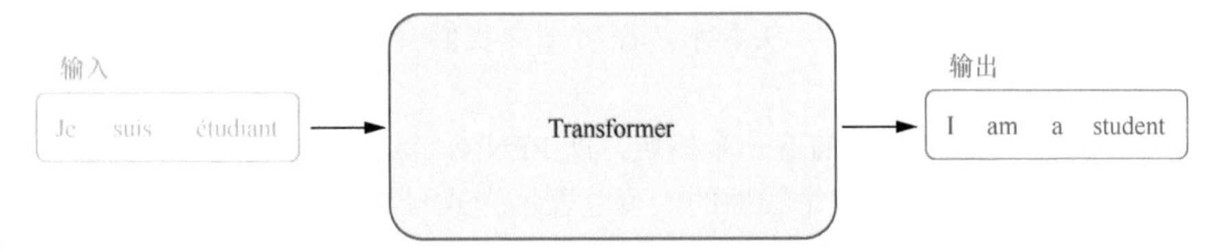

图 4.27 Transformer 用于机器翻译

Transformer 的结构本质上是一个编码器 - 解码器结构，那么图 4.27 可以表示为图 4.28 所示的结构。

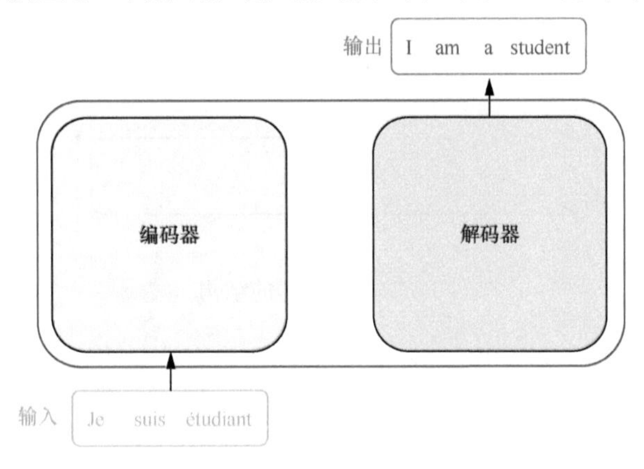

图 4.28 Transformer 的编码器 - 解码器结构

如论文中所设置的，编码器由 6 个编码块组成，同样解码器由 6 个解码块组成。与所有的生成模型相同的是，编码器生成的特征向量会作为解码器的输入，如图 4.29 所示。

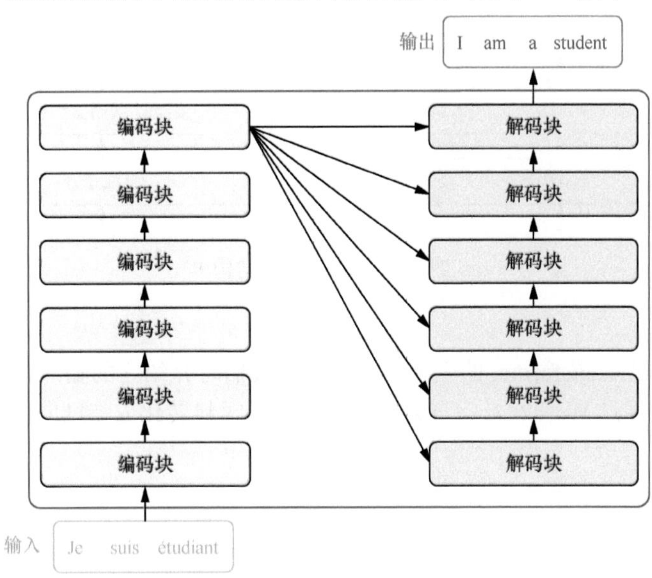

图 4.29 Transformer 的编码器和解码器均由 6 个网络块堆叠而成

我们继续分析每个编码器的详细结构：在 Transformer 的编码器中，数据首先会经过一个叫作自注意力的模块得到一个加权之后的特征向量 $\boldsymbol{Z}$，这个 $\boldsymbol{Z}$ 便是论文的式 1 中的 $\text{Attention}(\boldsymbol{Q},\boldsymbol{K},\boldsymbol{V})$，如式（4.13）所示。

$$\text{Attention}(\boldsymbol{Q},\boldsymbol{K},\boldsymbol{V}) = \text{softmax}\left(\frac{\boldsymbol{Q}\boldsymbol{K}^{\mathrm{T}}}{\sqrt{d_k}}\right)\boldsymbol{V} \tag{4.13}$$

第一次看到式（4.13）你可能会一头雾水，在后文中我们会揭开它背后的实际含义，在这一段暂时将其叫作 $\boldsymbol{Z}$。

得到 $\boldsymbol{Z}$ 之后，将 $\boldsymbol{Z}$ 送到编码器的下一个模块，即 FFNN。这个全连接网络有两层，第一层的激活函数是 ReLU，第二层的激活函数是线性的，可以表示为式（4.14）。

$$\text{FFNN}(\boldsymbol{Z}) = \max(0, \boldsymbol{Z}\boldsymbol{W}_1 + \boldsymbol{b}_1)\boldsymbol{W}_2 + \boldsymbol{b}_2 \tag{4.14}$$

编码器的结构如图 4.30 所示，Transformer 的编码器由自注意力和 FFNN 组成。

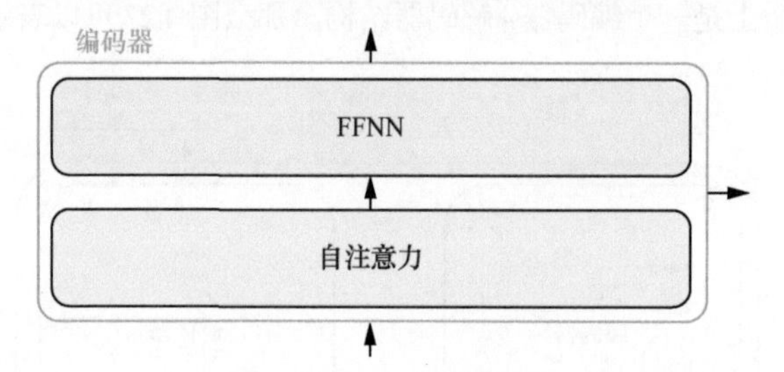

图 4.30　编码器的结构

解码器的结构如图 4.31 所示，Transformer 的解码器由自注意力、编码器 - 解码器注意力以及 FFNN 组成，它和编码器的不同之处在于多了一个编码器 - 解码器注意力（encoder-decoder attention），两个注意力分别用于计算输入和输出的权值。

- 自注意力：当前翻译和已经翻译的前文之间的关系。
- 编码器 - 解码器注意力：当前翻译和编码的特征向量之间的关系。

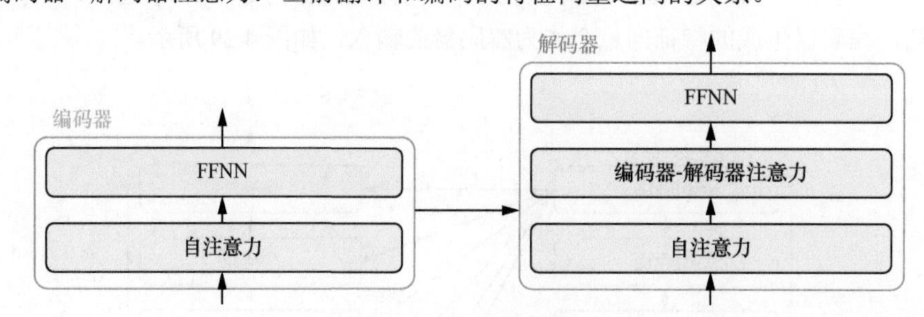

图 4.31　解码器的结构

2. 输入编码

第一部分介绍的是 Transformer 的主要框架，下面我们将介绍它的输入数据。单词的输入编码如图 4.32 所示，首先通过 Word2vec 等词嵌入方法将输入语料转化成特征向量，论文中使用的词嵌入的维度 $d_{\text{model}} = 512$。

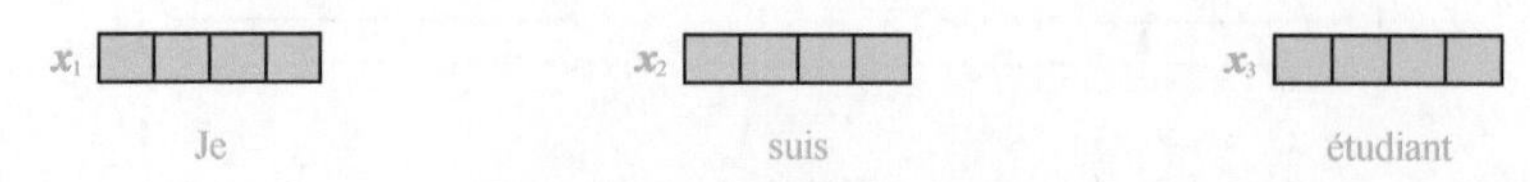

图 4.32　单词的输入编码

在最底层的网络块中，$\boldsymbol{x}$ 将直接作为 Transformer 的输入，而在其他层中，输入则是上一个网络块的输出。为了使画图简单，我们使用简单的例子来表示接下来的过程，如图 4.33 所示。

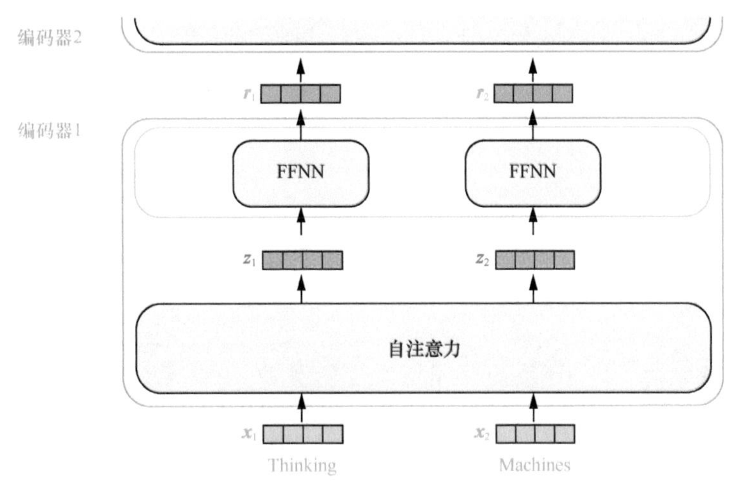

图 4.33 输入编码作为一个张量输入编码器中

3. 自注意力

自注意力是 Transformer 最核心的内容，然而作者并没有详细讲解，下面我们来补充一下作者遗漏的地方。回想 Bahdanau 等人提出的注意力机制，其核心内容是为输入向量的每个单词学习一个权重，例如在下面的例子中我们判断 it 指代的内容。

```
The animal did not cross the street because it was too tired
```

通过加权之后可以得到类似图 4.34 所示的加权情况，在讲解自注意力的时候我们也会使用与图 4.34 类似的表示方式。

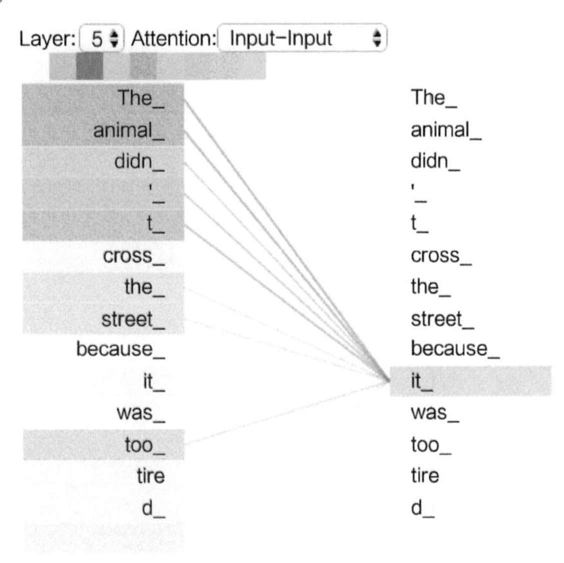

图 4.34 经典注意力模块可视化示例

在自注意力模块中，每个单词有 3 个不同的向量，它们分别是查询向量（Query，$\boldsymbol{Q}$）、键向量（Key，$\boldsymbol{K}$）和值向量（Value，$\boldsymbol{V}$），长度均是 64，$\boldsymbol{Q}$、$\boldsymbol{K}$、$\boldsymbol{V}$ 的计算示例如图 4.35 所示。它们是由嵌入向量 $\boldsymbol{X}$ 乘 3 个不同的权值矩阵 $\boldsymbol{W}_Q$、$\boldsymbol{W}_K$、$\boldsymbol{W}_V$ 得到的，这 3 个矩阵的尺寸是相同的，均是 512×64。

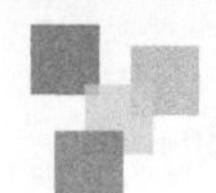

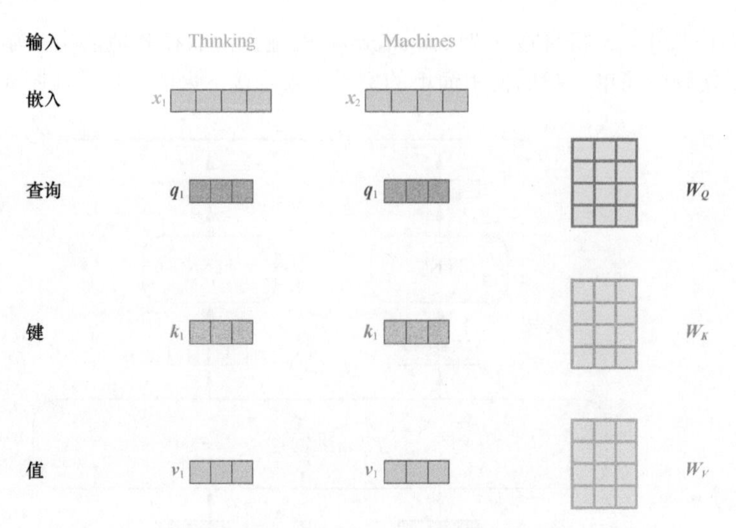

图 4.35　$\boldsymbol{Q}$、$\boldsymbol{K}$、$\boldsymbol{V}$ 的计算示例

那么查询、键、值是什么意思呢？它们在自注意力模块的计算中扮演着什么角色呢？我们先看一下自注意力模块的计算过程，整个过程可以分成 7 步。

（1）如上文，将输入单词转化成嵌入向量。

（2）根据嵌入向量得到 $\boldsymbol{q}$、$\boldsymbol{k}$、$\boldsymbol{v}$ 这 3 个向量。

（3）为每个向量计算一个得分：score$=\boldsymbol{q}\cdot\boldsymbol{k}$。

（4）为了梯度的稳定，Transformer 使用了得分归一化，即除以$\sqrt{d_k}$。

（5）对得分施以 softmax 激活函数。

（6）softmax 点乘值 $\boldsymbol{v}$，得到加权的每个输入向量的得分 $\boldsymbol{v}$。

（7）将得分相加之后得到最终的输出结果$z=\sum\boldsymbol{v}$。

上面的步骤可以表示为图 4.36。

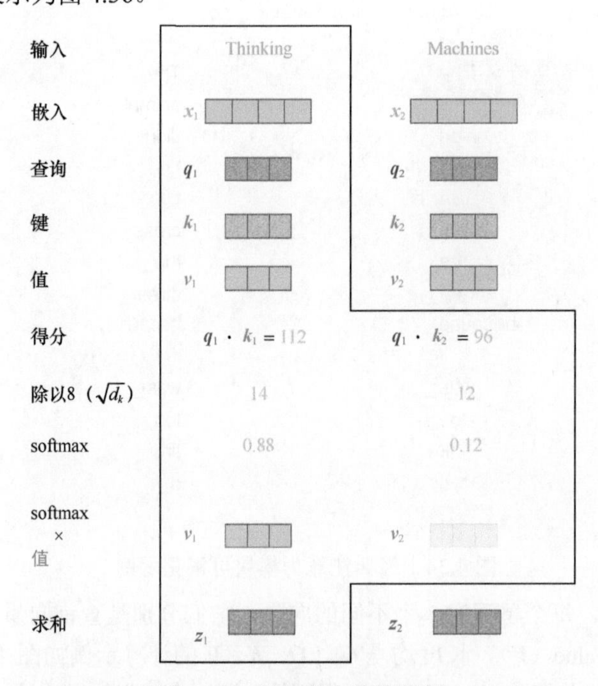

图 4.36　自注意力计算示例

实际计算过程中采用基于矩阵的计算方式，那么论文中的 ***Q***、***K***、***V*** 的矩阵表示如图 4.37 所示。图 4.37 总结为图 4.38 所示的矩阵表示。

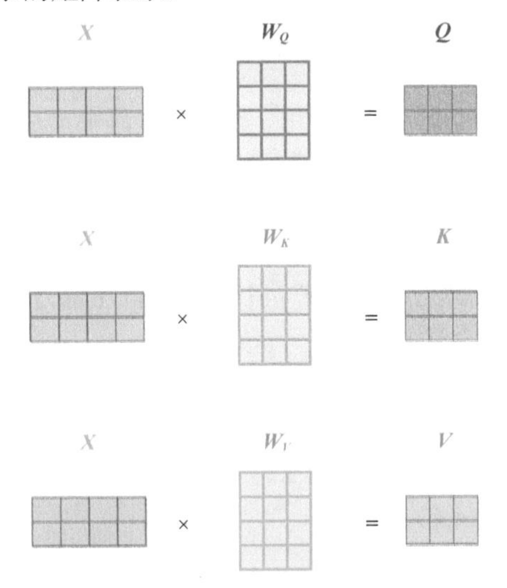

图 4.37 ***Q***、***K***、***V*** 的矩阵表示

图 4.38 所示的也就是式（4.13）的计算方式。

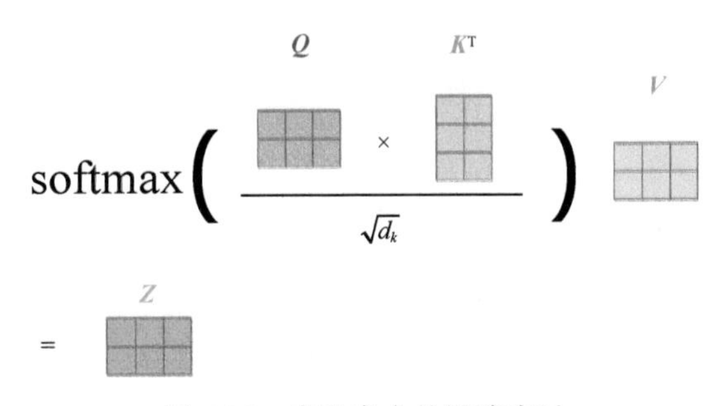

图 4.38 自注意力的矩阵表示

在自注意力中需要强调的最后一点是其采用了残差网络中的捷径结构，目的是解决深度学习中的退化问题，自注意力中的捷径连接如图 4.39 所示。

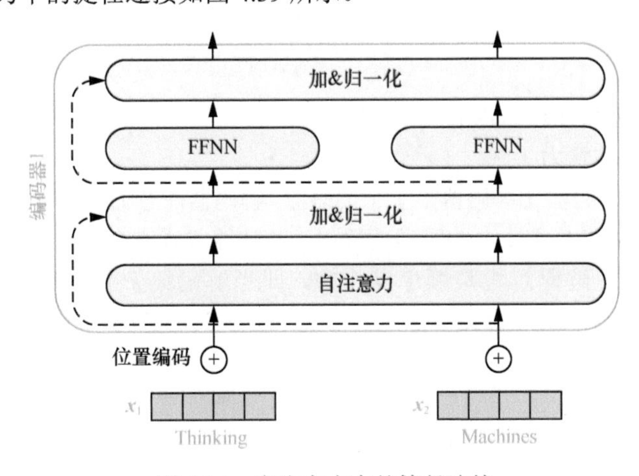

图 4.39 自注意力中的捷径连接

查询、键、值的概念取自信息检索系统。举个简单的搜索例子，当你在某电商平台搜索某件商品（如年轻女士冬季穿的红色薄款羽绒服）时，你在搜索引擎中输入的内容便是查询，然后搜索引擎根据查询为你匹配键（如商品的种类、颜色、描述等），再根据查询和键的相似度得到匹配的值（商品内容）。

自注意力中的 $\boldsymbol{Q}$、$\boldsymbol{K}$、$\boldsymbol{V}$ 也起着类似的作用，在矩阵计算中，点乘是计算两个矩阵相似度的方法之一，因此式（4.13）中使用了 $\boldsymbol{QK}^{\mathrm{T}}$ 进行相似度的计算。接着便根据相似度进行输出的匹配，这里使用了加权匹配的方式，而权值就是查询与键的相似度。

4. 多头注意力

多头注意力（multi-head attention）相当于 h 个不同的自注意力的集成，在这里我们以 $h=8$ 举例说明。多头注意力的输出分成 3 步：

（1）将数据 $\boldsymbol{X}$ 分别输入 8 个自注意力中，得到 8 个加权后的特征矩阵 $\boldsymbol{Z}_i, i\in\{1,2,\cdots,8\}$；

（2）将 8 个 $\boldsymbol{Z}_i$ 按列拼成一个大的特征矩阵；

（3）特征矩阵经过一层全连接后得到输出 $\boldsymbol{Z}$。

多头注意力的整个过程如图 4.40 所示。

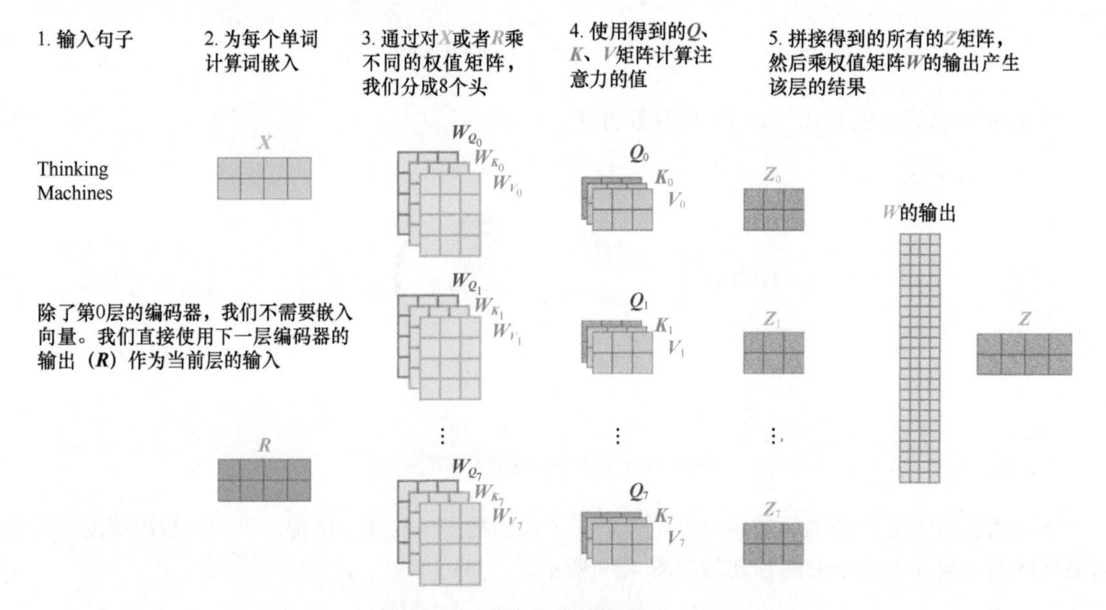

图 4.40　多头注意力的整个过程

同自注意力一样，多头注意力也加入了捷径机制。

5. 编码器 - 解码器注意力

在 Transformer 中，解码器比编码器多了个编码器 - 解码器注意力。在编码器 - 解码器注意力中，$\boldsymbol{Q}$ 来自解码器的输出，$\boldsymbol{K}$ 和 $\boldsymbol{V}$ 则来自编码器的输出。其计算方式完全和图 4.36 所示的相同。

由于在机器翻译中，解码过程是顺序操作的，即当解码第 k 个特征向量时，我们只能看到第 $k-1$ 个及其之前的解码结果，论文中把这种情况下的多头注意力叫作掩码多头注意力（masked multi-head attention）。

6. 损失层

解码器解码之后，解码的特征向量经过激活函数为 softmax 的全连接层之后得到反映每个单词概率的输出向量。此时我们便可以通过 CTC 等损失函数训练模型了。

而一个完整可训练的网络结构便是编码器和解码器（各 N 个，$N=6$）堆叠而成的，通过堆叠的方式我们可以得到图 4.41 所示的 Transformer 的完整结构（即论文中的图 1）。

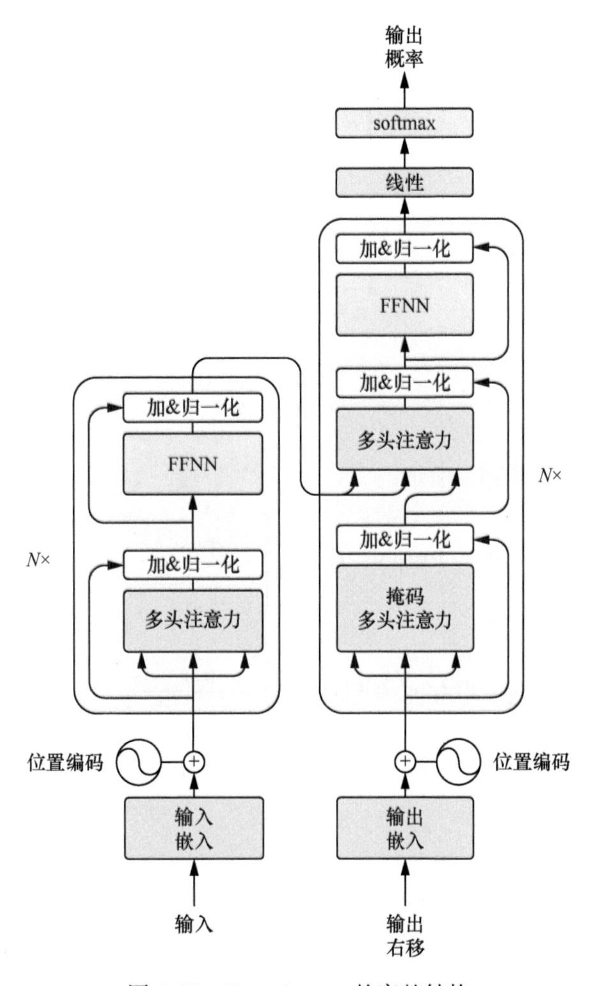

图 4.41 Transformer 的完整结构

4.3.2 位置嵌入

截至目前，我们介绍的 Transformer 模型并没有捕捉顺序序列的能力，也就是说无论句子的结构被怎么打乱，Transformer 都会得到类似的结果。换句话说，Transformer 只是一个功能更强大的词袋模型而已。为了解决这个问题，论文中在编码词向量时引入了位置嵌入（position embedding）的特征。具体地说，位置嵌入会在词向量中加入单词的位置信息，这样 Transformer 就能区分不同位置的单词了。

那么怎么编码位置信息的呢？常见的方式有根据数据学习和自己设计编码规则。在这里作者采用了第二种方式。那么位置嵌入该是什么样子的呢？通常位置嵌入是一个长度为 d_{model} 的特征向量，这样便于和词向量进行单位加的操作，如图 4.42 所示。

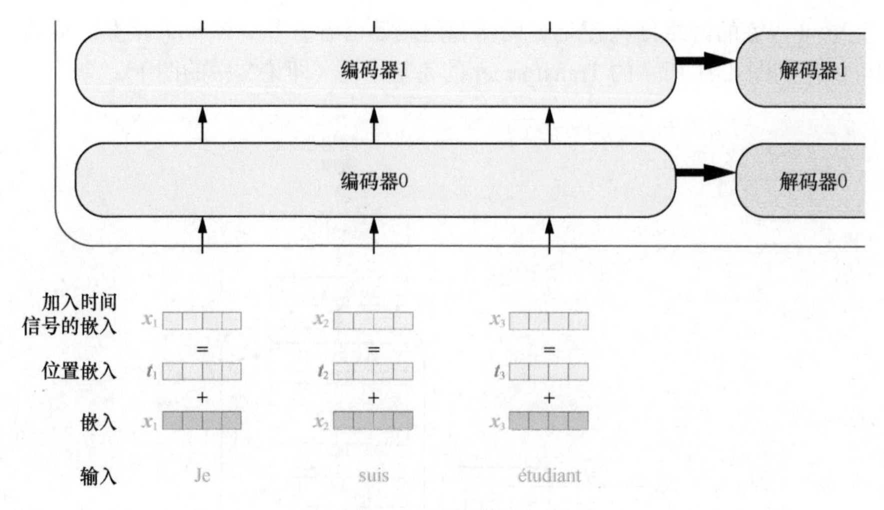

图 4.42　位置嵌入

论文给出的编码式如式（4.15）所示：

$$
\begin{aligned}
\mathrm{PE}(\mathrm{pos},2i)&=\sin\left(\frac{\mathrm{pos}}{10\,000^{\frac{2i}{d_{\mathrm{model}}}}}\right)\\
\mathrm{PE}(\mathrm{pos},2i+1)&=\cos\left(\frac{\mathrm{pos}}{10\,000^{\frac{2i}{d_{\mathrm{model}}}}}\right)
\end{aligned}
\tag{4.15}
$$

在式（4.15）中，pos 表示单词的位置，i 表示单词的维度。关于位置嵌入的实现可在 Google 开源的代码中 `get_timing_signal_1d()` 函数处找到对应的代码。

作者这么设计是因为考虑到在 NLP 任务中，除了单词的绝对位置，单词的相对位置也非常重要。根据式 $\sin(\alpha+\beta)=\sin\alpha\cos\beta+\cos\alpha\sin\beta$ 和 $\cos(\alpha+\beta)=\cos\alpha\cos\beta+\sin\alpha\sin\beta$，表明位置 $k+p$ 的位置向量可以表示为位置 k 的特征向量的线性变化，这为模型捕捉单词之间的相对位置关系提供了非常大的便利。

4.3.3 小结

Transformer 优点如下。

（1）Transformer 最终没有逃脱传统深度学习的“套路”，只是一个全连接（或者是一维卷积）加注意力的结合体。但是其设计已经足够创新，因为其抛弃了在 NLP 中最根本的 RNN 或者 CNN 并且取得了非常不错的效果。算法的设计非常精彩，值得每个深度学习开发相关的人员仔细研究和品位。

（2）Transformer 带来性能提升的关键是它使任意两个单词的距离是 1，这对解决 NLP 中棘手的长期依赖问题是非常有效的。

（3）Transformer 可以应用在 NLP 的机器翻译领域，是一个非常有科研潜力的方向。

（4）Transformer 算法的并行性非常好，符合目前的硬件（主要指 GPU）环境要求。

Transformer 缺点如下。

（1）粗暴地抛弃 RNN 和 CNN 虽然非常“炫技”，但是这使模型丧失了捕捉局部特征的能力，

RNN + CNN + Transformer 的结合体可能会带来更好的效果。

（2）Transformer 失去的位置信息在 NLP 中非常重要，而论文中将位置嵌入加入特征向量只是一个权宜之计，并没有改变 Transformer 结构上的固有缺陷。现阶段，优化位置嵌入是一个非常活跃的科研方向。

4.4 Transformer-XL

在本节中，先验知识包括：

- ❑ Transformer（4.3 节）；
- ❑ 残差网络（1.4 节）。

序列模型捕获数据长期依赖的能力在任何 NLP 任务中都是至关重要的，LSTM 通过引进门机制将 RNN 的捕获长期依赖的能力提升到 200 个左右，Transformer 则进一步提升了捕获长期依赖的能力，但是 Transformer 的捕获长期依赖的能力是无限提升的吗？如果有一个需要具备捕获几千个时间片的能力的模型才能完成的任务，Transformer 能够完成吗？从目前 Transformer 的设计来看，它是做不到的。

这篇论文介绍的 Transformer-XL（extra long）[1] 则可进一步提升 Transformer 捕获长期依赖的能力。它的核心算法包含两部分：片段递归（segment-level recurrence）机制和相对位置编码（relative positional encoding）机制。Transformer-XL 带来的提升包括：

- 提升捕获长期依赖的能力；
- 解决上下文碎片问题（context segmentation problem）；
- 提升模型的预测速度和准确率。

本节含有大量图片，用于形象地解释 Transformer-XL 的算法原理，图片对应的动图读者可搜索 Google 在其官网发表的一篇文章“Transformer-XL: Unleashing the Potential of Attention Models”。

4.4.1 Transformer 的缺点

在 4.3 节中，我们介绍了 Transformer 的基本原理，在了解 Transformer-XL 之前我们先看一下 Transformer 的缺点。

1. 输入

NLP 相关的任务都很难避免处理输入为变长数据的场景，处理变长数据的方案有两个，一是将数据输入类似前馈神经网络的模型中得到长度固定的特征向量，这个方案往往因为计算资源的限制很难执行；另一个是通过数据分段或者加边的方式将数据填充到固定长度。Transformer 采取的便是第二个方案，这个固定长度用 L 来表示，L 的值在 Transformer 的论文中为 512。

将数据分完段之后，接下来便是将分段的数据依次输入网络中进行模型的训练，如图 4.43 所示。

这种分段式的提供数据的方式的一个很大的问题是数据并不会在段与段之间流通，因此模型能够捕获的长期依赖的上限便是段的长度。另外这种将数据分段，而不考虑段与段之间的关系的方式是非常粗暴的，模型的能力无疑是要“打折”的。这个问题便是我们所说的上下文碎片问题。

1 参见 Zihang Dai、Zhilin Yang、Yiming Yang 等人的论文“Transformer-XL: Attentive Language Models Beyond a Fixed-Length Context”。

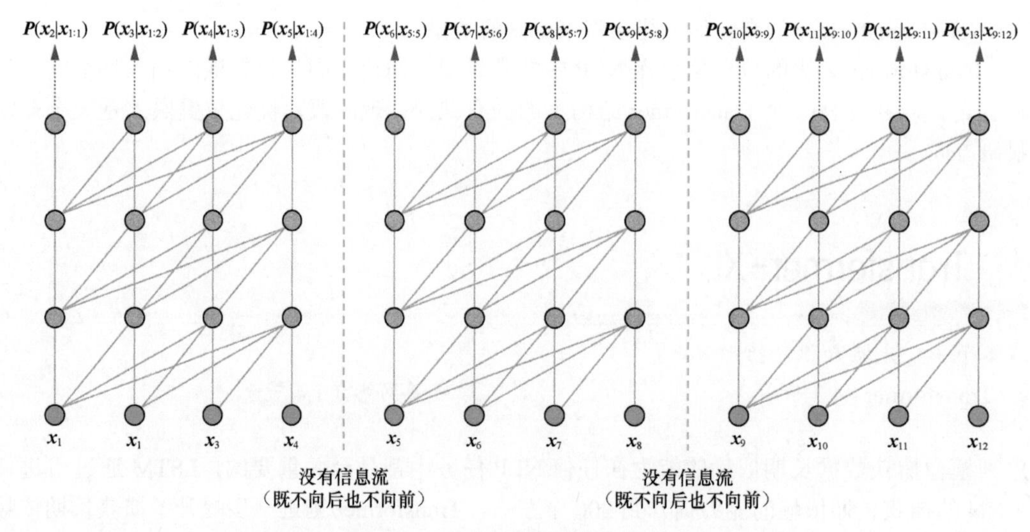

图 4.43　Transformer 对变长数据的处理方式（有动图）

2. 自注意力

这里以单头 Transformer 为例进行说明，对于一个长度为 n 的输入序列 $\boldsymbol{x}=(\boldsymbol{x}_1,\cdots,\boldsymbol{x}_n)$，通过 Transformer 得到的序列为 $\boldsymbol{z}=(\boldsymbol{z}_1,\cdots,\boldsymbol{z}_n)$，$\boldsymbol{z}_i$ 的计算方式为 $\boldsymbol{x}$ 中各元素的加权和，如式（4.16）所示：

$$\boldsymbol{z}_i=\sum_{j=1}^{n}\alpha_{i,j}(\boldsymbol{x}_j\boldsymbol{W}_V) \tag{4.16}$$

权值 $\alpha_{i,j}$ 是通过 softmax 运算得到的如式（4.17）所示：

$$\alpha_{i,j}=\frac{\exp e_{i,j}}{\sum_{k=1}^{n}\exp e_{i,k}} \tag{4.17}$$

$e_{i,j}$ 则是通过 $\boldsymbol{Q}$、$\boldsymbol{K}$ 两个矩阵得到的如式（4.18）所示：

$$e_{i,j}=\frac{(\boldsymbol{x}_i\boldsymbol{W}_Q)(\boldsymbol{x}_j\boldsymbol{W}_K)^{\mathrm{T}}}{\sqrt{d_k}} \tag{4.18}$$

其中，$\boldsymbol{W}_Q$、$\boldsymbol{W}_K$、$\boldsymbol{W}_V$ 是 3 个权值矩阵。

3. 测试

Transformer 是一个自回归模型，也就是说在测试时依次取时间片为 L 的分段，然后将整个分段提供给模型后预测一个结果，如图 4.44 所示。在下个时间片时再将这个分段向右移一个单位，这个新的片段也将通过整个网络的计算得到一个值。Transformer 的这个特性导致其预测阶段的计算量是非常大的，这也限制了其应用领域。

4. 绝对位置编码

Transformer 的位置编码是以分段为单位的，它使用的是无参数的 sinusoid 编码矩阵，表示为 $\boldsymbol{U}\in\mathbb{R}^{L_{\max}\times d}$，$\boldsymbol{U}_i$ 表示的是在这个分段中第 i 个元素的相对位置，$L_{\max}$ 表示的是能编码的最大长度。然后这个位置编码会通过单位加的形式和词嵌入（word embedding）合并成一个矩阵，表示为式（4.19）：

$$\begin{aligned}\boldsymbol{h}_{\tau+1}&=f(\boldsymbol{h}_\tau,\boldsymbol{E}_{s_{\tau+1}}+\boldsymbol{U}_{1:L})\\ \boldsymbol{h}_\tau&=f(\boldsymbol{h}_{\tau-1},\boldsymbol{E}_{s_\tau}+\boldsymbol{U}_{1:L})\end{aligned} \tag{4.19}$$

其中，$\boldsymbol{E}_{s_\tau}\in\mathbb{R}^{L\times d}$ 表示第 t 个片段 $\boldsymbol{s}_\tau$ 的词嵌入，f 表示转换方程。从式（4.19）中我们可以看出，对第 t 个和第 $t+1$ 个片段来说，它们的位置编码是完全相同的，我们完全无法确认它们属于哪个片段或者说它们在分段之前的输入数据中的相对位置。

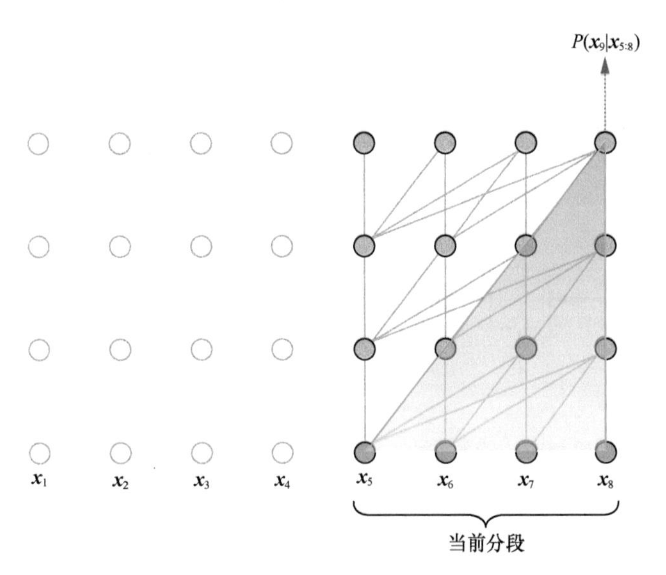

图 4.44 Transformer 的推理过程（有动图）

在 Transformer 中，自注意力可以表示为式（4.20）[1]：

$$\text{Attention}(\boldsymbol{Q},\boldsymbol{K},\boldsymbol{V})=\text{softmax}\left(\frac{\boldsymbol{Q}\boldsymbol{K}^{\mathrm{T}}}{\sqrt{d_k}}\right)\boldsymbol{V} \tag{4.20}$$

考虑到词嵌入，$\boldsymbol{Q}^{\mathrm{T}}\boldsymbol{K}$ 的完整表达式为式（4.21）：

$$\boldsymbol{A}_{i,j}^{\text{abs}}=[\boldsymbol{W}_Q(\boldsymbol{E}_{x_i}+\boldsymbol{U}_i)]^{\mathrm{T}}[\boldsymbol{W}_K(\boldsymbol{E}_{x_j}+\boldsymbol{U}_j)] \tag{4.21}$$

我们使用乘法分配律将其展开，展开式（4.22）会在后面使用：

$$A_{i,j}^{\text{abs}}=\underbrace{\boldsymbol{E}_{x_i}^{\mathrm{T}}\boldsymbol{W}_q^{\mathrm{T}}\boldsymbol{W}_k\boldsymbol{E}_{x_j}}_{(a)}+\underbrace{\boldsymbol{E}_{x_i}^{\mathrm{T}}\boldsymbol{W}_q^{\mathrm{T}}\boldsymbol{W}_k\boldsymbol{U}_j}_{(b)}+\underbrace{\boldsymbol{U}_i^{\mathrm{T}}\boldsymbol{W}_q^{\mathrm{T}}\boldsymbol{W}_k\boldsymbol{E}_{x_j}}_{(c)}+\underbrace{\boldsymbol{U}_i^{\mathrm{T}}\boldsymbol{W}_q^{\mathrm{T}}\boldsymbol{W}_k\boldsymbol{U}_j}_{(d)} \tag{4.22}$$

Transformer 的问题是无论对于第几个片段，它们的位置编码 $\boldsymbol{U}_{1:L}$ 都是一样的，也就是说，Transformer 的位置编码是相对于片段的绝对位置编码（absolute position encoding），与当前内容在原始句子中的相对位置是没有关系的。

4.4.2 相对位置编码

最先介绍相对位置编码（relative positione encoding，RPE）的是 Shaw P 等人的论文[2]。对比 RNN 系列的模型，Transformer 的一个缺点是没有从网络结构上对位置信息进行处理，而只是把位置编码加入输入层。RPE 的目的就是弥补 Transformer 的这个天然缺陷，它的做法是把相对位置编码加入自注意力模型的内部。

如图 4.45 所示，输入序列为“I think therefore I am”，对 RNN 来说两个“I”接收到的信息是不同的，第一个“I”接收的隐层状态是初始化的值，第二个“I”接收的隐层状态是经过“I think therefore”编码的。

而对 Transformer 来说，在没有位置编码的情况下，尽管两个“I”在句子中的位置不同，但是

1 在 Transformer 的式中，权值的计算方式为 $\boldsymbol{Q}\boldsymbol{K}^{\mathrm{T}}$，而 Transformer-XL 论文中使用的是 $\boldsymbol{Q}^{\mathrm{T}}\boldsymbol{K}$。这里区别其实不是很大，因为它们本质上都是通过点乘计算相似度的。部分论文对 Transformer-XL 的表达式进行了修正。

2 参见 Peter Shaw、Jakob Uszkoreit、Ashish Vaswani 的论文“Self-Attention with Relative Position Representations”。

两个“I”的输入信息是完全一致的，如图 4.46 所示。正如我们在分析 Transformer 的论文时所知，只在输入中加入位置信息显然是不够的，Transformer 还应该在其结构中加入序列信息。这样做的好处是当我们在计算权值或者特征值的时候，可额外添加位置信息，这将有助于这两个变量的计算。

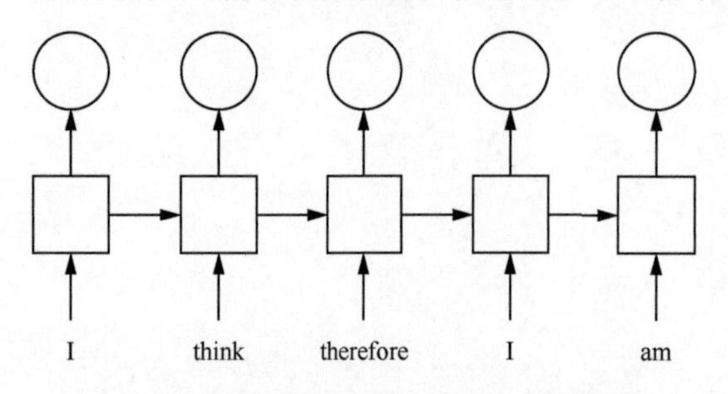

图 4.45 RNN 结构具有编码相对位置的能力

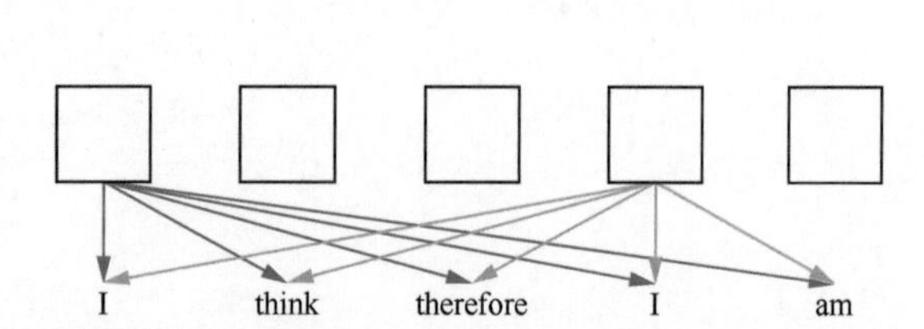

图 4.46 Transformer 不具有编码相对位置的结构特征

RPE 提出的模型的原理是在计算第 i 个元素与第 j 个元素之间的注意力的值和权值的时候加入 i 与 j 之间的距离编码，因为加入的是 i 与 j 之间的相对位置关系，所以叫作相对位置编码。

例如对一个长度为 5 的序列，它共有 9 个相对位置编码信息（当前位置编码、当前位置的前 4 个位置解码和当前位置的后 4 个位置解码），如表 4.2 所示。

表 4.2 长度为 5 的序列，其 9 个相对位置编码信息

索引	说明	值
0	位置 i 与位置 $i-4$ 之间的距离	−4
1	位置 i 与位置 $i-3$ 之间的距离	−3
2	位置 i 与位置 $i-2$ 之间的距离	−2
3	位置 i 与位置 $i-1$ 之间的距离	−1
4	位置 i 与位置 i 之间的距离	0
5	位置 i 与位置 $i+1$ 之间的距离	1
6	位置 i 与位置 $i+2$ 之间的距离	2
7	位置 i 与位置 $i+3$ 之间的距离	3
8	位置 i 与位置 $i+4$ 之间的距离	4

通过加入上面的相对位置编码信息，我们再对比一下“I think therefore I am”中的两个“I”有什么不同，如图 4.47 所示。图 4.47（a）所示的是第一个“I”的相对位置编码信息，图 4.47（b）所示的是第二个“I”的相对位置编码信息，RPE 并没有根据输入序列的长度来确定需要考虑的相对位置之间的距离，而是用了一个固定的常数 k，也就是说我们需要学习的相对位置编码的序列长度为 $2k+1$。对于 k 的取值，论文中给出了不同值的对照实验结果，结论是当 $k \geqslant 2$ 时，得到的效果非常接近。

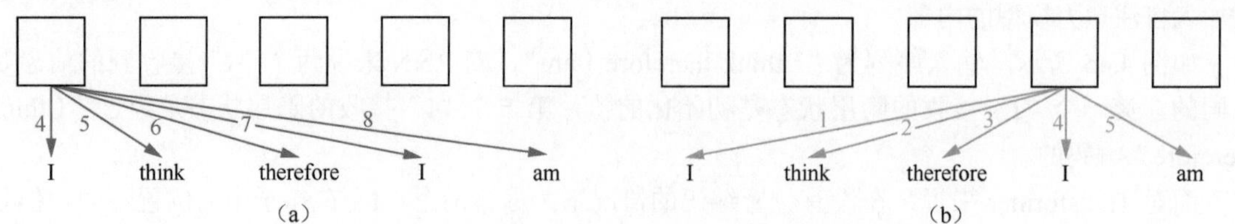

图 4.47 加入相对位置编码后

RPE 需要学习两个相对位置向量，一个是用于计算第 i 个词的特征 z_i，另一个是用于计算第 i

个词到第 j 个词的权值系数 $\boldsymbol{e}_{i,j}$，不同于投影矩阵，这两个嵌入向量在注意力头之间是共享的。

对比 4.4.1 节自注意力部分的式（4.17）和式（4.18），RPE 在自注意力中添加了两个可学习的变量$a_{i,j}^{\boldsymbol{V}}$和$a_{i,j}^{\boldsymbol{K}}$。其中 z_i 的计算方式改为式（4.23）。

$$z_i = \sum_{j=1}^{n} \alpha_{i,j} (\boldsymbol{x}_j \boldsymbol{W}_V + a_{i,j}^{V}) \tag{4.23}$$

$\boldsymbol{e}_{i,j}$ 的变化和 z_i 的基本相同，如式（4.24）所示。

$$\boldsymbol{e}_{i,j} = \frac{(\boldsymbol{x}_i \boldsymbol{W}_Q)(\boldsymbol{x}_j \boldsymbol{W}_K + a_{i,j}^{\boldsymbol{K}})^{\mathrm{T}}}{\sqrt{d_k}} \tag{4.24}$$

这里用加法的原因是可使计算效率更高。$a_{i,j}^{\boldsymbol{K}}$和$a_{i,j}^{\boldsymbol{V}}$的计算方式相同，即在 $[-k,k]$ 内计算相对距离，超出范围的用 0 或者 k 进行截断，如式（4.25）所示。

$$\begin{aligned} a_{i,j}^{\boldsymbol{K}} &= \omega_{\mathrm{clip}(j-i.k)}^{\boldsymbol{K}} \\ a_{i,j}^{\boldsymbol{V}} &= \omega_{\mathrm{clip}(j-i.k)}^{\boldsymbol{V}} \\ \mathrm{clip}(\boldsymbol{x},k) &= \max[-k, \min(k, \boldsymbol{x})] \end{aligned} \tag{4.25}$$

4.4.3 Transformer-XL 详解

Transformer-XL 旨在解决 Transformer 的上下文碎片、推理速度慢和长期依赖这 3 个问题，为了解决上下文碎片和推理速度慢的问题，作者推出了片段递归机制，为了解决长期依赖问题，作者对绝对位置编码进行了改进，并推出了相对位置编码机制。下面我们将分别详细介绍这两个优化点。

1．片段递归

和 Transformer 一样，Transformer-XL 在训练的时候也是以固定长度的片段作为输入的，不同的是 Transformer-XL 的上个片段的隐层状态会被缓存下来，然后在计算当前片段的时候重复使用上个时间片的隐层状态。因为上个片段的特征在当前片段重复使用，也就赋予了 Transformer-XL 建模长期依赖的能力。

那么 Transformer-XL 是如何重用上个片段的隐层状态的呢？我们通过数学的形式具体说明。长度为 L 的两个连续片段表示为 $\boldsymbol{s}_\tau=[\boldsymbol{x}_{\tau:1},\cdots,\boldsymbol{x}_{\tau:L}]$ 和 $\boldsymbol{s}_{\tau+1}=[\boldsymbol{x}_{\tau+1:1},\cdots,\boldsymbol{x}_{\tau+1:L}]$。$\boldsymbol{s}_\tau$ 的隐层节点的状态表示为 $\boldsymbol{h}_\tau^n \in \mathbb{R}^{L\times d}$，其中 d 是隐层节点的维度。$\boldsymbol{s}_{\tau+1}$ 的隐层节点的状态$\boldsymbol{h}_{\tau+1}^n$的计算过程如下：

$$\begin{aligned} \tilde{\boldsymbol{h}}_{\tau+1}^{n-1} &= [\mathrm{SG}(\boldsymbol{h}_\tau^{n-1})；\ \boldsymbol{h}_{\tau+1}^{n-1}] \\ \boldsymbol{q}_{\tau+1}^n, \boldsymbol{k}_{\tau+1}^n, \boldsymbol{v}_{\tau+1}^n &= \boldsymbol{h}_{\tau+1}^{n-1}\boldsymbol{W}_q^{\mathrm{T}}, \tilde{\boldsymbol{h}}_{\tau+1}^{n-1}\boldsymbol{W}_k^{\mathrm{T}}, \tilde{\boldsymbol{h}}_{\tau+1}^{n-1}\boldsymbol{W}_v^{\mathrm{T}} \\ \boldsymbol{h}_{\tau+1}^n &= \text{Transformer-Layer}(\boldsymbol{q}_{\tau+1}^n, \boldsymbol{k}_{\tau+1}^n, \boldsymbol{v}_{\tau+1}^n) \end{aligned}$$

其中，SG(・) 表示停止求梯度（stop-gradient），即表示这一部分并不参与反向传播的计算，$[\boldsymbol{h}_u；\boldsymbol{h}_v]$表示两个隐层节点在长度维度进行拼接，$\boldsymbol{W}$ 是模型需要学习的参数。注意，$\boldsymbol{k}_{\tau+1}^n$和$\boldsymbol{v}_{\tau+1}^n$使用的是扩展了上个片段的隐层状态的$\tilde{\boldsymbol{h}}_{\tau+1}^{n-1}$，而$\boldsymbol{q}_{\tau+1}^n$使用的是未拼接的$\boldsymbol{h}_{\tau+1}^{n-1}$。Transformer-XL 的训练过程如图 4.48 所示。

片段递归的另一个好处是提升推理速度，对比 Transformer 的自回归架构每次只能前进一个时间片，Transformer-XL 的推理过程（见图 4.49）通过直接复用上个片段的表示而不是从头计算，将推理过程提升到以片段为单位进行推理，这种简化带来的速度提升是成百上千倍的。

Transformer-XL 是一个典型的用空间换时间的方案，因为这个方案需要对上个片段的隐层状态进行缓存，无疑将增大模型的显存占用量，但依照目前硬件的发展速度来看，对于速度和准确率都大幅提升的模型，显存是不会成为它的瓶颈的。而且只要显存足够大，我们可以复用更多的之前片段的隐层状态。

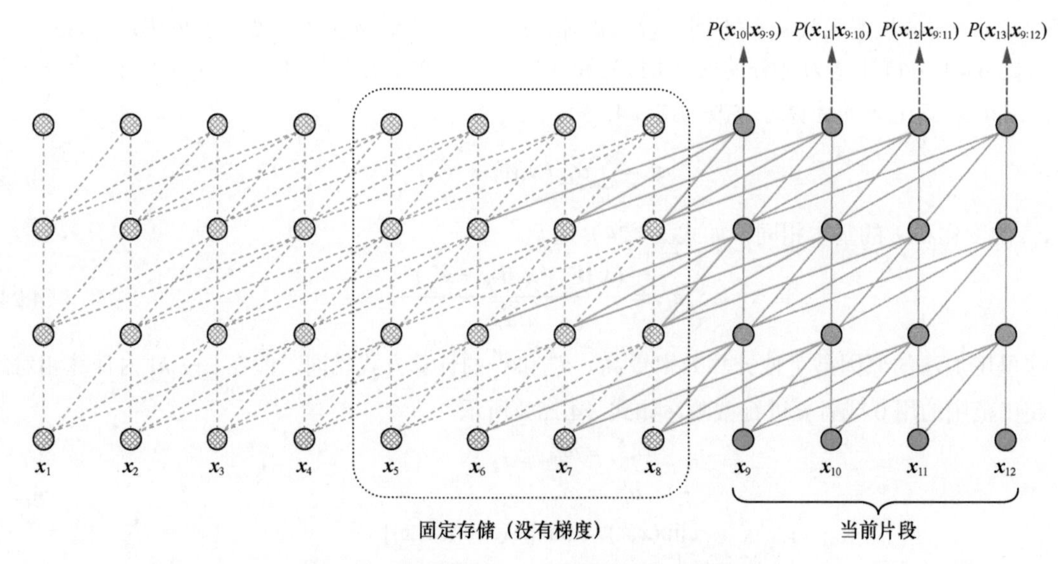

图 4.48　Transformer-XL 的训练过程（有动图）

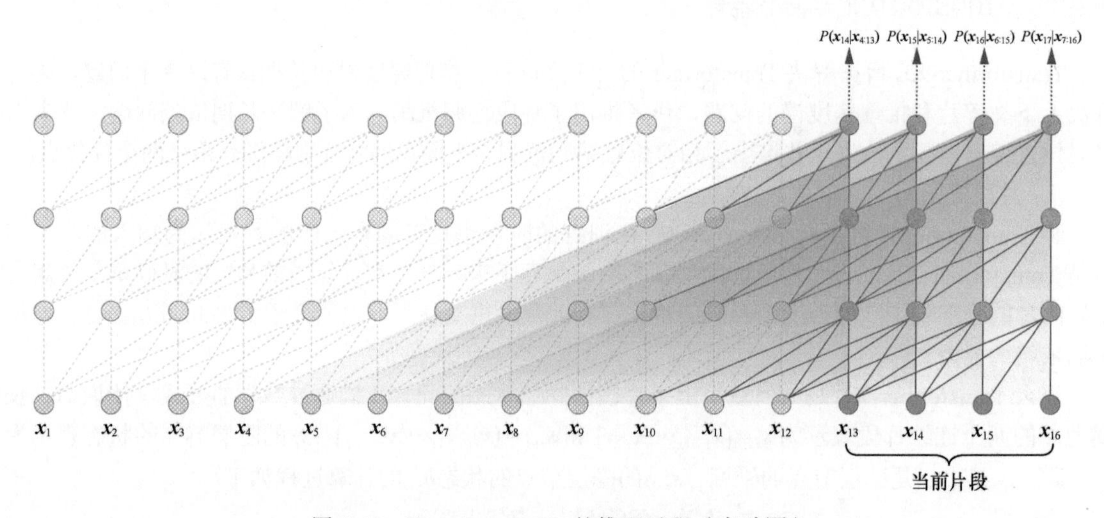

图 4.49　Transformer-XL 的推理过程（有动图）

从这个角度看，Transformer-XL 是一个和残差网络思想非常接近的模型，它相当于在两个片段之间添加了一条捷径。而复用更多片段的结构则是采用 DenseNet 思想的模型。

2. Transformer-XL 的相对位置编码

Transformer-XL 的相对位置编码参考了 RPE 中把相对位置编码加入自注意力中的思想。Transformer-XL 在 4.4.1 节式（4.22）的基础上做了若干改变，得到了如式（4.26）所示的计算方法。

$$A_{i,j}^{\text{rel}} = \underbrace{\boldsymbol{E}_{x_i}^{\text{T}}\boldsymbol{W}_q^{\text{T}}\boldsymbol{W}_{k,E}\boldsymbol{E}_{x_j}}_{\text{(a)}} + \underbrace{\boldsymbol{E}_{x_i}^{\text{T}}\boldsymbol{W}_q^{\text{T}}\boldsymbol{W}_{k,R}\boldsymbol{R}_{i-j}}_{\text{(b)}} + \underbrace{\boldsymbol{u}^{\text{T}}\boldsymbol{W}_{k,E}\boldsymbol{E}_{x_j}}_{\text{(c)}} + \underbrace{\boldsymbol{v}^{\text{T}}\boldsymbol{W}_{k,R}\boldsymbol{R}_{i-j}}_{\text{(d)}} \tag{4.26}$$

- 第一个变化出现在了（a）、（b）、（c）、（d）中，$\boldsymbol{W}_k$ 被拆分成 $\boldsymbol{W}_{k,E}$ 和 $\boldsymbol{W}_{k,R}$，也就是说输入序列和位置编码不再共享权值。
- 第二个变化在（b）和（d）中，将绝对位置编码 $\boldsymbol{U}_j$ 换成了相对位置编码 $\boldsymbol{R}_{i-j}$，其中 $\boldsymbol{R}$ 是 Transformer 中采用的不需要学习的 sinusoid 编码矩阵，原因正如 4.4.2 节所介绍的，相对位置比绝对位置更为重要。

- 第三个变化在（c）、（d）中，引入了两个新的可学习参数$\boldsymbol{u} \in \mathbb{R}^d$和$\boldsymbol{v} \in \mathbb{R}^d$来替换Transformer中的查询向量$\boldsymbol{U}_i^{\mathrm{T}}\boldsymbol{W}_q^{\mathrm{T}}$，表明**对于所有的查询位置，对应的查询（位置）向量是相同的**，即无论查询位置如何，对不同词的注意力偏差都保持一致。

改进之后式（4.26）中的4个部分有了各自的含义。

（a）没有考虑位置编码的原始分数，只是基于内容的寻址。

（b）相对于当前内容的位置偏差。

（c）从内容层面衡量键的重要性，表示全局的内容偏置。

（d）从相对位置层面衡量键的重要性，表示全局的位置偏置。

式（4.26）使用乘法分配律得到的表达式如式（4.27）所示。

$$A_{i,j}^{\mathrm{rel}} = (\boldsymbol{W}_q \boldsymbol{E}_{x_i} + \boldsymbol{u})^{\mathrm{T}} \boldsymbol{W}_{k,E} \boldsymbol{E}_{x_j} + (\boldsymbol{W}_q \boldsymbol{E}_{x_i} + \boldsymbol{v})^{\mathrm{T}} \boldsymbol{W}_{k,R} \boldsymbol{R}_{i-j} \tag{4.27}$$

4.4.4 小结

Transformer由于自回归的特性，每个时间片的预测都需要从头开始，这样的推理速度限制了它在很多场景的应用。Transformer-XL提出的**片段递归机制**，使得推理过程以段为单位，段的长度越长，无疑提速越明显。从实验结果来看，Transformer-XL提速了300到1 800倍，为Transformer-XL的使用提供了基础支撑。同时递归机制增加了Transformer-XL可建模的长期依赖的长度（O(NL)），这对提升模型的泛化能力也是很有帮助的。

仿照RPE，Transformer-XL提出了自己的相对位置编码算法，此编码算法对比Transformer和RPE的编码算法有性能上的提升，而且从理论角度有可解释性。Google推出的XLNet也以Transformer-XL为基础，我们会在后文中进行分析。

第 5 章　模型预训练

基于深度学习的预训练语言模型最早可以追溯到 ELMo，它采用了以双向 LSTM 为基础的网络结构，训练目标是优化语言模型。2018 年 BERT 一举在 NLP 领域的 11 个大方向刷新了精度，它采用的模型便是前文提到的 Transformer。BERT 提出之后针对 BERT 的“魔改”也成了预训练语言模型训练的一个热门方向，例如使用多任务的 MT-DNN，针对 BERT 精心设计一组实验实现的充分发挥 BERT 潜能的 RoBERTa、跨语言模型的 XLM、速度更快的 ALBERT 和使用 Transformer-XL 作为基础模型的 XLNet 等。

凭借 Transformer 强大的表征能力，OpenAI 提出的 GPT 系列通过海量的数据和庞大的模型不断试探着 Transformer 的最佳效果，虽然 GPT 系列模型的表现效果很令人惊艳，但它的训练成本让很多企业望而却步。

BERT 之后的预训练语言模型绝大多数用的是 Transformer 的框架，它们性能提升的一个原因便是设计了更多、更合理的无监督任务。BERT 使用的无监督任务是掩码语言模型和下一句预测模型。ALBERT 使用的无监督任务是句子顺序预测任务等。

除了上面我们介绍的这些预训练模型，XuHan 等人对近年来流行的预训练模型进行了梳理，如图 5.1 所示，感兴趣的读者可以自行搜索相关论文。

预训练语言模型另一个火热的研究方向是将语言模型和知识图谱进行结合，例如清华大学提出的 ERNIE-T 以及百度提出的 ERNIE-B 和 ERNIE 2.0。

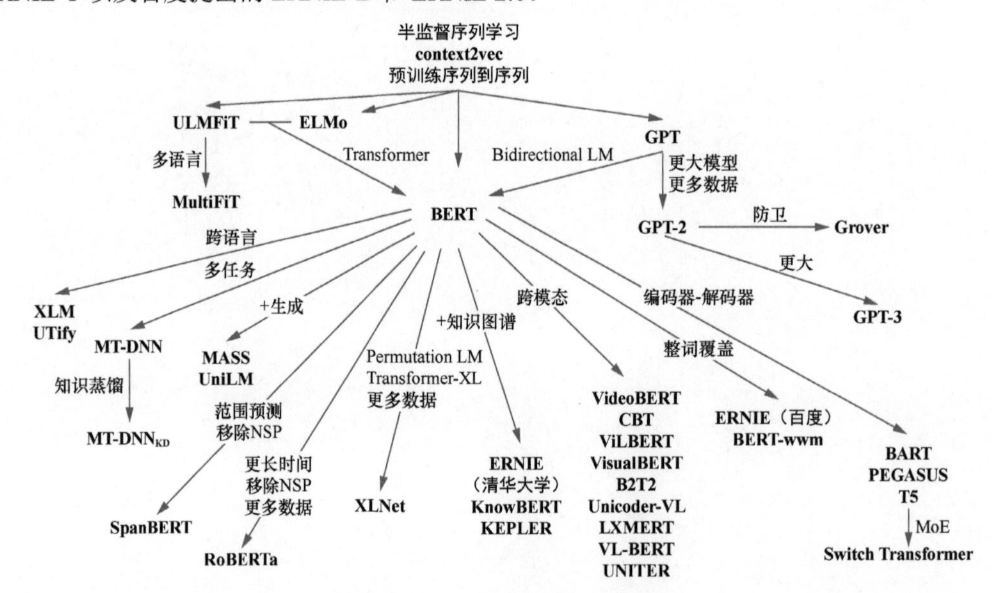

图 5.1　近年来流行的预训练模型

5.1 RNN 语言模型

在本节中，先验知识包括：

❑ LSTM（4.1 节）。

文本数据的上下文关系为训练语言模型提供了天然的数据，常见的上下文关系如下。

- 传统语言模型：使用之前的序列预测下一个出现的单词。
- 掩码语言模型（MLM）：句子中每个单词有一定的概率被替换为掩码，MLM 根据出现的单词预测被替换为掩码的单词。
- 下一句预测（next sentence prediction，NSP）模型：用于判断两个句子是否为连续的上下文。

这种数据的优点是无须人工标注，因此在很多文献中使用这种数据的深度学习方法被叫作无监督学习。其实从本质上说 MLM 并不是传统意义上的无监督任务，因为它有明确的 (x,y) 数据 - 标签对以及对应的损失函数，这种任务通常被叫作自监督任务。2018 年被称作“NLP 的 ImageNet 时刻”，因为在 2018 年之后模型基本使用语言模型进行海量数据的特征提取，如 ELMo[1]、BERT、GPT[2,3,4] 系列等。在了解这些前沿的算法之前，我们先看一个传统的基于 RNN 的语言模型[5]。

在深度学习兴起之前，NLP 领域一直是“统计模型的天下”，例如词对齐算法 GIZA++、统计机器翻译开源框架 MOSES 等。在语言模型方向，n-gram 是当时最为流行的语言模型方法。一个最常用的 n-gram 方法是回退（backoff）n-gram，因为 n 值较大时容易产生特别稀疏的数据，这时候回退 n-gram 会使用 $(n-1)$-gram 的值代替 n-gram。

n-gram 的问题是捕捉句子中长期依赖的能力非常有限，解决这个问题的策略有缓存（cache）模型和基于类的（class-based）模型，但是提升程度有限。另外 n-gram 算法过于简单，对于其是否有能力取得令人信服的效果的确要打一个大的问号。

一个更早使用神经网络进行语言模型学习的策略是使用前馈神经网络进行学习，该策略由 Bengio 团队提出。他们要求输入的数据为固定长度的，从另一个角度看该策略就是一个使用神经网络编码的 n-gram 模型，无法解决长期依赖问题。基于这个问题，Radford 等人的论文[2] 使用了 RNN 作为语言模型的学习框架。

Radford 等人的论文介绍了如何使用 RNN 构建语言模型，至此打开了循环神经语言模型的篇章。由于算法比较简单，我们在这里多介绍一些实验中使用的技巧，如动态测试过程等，希望能对大家以后的实验设计有所帮助。

5.1.1 语言模型中的 RNN

Radford 等人的论文中使用了最简单的 RNN 版本，而现在市场上普遍选择 LSTM、GRU 甚至 NAS 等能更长时间捕捉长期依赖的节点的模型。在 RNN 中，$\boldsymbol{x}_t$ 读取的是 $t-1$ 时刻的状态 $\boldsymbol{s}_{t-1}$ 和 t 时刻的数据 $\boldsymbol{w}_t$；$\boldsymbol{w}_t$ 是 t 时刻单词的独热编码，单词量在 3 万～ 20 万；$\boldsymbol{s}_{t-1}$ 是 $t-1$ 时刻的隐层状态，

---

1 参见 Matthew E. Peters、Mark Neumann、Mohit Iyyer 等人的论文“Deep contextualized word representations”。

2 参见 Alec Radford、Karthik Narasimhan、Tim Salimans 等人的论文“Improving Language Understanding by Generative Pre-Training”。

3 参见 Alec Radford、Jeffrey Wu、Rewon Child 等人的论文“Language Models are Unsupervised Multitask Learners”。

4 参见 Tom B. Brown、Benjamin Mann、Nick Ryder 等人的论文“Language Models are Few-Shot Learners”。

5 参见 Tomáš Mikolov、Martin Karafiát、Lukáš Burget 等人的论文“Recurrent neural network based language model”。

实验中隐层节点数一般是 30 ～ 500 个，$t=0$ 时使用 0.1 进行初始化。上面过程表示为式（5.1）。

$$\boldsymbol{x}_t = \boldsymbol{w}_t + \boldsymbol{s}_{t-1} \tag{5.1}$$

t 时刻的隐层状态是 $\boldsymbol{x}_t$ 经过 sigmoid 激活函数 σ 得到的值，其中 $\boldsymbol{u}_{ji}$ 是权值矩阵，如式（5.2）所示。

$$\boldsymbol{s}_{j,t} = \sigma\left[\sum_i \boldsymbol{x}_{i,t}\boldsymbol{u}_{ji}\right] \tag{5.2}$$

有的时候我们需要在每个时间片中有一个输出，只需要在隐层状态 $\boldsymbol{s}_{j,t}$ 处添加一个 softmax 激活函数即可，如式（5.3）所示。

$$\boldsymbol{y}_{k,t} = \text{softmax}\left[\sum_j \boldsymbol{s}_{j,t} v_{kj}\right] \tag{5.3}$$

5.1.2　训练数据

训练语言模型的数据是不需要人工标注的，我们要做的就是寻找大量高质量的单语言语料数据。在制作训练数据和训练标签时，我们取 $0 \sim t-1$ 时刻的单词作为网络输入，t 时刻的单词作为标签值。

由于输出使用了 softmax 激活函数，因此损失函数的计算使用的是交叉熵，输出层的误差向量如式（5.4）所示。

$$\text{误差向量}_t = \hat{\boldsymbol{y}}_t - \boldsymbol{y}_t \tag{5.4}$$

式（5.4）中 $\hat{\boldsymbol{y}}_t$ 是独热编码的模型预测值，$\boldsymbol{y}_t$ 是标签值，更新过程使用标准的 SGD 即可。

5.1.3　训练细节

初始化：使用均值为 0、方差为 0.1 的高斯分布进行初始化。

学习率：初始值为 0.1，当模型在验证集上的精度不再提升时将学习率减半，一般 10 ～ 20 个 epoch 之后模型就收敛了。

正则：即使采用过大的隐层，网络也不会过度训练，并且实验结果表明添加正则项不会很有帮助。

动态模型：在测试常见的机器 / 深度学习模型的时候测试数据并不会用来更新模型。在这篇论文中作者认为测试数据（如反复出现的人名）应该参与模型的更新，作者将这种情况叫作动态模型。实验结果表明动态模型可以大大降低模型的困惑度。

稀有类：为了提高模型的性能，作者将低于阈值的词合并到稀有类中。词概率的计算方式如式（5.5）所示：

$$P[\boldsymbol{w}_{i,t+1} \mid \boldsymbol{w}_t, \boldsymbol{s}_{t-1}] = \begin{cases} \dfrac{\boldsymbol{y}_t^{\text{rare}}}{C_{\text{rare}}}, & \boldsymbol{w}_{i,t+1}\ \text{稀有} \\ \boldsymbol{y}_{i,t}, & \text{其他} \end{cases} \tag{5.5}$$

其中，C_{rare} 是词表中词频低于阈值的单词的个数，所有的低频词都被平等对待，即它们的概率分布是均等的。

5.2 ELMo

在本节中，先验知识包括：

- ❑ LSTM（4.1 节）；
- ❑ 语言模型（5.1 节）；
- ❑ LN（6.3 节）。

为了让机器能够理解文本数据，我们需要将文本转换成数值化的表示方式。传统的独热编码存在诸多问题，例如无法衡量相似数据之间的相似关系等。在 ELMo 之前一个常用的方法是使用 Word2vec 或者 GloVe[1]。Word2vec 使用一组固定长度的向量来表示一个单词，它的优点是可以捕获单词的语义特征和单词之间的相似性。但是 Word2vec 也存在几个问题，首先每个句子的特征向量只与其自身有关系，而不能捕获上下文的相关性，其次每个单词的特征向量是唯一的，因此不能解决单词多义性的问题。

本文提出了 ELMo 模型来解决这两个问题，ELMo 的核心要点为：

- 使用大规模的无标签语料库训练双向 LSTM 语言模型，ELMo（Embedding from Language Model）也因此得名；
- 将 ELMo 得到的特征向量送到下游任务中，得到任务相关的预测结果。

ELMo 的基于海量数据的无监督学习的思想对后面的 BERT 和 GPT 系列有很大的启发，下面我们来一睹 ELMo 的“芳容”。

5.2.1 双向语言模型

如之前所介绍的，ELMo 是一个语言模型，其基本结构如图 5.2 所示，其中 $\boldsymbol{E}$ 表示模型输入的嵌入向量，$\boldsymbol{T}$ 表示第 i 个时间片的预测结果。它的核心结构是一个双向的 LSTM，目标函数就是最大化正反两个方向的语言模型的最大似然。

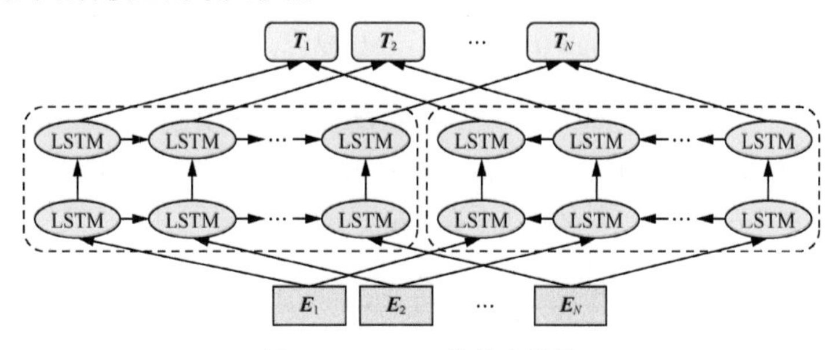

图 5.2　ELMo 的基本结构

对于一个给定的句子 $(t_1, t_2, \cdots, t_N)$，前向语言模型会根据给定的前 $k-1$ 个单词来预测第 k 个单词，表示为式（5.6）。

$$P(t_1,t_2,\cdots,t_N)=\prod_{k=1}^{N}P(t_k \mid t_1,t_2,\cdots,t_{k-1}) \tag{5.6}$$

对于一个 L 层的 LSTM，其输入是 $\boldsymbol{x}_k^{\text{LM}}$（使用 Word2vec 或其他方式得到的标志嵌入），多层 LSTM 的每一层都会输出一个内容相关的表示 $\vec{\boldsymbol{h}}_{k,j}^{\text{LM}}$，$j=1,2,\cdots,L$，那么它最顶层的输出则表示为 $\vec{\boldsymbol{h}}_{k,L}^{\text{LM}}$。在语言模型中，$\vec{\boldsymbol{h}}_{k,L}^{\text{LM}}$ 被用于预测第 k 个时间片的输出结果，双向语言模型的前向部分如图 5.3 所示。

后向语言模型则是根据后面的 $(t_{k+1}, \cdots, t_N)$ 单词预测第 k 个单词，表示为式（5.7）。

1　参见 Jeffrey Pennington、Richard Socher、Christopher D. Manning 的论文“GloVe: Global Vectors for Word Representation”。

$$P(t_1,t_2,\cdots,t_N)=\prod_{k=1}^{N}P(t_k \mid t_{k+1},t_{k+2},\cdots,t_N) \tag{5.7}$$

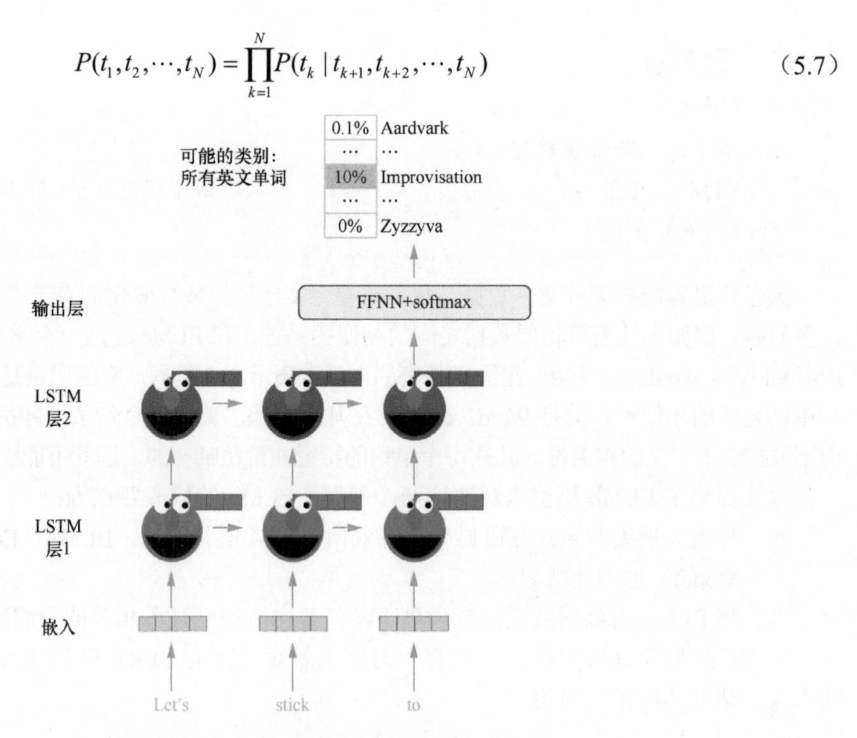

图 5.3　双向语言模型的前向部分

同样，对于一个 L 层的反向 LSTM，其输入为$\boldsymbol{x}_k^{\mathrm{LM}}$，每一层都会输出一个$\overleftarrow{\boldsymbol{h}}_{k,j}^{\mathrm{LM}}$，最后一层的输出为$\overleftarrow{\boldsymbol{h}}_{k,L}^{\mathrm{LM}}$。

双向语言模型则是上面两个 LSTM 的结合，通过最大化对数似然估计来完成模型的训练，如式（5.8）所示：

$$\sum_{k=1}^{N}[\log P(t_k \mid t_1,\cdots,t_{k-1};\Theta_{\boldsymbol{x}},\vec{\Theta}_{\mathrm{LSTM}},\Theta_{\boldsymbol{s}}) + \log P(t_k \mid t_{k+1},\cdots,t_N;\Theta_{\boldsymbol{x}},\overleftarrow{\Theta}_{\mathrm{LSTM}},\Theta_{\boldsymbol{s}})] \tag{5.8}$$

其中，$\Theta_{\boldsymbol{x}}$是标志嵌入（token embedding），$\Theta_{\boldsymbol{s}}$是输出层的参数，整个过程如图 5.4 所示。

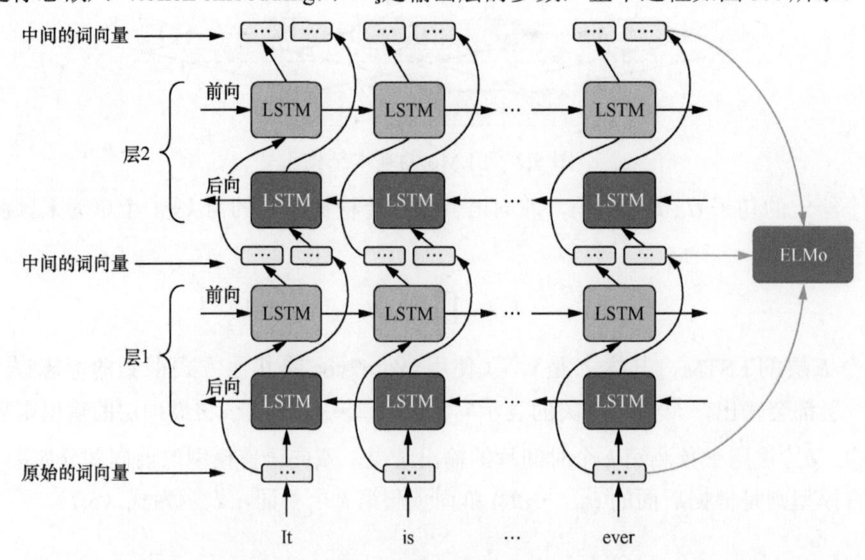

图 5.4　ELMo 双向语言模型的可视化

5.2.2 ELMo详解

ELMo的作用便是根据5.2.1节的双向语言模型，为每个单词学习一个嵌入向量，如图5.5所示。对一个L层的双向语言模型来说，每个单词是$2L+1$个特征向量的结合，它们分别是前向LSTM的L个输出、后向LSTM的L个输出和这个单词的词嵌入，如式（5.9）所示。

$$R_k=\{\boldsymbol{x}_k^{\mathrm{LM}},\vec{\boldsymbol{h}}_{k,j}^{\mathrm{LM}},\overleftarrow{\boldsymbol{h}}_{k,j}^{\mathrm{LM}} \mid j=1,2,\cdots,L\}=\{\boldsymbol{h}_{k,j}^{\mathrm{LM}} \mid j=0,1,\cdots,L\} \tag{5.9}$$

注意，两个等式的下标分别从1和0开始，当$j=0$时，$\boldsymbol{x}_k^{\mathrm{LM}}=\boldsymbol{h}_{k,0}^{\mathrm{LM}}$，当$j>0$时，$\boldsymbol{h}_{k,j}^{\mathrm{LM}}=\left[\vec{\boldsymbol{h}}_{k,j}^{\mathrm{LM}};\overleftarrow{\boldsymbol{h}}_{k,j}^{\mathrm{LM}}\right]$。

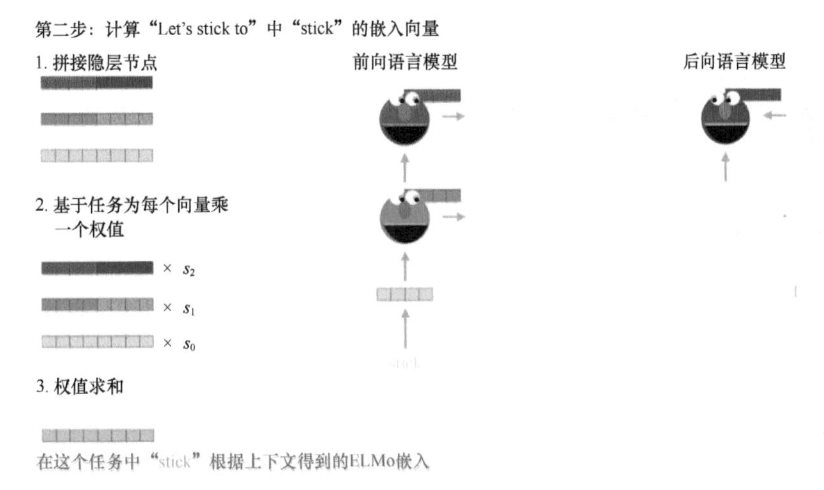

图5.5　使用双向语言模型得到ELMo的词向量

将ELMo应用到下游任务时，我们需要将$L+1$个节点特征向量整合成一个，表示为$\mathrm{ELMo}_k=E\left(R_k;\boldsymbol{\Theta}_e\right)$，$\boldsymbol{\Theta}_e$为ELMo模型中的全部参数，一个最简单的方式便是直接取最后一层的输出作为ELMo生成的嵌入向量，表示为$E(R_k)=\boldsymbol{h}_{k,L}^{\mathrm{LM}}$。但是考虑到不同深度的LSTM层表征不同的特征，例如浅层的特征具有更强的句法表征能力，而越深的层则更具有语义表征能力，因此作者根据这个原理，提出了式（5.10）所示的与任务有关的聚合方式：

$$\mathrm{ELMo}_k^{\mathrm{task}}=E(R_k;\boldsymbol{\Theta}^{\mathrm{task}})=\gamma^{\mathrm{task}}\sum_{j=0}^{L}s_j^{\mathrm{task}}\boldsymbol{h}_{k,j}^{\mathrm{LM}} \tag{5.10}$$

其中，s^{task}是softmax之后的概率值，是可以学习的参数，相当于注意力。标量参数γ^{task}用于对整个ELMo向量按比例缩放，γ的值对不同任务的优化至关重要。$\boldsymbol{\Theta}^{\mathrm{task}}$是模型的全部参数。

图5.6可视化了s_j^{task}在不同的任务中学到的不同的值，可以看出不同任务之间的权值差异还是很大的。

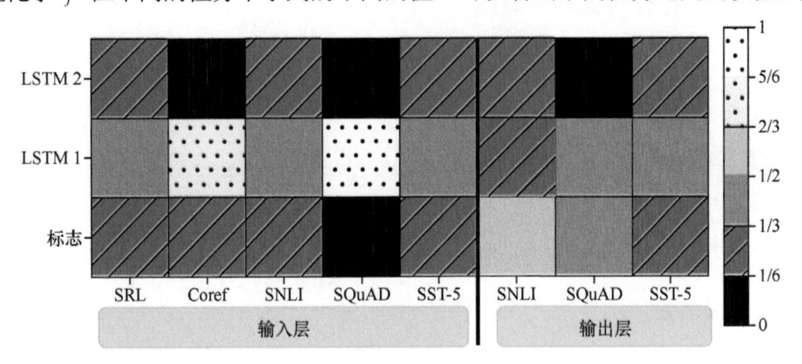

图5.6　s_j^{task}在不同的任务中学到的不同的值

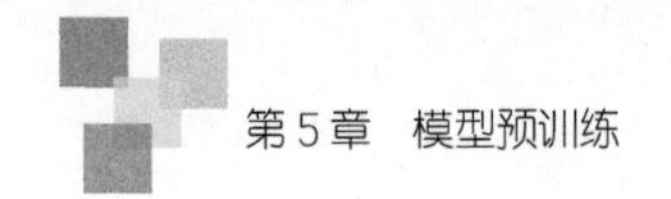

另外，由于每个双向语言模型的层有着不同的分布，在某些情况下加入 LN[1] 会很有帮助。

5.2.3 应用 ELMo 到下游任务

论文中提到了多种使用 ELMo 的方式，而选择使用何种方式往往是由任务决定的，目前来看貌似没有一个大一统的理论来说明某种类型的任务就适应某种使用方式。下面我们将列出这些方式，如果你在任务中用到了 ELMo，不妨将其作为一个超参数：

（1）将词嵌入和 ELMo 的输出拼接得到的 $[\boldsymbol{x}_k;\text{ELMo}_k^{\text{task}}]$ 作为模型的输入；

（2）将隐层节点的输出与 ELMo 的输出拼接得到 $[\boldsymbol{h}_k;\text{ELMo}_k^{\text{task}}]$；

（3）将 ELMo 作用到输入层；

（4）将 ELMo 作用到输出层。

另外两个可以提升下游任务效果的方式包括：

- 使用 Dropout 或者 L2 正则化；
- 根据任务使用海量数据对 ELMo 模型进行微调。

5.2.4 小结

ELMo 模型有 3 个优点。

- **ELMo 具有处理一词多义的能力**。因为 ELMo 中每个单词的嵌入并不是固定的，在将这个单词的嵌入输入双向 LSTM 之后，它的值会随着上下文内容的不同而改变，从而学到和上下文相关的嵌入。
- **ELMo 具有不同层次的表征能力**。我们知道，对一个多层的网络来说，不同的深度具有不同的表征能力，越接近输入层的网络层学到的特征越接近输入的原始特征，而越接近输出层的网络层学到的特征则越具有好的语义表征能力。ELMo 使用了对多层 LSTM 的输出进行自适应加权的结构注意力机制，它可以根据下游任务自适应调整 ELMo 的输出，让 ELMo 与下游任务相适应。
- **ELMo 具有非常强大的灵活性**：除了 ELMo 本身的输入可以调整，ELMo 还可以以各种形式和下游任务进行结合。通过 ELMo 得到的仅是当前时间片的输入的编码结果，因此可以将 ELMo 加入输入层、隐层和输出层。

ELMo 是最早一批将深度学习应用到词向量学习的任务中的模型，它的思想对后续的 BERT 等产生了巨大的影响。另外使用 ELMo 的策略绝对不局限于 5.2.3 节中所介绍的，读者在使用 ELMo 时可以自行探索最适合自己任务的结合策略。

5.3 GPT-1、GPT-2 和 GPT-3

在本节中，先验知识包括：

- ❑ Transformer（4.3 节）；
- ❑ BERT（5.4 节）；
- ❑ LN（6.3 节）；
- ❑ 残差网络（1.4 节）。

1 参见 Jimmy Lei Ba、Jamie Ryan Kiros、Geoffrey E. Hinton 的论文“Layer Normalization”。

通用预训练 Transformer（generative pre-trained Transformer，GPT）系列是由 OpenAI 提出的非常强大的预训练语言模型，这一系列的模型可以在非常复杂的 NLP 任务中取得非常惊艳的效果，如文章生成、代码生成、机器翻译、问答等，而完成这些任务并不需要有监督学习进行模型微调。对于一个新的任务，在使用 GPT 作为预训练模型之后，我们训练这个任务时仅需要极少的数据，便可以得到近似使用大数据训练的模型的结果。

当然，如此强大的功能并不是一个简单的模型能搞定的，GPT 模型的训练需要超大的训练语料、超多的模型参数和超强的计算资源。GPT 系列的模型架构秉承了不断堆叠 Transformer 的思想，通过不断提升训练语料的规模和质量、增加网络的参数数量来完成 GPT 系列的迭代更新，如表 5.1 所示。GPT 也证明了，通过不断提升模型容量和语料规模，模型的能力是可以不断提升的。

表 5.1 GPT 系列的发布时间、参数数量和预训练数据量

模型	发布时间	参数数量	预训练数据量
GPT	2018 年 6 月	1.17 亿	约 5GB
GPT-2	2019 年 2 月	15 亿	约 40GB
GPT-3	2020 年 5 月	1 750 亿	约 45TB

本节会依次介绍 GPT-1、GPT-2，GPT-3，并介绍它们基于上个版本的改进点，共包括 4 个主要方向：算法的思想和目标、使用的数据集和预处理方式、模型架构以及算法的性能。

5.3.1 GPT-1：无监督学习

在 GPT-1（和 ELMo 同一年）之前，传统的 NLP 模型往往使用大量的数据对有监督的模型进行任务相关的模型训练，但是这种有监督学习的任务存在两个缺点。

- 需要大量的标注数据。高质量的标注数据往往很难获得，因为在很多任务中，数据的标签并不是唯一的或者实例标签并不存在明确的边界。
- 根据一个任务训练的模型很难泛化到其他任务中，并且这个模型只能叫作“领域专家”，而不是真正地理解了 NLP。

这里介绍的 GPT-1 的思想是先通过在无标签的数据上学习一个通用的语言模型，然后根据特定任务进行微调，其处理的有监督任务如下。

- 自然语言推理（natural language inference）：判断两个句子是包含（entailment）关系、矛盾（contradiction）关系，还是中立（neutral）关系。
- 问答和常识推理（question answering and commonsense reasoning）：类似于多选题，输入一篇文章、一个问题以及若干个候选答案，输出每个答案的预测概率。
- 语义相似度（semantic similarity）：判断两个句子语义上是否相关。
- 分类（classification）：判断输入文本属于指定的哪个类别。

将无监督学习作用于有监督模型的预训练目标，叫作通用预训练。

1. GPT-1 的训练

GPT-1 的训练分为自监督预训练和有监督的模型微调，下面进行详细介绍。

自监督预训练：GPT-1 的自监督预训练是基于语言模型实现的，给定一个无标签的序列 $\boldsymbol{U}=\{\boldsymbol{u}_1,\cdots,\boldsymbol{u}_n\}$，语言模型的优化目标是最大化式（5.11）的似然值：

$$L_1(\boldsymbol{U})=\sum_i \log P(\boldsymbol{u}_i \mid \boldsymbol{u}_{i-k},\cdots,\boldsymbol{u}_{i-1};\boldsymbol{\Theta}) \tag{5.11}$$

其中，k 是滑动窗口的大小，P 是条件概率，$\boldsymbol{\Theta}$ 是模型的参数。这些参数使用 SGD 进行优化。

在 GPT-1 中，使用了 12 个 Transformer 块作为解码器，每个 Transformer 块采用多头的自注意力机制，然后通过全连接得到输出的概率分布，如图 5.7 所示。

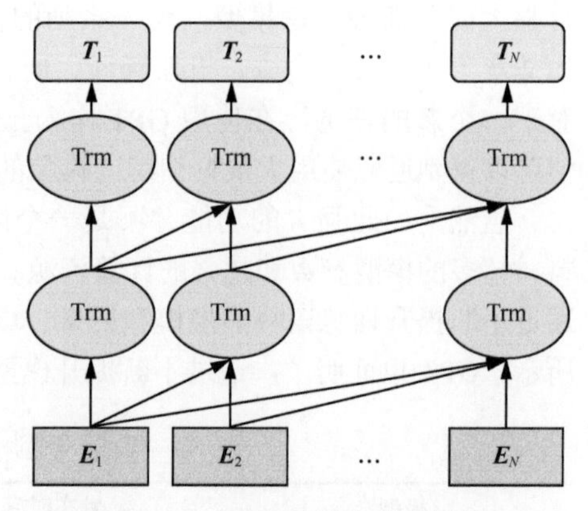

图 5.7 GPT 系列的基本框架

$$\begin{aligned} \boldsymbol{h}_0 &= \boldsymbol{U}\boldsymbol{W}_{\text{e}} + \boldsymbol{W}_{\text{p}} \\ \boldsymbol{h}_l &= \text{transformer\_block}(\boldsymbol{h}_{l-1}) \forall i \in [1,n] \\ P(u) &= \text{softmax}(\boldsymbol{h}_n \boldsymbol{W}_{\text{e}}^{\text{T}}) \end{aligned} \tag{5.12}$$

式（5.12）中，$\boldsymbol{U}=(\boldsymbol{u}_{-k},\cdots,\boldsymbol{u}_{-1})$是当前时间片的上下文标志，$n$ 是层数，$\boldsymbol{W}_{\text{e}}$ 是词嵌入矩阵，$\boldsymbol{W}_{\text{p}}$ 是位置嵌入矩阵。

有监督的模型微调：当得到无监督的预训练模型之后，我们将它的值直接应用到有监督任务中。对于一个有标签的数据集 $\mathcal{C}$，每个实例有 m 个输入标志 $\{\boldsymbol{x}_1,\cdots,\boldsymbol{x}_m\}$，它对应标签 $\boldsymbol{y}$。首先将这些标志输入训练好的预训练模型中，得到最终的特征向量$\boldsymbol{h}_l^m$。然后通过全连接层得到预测结果 $\boldsymbol{y}$，如式（5.13）所示：

$$P(\boldsymbol{y} \mid \boldsymbol{x}_1,\cdots,\boldsymbol{x}_m) = \text{softmax}(\boldsymbol{h}_l^m \boldsymbol{W}_y) \tag{5.13}$$

其中，$\boldsymbol{W}_y$ 为全连接层的参数。有监督的目标则是最大化式（5.13）的值，如式（5.14）所示。

$$L_2(\mathcal{C}) = \sum_{x,y} \log P(\boldsymbol{y} \mid \boldsymbol{x}_1,\cdots,\boldsymbol{x}_m) \tag{5.14}$$

作者并没有直接使用损失函数 L_2，而是向其中加入了损失函数 L_1，并使用 λ 进行两个任务权值的调整，λ 的值一般为 0.5，如式（5.15）所示。

$$L_3(\mathcal{C}) = L_2(\mathcal{C}) + \lambda L_1(\mathcal{C}) \tag{5.15}$$

当进行有监督的模型微调的时候，我们只训练输出层的 $\boldsymbol{W}_y$ 和分隔符（delimiter）的嵌入值。

2. 任务相关的输入变换

在上文中，我们介绍了 GPT-1 处理的 4 个不同的任务，这些任务有的只有一个输入，有的则有多组形式的输入。对于不同的输入，GPT-1 有不同的处理方式，如图 5.8 所示，具体介绍如下。

- 分类：将起始和终止标志加入原始序列两端，输入 Transformer 中得到特征向量，最后经过全连接得到预测的概率分布。
- 自然语言推理：将前提（premise）和假设（hypothesis）用分隔符隔开，两端加上起始和终止标志，再依次通过 Transformer 和全连接得到预测结果。
- 语义相似度：输入的两个句子，正向和反向各拼接一次，然后分别输入 Transformer，得到的特征向量拼接后再通过全连接得到预测结果。
- 问答和常识推理：将 n 个选项的问题抽象化为 n 个二分类问题，即每个选项分别和内容进行拼接，然后送入 Transformer 和全连接中，最后选择置信度最高的作为预测结果。

3. GPT-1 的数据集

GPT-1 使用了 BooksCorpus 数据集[1]，作者选这个数据集的原因有二：数据集拥有更长的上下文，使得模型能学得更长期的依赖关系；该数据集很难在下游数据集上见到，更能验证模型的泛化能力。

1 参见 Yukun Zhu、Ryan Kiros、Richard Zemel 等人的论文“Aligning Books and Movies: Towards Story-like Visual Explanations by Watching Movies and Reading Books”。

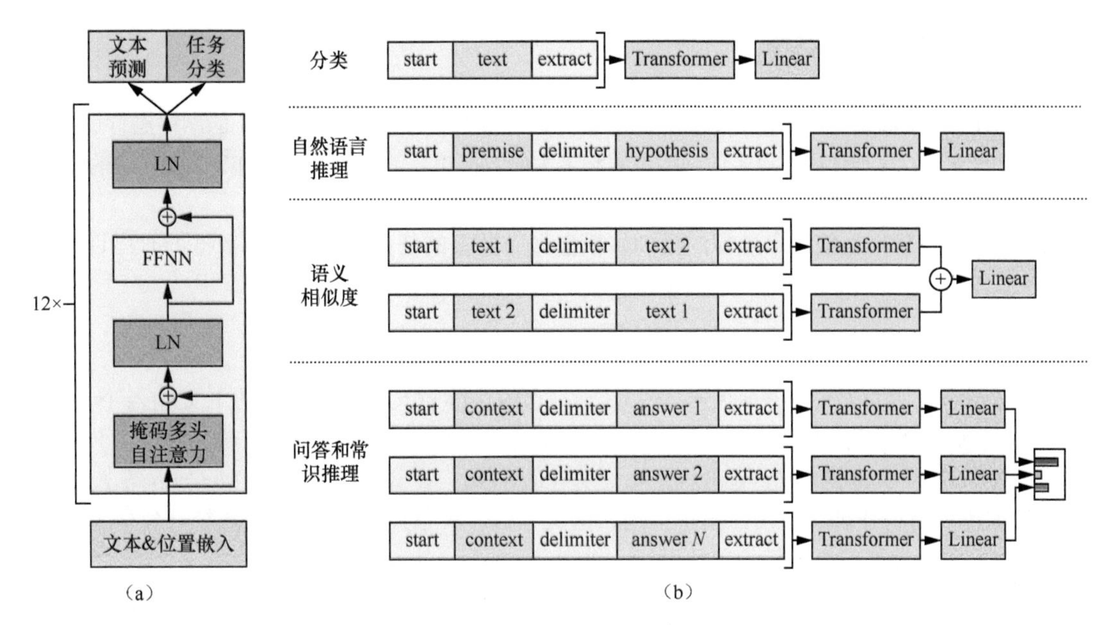

图 5.8 Transformer 的基本结构 (a) 和 GPT-1 应用到不同任务上输入数据的变换方式 (b)

4. 训练细节

GPT-1 使用了 12 层的 Transformer 和掩码自注意力头，掩码使模型看不见之后的信息，得到的模型泛化能力更强。其中，自监督预训练使用的超参数为：

（1）使用字节对编码（byte pair encoding，BPE），共有 40 000 个字节对；

（2）词编码的长度为 768；

（3）位置编码也需要学习；

（4）12 个 Transformer 块，每个 Transformer 块有 12 个头；

（5）位置编码的长度是 3072；

（6）注意力、残差、Dropout 等机制用来进行正则化，丢弃比例为 0.1；

（7）激活函数为 GELU；

（8）训练的批次大小为 64，学习率为 2.5×10^{-4}，序列长度为 512，序列 epoch 数为 100；

（9）模型参数数量约为 1.17 亿。

有监督微调使用的参数细节为：

- 自监督部分的模型也会用来微调；
- 训练的 epoch 数为 3，学习率为 6.25×10^{-5}，这表明模型在自监督部分学到了大量有用的特征。

5. GPT-1 的性能

在有监督学习的 12 个任务中，GPT-1 在 9 个任务上的表现超过了当时最优的模型。在没有见过数据的零样本学习任务中，基于 GPT-1 的模型的表现要比基于 LSTM 的模型的表现稳定，且随着训练次数的增加，GPT-1 的性能也逐渐提升，表明 GPT-1 有非常强的泛化能力，能够用到和有监督任务无关的其他 NLP 任务中。GPT-1 证明了 Transformer 学习语言模型的强大能力，在 GPT-1 得到的词向量基础上进行下游任务的学习，能够让下游任务取得更好的泛化能力。对于下游任务的训练，GPT-1 往往只需要简单的微调便能取得非常好的效果。

GPT-1 在未经微调的任务上虽然也有一定效果，但是其泛化能力远远低于经过微调的有监督任务，说明了 GPT-1 只是一个简单的领域专家，而非通用的语言学家。

5.3.2 GPT-2：多任务学习

GPT-2 的目标是训练一个泛化能力更强的预训练语言模型，它并没有对 GPT-1 的网络进行过多的结构上的创新与设计，只是使用了更多的网络参数和更大的数据集。下面我们对 GPT-2 展开详细的介绍。

1. GPT-2 的核心思想

GPT-2 的学习目标是**使用自监督的预训练模型做有监督的任务**。因为文本数据的时序性，一个输出序列可以表示为一系列条件概率的乘积，如式（5.16）所示。

$$P(\boldsymbol{x})=\prod_{i=1}^{n}P(\boldsymbol{s}_n \mid \boldsymbol{s}_1,\cdots,\boldsymbol{s}_{n-1}) \tag{5.16}$$

上式也可以表示为 $P(\boldsymbol{s}_{n-k},\cdots,\boldsymbol{s}_n|\boldsymbol{s}_1,\boldsymbol{s}_2,\cdots,\boldsymbol{s}_{n-k-1})$，它的实际意义是根据已知的上文输入 $\{\boldsymbol{s}_1,\boldsymbol{s}_2,\cdots,\boldsymbol{s}_{n-k-1}\}$ 预测未知的下文输出 $\{\boldsymbol{s}_{n-k},\cdots,\boldsymbol{s}_k\}$，因此语言模型可以表示为 P(输出 | 输入)。对于一个有监督的任务，它可以建模为 P(输出 | 输入,任务) 的形式。在 decaNLP[1] 中，McCann 等人提出的 MQAN 模型可以将机器翻译、自然语言推理、语义分析、关系提取等 10 类任务统一建模为一个分类任务，而无须再为每一个子任务单独设计一个模型。

基于上面的思想，作者认为，当一个语言模型的容量足够大时，它就足以覆盖所有的有监督任务，也就是说**所有的有监督任务都是自监督语言模型的子集**。例如当模型训练完“Micheal Jordan is the best basketball player in the history”语料的语言模型之后，便也学会了（question：“who is the best basketball player in the history ?”，answer: “Micheal Jordan”）的问答任务。

综上，GPT-2 的核心思想可以概括为：任何有监督任务都是语言模型的子集，当模型的容量非常大且数据量足够丰富时，仅仅靠训练语言模型的学习便可以完成其他有监督任务。

2. GPT-2 的数据集

GPT-2 的数据集取自 Reddit 上高赞的文章，命名为 WebText。数据集共有约 800 万篇文章，累计大小约 40GB。为了避免和测试集的冲突，WebText 移除了涉及 Wikipedia 的文章。

3. 模型参数

模型具体参数如下：

- 同样使用了字节对编码构建字典，字典的单词数为 50 257；
- 滑动窗口的大小为 1024；
- 批次大小为 512；
- LN 移动到了每一块的输入部分，在每个自注意力之后额外添加了一个 LN；
- 将残差层的初始化值用 $1/\sqrt{N}$ 进行缩放，其中 N 是残差层的个数。

GPT-2 训练了 4 个层数和词向量长度不同的模型，具体值如表 5.2 所示。通过论文中提供的实验数据，我们可以看出随着模型的增大，模型的效果是不断提升的。

表 5.2 GPT-2 训练的 4 个模型的参数数量、层数和词向量长度

参数数量	层数	词向量长度
1.17×10^8(GPT-1)	12	768
3.45×10^8	24	1 024
7.62×10^8	36	1 280
1.542×10^9	48	1 600

1 参见 Bryan McCann、Nitish Shirish Keskar、Caiming Xiong 等人的论文“The Natural Language Decathlon: Multitask Learning as Question Answering”。

4. GPT-2 的性能

对比 GPT-1，GPT-2 引入了更多的参数和训练集，它通过提示学习（prompt learning）的思想，将更复杂的语义信息加入预训练任务中，因此可以在很多无监督的数据集下取得当时最优的效果，具体如下。

- 在 8 个语言模型任务中，仅仅通过零样本学习（zero-shot learning），GPT-2 就达到了 7 个任务中的最优值。
- 在“Children’s Book Test”数据集上的命名实体识别任务中，GPT-2 超过了当时最优的方法约 7%。
- “LAMBADA”是测试模型捕捉长期依赖的能力的数据集，GPT-2 将困惑度从 99.8% 降到了 8.6%。
- 在阅读理解数据中，GPT-2 超过了 4 个基线模型中的 3 个。
- 在法译英任务中，GPT-2 在零样本学习的基础上，表现超过了大多数的自监督方法，但是比有监督的先进模型要差。
- GPT-2 在文本总结的表现不理想，但是它的效果和有监督的模型非常接近。

5. 总结

GPT-2 的最大贡献是验证了通过海量数据和大量参数训练出来的预训练语言模型可以迁移到其他类别任务中而不需要额外的训练。但是很多实验也表明，GPT-2 的自监督学习的能力还有很大的提升空间，甚至在有些任务上的表现不比随机的好。尽管 GPT-2 在有些零样本的任务上表现不错，但是我们仍不清楚 GPT-2 的这种策略究竟能做成什么样子。GPT-2 表明随着模型容量和数据量的增大，其潜能还有进一步开发的空间，基于这个思想，诞生了我们下面要介绍的 GPT-3。

5.3.3 GPT-3：海量参数

截至编写本节时，GPT-3 是目前最强大的预训练模型，仅仅需要零样本学习或者少样本学习，GPT-3 就可以在下游任务表现得非常好。除了几个常见的 NLP 任务，GPT-3 在很多非常困难的任务上也有惊艳的表现，例如撰写人类难以判断是否由机器生成的文章，甚至编写 SQL 查询语句、React 或者 JavaScript 代码等。而这些强大能力则依赖于 GPT-3 1 750 亿的参数数量、45TB 的训练数据以及高达 1200 万美元的训练费用。

1. 情境学习

情境学习（in-context learning）是这篇论文中介绍的一个重要概念，要理解情境学习，我们需要先理解元学习（meta-learning）[1]。对一个少样本的任务来说，模型的初始化值非常重要，以一个好的初始化值作为起点，模型能够尽快收敛，使得到的结果非常快地逼近全局最优解。元学习的核心思想在于通过少量的数据寻找一个合适的初始化范围，使得模型能够在有限的数据集上快速拟合，并获得不错的效果。

这里介绍的是模型无关元学习（model-agnostic meta-learning，MAML）算法[2]，如算法 1 所示。正常的监督学习将数据打包成批次进行学习，但是元学习将任务打包成批次，每个批次分为支持集（support set）和质询集（query set），类似于学习任务中的训练集和测试集。

1 参见 Chelsea Finn、Pieter Abbeel、Sergey Levine 的论文“Model-Agnostic Meta-Learning for Fast Adaptation of Deep Networks”和 Aravind Rajeswaran、Chelsea Finn、Sham Kakade 等人的论文“Meta-Learning with Implicit Gradients”。

2 参见 Chelsea Finn、Pieter Abbeel、Sergey Levine 的论文“Model-Agnostic Meta-Learning for Fast Adaptation of Deep Networks”。

算法 1　模型无关元学习

输入：$p(\mathcal{T})$ 为基于任务的分布

输入：α、β 为步长（超参数）

1: 随机初始化 θ

2: **while** 未完成 **do**

3: 　　采样一批任务 $\mathcal{T}_i \sim p(\mathcal{T})$

4: 　　**for** $\mathcal{T}_i$ **do**

5: 　　　　使用 K 个样本评估 $\nabla_\theta \mathcal{L}_{\mathcal{T}_i}(f_\theta)$

6: 　　　　计算自适应参数和梯度下降：$\theta_i' = \theta - \alpha \nabla_\theta \mathcal{L}_{\mathcal{T}_i}(f_{\theta_i'})$

7: 　　**end for**

8: 　　更新 $\theta \leftarrow \theta - \beta \nabla_\theta \sum_{\mathcal{T}_i \sim p(\mathcal{T})} \mathcal{L}_{\mathcal{T}_i}(f_{\theta_i'})$

9: **end while**

对一个网络模型 f，其参数表示为 θ，它的初始化值叫作元初始化（meta-initialization）。MAML 的目标则是学习一组元初始化，并将其快速应用到其他任务中。MAML 的迭代涉及两次参数更新，分别是内循环（inner loop）和外循环（outer loop）。内循环是根据任务标签快速地对具体的任务进行学习和适应，而外循环则是对元初始化进行更新。直观地理解，我们用一组元初始化去学习多个任务，如果每个任务都学得比较好，则说明这组元初始化是一组不错的初始化值，否则我们就对这组值进行更新，如图 5.9 所示。目前的实验结果表明从元学习过渡到学习一个通用的预训练语言模型还是有很多工作要做的。

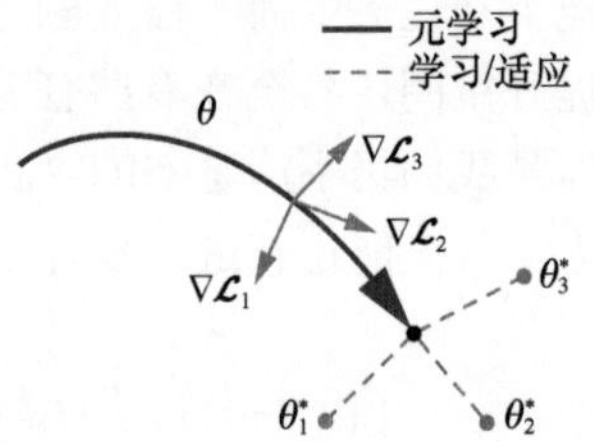

图 5.9　元学习的可视化结果

GPT-3 中介绍的情境学习是元学习的内循环，而基于语言模型的 SGD则是外循环，如图 5.10 所示。

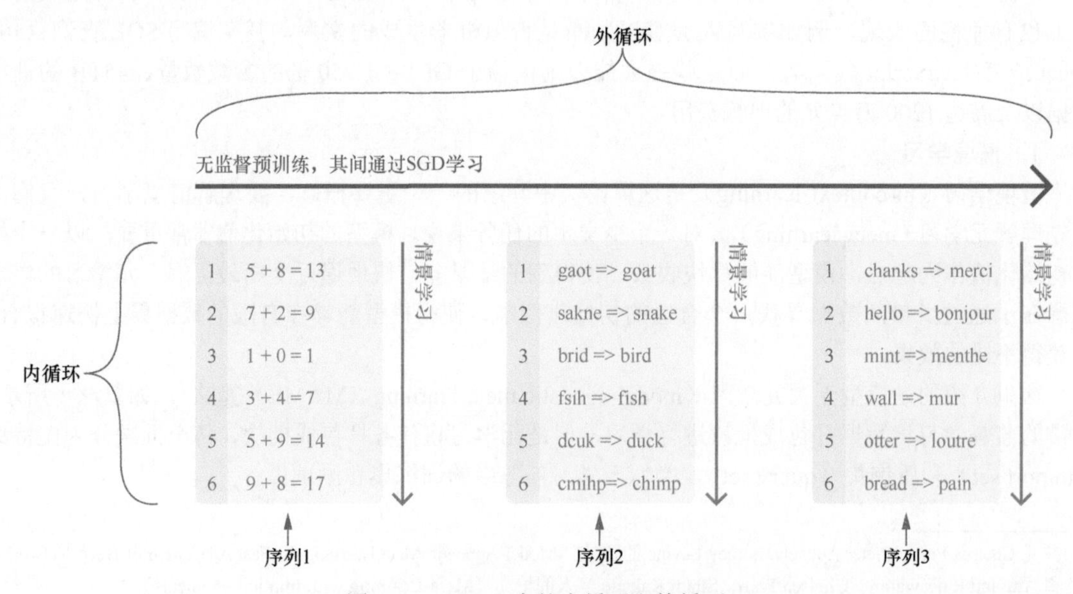

图 5.10　GPT-3 中的内循环和外循环

除了引入大量数据，模型优化的另外一个方向则是提供容量足够大的 Transformer 模型来对语言模型进行建模。而近年来使用大规模的网络来训练语言模型也成了非常行之有效的策略，这也促使 GPT-3 一口气将模型参数数量提高到 1750 亿个。

2. 少样本学习、一次学习、零样本学习

在少样本学习中，提供若干个（10 ～ 100 个）示例和任务描述供模型学习。一次学习（one-shot learning）则仅提供一个示例和任务描述。而零样本学习不提供示例，只是在测试时提供任务的具体描述。作者对这 3 种学习方式分别进行了实验，实验结果表明，3 种学习方式的效果都会随着模型容量的上升而提升，且少样本学习 > 一次学习 > 零样本学习，如图 5.11 所示。

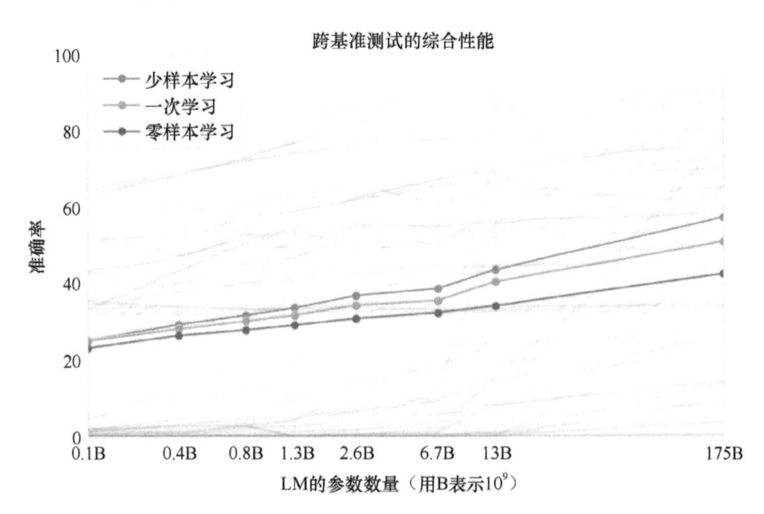

图 5.11 随着参数数量的提升，3 种学习方式的模型的效果均有了不同程度的提升

从理论上讲 GPT-3 也是支持微调的，但是微调需要利用海量的标注数据进行训练才能获得比较好的效果，而这样会造成在其他未训练过的任务上表现差，所以 GPT-3 并没有尝试微调。

3. 数据集

GPT-3 共训练了 5 个不同的语料数据集，分别是低质量的 Common Crawl、高质量的 WebText2、Books1、Books2 和 Wikipedia，GPT-3 根据数据集质量的不同赋予了其不同的权值，权值越高的数据集在训练的时候越容易抽样到，如表 5.3 所示。

表 5.3 GPT-3 使用的数据集的数据量样本占比

数据集	数据量（标志数）	训练时的样本占比	训练 3 000 亿个标志时经过的 epoch 数
Common Crawl (filtered)	4100 亿	60%	0.44
WebText2	190 亿	22%	2.9
Books1	120 亿	8%	1.9
Books2	550 亿	8%	0.43
Wikipedia	30 亿	3%	3.4

4. 模型

GPT-3 沿用了 GPT-2 的结构，但是在网络容量上做了很大的提升，具体如下：

- GPT-3 采用了 96 层的多头 Transformer，头的个数为 96；
- 词向量的长度是 12 888；
- 上下文滑窗的窗口大小提升至 2048 个标志；

● 使用了交替密集（alternating dense）和局部带状稀疏注意力（locally banded sparse attention）[1]。

5. GPT-3 的性能

仅仅用“令人惊艳”很难描述 GPT-3 的优秀表现。首先，在大量的语言模型数据集中，GPT-3 超过了绝大多数的零样本学习或者少样本学习的先进方法。另外 GPT-3 在很多复杂的 NLP 任务中也超过了微调之后的先进方法，如闭卷问答、模式解析、机器翻译等。除了这些传统的 NLP 任务，GPT-3 在一些其他的领域也取得了非常惊人的效果，如进行数学加法、文章生成、编写代码等。

5.3.4 小结

GPT 系列从 1 到 3，全部采用的是 Transformer 架构，可以说并没有创新性的模型架构设计。在 Microsoft 的资金支持下，这更像是一场“赤裸裸的炫富”：1750 亿的参数，31 个分工明确的作者，超强算力的计算机（285 000 个 CPU、10 000 个 GPU），1200 万美元的训练费用，45TB 的训练数据（Wikipedia 的全部数据只相当于其中的 0.6%）。这种规模的模型是一般中小企业无法承受的，而个人花费巨额配置的单卡机器也就只能做做微调或者打打游戏，甚至在训练 GPT-3 时出现了一个 bug，OpenAI 自己也没有资金重新训练了。

理解了 GPT-3 的原理，我们就能客观地看待媒体对 GPT-3 的过分神化了。GPT-3 的本质还是通过海量的参数学习海量的数据，然后依赖 Transformer 强大的拟合能力使得模型能够收敛。基于这个原因，GPT-3 学到的模型分布也很难摆脱它的数据集的分布情况。得益于庞大的数据集，GPT-3 可以完成一些令人感到惊喜的任务，但是 GPT-3 也不是万能的，对一些明显不在这个分布或者和这个分布有冲突的任务来说，GPT-3 还是无能为力的。例如通过目前的测试来看，GPT-3 还是有很多缺点的：

● 对于一些命题没有意义的问题，GPT-3 不会判断命题有效与否，而是拟合一个没有意义的答案出来；
● 由于 40TB 的海量数据的存在，很难保证 GPT-3 生成的文章不包含一些非常敏感的内容，如种族歧视、性别歧视、宗教偏见等；
● 受限于 Transformer 的建模能力，GPT-3 并不能保证生成的一篇长文章或者一本图书的连贯性，存在下文不停重复上文的问题。

GPT-3 对 AI 领域的影响无疑是深远的，如此性能强大的语言模型，为下游各种类型的 NLP 任务提供了非常优秀的预训练语言模型，在此基础上必将落地更多有趣的 AI 应用。近年来，硬件的性能在飞速发展，而算法的研究似乎遇到了瓶颈，GPT-3 给“冷清”的 AI 领域注入了一剂“强心剂”，告诉各大硬件厂商它们的工作还要加油，只要算力足够强，AI 的性能还有不断提升的空间。

同时 GPT-3 如此高昂的计算代价也引发了一些关于 AI 领域垄断的担心，对于如此高的算力要求，中小企业是否有能力负担，或者对这些企业来说，是否有必要花这么多钱训练一个预训练语言模型。长此以往，恐怕会形成 AI“巨头”对算力要求高的算法的技术垄断。

5.4 BERT

在本节中，先验知识包括：

❑ Transformer（4.3 节）； ❑ ELMo（5.2 节）；
❑ GPT（5.3 节）。

1 参见 Rewon Child、Scott Gray、Alec Radford 等人的论文“Generating Long Sequences with Sparse Transformers”。

BERT 被提出之后，作为 Word2vec、ELMo 以及 GPT-1 的替代者，其在 NLP 领域的 11 个方向大幅刷新了精度，可以说是近年来自残差网络后最具有突破性的一项技术了。论文的主要特点如下：

- 使用了 Transformer 作为算法的主要框架，Transformer 能更彻底地捕捉语句中的双向关系；
- 使用了 MLM 和 NSP 任务的多任务训练目标；
- 使用更强大的机器训练更大规模的数据，使 BERT 的结果达到了全新的高度，并且 Google 开源了 BERT 模型，用户可以直接使用 BERT 作为 Word2vec 的转换矩阵并高效地将其应用到自己的任务中。

BERT 的本质是通过在海量语料的基础上运行自监督学习方法为单词学习一个好的特征表示，所谓自监督学习是指在没有人工标注的数据上运行的监督学习。在以后特定的 NLP 任务中，我们可以直接使用 BERT 的特征表示作为该任务的词嵌入特征。所以 BERT 提供的是一个可以供其他任务迁移学习的模型，该模型可以根据任务微调或者固定之后作为特征提取器。

5.4.1 BERT 详解

1. 网络结构

BERT 的网络结构使用的是 4.3 节中介绍的多层 Transformer 结构，其最大的特点是抛弃了传统的 RNN 和 CNN，通过自注意力机制将任意位置的两个单词的距离转换成 1，有效地解决了 NLP 中棘手的长期依赖问题。Transformer 的结构在 NLP 领域中已经得到了广泛应用，并且作者已经将其发布在 TensorFlow 的 tensor2tensor 库中。

Transformer 的完整结构如图 4.41 所示。Transformer 采用的是编码器 - 解码器的结构，由若干个编码器和解码器堆叠而成。图 4.41 的左侧部分为编码器，由多头注意力和一个全连接组成，用于将输入语料转化成特征向量。图 4.41 的右侧部分是解码器，其输入为编码器的输出和已经预测的结果，由掩码多头注意力、多头注意力和一个全连接组成，用于输出最后结果的条件概率。

图 4.41 所示的是一个 Transformer 块，对应图 5.12 中的一个“Trm”。

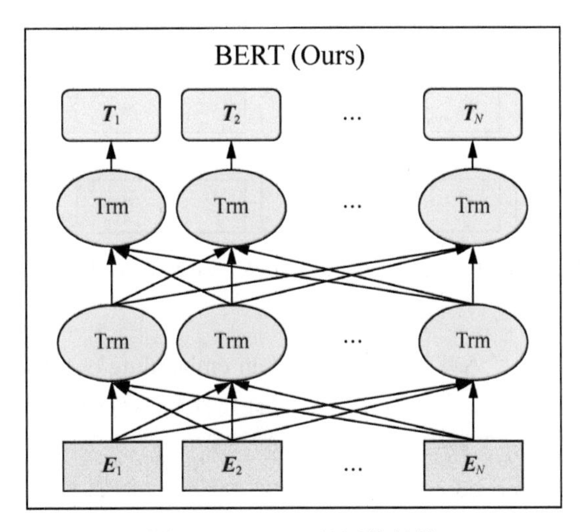

图 5.12　BERT 的网络结构

BERT 提供了简单和复杂两个模型，对应的超参数分别如下。

- $BERT_{BASE}$：$L=12$，$H=768$，$A=12$，参数总量 1.1×10^8。
- $BERT_{LARGE}$：$L=24$，$H=1024$，$A=16$，参数总量 3.4×10^8。

在上面的超参数中，L 表示网络的层数（即 Transformer 块的数量），A 表示多头注意力模块中自注意力的头的数量，隐层节点数是 H。

论文中还对比了 OpenAI GPT 和 ELMo，它们两个的结构如图 5.13 所示。

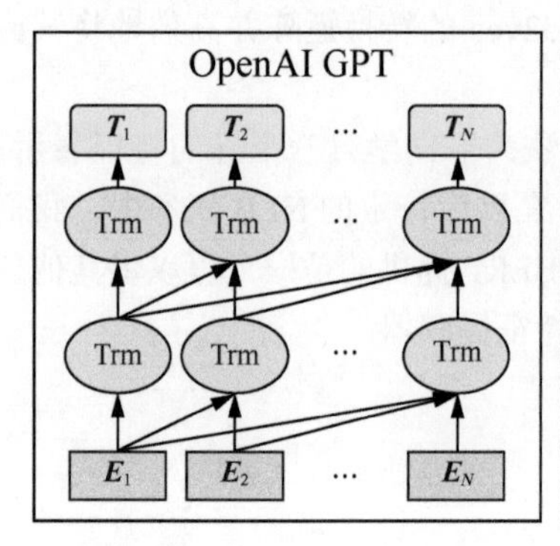

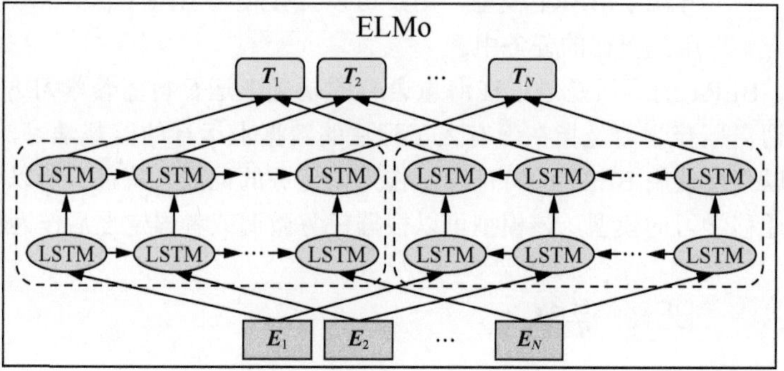

图 5.13 OpenAI GPT 和 ELMo

BERT 相对这两个算法的优点是只有 BERT 表征会**基于所有层中的左右两侧语境**。BERT 能做到这一点得益于 Transformer 中自注意力机制将任意位置的两个单词的距离转换成了 1。

2. 输入表示

BERT 的输入的编码向量（长度是 512）是 3 个嵌入特征的单位和，如图 5.14 所示。这 3 个词的嵌入特征如下。

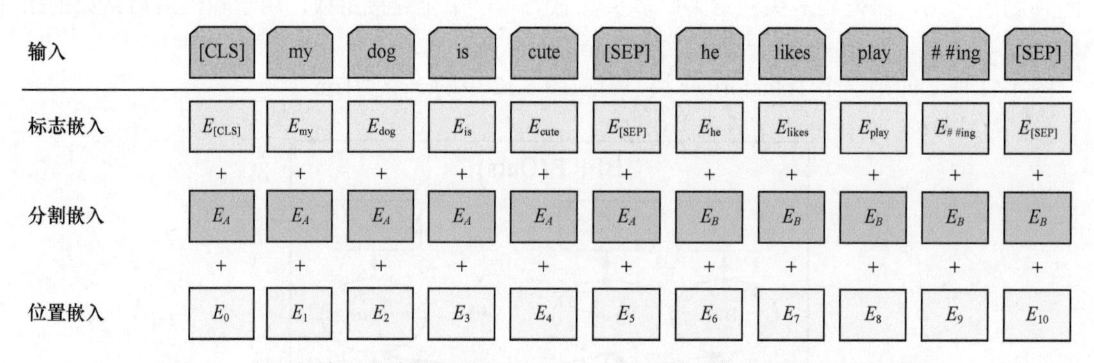

图 5.14 BERT 输入的编码向量是标志嵌入、位置嵌入和分割嵌入的单位和

- 词级别（WordPiece）嵌入或标志嵌入（token embedding）：词级别嵌入是指将单词分成一组有限的公共子词单元，这样能在单词的有效性和字符的灵活性之间取得平衡。例如图 5.14 的示例中“playing”被拆分成了“play”和“ing”。
- 分割嵌入（segment embedding）：用于区分两个句子，例如 B 是不是 A 的下文（对话场景、问答场景等）。对于句子对，第一个句子的特征值是 0，第二个句子的特征值是 1。

- 位置嵌入（position embedding）：位置嵌入是指将单词的位置信息编码成特征向量。位置嵌入是向模型中引入单词位置关系的至关重要的一环。

最后，说明一下图 5.14 中的两个特殊符号 [CLS] 和 [SEP]，其中 [CLS] 表示该特征用于分类模型，对非分类模型，该符号可以省去；[SEP] 表示分句符号，用于断开输入语料中的两个句子。

3. 预训练任务

BERT 是一个多任务模型，它的任务由两个自监督任务组成，即掩码语言模型（MLM）和下一句预测（NSP）模型。

任务 1：掩码语言模型

MLM 的核心思想取自 Wilson Taylor 在 1953 年发表的一篇论文[1]。所谓 MLM 是指在训练的时候随即从输入预料上掩码掉一些单词，然后通过上下文预测该单词，该任务非常像我们在中学时期经常做的完形填空。正如传统的语言模型算法和 RNN 匹配那样，MLM 的这个性质和 Transformer 的结构是非常匹配的。

在 BERT 的实验中，15% 的词级别标志会被随机替换为掩码。在训练模型时，一个句子会被多次输入模型中用于参数学习，但是 Google 并没有在每次都将这些单词替换为掩码，而是在确定要替换为掩码的单词之后，将其 80% 直接替换为“[mask]”，10% 替换为其他任意单词，10% 保留原始标志。

- 80%：`my dog is hairy -> my dog is [mask]`。
- 10%：`my dog is hairy -> my dog is apple`。
- 10%：`my dog is hairy -> my dog is hairy`。

这么做的原因是如果句子中的某个标志 100% 会被替换为掩码，那么在微调的时候模型就会有一些没有见过的单词。加入随机标志的原因是 Transformer 要保持对每个输入标志的分布式表征，否则模型就会记住这个 [mask] 是标志“hairy”。至于单词替换带来的负面影响，因为一个单词被随机替换掉的概率只有 15%×10%=1.5%，这个负面影响其实是可以忽略不计的。

另外论文指出每次只预测 15% 的单词，因此模型收敛得比较慢。

任务 2：下一句预测模型

NSP 的任务是判断句子 B 是不是句子 A 的下文，如果是的话输出“IsNext”，否则输出“NotNext”。训练数据的生成方式是从语料中随机抽取连续的两句话，其中 50% 的概率抽取的两句话符合 IsNext 关系，另外 50% 的概率第二句话是随机从语料中提取的，符合 NotNext 关系。这个关系保存在图 5.14 中的 [CLS] 符号中。

4. 微调

在海量单语料上训练完 BERT 之后，便可以将其应用到 NLP 的各个任务中了。对 NSP 任务来说，其条件概率表示为 $P=\mathrm{softmax}(\boldsymbol{C}\boldsymbol{W}^{\mathrm{T}})$，其中 $\boldsymbol{C}$ 是 BERT 输出中的 [CLS] 符号生成的特征向量，$\boldsymbol{W}$ 是可学习的权值矩阵。

对其他任务来说，我们也可以根据 BERT 的输出信息做出对应的预测。图 5.15 展示了 BERT 在 11 个不同任务中的模型，它们只需要在 BERT 的基础上再添加一个输出层便可以完成对特定任务的微调。这些任务类似于我们做过的试卷，其中有选择题、简答题等。图 5.15 中 Tok 表示不同的标志，$\boldsymbol{E}$ 表示嵌入向量，$\boldsymbol{T}_i$ 表示第 i 个标志在经过 BERT 处理之后得到的特征向量。

1 参见 Wilson L.Taylor 的论文“Cloze Procedure”: A New Tool for Measuring Readability”。

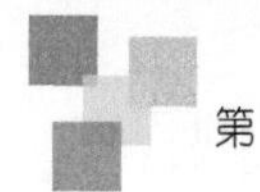

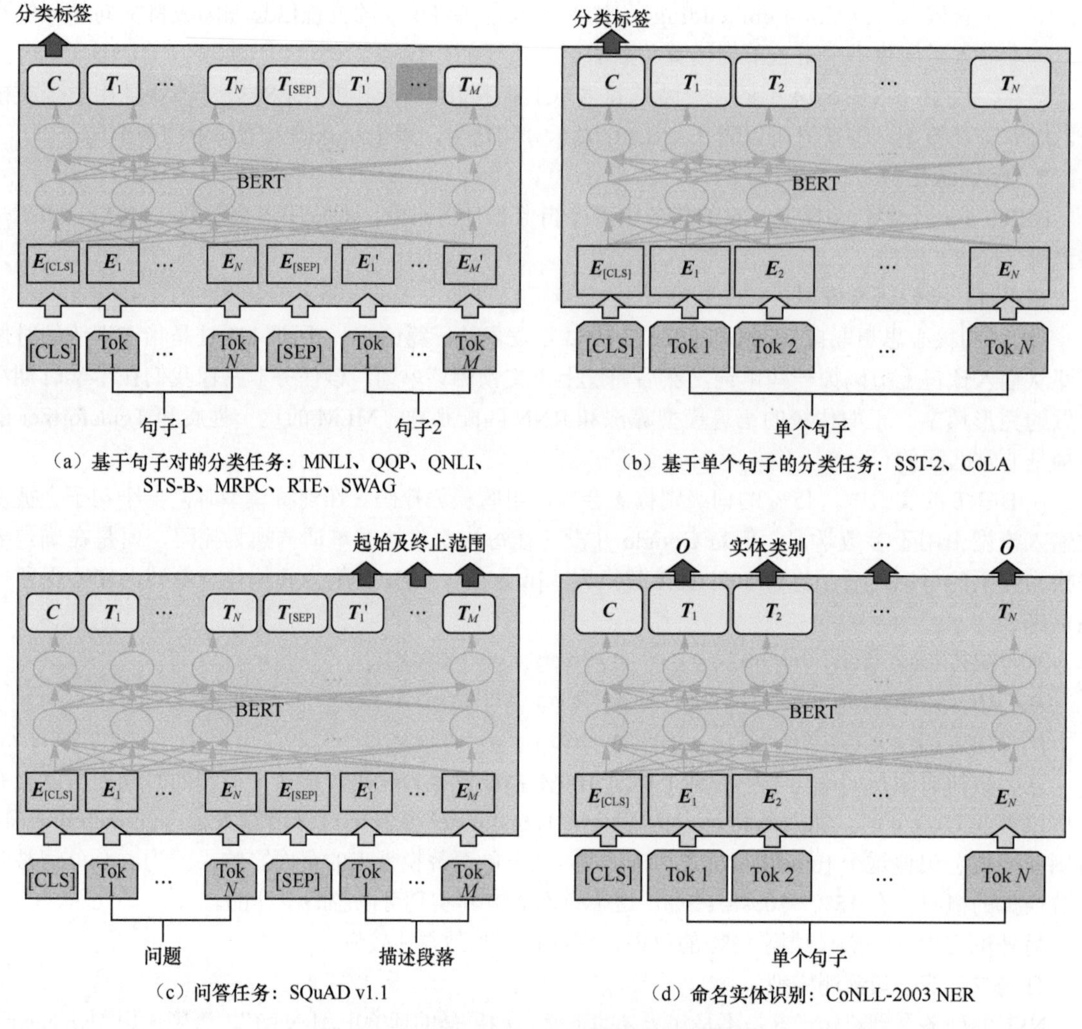

图 5.15 BERT 在 11 个不同任务中的模型

微调的任务如下。

（1）基于句子对的分类任务。

- MNLI：给定一个前提，根据这个前提去推断假设与前提的关系。该任务的关系分为 3 种，即包含关系、矛盾关系和中立关系。所以这个问题本质上是一个分类问题，我们需要做的是去发掘前提和假设这两个句子对之间的交互信息。
- QQP：基于 Quora，判断 Quora 上的两个问句是否表示的是一样的意思。
- QNLI：用于判断文本是否包含问题的答案，类似于我们做阅读理解时定位问题所在的段落。
- STS-B：预测两个句子的相似性，包括 5 个级别。
- MRPC：判断两个句子是不是等价的。
- RTE：类似于 MNLI，但是只是对包含关系的二分类判断，而且数据集更小。
- SWAG：从 4 个句子中选择可能为前句下文的那个。

（2）基于单个句子的分类任务。

- SST-2：电影评价的情感分析。

- CoLA：句子语义判断，是不是可接受的（acceptable）。

对于 GLUE 数据集的分类任务（MNLI、QQP、QNLI、SST-B、MRPC、RTE、SST-2、CoLA），BERT 的微调方法是根据 [CLS] 标志生成一组特征向量 $\boldsymbol{C}$，并通过一层全连接进行微调。损失函数根据任务类型自行设计，例如多分类的 softmax 或者二分类的 sigmoid。

SWAG 的微调方法与 GLUE 数据集上的分类任务的微调方法类似，只不过其输出是 4 个可能选项的 softmax函数值，如式（5.17）所示。

$$P_i = \frac{e^{V \cdot C_i}}{\sum_{j=1}^{4} e^{V \cdot C_i}} \tag{5.17}$$

（3）问答任务。

SQuAD v1.1：给定一个句子（通常是一个问题）和一段描述文本，输出这个问题的答案，类似于做阅读理解的简答题。如图 5.15（c）表示的，SQuAD v1.1 的输入是问题和描述文本的句子对，输出是特征向量，通过在上一层激活函数为 softmax 的全连接来获得输出文本的条件概率，其中全连接的输出节点个数是语料中标志的个数，如式（5.18）所示。

$$P_i = \frac{e^{S \cdot T_i}}{\sum_{j=1} e^{S \cdot T_i}} \tag{5.18}$$

（4）命名实体识别。

CoNLL-2003 NER：判断一个句子中的单词是不是个人实体（person）、组织实体（organization）、位置实体（location）、其他实体（miscellaneous）或者无命名实体（other）。微调 CoNLL-2003 NER 时将整个句子作为输入，在每个时间片输出一个概率，并通过 softmax 得到这个标志的实体类别。

5.4.2 小结

BERT 在 2018 年之后火得“一塌糊涂”不是没有原因的：

- 使用 Transformer结构将已经走向瓶颈期的 Word2vec 带向了一个新的方向，并将强大的 Transformer 应用到实际的词向量任务中；
- 11 个 NLP 任务的精度大幅提升足以震惊整个深度学习领域；
- 无私地开源了多种语言的源码和模型，具有非常高的商业价值。
- 迁移学习又一次胜利，而且这次是在 NLP 领域的“大胜”。

BERT 算法还有很大的优化空间，例如我们在 Transformer 中讲的如何让模型有捕捉标志序列关系的能力，而不是简单依靠位置嵌入。BERT 的训练在目前的计算资源下很难完成，论文中提到 $\text{BERT}_{\text{LARGE}}$ 需要在 64 块 TPU 芯片上训练 4 天，而一块 TPU 的速度约是目前主流 GPU 的 7 ～ 8 倍。非常幸运的是 Google 开源了各种语言的模型，免去了我们自己训练的工作。

5.5 BERT“魔改”之 RoBERTa、ALBERT、MT-DNN 和 XLM

在本节中，先验知识包括：

- ❑ BERT（5.4 节）；
- ❑ GPT（5.3 节）。

5.5.1 成熟版 BERT：RoBERTa

在 RoBERTa[1] 中，作者指出 BERT 的原始论文中的训练超参数其实并不能充分发挥 BERT 的性能，RoBERTa 旨在设计一组实验，充分发挥 BERT 的性能，可以说 RoBERTa 是 BERT 的成熟版。在原始 BERT 的基础上，RoBERTa 主要做了如下改进：

- 使用动态的掩码；
- 移除 NSP 任务；
- 使用更大字节级的字典；
- 使用更大的批次大小；
- 使用更长的训练步数；
- 使用更多的训练数据。

1. 动态掩码

原始的 BERT 使用的是静态掩码，也就是在数据预处理阶段对序列进行掩码，因此输入模型中的每一个被替换为掩码的句子是一样的。而 RoBERTa 使用的是动态掩码，也就是在训练阶段随机生成掩码序列，因此每次输入网络中的序列是不同的。动态掩码的引入增加了数据的多样性，能提升网络的性能，也符合我们的直觉。可以看出，动态掩码和 XLNet[2] 中的排列语言模型是非常像的。

2. NSP 任务

在 RoBERTa 中，作者做了以下几组实验来验证 NSP 任务的有效性。

- 分割对+NSP：传统的 BERT 的输入和 NSP 任务，每个输入的序列长度均小于 512。
- 句子对+NSP：输入和 BERT 相同，但是每一对的长度远小于 512，因此采用的批次大小大于 512。
- 完整句子（full sentence）：不截断句子，句子可能跨文档，不使用 NSP 损失。
- 文章中的句子（doc sentence）：数据同完整句子，但是使用动态的批次大小。

实验结果表明，不使用 NSP 损失的任务要略优于使用 NSP 损失的任务，文章中的句子的效果要优于完整的句子。

3. 字节级字典

BERT 使用的是词级别编码，字节对编码[3] 便是词级别编码的一种。字节对编码是字符级和词表级表征的混合，它是一种简单的数据压缩形式，使用数据中不存在的一个字节替换最常出现的连续字节，从而实现数据的压缩。字节对编码词表的大小通常在 10KB ～ 100KB，词表中的元素大多是 Unicode 编码，RoBERTa 效仿 GPT-2 使用字节替代了 Unicode 编码，将词表的大小控制到了 5 万，并且没有引入未知（unknown）标识符，而 BERT 使用的词表的大小约为 3 万。但是实验结果表明这个改动对准确率的影响不是很大。

4. 其他优化

- 批次大小：BERT 的批次大小为 256，RoBERTa 通过实验证明批次大小越大，模型的效果越好，最终使用了 8000 的批次大小。

---

1 参见 Yinhan Liu、Myle Ott、Naman Goyal 等人的论文“RoBERTa: A Robustly Optimized BERT Pretraining Approach”。

2 参见 Zhilin Yang、Zihang Dai、Yiming Yang 等人的论文“XLNet: Generalized Autoregressive Pretraining for Language Understanding”。

3 参见 Rico Sennrich、Barry Haddow、Alexandra Birch 的论文“Neural Machine Translation of Rare Words with Subword Units”。

- 更多步数：实验结果表明，训练步数越多，模型效果越好，最终 RoBERTa 的训练步数为 50 万。
- 更多的训练数据：训练数据从 BERT 的 16GB 扩充到了 160GB。
- 其他超参数：Adam 的 β_2 从 0.999 调整为 0.98，峰值学习率从 1×10^{-4} 调整为 4×10^{-4}，使用预热（warm up）策略来调整学习率。
- 预热：在训练初始阶段使用比较小的学习率来启动，然后切换到大的学习率后进行衰减。

5.5.2 更快的 BERT：ALBERT

ALBERT[1] 是“A Lite BERT”的缩写，顾名思义 ALBERT 是一个更快的 BERT 模型。ALBERT 将 BERT 速度慢的原因归为两类。

内存限制和通信开销： $\text{BERT}_{\text{LARGE}}$ 采用由 24 层 Transformer 组成的结构，总共约有 3.4 亿的参数数量。对 BERT 的结构进行些许修改都要从头训练这个模型，从训练一个 $\text{BERT}_{\text{LARGE}}$ 消耗的资源来看，这并不是所有个人和企业都有实力完成的。

模型退化： 在调整 BERT 的超参数的过程中，BERT 也会遇到模型退化问题，例如将隐层节点的个数从 1 024 个增加到 2 048 个，模型的准确率反而下降了。

为了解决这个问题，ALBERT 做了如下 3 点改进。

1. 嵌入参数分解

在 BERT 中我们通常需要把单词的独热编码转换成一个特征向量，这个特征向量的长度 H 往往比较大。而当我们的词表 V 也很大时，仅嵌入矩阵就要有 $V\times H$ 个参数，在 BERT 中，这个矩阵的参数数量达到了千万级别。ALBERT 将嵌入矩阵拆分成大小分别为 $V\times E$ 和 $E\times H$ 的小矩阵，一般 E 小于或等于 H。

2. 跨层参数共享

在 BERT 中每一层都有独立的参数，为了减少参数数量，ALBERT 中使用了参数共享的概念。所谓共享是指只训练一层 Transformer 的参数，然后在之后的网络中共享这个参数。ALBERT 指出可以共享一层中的一部分，也可以共享整个层，ALBERT 使用的是共享整个层的方式。

3. 句子顺序预测

很多算法都证明了 BERT 的 NSP 并不是一个有效的预训练任务。ALBERT 中提出的句子顺序预测（sentence order prediction，SOP）是一个比 NSP 有效的任务。它的正样本是随机采样的连续的两个句子，负样本是将这两个句子顺序交换后得到的样本。SOP 任务用来预测这两个句子的顺序是正确的还是错误的。

5.5.3 多任务 BERT：MT-DNN

MT-DNN[2] 是一个采用 BERT 架构的算法，不同的是 MT-DNN 在下游任务中引入了多任务学习机制。它的网络结构采用的是多任务模型中经常用的策略，即在特征提取部分共享权值，在任务相关部分参数独立，如图 5.16 所示。

1 参见 Zhenzhong Lan、Mingda Chen、Sebastian Goodman 等人的论文“Albert: A lite bert for self-supervised learning of language representations”。

2 参见 Xiaodong Liu、PengchengHe、Weizhu Chen 等人的论文“Multi-Task Deep Neural Networks for Natural Language Understanding”。

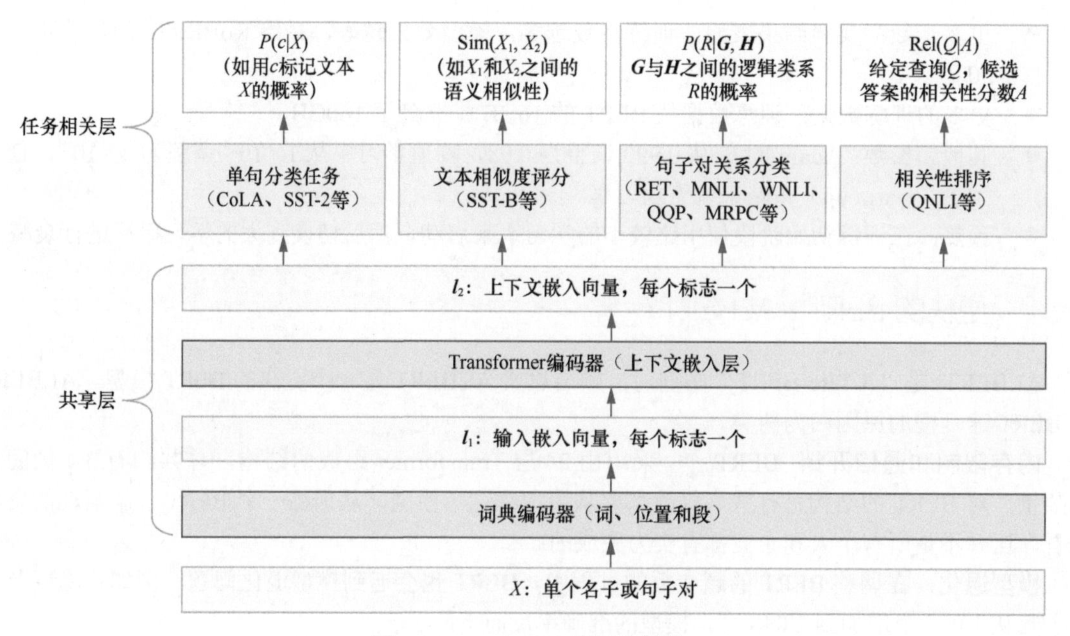

图 5.16　MT-DNN 的网络结构

MT-DNN 共使用了 4 类自然语言理解（natural language understand，NLU）任务。

- 单句分类任务（single-sentence classification task，SCT）：判断一个句子所属的类别。
- 文本相似度评分（similarity text scoring，STS）：判断两个句子的相似性。
- 句子对关系分类（pairwise text classification，PTC）：判断两个句子的关系，包括继承、冲突、中立等。
- 相关性排序（relevance ranking task，RRT）：给定一个查询语句和若干个候选，判断查询与候选之间的相关性排序。

在 MT-DNN 的多任务中，分类任务使用交叉熵损失函数，回归任务使用最小均方误差作为目标值。

1．预训练

MT-DNN 的预训练采用了和 BERT 一致的结构和编码方式，包括基于 Transformer 的网络结构和编码方式以及预训练的任务。在 MT-DNN 中这一部分是被所有任务共享的，因此叫作共享层，共享层由词典编码器和 Transformer 编码器组成，经过它们得到的特征向量分别是图 5.16 中的 $\boldsymbol{l}_1$ 和 $\boldsymbol{l}_2$。

2．单句分类

在单句分类中，对于一个给定的句子 X，它的标签值为 c。经过共享层得到特征向量 $\boldsymbol{l}_2$，其中 $\boldsymbol{x}$ 是 $\boldsymbol{l}_2$ 中标志为 [cls] 的特征向量，SST 任务表示为式（5.19）。

$$P(c \mid X) = \text{softmax}(\boldsymbol{W}_{\text{SST}}^{\text{T}} \cdot \boldsymbol{x}) \tag{5.19}$$

3．文本相似度评分

在 MT-DNN 中，两个句子（X_1、X_2）会通过 [sep] 标识切分后共同送入网络中，它们的相似度通过 $\boldsymbol{x}$ 进行直接计算，如式（5.20）所示。

$$\text{Sim}(X_1, X_2) = \boldsymbol{W}_{\text{STS}}^{\text{T}} \cdot \boldsymbol{x} \tag{5.20}$$

4．句子对关系分类

给定前提 $\boldsymbol{G}=(g_1,\cdots,g_m)$ 和假设 $\boldsymbol{H}=(h_1,\cdots,h_n)$，句子对关系分类任务的目标是判断 $\boldsymbol{G}$ 与 $\boldsymbol{H}$ 的逻

辑关系 R。MT-DNN 的这个任务采用了 SAN（stochastic answer network）[1] 的网络结构。SAN 的迭代计算过程如图 5.17 所示，它是一个多步推理模型。

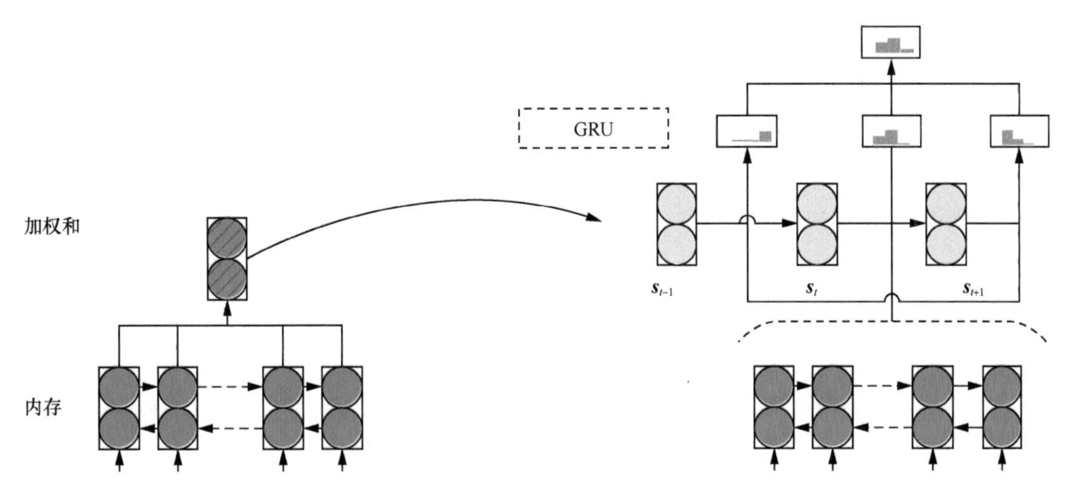

图 5.17　SAN 的迭代计算过程

我们使用共享层分别得出 $\boldsymbol{G}$ 和 $\boldsymbol{H}$ 的工作内存（working memory），分别表示为$\boldsymbol{M}^{\boldsymbol{G}} \in \mathbb{R}^{d\times m}$和$\boldsymbol{M}^{\boldsymbol{H}} \in \mathbb{R}^{d\times n}$。

在这两个工作内存的基础上执行 T 步推理，其中 T 是一个超参数。在开始阶段，初始状态 $\boldsymbol{s}_0$ 使用的是 $\boldsymbol{M}^{\boldsymbol{H}}$ 的加权和，如式（5.21）所示。

$$\boldsymbol{s}_0 = \sum_j \alpha_j \boldsymbol{M}_j^{\boldsymbol{H}}, \alpha_j = \frac{\exp(\boldsymbol{w}_1^{\mathrm{T}} \cdot \boldsymbol{M}_j^{\boldsymbol{H}})}{\sum_i \exp(\boldsymbol{w}_1^{\mathrm{T}} \cdot \boldsymbol{M}_i^{\boldsymbol{H}})} \tag{5.21}$$

使用 $\boldsymbol{M}^{\boldsymbol{G}}$ 计算输入特征 $\boldsymbol{x}_t$，其中 $t \in 0, 1, \cdots, T-1$，如式（5.22）所示。

$$\boldsymbol{x}_t = \sum_j \beta_j \boldsymbol{M}_j^{\boldsymbol{G}}, \beta_j = \mathrm{softmax}(\boldsymbol{s}_{t-1} \boldsymbol{w}_2^{\mathrm{T}} \boldsymbol{M}^{\boldsymbol{G}}) \tag{5.22}$$

使用 GRU 迭代更新 $\boldsymbol{s}_t$ ：$\boldsymbol{s}_t = \mathrm{GRU}(\boldsymbol{s}_{t-1}, \boldsymbol{x}_t)$。

计算每个时间片预测的关系概率：$P_t = \mathrm{softmax}(\boldsymbol{w}_3^{\mathrm{T}}[\boldsymbol{s}_t; \boldsymbol{x}_t; |\boldsymbol{s}_t - \boldsymbol{x}_t|; \boldsymbol{s}_t \cdot \boldsymbol{x}_t])$。

最终的概率分布是所有时间片的均值：$P = \mathrm{avg}([P_0, \cdots, P_{T-1}])$。

5. 相关性排序

对于一个候选对 (Q,A)，相关度的计算方式如式（5.23）所示。

$$\mathrm{Rel}(Q, A) = g(\boldsymbol{w}_{\mathrm{RR}}^{\mathrm{T}} \cdot \boldsymbol{x}) \tag{5.23}$$

它的损失函数如式（5.24）所示：

$$-\sum_{Q,A^+} \frac{\exp[\gamma \mathrm{Rel}(Q, A^+)]}{\sum_{A' \in A} \exp[\gamma \mathrm{Rel}(Q, A')]} \tag{5.24}$$

其中，A是候选假设的集合，由一个正样本A^+和$|A|-1$个负样本组成。

5.5.4　多语言 BERT：XLM

上面介绍的语言模型都是单语言的预训练语言模型，其他语言类型的预训练语言模型都是在此

1　参见 Xiaodong Liu、Kevin Duh、Jianfeng Gao 的论文“Stochastic Answer Networks for Natural Language Inference”。

基础上换一个其他语言的语料库进行从头训练的。这里要介绍的 XLM[1] 是一个跨语言的预训练语言模型，它由基于单语料的无监督任务和基于平行语料的有监督任务组成。XLM 在很多跨语言的场景中取得了媲美主流算法的效果，如机器翻译等。

1. 跨语言共享字典

在 XLM 中，所有语言通过字节级编码共享字典。但是不同语言的语料库的大小差异非常大，传统的字节级编码会导致字典偏向于高频语料库，导致低频语料库被切分成以词为单位。为了解决这个问题，作者提出了一个新的采样算法。

假设一个数据集由 N 个语言构成，那么这个数据集可以表示为 $\{C_i\}_{i=1,\cdots,N}$。一个句子被采样的概率 $\{q_i\}_{i=1,\cdots,N}$ 服从多项分布，表示为式（5.25）：

$$q_i = \frac{p_i^{\alpha}}{\sum_{j=1}^{N} p_j^{\alpha}} \text{ 且 } p_i = \frac{n_i}{\sum_{k=1}^{N} n_k} \tag{5.25}$$

其中，n_i是第i个语言的样本数，a在实验中的值是0.5。通过这个采样方法，低频样本会有更高的概率被采样到。

2. 因果语言模型

因果语言模型（causal language model，CLM）通过一个单词之前时间片的单词预测当前时间片的单词，表示为 $P(w_t|w_1,\cdots,w_t-1,\theta)$。它的思想和单向 RNN 语言模型一致，但是使用的是 Transformer，也就是 GPT 中使用的模型。

3. XLM 中的 MLM

XLM 中也使用了 MLM，它和 BERT 中的 MLM 有 3 点不同：

- XLM 的文本流并不限制句子的个数，直到长度大于 256 后进行截断；
- 对于低频词，XLM 使用了上采样的方法进行扩充；
- XLM 中的 MLM 在输入中加入了语种编码。

XLM 中的 MLM 如图 5.18 所示。

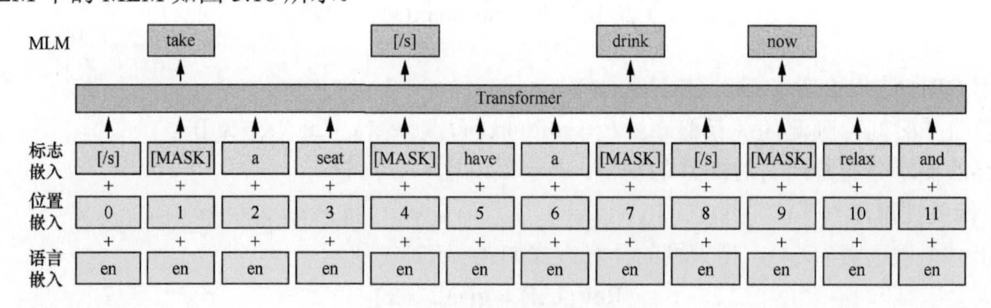

图 5.18　XLM 中的 MLM

4. 翻译语言模型

为了训练 XLM 对平行语料的学习能力，XLM 引入了翻译语言模型（translation language model，TLM）。在 TLM 中，输入是拼接的平行语料，然后通过将任意语言的一部分随机替换为掩码来进行建模。通过 TLM，XLM 不仅学习了语言内部的相互关系，而且学会了语言之间的对齐关系。和 MLM 一样，TLM 的输入也加入了语种编码，如图 5.19 所示。

5. XLM 的应用场景

跨语言分类：这个场景使用的是 XNLI 数据集，XNLI 是一个包含 15 种语言的文本分类数据集。在这个场景中，作者使用英语进行微调，然后在其他语言上进行测试。

1　参见 Guillaume Lample、Alexis Conneau 的论文“Cross-lingual Language Model Pretraining”。

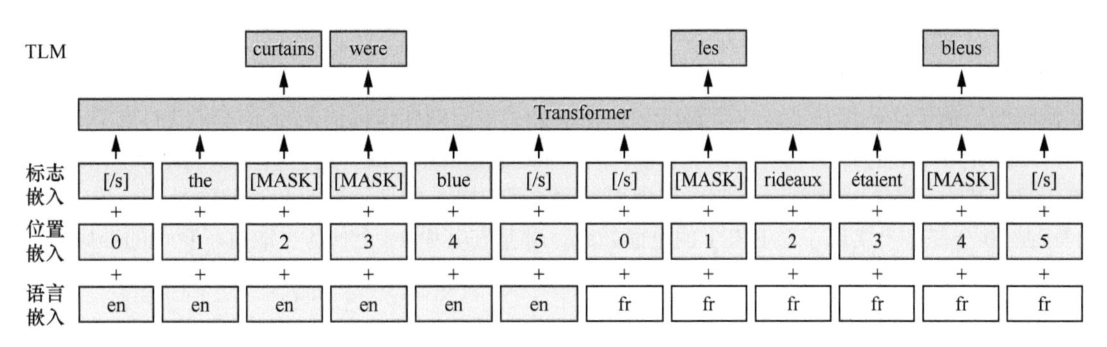

图 5.19　XLM 的 TLM

无监督机器翻译：机器翻译模型一般采用的是编码器 - 解码器架构，使用 XLM 对机器翻译模型进行初始化有多种方式，即编码器和解码器可以分别使用随机初始化、使用 CLM 预训练、使用 MLM 预训练。

有监督机器翻译：编码器和解码器都使用 MLM 训练的模型进行初始化。

低频语言模型：通过 XLM 训练的低频语料的语言模型的效果比只使用单一语料训练的语言模型的效果要好很多。

无监督跨语言词嵌入：通过对比余弦相似度（cosine similarity）等指标，作者发现 XLM 的效果也比其他无监督模型的效果要好。

5.5.5 小结

因为 BERT 的流行，所以很多后续算法都采用了 BERT 作为基线进行比较。RoBERTa 在不修改 BERT 模型的基础上，通过一些训练技巧将 BERT 的准确率提升到更高的值，之后设计的新模型恐怕要和 RoBERTa 对比才更有说服力。而 RoBERTa 和 XLNet 孰优孰劣则恐怕需要更为严谨的实验和理论分析才能验证。

BERT 的流行也引发了“魔改”BERT 的热潮，这篇论文介绍了几个经典且效果比较好的 BERT 衍生算法。其中，MT-DNN 通过引入多任务的方式来提高模型的泛化能力；XLM 引入了多语言模型任务，在高频语料和低频语料上均取得了非常好的效果；ALBERT 通过矩阵分解、权值共享等方案大幅降低了 BERT 的计算量，大幅提升了训练和预测速度。

5.6 XLNet

在本节中，先验知识包括：

- Transformer（4.3 节）；
- Transformer-XL（4.4 节）；
- ELMo（5.2 节）；
- BERT（5.4 节）。

自回归（auto regressive，AR）语言模型和自编码（auto encoder，AE）语言模型是构建语言模型最常用的两个基础算法，例如我们之前分析过的 GPT 系列就是经典的自回归语言模型。自编码语言模型的典型代表则是近年流行的 BERT。但是这两个模型都有其各自的优缺点。自回归语言模型的优点是符合真实的建模场景，因为很多 NLP 任务都是从前向后的，缺点则是模型只能用到之前时间片的信息，ELMo 虽然用了双向的 LSTM 构建模型，但是效果并不好。BERT 的优点是能够同时用到被预测单词的上文和下文，缺点主要是掩码导致训练阶段和微调阶段不一致，因为在微调阶段是看不到掩码的。基于这些优缺点，作者提出了一种结合了自回归和自编码两个方法优点的模型 XLNet。首先，XLNet 可以通过最大化所有因式分解顺序（factorization order）的排列变换的结果，学习双向语境信息。其次，XLNet 使用自回归语言模型，解决了 BERT 的训练阶段和微调阶段不一致的问题。XLNet 在 20 个任务上实现了对 BERT 的全面超越，并且在其中 18 个任务上取得了更优的准确率。

5.6.1 背景知识

1. 自回归语言模型

顾名思义，自回归语言模型使用自回归模型对语言模型进行建模。自回归语言模型最常见的结构便是使用 LSTM 或者 Transformer 按照从左到右的顺序依次预测每个时间片的输出结果，如 GPT 系列等。另外一种结构是同时按照从左到右和从右到左的顺序进行自回归，其中典型的代表便是 ELMo。ELMo 虽然同时用到了上下文的信息，但其仍然是一个自回归语言模型，因为 ELMo 分别进行了从左到右的自回归和从右到左的自回归，然后将这两个模型的隐层节点状态拼接到一起。在进行某一个语言模型建模时，ELMo 并没有使用另外一个语言模型的特征，它其实就是自回归语言模型的拼接，并没有跳出自回归语言模型的范畴。

什么是自回归语言模型？具体地讲，给定一个文本序列 $\boldsymbol{X}=\{\boldsymbol{x}_1,\cdots,\boldsymbol{x}_T\}$，它可以通过正向的条件概率$P(\boldsymbol{x})=\prod_{i=1}^{T}P(\boldsymbol{x}_t \mid \boldsymbol{X}_{<t})$或者反向的条件概率$P(\boldsymbol{x})=\prod_{t=T}^{1}P(\boldsymbol{x}_t \mid \boldsymbol{X}_{>t})$对这个序列进行建模。可以看出，在进行单向语言模型的训练时，并不会用到另外一侧的文本信息，这对语言模型的效果的影响是非常大的。在进行优化时，一个前向的自回归语言模型通过最大化每个时间片预测结果的最大似然来完成语言模型的预训练，如式（5.26）所示：

$$\log P_\theta(\boldsymbol{X})=\sum_{t=1}^{T}\log P_\theta(\boldsymbol{x}_t \mid \boldsymbol{X}_{<t})=\sum_{t=1}^{T}\log\frac{\exp[h_\theta(\boldsymbol{X}_{1:t-1})^{\mathrm{T}}e(\boldsymbol{x}_t)]}{\sum_{x'}\exp[h_\theta(\boldsymbol{X}_{1:t-1})^{\mathrm{T}}e(\boldsymbol{x}')]} \tag{5.26}$$

其中，$\boldsymbol{X}_{<t}$ 表示所有时间片小于 t 时间片的数据，即 $\boldsymbol{X}_{1:t-1}$。$h_\theta(\boldsymbol{X}_{1:t-1})$ 是 RNN 或者 Transformer，$e(\boldsymbol{x})$ 是序列 $\boldsymbol{x}$ 的嵌入。

2. 自编码语言模型

给定一个输入文本序列 $\boldsymbol{X}$，在 BERT 的掩码语言模型中，我们首先按照一定的比例构建一个被替换为掩码的序列$\hat{\boldsymbol{x}}$。假设被替换为掩码的单词是$\tilde{\boldsymbol{x}}$，我们的训练目标便是根据$\hat{\boldsymbol{x}}$预测$\tilde{\boldsymbol{x}}$。自编码的模型通过预测被替换为掩码的单词来实现语言模型的训练，表示为式（5.27）：

$$\max_\theta \log P_\theta(\tilde{\boldsymbol{X}} \mid \hat{\boldsymbol{X}}) \approx \sum_{t=1}^{T}m_t \log P_\theta(\boldsymbol{x}_t \mid \hat{\boldsymbol{X}})=\sum_{t=1}^{T}m_t\log\frac{\exp[H_\theta(\hat{\boldsymbol{X}})_t^{\mathrm{T}}e(\boldsymbol{x}_t)]}{\sum_{x'}\exp[H_\theta(\hat{\boldsymbol{X}})_t^{\mathrm{T}}e(\boldsymbol{x}')]} \tag{5.27}$$

其中，$m_t=1$ 时表示 t 时刻是一个掩码，H_θ 是一个 Transformer，它将长度为 T 的序列编码成长度为 T 的特征向量$H_\theta(\boldsymbol{X})=[H_\theta(\boldsymbol{X})_1,H_\theta(\boldsymbol{X})_2,\cdots,H_\theta(\boldsymbol{X})_T]$。对比式（5.26）和式（5.27），我们发现自回归可以看到的时间片信息的范围是从 1 到 $t-1$，而自编码是可以看到所有时间片的信息的。

输入噪声：在 BERT 中，句子中的每个单词会有 15% 的概率被替换为掩码，然后通过句子的其他部分来对当前时间片的掩码进行预测。可以看出，BERT 本质上是一个去噪自编码器（denosing autoencoder），而其中的掩码就相当于噪声数据。加入掩码之后确实可以比较方便编码同时使用单词的上下文信息，但是这个掩码在微调的时候是不存在的，导致了训练阶段和微调阶段的不一致问题，因此在式（5.27）中使用了“≈”。

独立性假设：BERT 的另外一个问题基于一个句子的被替换为掩码的部分都是相互独立的，因为在预测一个时间片的内容时，其他被替换为掩码的内容并不能提供有用的文本信息，所以这个假设并不成立。例如“New York is a city”这句话，被替换为掩码的单词是“New”和“York”，句子变成了“[mask] [mask] is a city”，当预测“New”时，我们并不知道另外一个被替换为掩码的单词是“York”，因此很难得到正确的预测结果。

综上，XLNet 的出发点就是能否融合自回归和自编码的优点，创造一个既能看见上下文，又能保证训练和微调阶段一致的模型。

5.6.2 XLNet 详解

1. 排列语言模型

XLNet 提出了排列语言模型（permutation language model，PLM），PLM 其实就是采用将自回归和自编码进行融合的一个小技巧，例如对一个 $\boldsymbol{x}_1 \rightarrow \boldsymbol{x}_2 \rightarrow \boldsymbol{x}_3 \rightarrow \boldsymbol{x}_4$ 的序列来说，假设我们要预测的序列是 $\boldsymbol{x}_3$，我们需要同时看到 $\boldsymbol{x}_1$、$\boldsymbol{x}_2$、$\boldsymbol{x}_4$，这样才能解决自回归的不能同时看到上下文的问题。具体实现方式是，首先将输入序列进行打乱，再从中随机选择一个序列作为输入，比如选取到的排列为 $\boldsymbol{x}_2 \rightarrow \boldsymbol{x}_4 \rightarrow \boldsymbol{x}_3 \rightarrow \boldsymbol{x}_1$，那么这个时候按照自回归的顺序依次对这个序列进行预测，在预测 $\boldsymbol{x}_3$ 的时候就能同时看到它的上文 $\boldsymbol{x}_2$ 和下文 $\boldsymbol{x}_4$ 的信息了。所以 PLM 本质上是一个先进行打乱，再从左到右依次预测的自回归语言模型，表示为式（5.28）：

$$\max_{\theta} \mathbb{E}_{z \sim \boldsymbol{Z}_T}\left[\sum_{t=1}^{T} \log P_{\theta}(\boldsymbol{x}_{z_t} \mid \boldsymbol{X}_{z<t})\right] \tag{5.28}$$

其中，$\boldsymbol{Z}_T$ 是长度为 T 的序列的所有可能的排列，z 是其中的一个排列，$\boldsymbol{X}_{z_{<t}}$是该排列中所有介于 1 和 t 之间的序列，$\log P_{\theta}(\boldsymbol{x}_{z_t} \mid \boldsymbol{X}_{z_{<t}})$表示为式（5.29）。

$$P_{\theta}(\boldsymbol{x}_{z_t} = \boldsymbol{x} \mid \boldsymbol{X}_{z_{<t}}) = \frac{\exp[e(\boldsymbol{x})^{\mathrm{T}} h(\boldsymbol{X}_{z_{<t}})]}{\sum_{x'} \exp[e(\boldsymbol{x}')^{\mathrm{T}} h(\boldsymbol{X}_{z_{<t}})]} \tag{5.29}$$

从式（5.29）中我们也可以看出 PLM 的形式和自回归的相同，它做的就是从所有的序列中随机抽样一种，然后按照自回归的顺序依次进行输入。XLNet 就是通过这种方式同时保证看到上下文且没有引入标记的。

这种全排列的方式破坏了序列 $\boldsymbol{X}$ 原始的排列顺序，如果不加入位置编码的话，模型是无法根据要预测时间片的真实位置进行预测的。对于一个句子的两个序列 $\boldsymbol{z}^{(1)}$ 和 $\boldsymbol{z}^{(2)}$，我们假设这个句子满足式（5.30）。例如句子“New York is a city”的两个序列“New is a city York”和“New is a York city”。

$$\boldsymbol{z}_{<t}^{(1)} = \boldsymbol{z}_{<t}^{(2)} = \boldsymbol{z}_{<t}, \boldsymbol{z}_t^{(1)} = i \neq j = \boldsymbol{z}_t^{(2)} \tag{5.30}$$

式（5.30）中，i、j 是要预测的单词在句子中的实际位置。那么根据式（5.27），这两个时间片的似然概率如式（5.31）所示。

$$\underset{\boldsymbol{z}_t^{(1)}=i, \boldsymbol{z}_{<t}^{(1)}=\boldsymbol{z}_{<t}}{P_{\theta}(\boldsymbol{x}_i = \boldsymbol{x} \mid \boldsymbol{X}_{z_{<t}})} = \underset{\boldsymbol{z}_t^{(1)}=j, \boldsymbol{z}_{<t}^{(2)}=\boldsymbol{z}_{<t}}{P_{\theta}(\boldsymbol{x}_j = \boldsymbol{x} \mid \boldsymbol{X}_{z_{<t}})} = \frac{\exp[e(\boldsymbol{x})^{\mathrm{T}} h(\boldsymbol{X}_{z_{<t}})]}{\sum_{x'} \exp[e(\boldsymbol{x}')^{\mathrm{T}} h(\boldsymbol{X}_{z_{<t}})]} \tag{5.31}$$

从式（5.31）中我们可以看出，不同目标位置的 i 和 j 的预测结果是完全一致的，但是很明显它们的标签值是不相同的。为了避免这个问题，XLNet 中加入了目标位置编码 z_t，具体计算方式如式（5.32）所示：

$$P_{\theta}(\boldsymbol{x}_{z_t} = \boldsymbol{x} \mid \boldsymbol{X}_{z_{<t}}) = \frac{\exp[e(\boldsymbol{x})^{\mathrm{T}} g_{\theta}(\boldsymbol{X}_{z<t}, z_t)]}{\sum_{x'} \exp[e(\boldsymbol{x}')^{\mathrm{T}} g_{\theta}(\boldsymbol{X}_{z_{<t}}, z_t)]} \tag{5.32}$$

其中，$g_\theta(\boldsymbol{x}_{z_{<t}}, z_t)$表示加入了位置编码的一种新的编码方式，叫作双流自注意力（two-stream self-attention），我们将在后文进行介绍。

在上面的讲解过程中，虽然采用的是先全排列再随机抽取的策略（相当于把原始输入随机打乱），但是我们在微调的时候，并不能将句子随机打乱后再输入模型。所以在训练的时候，输入还必须保持句子原始的输入顺序，然后在网络中做一些操作，来实现随机打乱。具体地讲，XLNet 采用了注意力掩码的模块来实现对句子的打乱，如图 5.20 所示，白色表示被替换为掩码的序列，红色表示可见的序列。我们首先生成序列 1 → 2 → 3 → 4 的一个随机序列，如 3 → 2 → 4 → 1，然后根据这个序列生成掩码，那么将掩码和原始序列相乘后便可以得到前面介绍的 PLM 的功能，例如在预测 4 时，1 被替换为掩码，2 和 3 可见。

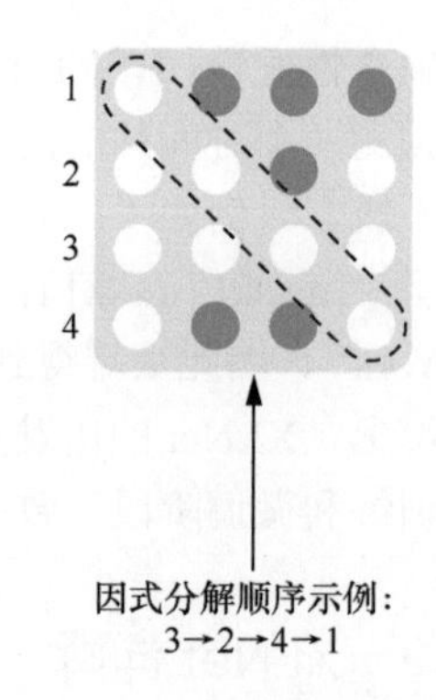

图 5.20　XLNet 的注意力掩码

2. 双流自注意力

在式（5.32）中，我们介绍了一个新的编码方式$g_\theta(\boldsymbol{X}_{z_{<t}}, z_t)$，这里我们详细介绍它的具体内容。根据上面的介绍，我们希望$g_\theta(\boldsymbol{X}_{z_{<t}}, z_t)$满足两个特性：

- 为了预测$\boldsymbol{x}_{z_t}$，$g_\theta(\boldsymbol{X}_{z_{<t}}, z_t)$只能使用位置信息 z_t 而不能使用内容信息$\boldsymbol{x}_{z_t}$，因为当知道了 t 时刻的内容时，再对它进行预测就没有意义了；
- 为了预测 z_t 之后的单词，$g_\theta(\boldsymbol{X}_{z_{<t}}, z_t)$必须编码$\boldsymbol{x}_{z_t}$，这样才能保证之后的时间片预测可以使用上文的信息。

这种特性在传统的 Transformer-XL 中是互相矛盾的，因此作者引入了双流自注意力。双流自注意力由内容流（content stream）和查询流（query stream）组成，单看内容流$\boldsymbol{h}_\theta(\boldsymbol{x}_{z_{\le t}})$，如图 5.21 所示，它就是一个传统的 Transformer-XL，因为它同时使用位置编码和内容编码，表示为式（5.33）：

$$\boldsymbol{h}_{z_t}^{(m)} \leftarrow \text{Attention}(\boldsymbol{Q} = \boldsymbol{h}_{z_t}^{(m-1)}, \boldsymbol{KV} = \boldsymbol{h}_{z_{\le t}}^{(m-1)}; \theta) \tag{5.33}$$

其中，m 表示自注意力的层数，$m = 1, \cdots, M$。在编码 $\boldsymbol{h}_1^{(0)}$ 时，键和值会用到 $\boldsymbol{h}_1^{(0)}$、$\boldsymbol{h}_2^{(0)}$、$\boldsymbol{h}_3^{(0)}$、$\boldsymbol{h}_4^{(0)}$。

另外一条分支是查询流$\boldsymbol{g}_\theta(\boldsymbol{x}_{z_t})$，如图 5.22 所示。在计算查询时，只会用到之前时间片 $\boldsymbol{h}_2^{(0)}$、$\boldsymbol{h}_3^{(0)}$、$\boldsymbol{h}_4^{(0)}$ 的内容信息，因此 $\boldsymbol{Q} = \boldsymbol{g}_1^{(0)}$ 查询流起到了和 BERT 中掩码操作类似的功能。因为 XLNet 抛弃了掩码操作，于是在查询流中，它直接忽略了当前预测时间片的实际内容，而只保留了这个时间片的位置信息，如式（5.34）所示（注意，$\boldsymbol{h}$ 的下标是小于而不是小于或等于）。

$$\boldsymbol{g}_{z_t}^{(m)} \leftarrow \text{Attention}(\boldsymbol{Q} = \boldsymbol{g}_{z_t}^{(m-1)}, \boldsymbol{KV} = \boldsymbol{h}_{z_{<t}}^{(m-1)}; \theta) \tag{5.34}$$

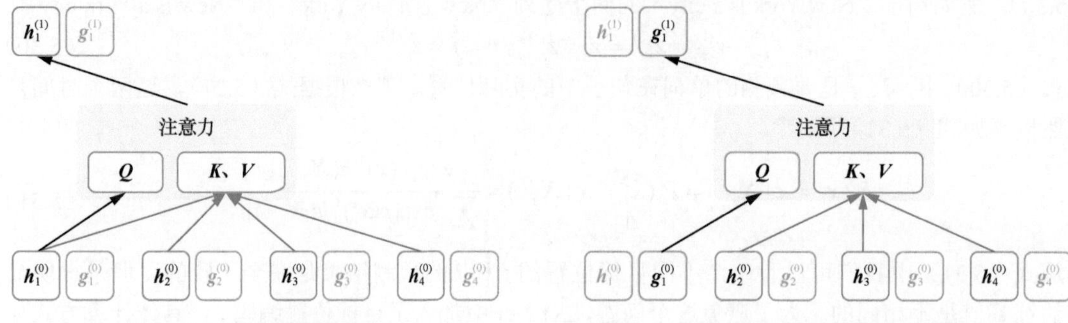

图 5.21　XLNet 的内容流　　　　图 5.22　XLNet 的查询流

根据式（5.33）和式（5.34）我们可以看出，内容流和查询流在计算时，分别使用的是它们自己的上一个时间片的内容向量$\boldsymbol{h}_{z_t}^{(m-1)}$和查询向量$\boldsymbol{g}_{z_t}^{(m-1)}$，但是在计算 $\boldsymbol{K}$ 和 $\boldsymbol{V}$ 时，则使用了内容向量

$\boldsymbol{h}_{\boldsymbol{z}_{\leqslant t}}^{(m-1)}$，这也就保证了特性 2。但是在计算查询流$\boldsymbol{g}_{z_t}^{(m)}$时，$\boldsymbol{K}$ 和 $\boldsymbol{V}$ 使用的是$\boldsymbol{h}_{\boldsymbol{z}_{<t}}^{(m-1)}$，保证了查询流不能看到 $\boldsymbol{z}_t$ 的内容，因此保证了特性 1。

在初始化的时候，查询流的值初始化为一个可以训练的向量，即$\boldsymbol{g}_i^{(0)}=\boldsymbol{w}$，内容流使用单词对应的嵌入向量进行初始化$\boldsymbol{h}_i^{(0)}=e(\boldsymbol{x}_i)$。

在微调的时候，XLNet 会将查询流去掉而只用内容流，最后在计算式的时候再用最上面的 $\boldsymbol{Q}$ 向量$\boldsymbol{g}_{z_t}^{(M)}$。

图 5.23 系统概括了 XLNet 的排列语言模型和双流自注意力机制，这里我们结合图 5.23 再举例说明一下 XLNet。假设一个长度为 4 的序列经过排列之后顺序变成了 3 → 2 → 4 → 1，首先我们会根据这个排列方式为内容流和查询流各生成一组注意力掩码，其中查询流不能看到其本身，内容流可以看到，两组掩码如图 5.23（c）的右侧所示。然后将注意力掩码作用到多层 Transformer(-XL) 的每一层，进行模型的训练。在图 5.23 所示的例子中 Transformer(-XL) 的层数为 2。在初始化的时候，蓝色的内容向量使用词向量作为初始值，绿色的查询向量使用可训练的 $\boldsymbol{w}$ 作为初始值。最后，在最终预测的时候，使用查询向量的结果计算概率分布。

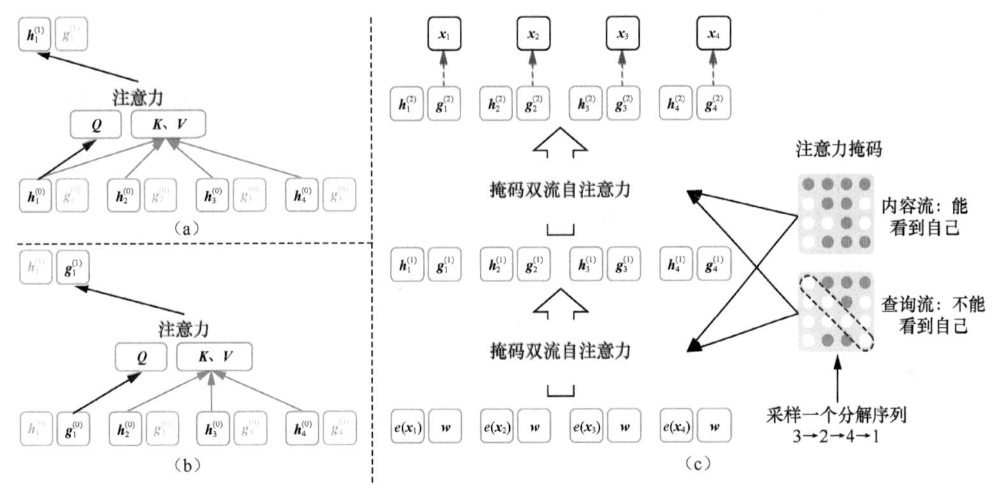

图 5.23　XLNet 的排列语言模型和双流自注意力

3. 部分预测

如果按照上面介绍的方法从头开始预测一个句子，在没有上下文的情况下，前几个时间片的内容基本上是不可能预测的，这使得训练很难收敛。为了解决这个问题，在训练时，XLNet 只对部分句子进行预测。具体地讲，XLNet 中引入了一个分隔符 c，对于一个随机打乱的序列 $\boldsymbol{Z}$，它被分成非目标子序列 $\boldsymbol{z}_{\leqslant c}$ 和目标子序列 $\boldsymbol{z}_{>c}$，此时优化目标变成了根据非目标子序列预测目标子序列的条件概率模型，表示为式（5.35）。

$$\max_{\theta}\mathbb{E}_{z\sim \boldsymbol{Z}_T}[\log P_\theta(\boldsymbol{X}_{z_{>c}}\mid \boldsymbol{X}_{z_{\leqslant c}})]=\mathbb{E}_{z\sim \boldsymbol{Z}_T}\left[\sum_{t=c+1}^{|z|}\log P_\theta(\boldsymbol{x}_{z_t}\mid \boldsymbol{X}_{z_{<t}})\right] \tag{5.35}$$

那么 XLNet 中是如何设置这个分隔符的呢？XLNet 设置了一个超参数 K，一个句子中的 $1/K$ 个单词是需要被预测的，即 $|\boldsymbol{z}|/(|\boldsymbol{z}-c|)\approx K$，实验结果表明最佳的 K 值介于 6 和 7 之间，将其转换为百分比后对应的值介于 14.3% 与 16.7% 之间。巧合的是，在 BERT 中一个单词被替换为掩码的概率是 15%，恰好也在这个范围之内。

4. Transformer-XL

对 XLNet 来说，Transformer 或者 Transformer-XL 从理论上来说都是可以的，考虑到

Transformer-XL 的相对位置编码和分段自回归机制的特性，作者选择了 Transformer-XL 作为基础框架，XLNet 也因此得名。

对相对位置编码来说，很明显我们应使用原始输入的位置编码，因为随机排列之后的位置编码是没有意义的。因为 Transformer-XL 的分段自回归机制将输入序列分成若干个片段，然后递归式地将前一个片段的节点特征提供给当前片段，那么它是如何与片段自回归机制进行配合的呢？举例来说，假设一个长序列 $\boldsymbol{s}$ 被分成两个片段 $\tilde{\boldsymbol{x}} = \boldsymbol{s}_{1:T}$ 和 $\boldsymbol{x} = \boldsymbol{s}_{T+1:2T}$，$\tilde{\boldsymbol{z}}$ 和 $\boldsymbol{z}$ 是两个随机打乱的序列。在计算当前时间片的特征编码时，Transformer-XL 使用的是上一个时间片这个片段的特征 $\boldsymbol{h}_{z_{\leqslant t}}^{(m-1)}$ 和当前时间片前一个片段的特征 $\tilde{\boldsymbol{h}}^{(m-1)}$，式（5.36）中 [• , •] 表示拼接操作。

$$\boldsymbol{h}_{z_t}^{(m)} \leftarrow \text{Attention}(\boldsymbol{Q} = \boldsymbol{h}_{z_t}^{(m-1)}, \boldsymbol{KV} = [\tilde{\boldsymbol{h}}^{(m-1)}, \boldsymbol{h}_{z_{\leqslant t}}^{(m-1)}]; \theta) \tag{5.36}$$

5.6.3 小结

通过上面的分析我们发现 XLNet 和 BERT 在结构上看似有很多不同点，但是在本质上它们是非常相似的，它们都通过某些方法使用句子中的一部分来预测句子中的另外一部分，甚至它们连要预测的单词的比例都控制在了 15%。不同的是，BERT 非常显式地使用掩码，而 XLNet 则使用了注意力掩码在网络内部进行单词的掩码，从而解决了论文中所说的训练阶段和微调阶段不一致的问题。当整个句子中只有一个单词需要预测时，XLNet 和 BERT 基本是等价的。

从模型的角度讲，XLNet 的提升点在于使用了 Transformer-XL，解决了 Transformer“天生”不善于处理长文本的缺点。另外从实验结果上来看，全面的提升不能减少使用比 BERT 更多的训练数据带来的影响，因此我们也不能过分地神化 XLNet。

5.7 ERNIE（清华大学）

在本节中，先验知识包括：

- ❑ Transformer（4.3 节）；
- ❑ BERT（5.4 节）。

AI 的跨方向融合一直是非常火热的研究领域，其中一个典型的应用便是将知识图谱（knowledge graph）和预训练语言模型进行融合。知识图谱的引入，将纯文本的预训练任务变成文本加知识的预训练任务。从这个角度讲，加入知识图谱的任务会使模型拥有更强的语义理解能力，因此模型也会变得更加“智能”。

巧合的是在 2019 年同一时期，我们的清华团队和百度团队分别提出了自己的结合了知识图谱的预训练语言模型 ERNIE（Enhanced language Representation with Informative Entity），为了区分这两个命名“撞车”的模型，在后文中我们分别将其称为 ERNIE-T[1] 和 ERNIE-B[2]。本节我们先介绍清华团队提出的 ERNIE-T。

ERNIE-T 的核心在于引入了知识图谱中的命名实体，并根据命名实体进行了下面 3 点优化：

- 设计了可以融合 BERT 和知识图谱两个异构信息的网络结构；
- 加入了基于知识图谱的无监督任务去噪实体自编码器；

1 参见 Zhengyan Zhang、Xu Han、Zhiyuan Liu 等人的论文“ERNIE: Enhanced Language Representation with Informative Entities”。

2 参见 Yu Sun、Shuohuan Wang、Yukun Li 等人的论文“ERNIE: Enhanced Representation through Knowledge Integration”。

- 加入了知识图谱的实体类别（entity typing）识别任务和关系分类（relation classification）任务进行模型微调。

5.7.1 加入知识图谱的动机

ERNIE-T 的基本思路就是在基于 BERT 的语言模型中加入知识图谱中的命名实体的先验知识，它的动机非常直观，例如下面的句子，我们的任务目标是对“Bob Dylan”进行实体类别识别。所谓实体类别识别，是指给定一个实体指代（entity mention），根据实体的上下文信息来对实体的具体语义类别进行预测。例如在示例 1 中，Bob Dylan 的实体类别的值为“词曲作者”和“作家”，因为“Blowin’in the wind”是一首歌，“Chronicies：Volume One”是一本书。对 BERT 来说，仅仅通过上下文是很难预测出正确的结果的，因为它没有关于这两个作品类别的信息。

示例 1：Bob Dylan wrote Blowin’in the Wind in 1962, and wrote Chronicies: Volume One in 2004.

但是如果我们引入了实体额外的知识图谱呢？在图 5.24 中，蓝色实线表示图谱中存在的事实，红色和绿色虚线表示从红色上下文和绿色上下文中提取的事实。根据图谱提供的信息，我们知道了 Blowin’in the wind”是一首歌以及“Chronicies：Volume One”是一本书，那么我们再对“Boby Dylan”进行实体类别识别就容易多了。

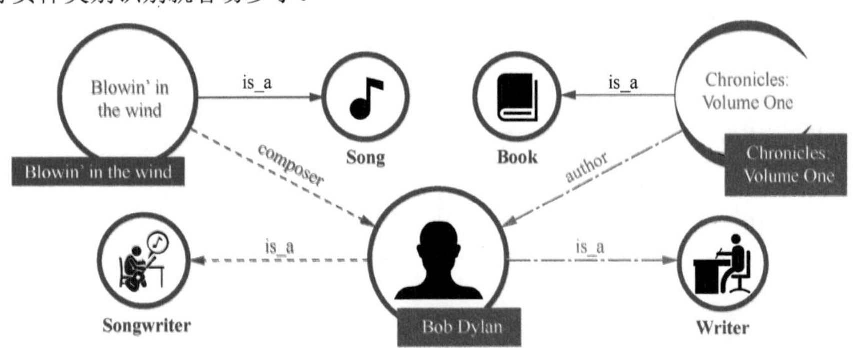

图 5.24 示例 1 对应的知识图谱

5.7.2 异构信息融合

因为词向量和实体的知识图谱是两个异构的信息，那么如何设计一个网络来融合这两个信息则是我们需要解决的首要问题。如图 5.25 所示，ERNIE-T 由两个模块组成，它们是底层的文本编码器（textual Encoder，T-Encoder）和上层的知识编码器（knowledge Encoder，K-Encoder）。

图 5.25（a）展示的是 ERNIE-T 的整体结构，图 5.25（b）展示的是 K- 编码器的展开结构，展示了如何融合文本特征和知识特征。

1. T- 编码器

在 T- 编码器（T-Encoder）中，我们使用 N 个多头 Transformer 将输入标志编码成特征向量，这个特征向量由词嵌入、分割嵌入和位置嵌入 3 部分组成，可以看出这一部分就是一个标准的 BERT。我们将输入标志定义为 $\{\boldsymbol{w}_1,\cdots,\boldsymbol{w}_n\}$，T- 编码器的生成特征 $\{\boldsymbol{w}_1,\cdots,\boldsymbol{w}_n\}$ 的计算过程可以抽象为式（5.37）。

$$\{\boldsymbol{w}_1,\cdots,\boldsymbol{w}_n\}=\text{T-Encoder}(\{\boldsymbol{w}_1,\cdots,\boldsymbol{w}_n\}) \tag{5.37}$$

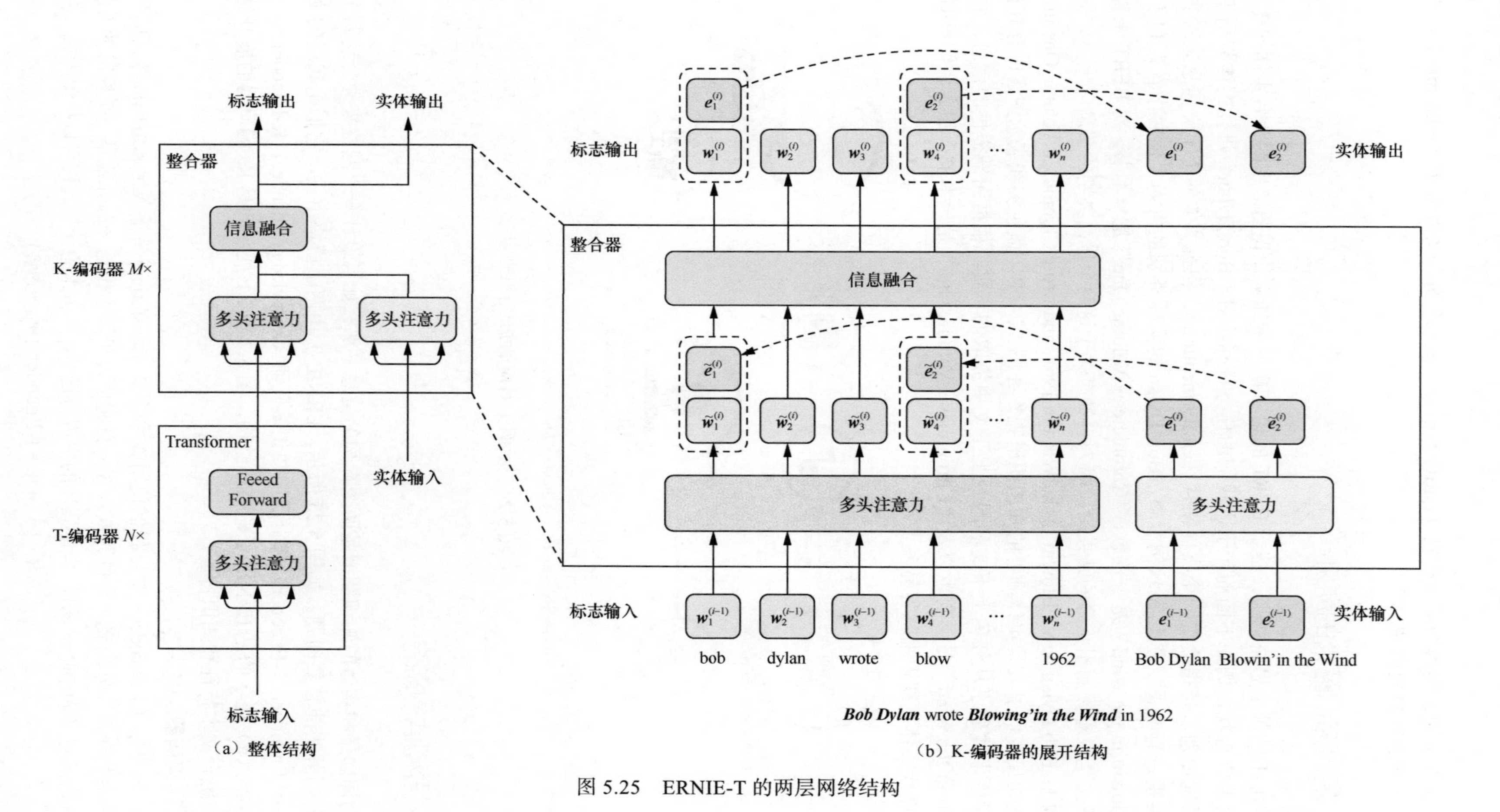

图 5.25　ERNIE-T 的两层网络结构

2. K- 编码器

对于输入标志序列 $\{w_1,\cdots,w_n\}$，它的实体序列表示为 $\{e_1,\cdots,e_n\}$，其中 $m < n$。在将数据输入 K- 编码器之前，我们首先使用 TransE[1] 将其转换为实体嵌入 $\{e_1,\cdots,e_m\}$。关于 TransE 的计算方法，我们放在后面讲解。

在 K- 编码器中，它会同时将这两个序列作为输入并同时得到这两个序列的输出，表示为式（5.38）[2]。

$$\{\boldsymbol{w}_1^o,\cdots,\boldsymbol{w}_n^o\},\{\boldsymbol{e}_1^o,\cdots,\boldsymbol{e}_m^o\} = \text{K-Encoder}(\{\boldsymbol{w}_1,\cdots,\boldsymbol{w}_n\},\{\boldsymbol{e}_1,\cdots,\boldsymbol{e}_m\}) \tag{5.38}$$

式（5.38）中，$\{\boldsymbol{w}_1^o,\cdots,\boldsymbol{w}_n^o\}$和$\{\boldsymbol{e}_1^o,\cdots,\boldsymbol{e}_m^o\}$是 K- 编码器输出的词向量和实体向量。

那么，K-Encoder 是如何将两者进行融合的呢？如图 5.25 所示，K- 编码器是由 M 个整合器（aggregrator）组成的，对于第 i 个整合器的输入$\{\boldsymbol{w}_1^{(i-1)},\cdots,\boldsymbol{w}_n^{(i-1)}\}$和$\{\boldsymbol{e}_1^{(i-1)},\cdots,\boldsymbol{e}_m^{(i-1)}\}$，它首先通过两组参数不共享的多头注意力（MH-ATTs）得到两组特征向量，如式（5.39）所示。

$$\begin{aligned}\{\tilde{\boldsymbol{w}}_1^{(i)},\cdots,\tilde{\boldsymbol{w}}_n^{(i)}\} &= \text{MH-ATTs}(\{\tilde{\boldsymbol{w}}_1^{(i-1)},\cdots,\tilde{\boldsymbol{w}}_n^{(i-1)}\})\\ \{\tilde{\boldsymbol{e}}_1^{(i)},\cdots,\tilde{\boldsymbol{e}}_m^{(i)}\} &= \text{MH-ATTs}(\{\tilde{\boldsymbol{e}}_1^{(i-1)},\cdots,\tilde{\boldsymbol{e}}_m^{(i-1)}\})\end{aligned} \tag{5.39}$$

对于第j个词向量$\boldsymbol{w}_j$及其对齐的实体$\boldsymbol{e}_j$，它们的计算方式如式（5.40）所示，其中$\boldsymbol{W}$表示权值矩阵。

$$\begin{aligned}\boldsymbol{h}_j &= \sigma(\tilde{\boldsymbol{W}}_t^{(i)}\tilde{\boldsymbol{w}}_j^{(i)} + \tilde{\boldsymbol{W}}_e^{(i)}\tilde{\boldsymbol{e}}_k^{(i)} + \tilde{\boldsymbol{b}}^{(i)}),\\ \boldsymbol{w}_j^{(i)} &= \sigma(\boldsymbol{W}_t^{(i)}\boldsymbol{h}_j + \boldsymbol{b}_t^{(i)})\\ \boldsymbol{e}_k^{(i)} &= \sigma(\boldsymbol{W}_e^{(i)}\boldsymbol{h}_j + \boldsymbol{b}_e^{(i)})\end{aligned} \tag{5.40}$$

式（5.40）中最关键的是变量 $\boldsymbol{h}_j$，它实现了词向量和实体向量的融合。而对于没有实体的标志，它的计算方式如式（5.41）所示。

$$\begin{aligned}\boldsymbol{h}_j &= \sigma(\tilde{\boldsymbol{W}}_t^{(i)}\tilde{\boldsymbol{w}}_j^{(i)} + \tilde{\boldsymbol{b}}^{(i)}),\\ \boldsymbol{w}_j^{(i)} &= \sigma(\boldsymbol{W}_t^{(i)}\boldsymbol{h}_j + \boldsymbol{b}_t^{(i)})\end{aligned} \tag{5.41}$$

上式中 σ 是 GELU 激活函数，它有两组近似表达式，如式（5.42）或者式（5.43）所示，它的曲线如图 5.26 所示。

$$\text{GELU}(x) = 0.5\times\left\{1+\tanh\left[\sqrt{\frac{2}{\pi}}(x+0.044715x^3)\right]\right\} \tag{5.42}$$

$$\text{GELU}(x) = x\sigma(1.702x) \tag{5.43}$$

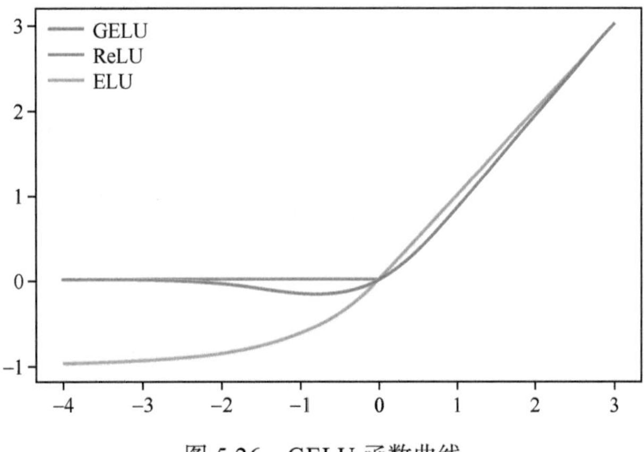

图 5.26 GELU 函数曲线

1 参见 Antoine Bordes、Nicolas Usunier、Alberto Garcia-Durán 等人的论文“Translating Embeddings for Modeling Multi-relational Data”。

2 论文中 e 的角标为 n，应该是个笔误。

综上，第 i 个整合器可以简化为式（5.44）。

$$\begin{aligned}&\{\boldsymbol{w}_1^{(i)},\cdots,\boldsymbol{w}_n^{(i)}\},\left\{\boldsymbol{e}_1^{(i)},\cdots,\boldsymbol{e}_m^{(i)}\right\}=\\&\text{Aggregator}(\{\boldsymbol{w}_1^{(i-1)},\cdots,\boldsymbol{w}_n^{(i-1)}\},\{\boldsymbol{e}_1^{(i-1)},\cdots,\boldsymbol{e}_m^{(i-1)}\})\end{aligned}\tag{5.44}$$

3. TransE

在多关系数据的知识图谱中，图中的节点是实体，节点之间的边表示一个三元组 (h,l,t)（head、label、tail），其中标签（label）表示实体头（head）和实体尾（tail）之间的关系，我们要学习的便是这两个实体之间的关系 l。

TransE 的训练思想是使用嵌入之间的转移来表示关系，我们希望实体头沿着标签关系转移可以得到实体尾，即如果存在关系（h,l,t），我们希望尽量满足关系 $h+l\approx t$，反之则尽量远离。在 TransE 中，我们使用 $d(h,l,t)$ 来表示 3 个变量的距离，其中 d 可以是 $l1$ 或者 $l2$ 距离，综上 TransE 的损失函数可以表示为式（5.45）：

$$\mathcal{L}=\sum_{(h,l,t)\in S}\sum_{(h',l',t')\in S'_{h,l,t}}[\lambda+d(h+l,t)-d(h'+l,t')]_+\tag{5.45}$$

其中，$[x]_+$ 表示 x 的正数部分，并且 $S'_{h,l,t}=\{(h',l,t)\mid h'\in E\}\cup\{(h,l,t')\mid t'\in E\}$表示三元组中的头部或者尾部会被替换成其他的实体，用来构造不正确的三元组。TransE 使用 SGD 来对式（5.45）进行训练。在 ERNIE-T 中，使用的是基于 Wikipedia 的数据构建的知识图谱，包含 5 040 986 个实体和 24 267 796 个三元组。

5.7.3 DAE

去噪实体自编码器（denosing entity auto-encoder，DAE）是指随机被替换为掩码的一些实体，并要求模型基于与实体对齐的标志，从给定的实体序列中预测最有可能的实体类别，第 i 个标志 $\boldsymbol{w}_i$ 的实体分布表示为式（5.46）：

$$P(\boldsymbol{e}_j\mid \boldsymbol{w}_i)=\frac{\exp[\text{linear}(\boldsymbol{w}_i^o)\bullet \boldsymbol{e}_j]}{\sum_{k=1}^{m}\exp[\text{linear}(\boldsymbol{w}_i^o)\bullet \boldsymbol{e}_k]}\tag{5.46}$$

其中，linear 表示线性层。DAE 的损失函数使用的是交叉熵损失函数。

如果使用 TransE 进行实体嵌入映射的话，可能会带来两个问题，一是错误的映射，二是空映射。为了解决这些问题，DAE 将数据分成了下面 3 种方式处理：

- 将 5% 的标志对齐的实体替换为一个随机的实体，用于解决实体没有对齐的问题；
- 将 15% 的标志对齐的实体替换为掩码，用于解决没有找到标志对应的实体的问题；
- 剩下的不做任何处理，用于让模型学习到更多的语义信息。

最终，ERNIE-T 效仿 BERT 使用了 MLM 和 NSP，再加上这里的 DAE 共同作为预训练的目标，损失函数采用 MLM、NSP 模型、DAE 加和的形式，如式（5.47）所示。

$$\mathcal{L}=\mathcal{L}_{\text{MLM}}+\mathcal{L}_{\text{NSP}}+\mathcal{L}_{\text{DAE}}\tag{5.47}$$

5.7.4 ERNIE-T 的微调

ERNIE-T 的微调包含 3 类无监督任务，如图 5.27 所示，它们依次如下。

- NLP 分类任务：采用和 BERT 相同的常见 NLP 任务。
- 实体类别识别：预测实体的语义类别。
- 关系分类：用于预测两个实体之间的关系，如因果关系等。

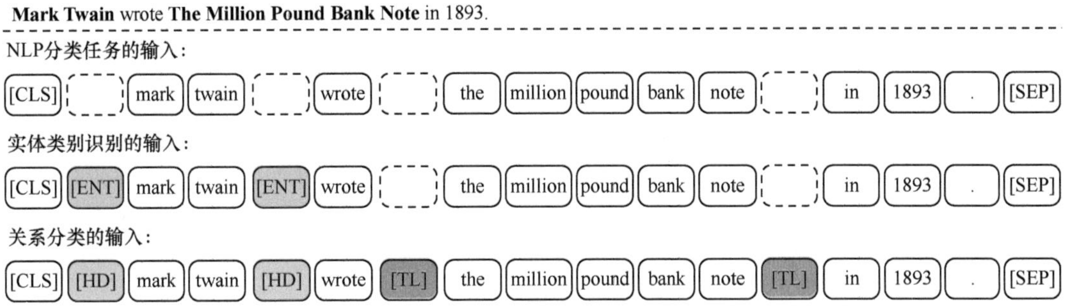

Mark Twain wrote The Million Pound Bank Note in 1893.

NLP分类任务的输入：

[CLS] mark twain wrote the million pound bank note in 1893 . [SEP]

实体类别识别的输入：

[CLS] [ENT] mark twain [ENT] wrote the million pound bank note in 1893 . [SEP]

关系分类的输入：

[CLS] [HD] mark twain [HD] wrote [TL] the million pound bank note [TL] in 1893 . [SEP]

图 5.27　ERNIE-T 的任务

3 类任务中，实体类别识别和关系分类是 ERNIE-T 中额外添加的基于知识图谱的任务，这里我们对它们进行详细分析。

1. 实体类别识别

在实体类别识别中，ERNIE-T 使用了 [ENT] 标识符来标注实体指代的位置，例如图 5.27 中的实体“mark twain”。这样模型在进行实体类别识别时便可以根据 [ENT] 来确定实体指代的位置，并根据整个句子来确定上下文的信息。最后根据 [ENT] 标识符来预测实体的类别。

2. 关系分类

关系分类是指确定实体头和实体尾之间的关系，因此 ERNIE-T 采用了 [HD] 和 [TL] 两个标识符来确定位置。然后根据 [CLS] 来确定关系的类别。

因为在关系分类和实体类别识别中引入了额外的位置标注符，所以 ERNIE-T 使用了占位符（图 5.28 中的虚线框）来对齐各个任务。

5.7.5 小结

多方向跨界融合一直是 AI 界非常重要的领域，ERNIE-T 便是一个将 NLP 和知识图谱进行融合的经典范例。通过提取知识图谱中的实体以及实体之间的关系信息，给予了模型更强的表达语义信息的能力。ERNIE-T 的跨界融合也深入模型训练的各个方向，从模型设计到预训练，再到模型微调都根据知识图谱进行了针对性的设计。

作为一篇知识图谱和 NLP 跨界融合的前沿性论文，ERNIE-T 的论文依旧存在几个问题：

- 模型严重依赖于构建的知识图谱，如果知识图谱有分布倾向的话，可能会限制模型的泛化能力；
- 构建知识图谱的计算量比较大，而构建泛化能力强的知识图谱对数据的要求过高；
- ERNIE-T 的融合方式有些粗暴。

5.8 ERNIE（百度）和 ERNIE 2.0

在本节中，先验知识包括：

❑ Transformer（4.3 节）；　　❑ BERT（5.4 节）。

之前我们介绍了清华团队提出的 ERNIE，在同一年百度也发表了一篇与其命名相同的 ERNIE，而且非常雷同的是它们都引入了外部信息作为辅助，为了区分我们将它们分别命名为 ERNIE-T 和 ERNIE-B。在同一年，百度又推出了 ERNIE-B 的下一个版本，这里我们将它命名为 ERNIE 2.0[1]。

ERNIE-B 的核心点在于它在训练的过程中加入了短语级别掩码和实体级别掩码，这两个额外的掩码都是通过外部知识获得的。ERNIE-B 的另外一个核心点在于通过百度贴吧的海量数据，引入了一个对话语言模型无监督任务，通过预测查询和响应的关系来计算损失值。

ERNIE 2.0 的核心点是引入了持续预训练学习，解决了灾难性遗忘的问题。其实个人认为更重要的一点是它引入了大量的预训练任务，包括单词感知、结构感知和语义感知 3 类。

5.8.1 ERNIE-B

1. ERNIE-B 的动机

ERNIE-B 和 ERNIE-T 都认为 BERT 在数据上的随机掩码是存在非常严重的问题的，如示例 2。其中“Harry Potter”和“J.K. Rowling”是两个实体，如果我们用掩码替换的是这两个实体中的一个单词，那么模型还是很好预测的。但是如果我们用掩码替换的是整个实体，如“J.K. Rowling”，那么我们可以根据图书名字预测它的作者，这时候模型才真正学到了知识。

示例 2：Harry Potter is a series of fantasy novels written by J.K. Rowling.

同理，对于一个词组或者短语，如果我们只是用掩码替换了词组的一部分，那么模型也很容易根据词组的剩余部分学到被替换为掩码的部分。所以，作者认为如果替换为掩码，就以词组或者实体为单位来替换，这样才能保证模型学到真正的语言知识。

最后，ERNIE-B 使用的网络结构就是 BERT 的多头注意力的 Transformer，这里不赘述。

2. ERNIE-B 的掩码机制

ERNIE-B 的 3 种掩码机制如图 5.28 所示，它由 BERT 的随机掩码再加前面我们介绍的短语级别掩码和实体级别掩码组成。

句子	Harry	Potter	is	a	series	of	fantasy	novels	written	by	British	author	J.	K.	Rowling
随机掩码	[mask]	Potter	is	a	series	[mask]	fantasy	novels	[mask]	by	British	author	J.	[mask]	Rowling
实体级别掩码	Harry	Potter	is	a	series	[mask]	fantasy	novels	[mask]	by	British	author	[mask]	[mask]	[mask]
短语级别掩码	Harry	Potter	is	[mask]	[mask]	[mask]	fantasy	novels	[mask]	by	British	author	[mask]	[mask]	[mask]

图 5.28　ERNIE-B 的 3 种掩码机制

基本级别掩码（basic-level masking）：这里采用了和 BERT 完全相同的掩码机制，即随机掩码，在使用中文语料时，这里使用的是字符级别的掩码。在这个阶段并没有加入更高级别的语义知识。

短语级别掩码（phrase-level masking）：在这个阶段，首先使用语法分析工具得到一个句子中的短语，例如图 5.28 中的“a series of”，然后随机掩码掉一部分，并使用剩下的内容对该短语进行预测。在这个阶段，词嵌入中加入了短语信息。

实体级别掩码（entity-level masking）：在这个阶段，将句子中的某些实体替换为掩码，这样模型就有了学习更高级别的语义信息的能力。

3. 对话语言模型

得益于百度贴吧巨大的数据量，ERNIE-B 使用了海量的对话内容，因此在 ERNIE-B 中使用了对话语言模型（dialogue language model，DLM）。作者认为一组对话可能有多种形式，例如 QRQ、

1　参见 Yu Sun、Shuohuan Wang、Yukun Li 等人的论文“ERNIE 2.0: A Continual Pre-Training Framework for Language Understanding”。

QRR、QQR 等（Q 表示 query，R 表示 response）。为了处理这种多样性，ERNIE-B 给输入嵌入加入了对话嵌入（dialogue embedding）特征。另外在 ERNIE-B 中，对话语言模型是可以和 MLM 兼容的，如图 5.29 所示。

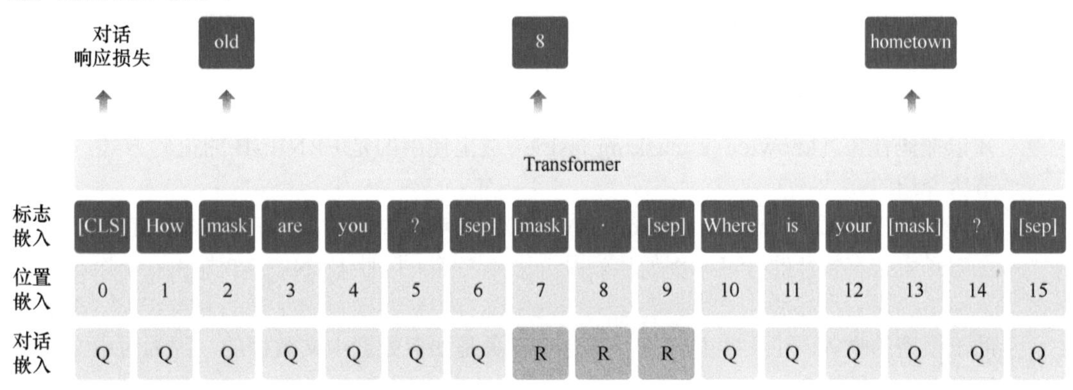

图 5.29　ERNIE-B 的对话语言模型

5.8.2　ERNIE 2.0

1. ERNIE 2.0 的动机

对于一个句子乃至一篇文章，语言模型是一个最常见的无监督学习任务，但是能够从中挖掘出的无监督学习任务远远不止语言模型一种，而更丰富的种类意味着模型能够学习到更丰富的知识。因此，ERNIE 2.0 从中提取了 3 个感知级别，共 8 小类任务。这么做也非常好理解，就像我们在做一张语文试卷时，只会一种题型并不能拿高分，只有会试卷中的所有题型时我们才真正能拿高分。

在训练一个能处理多个任务的模型时，一个非常棘手的问题叫作**灾难性遗忘**。灾难性遗忘产生的原因是当我们顺序学习一系列任务时，我们以一个新任务的目标去优化模型，模型的参数会根据新任务的目标进行调整，进而导致模型在之前老任务上的效果变差。ERNIE 2.0 提出解决灾难性遗忘的策略是使用持续学习。持续学习的特点是能够在学习新任务的同时保证模型在老任务上的准确率不会变，如图 5.30 所示。

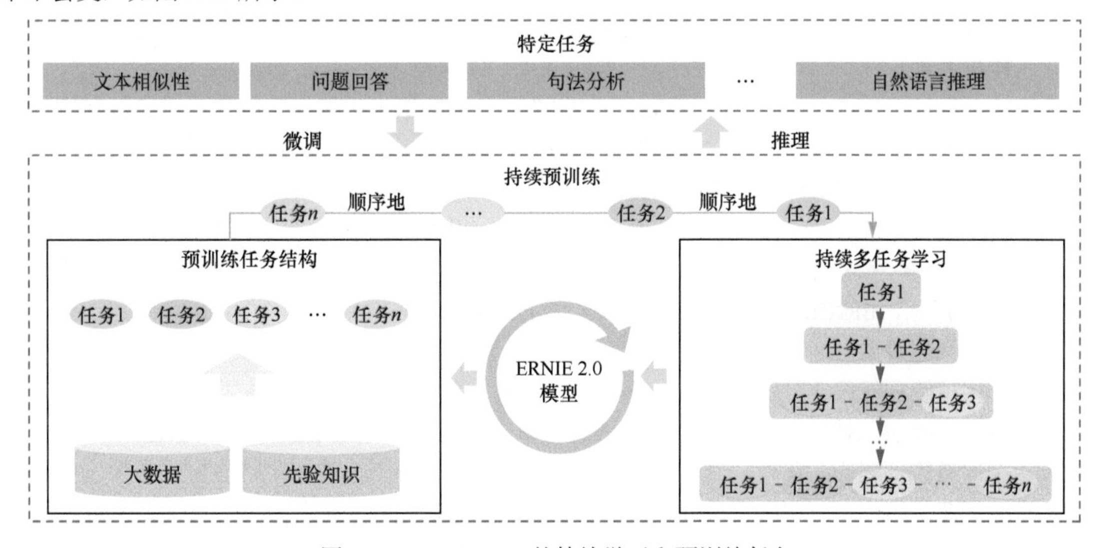

图 5.30　ERNIE 2.0 的持续学习和预训练任务

2. 预训练任务

ERNIE 2.0 有 3 个感知级别的预训练任务，分别如下。

- 单词感知预训练任务（word-aware pre-training task）：学习单词级别的知识。
- 结构感知预训练任务（structure-aware pre-training task）：学习句子级别的知识。
- 语义感知预训练任务（semantic-aware pre-training task）：学习语义级别的知识。

（1）单词感知预训练任务。

- 知识掩码任务（knowledge masking task）：这里使用的是 ERNIE-B 的掩码方式，如 5.8.1 节所介绍的。
- 大写预测任务（capitalization prediction task）：在英语中，一个大写的单词往往表示这个词在句子中拥有特殊的含义，例如该词是一个地名等。因此 ERNIE 2.0 加入了一个预测这个单词是否需要大写的任务。因为引入了这个任务，输入模型的单词都变成了小写，这也有助于模型的收敛。论文中并没有介绍这个任务是如何处理中文数据的，因为对中文来说并没有大小写的概念。
- 标志 - 文档关系预测任务（token-document relation prediction task）：这个任务用来预测在一篇文章的一个片段中出现的标志是否也在这篇文章的另外一个片段中出现了。作者认为这种在一篇文章中反复出现的词往往是这个文章的关键词，也就是说该模型拥有了提取关键词这种复杂任务的语义理解能力。

（2）结构感知预训练任务。

- 句子重排序任务（sentence reordering task）：在这个任务中，文章中的一段会被切分成 $n=1,2,\cdots,m$ 个片段，然后我们将其随机打乱，每种片段数有 $n!$ 个可能，然后预测它的排列顺序。在这里该任务被当作一个 k 分类任务，其中$k=\sum_{n=1}^{m} n!$。
- 句子距离任务（sentence distance task）：预测两个句子的距离。这里包括 3 类：“0”表示两个句子在一篇文章中的距离很近，“1”表示两个句子在同一篇文章中但是距离比较远，“2”表示两个句子不在同一篇文章中。

（3）语义感知预训练任务。

- 篇章句子关系任务（discourse relation task）：这是一个无监督任务，它根据文章中的一些关键词来提取两个句子之间的语义或者修辞关系。例如“but”切分的两个句子通常具有转折关系。
- 相关性计算任务（IR relevance task）：这个任务的数据集是根据百度搜索引擎得到的，它用来判断一条查询和一篇文章的题目的相关性程度。它共有 3 类：“0”表示强相关，即当用户查询后会单击这篇文章的题目；“1”表示弱相关，即会查询到这篇文章，但是用户不会单击该文章的题目；“2”表示不相关，这里使用的是一条随机采样的样本。

3. 持续多任务学习

如图 5.30 所示，ERNIE 2.0 的持续多任务学习分成两个阶段：

（1）在大量的数据上进行无监督预训练；

（2）使用持续多任务学习增进式地更新 ERNIE 2.0。

为什么这里要引入持续多任务学习呢？试想一下，当我们训练一个由诸多任务组成的模型时，我们有两个问题需要解决：首先，如何能够保证早期学习的任务不会被灾难性遗忘；其次如何高效地训练这些任务。第一个问题的解决方案是在训练新任务时，加入老任务和它一起训练即可。第二个问题的解决方案是在每个训练阶段，我们自动为每个任务分配 N 个训练步。图 5.31 对 ERNIE 2.0

的持续多任务学习和多任务学习以及其他的持续学习进行了对比。

图 5.31 的左侧是百度提出的持续多任务学习框架，即每次有新任务进来时，它就在原来训练结果的基础上同时训练老任务和新任务。但是这样等到后期任务比较多的时候，效率不高。这就用到了我们刚刚介绍的每个任务训练 N 轮的策略。

图 5.31 的中间是多任务学习框架，它的思想是每次有新任务过来时，都重新训练所有任务，这个方法的缺点是效果过于差。

图 5.31 的右侧是常见的持续学习框架，它的思想就是对于每次输入的数据，依次对其进行训练，这个方法有非常严重的灾难性遗忘的问题。

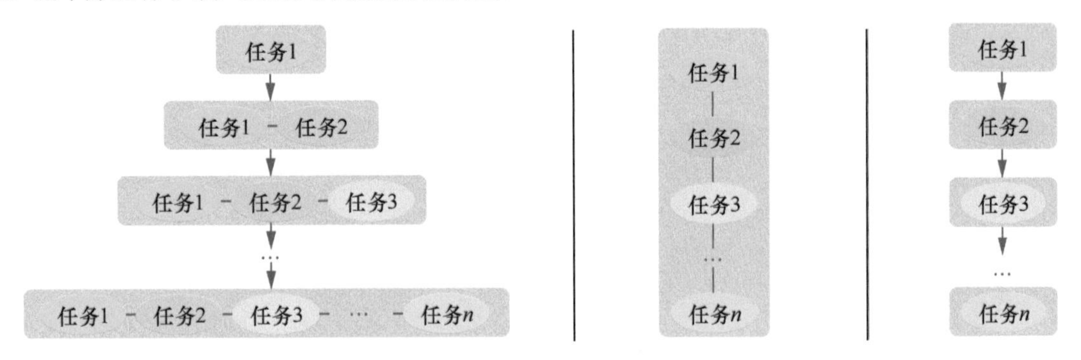

图 5.31 （左）ERNIE 2.0 的持续多任务学习、（中）多任务学习、（右）持续学习

4. ERNIE 2.0 的网络结构

和 ERNIE-B 相同，ERNIE 2.0 使用的也是由 Transformer 构成的网络结构。但是为了适应它的持续多任务学习，它对网络结构做了几点修改，如图 5.32 所示。首先在输入阶段，ERNIE 2.0 添加了任务嵌入（task embedding），对一个一直可能有任务进来的模型来说，任务嵌入的作用就是根据它们的任务编号对其进行编码，然后和 BERT 中采用的 3 个嵌入相加，作为编码器的输入。

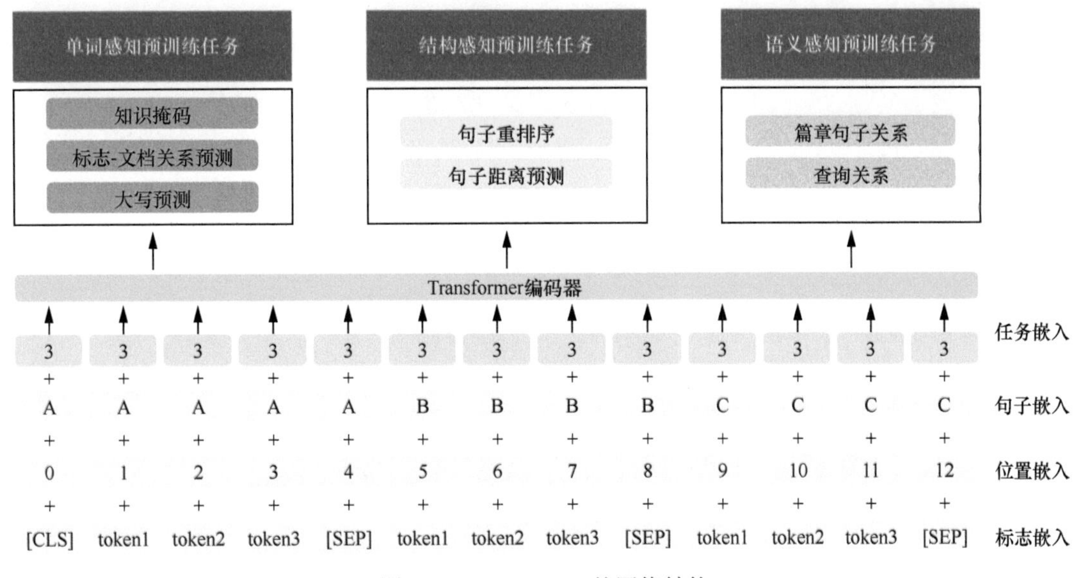

图 5.32 ERNIE 2.0 的网络结构

说到编码器，由于 ERNIE 2.0 是可以训练多个任务的，因此它需要多种不同的输入头。在 ERNIE 2.0 中，它采用的是编码器部分网络共享，在编码器之后不同任务使用独立的网络结构的方式。

5.8.3 小结

从算法角度来看，百度的 ERNIE 系列并没有太大的创新点，其提升准确率的主要原因在于百度本身拥有的强大的中文数据资源和工具。借助这些中文数据资源和工具，ERNIE-B 和 ERNIE 2.0 中提出的几个无监督任务还是很有参考价值的。这也促使我们思考如何利用现有的资源来构造更丰富的任务。

百度的 ERNIE 系列和 OpenAI 的 GPT 系列把词向量训练任务推向了两个极端，一个是挖掘丰富的任务，另一个是堆积超大的模型和大量的数据，无论哪个极端都是需要巨大的财力支持的。但是我们从中也看出了词向量任务还有很高的上限，何时能推出一个泛化能力足以解决诸多场景问题的训练模型，我们拭目以待！

第三篇　模型优化

"在实际的深度学习场景中，我们几乎总是会发现最好的拟合模型是一个适当正则化的大型模型。"

——Ian J. Goodfellow

第6章　模型优化方法

随着计算机硬件性能的不断提升，现在神经网络的参数数量甚至达到了以亿计的程度。它除了给模型带来难以置信的拟合能力，也使得模型非常容易对某个数据集过拟合，为了缓解过拟合的问题，提升模型的泛化能力，我们需要对模型进行正则化。在深度学习中有很多非常有效的缓解过拟合的策略，例如从数据角度出发，我们可以对数据进行扩充；从模型角度出发，我们可以给权重添加正则操作，例如 L_1 正则和 L_2 正则；从训练过程角度出发，我们可以对模型进行早停等。而在本章中，我们将介绍两类常以网络层的形式添加到模型中的结构：一类是 Dropout，另一类是归一化。

Dropout 是当发生过拟合之后，第一个被考虑使用的网络结构。在训练时，Dropout 通过将一些节点替换为掩码来减轻节点之间的耦合性，从而实现正则的效果。对于 Dropout 的一些改进，我们也在这里进行简单的介绍，例如针对 CNN 所做的一些改进，包括 Spatial Dropout、DropBlock 和 Max-pooling Dropout，针对 RNN 所做的一系列改进，包括只有一组掩码的 RNNDrop 和 Recurrent Dropout，也可以将 Dropout 作用到 LSTM 的各个门上。

归一化（normalization）是深度学习中发展得比较快的一系列算法，批归一化（batch normalization，BN）是被使用得最多的归一化方法，它是用不同样本的同一个通道的特征进行归一化的。BN 是无法用在序列模型中的，因为它无法处理同一个批次中数据长度不一致的场景。在这个场景中，层归一化（layer normalization，LN）是被使用得最多的策略，它是在同一个样本的不同通道上进行归一化的，这样便避免了对不同长度的数据进行统计量计算。而在图像生成这类任务中对图像的细节要求比较高，这时候一般使用实例归一化（instance normalization，IN），它是在同一样本、同一通道上做归一化的。组归一化（group normalization，GN）是介于 LN 和 IN 之间的一种方案，它将通道分成若干组分别进行归一化的计算。BN、LN、IN 和 GN 的异同如图 6.1 所示，从左到右依次是 BN、LN、IN 和 GN。

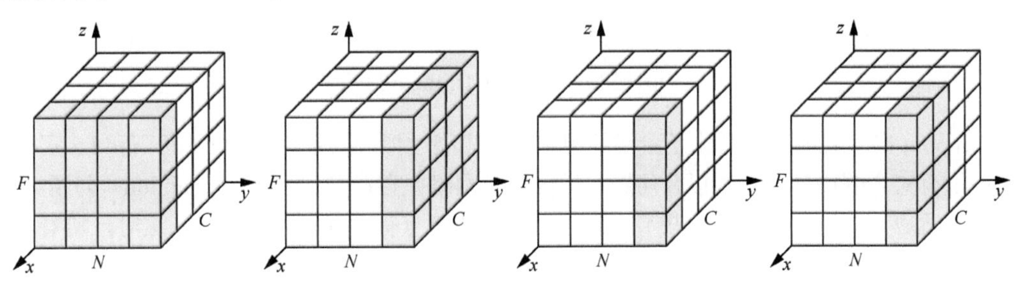

图 6.1　BN、LN、IN 和 GN 的异同

上面介绍的 4 种归一化都是在特征上进行的，权值归一化（weight normalization，WN）则是在权值矩阵上进行归一化的，它更适用于噪声敏感的环境，如生成任务、强化学习等。自适配归一

化（switchable normalization，SN）[1] 是 BN、LN 和 IN 加权之后的结果，它能够自适应地匹配各种不同类型的任务。

6.1 Dropout

在本节中，先验知识包括：
- ❑ LSTM（4.1 节）。

Dropout 是深度学习中被广泛应用于解决模型过拟合问题的策略，相信你对 Dropout 的计算方式和工作原理已了如指掌。这篇论文将更深入地探讨 Dropout 背后的数学原理，通过理解 Dropout 的数学原理，我们可以推导出几个设置丢失率的小技巧，通过这一节你也将对 Dropout 的底层原理有更深刻的了解。同时我们也将对 Dropout 的几个改进方法进行探讨，主要是讨论它在 CNN 和 RNN 中的应用以及它的若干个经典的变种。

6.1.1 什么是 Dropout

没有添加 Dropout 的网络是需要对网络的全部节点进行学习的，而添加了 Dropout 的网络只需要对其中没有被替换为掩码的节点进行训练，如图 6.2 所示。Dropout 能够有效解决模型的过拟合问题，从而使得训练更深、更宽的网络成为可能。

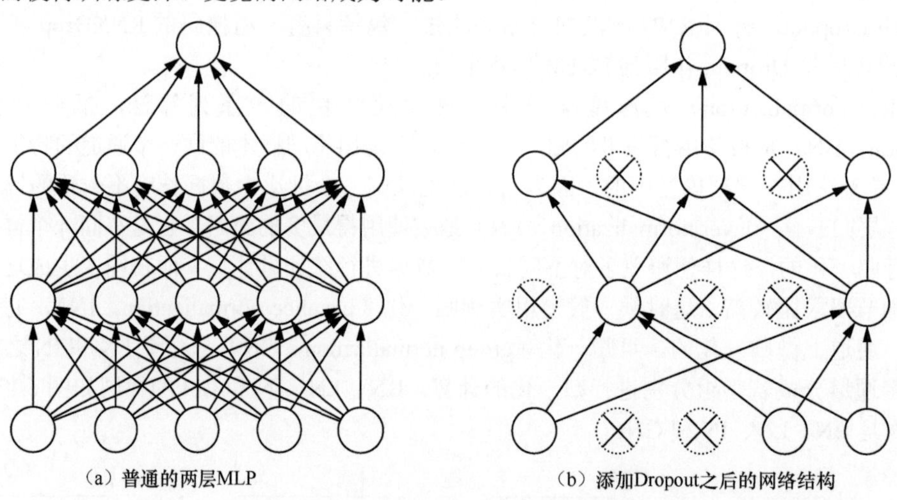

图 6.2　普通的两层 MLP 和添加 Dropout 之后的网络结构

在 Dropout 出现之前，正则化是主要的用来解决模型过拟合的策略，如 L1 正则和 L2 正则。但是它们并没有完全解决模型的过拟合问题，原因就是网络中存在共适应（co-adaption）问题。

所谓共适应，是指网络中的一些节点会比另外一些节点有更强的表征能力。这时，随着网络的不断训练，具有更强表征能力的节点被不断强化，而表征能力更弱的节点则被不断弱化，直到对网络的贡献可以忽略不计。这时候网络中只有部分节点被训练，浪费了网络的宽度和深度，进而导致模型的效果提升受到限制。

1　参见 Ping Luo、Jiamin Ren、Zhanglin Peng 的论文“Differentiable learning-to-normalize via switchable normalization”。

而Dropout解决了共适应问题，使得训练更宽的网络成为可能。

6.1.2 Dropout的数学原理

图6.3所示的是一个单层线性网络，它的输出是输入的加权和，表示为式（6.1）。这里我们只考虑最简单的线性激活函数。Dropout的推导过程也适用于非线性的激活函数，只是线性的激活函数推导起来更加简单。

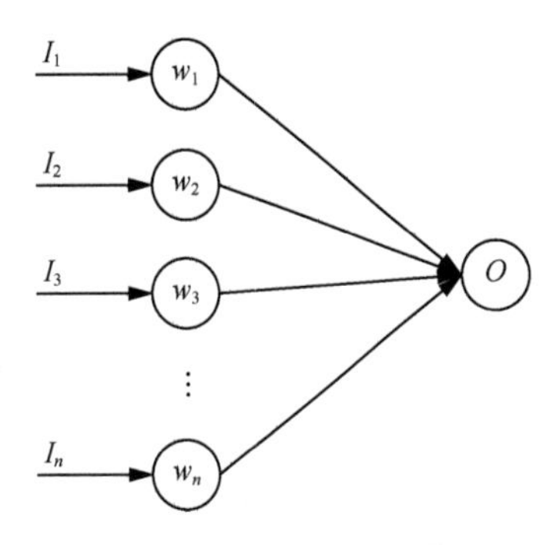

图6.3　单层线性网络

$$O=\sum_{i}^{n}w_iI_i \tag{6.1}$$

对于图6.3所示的无Dropout的网络，它的误差E_N可以表示为式（6.2），其中t是目标值。

$$E_N=\frac{1}{2}\left(t-\sum_{i=1}^{n}w_i'I_i\right)^2 \tag{6.2}$$

式（6.2）之所以使用w'是为了找到无Dropout的网络和之后要介绍的添加了Dropout的网络之间的关系，其中$w'=pw$，p为概率值。那么式（6.2）可以表示为式（6.3）。

$$E_N=\frac{1}{2}\left(t-\sum_{i=1}^{n}p_iw_iI_i\right)^2 \tag{6.3}$$

它关于w_i的偏导数为式（6.4）。

$$\frac{\partial E_N}{\partial w_i}=-tp_iI_i+w_ip_i^2I_i^2+\sum_{j=1,j\neq i}^{n}w_jp_ip_jI_iI_j \tag{6.4}$$

当我们向图6.3所示的网络中添加Dropout之后，它的误差E_D表示为式（6.5）。

$$E_D=\frac{1}{2}\left(t-\sum_{i=1}^{n}\delta_iw_iI_i\right)^2 \tag{6.5}$$

$\delta\sim\text{Bernoulli}(p)$是丢失率，它服从伯努利分布，即它有$p$的概率值为1，有$1-p$的概率值为0。那么式（6.5）关于$w_i$的导数表示为式（6.6）。

$$\frac{\partial E_D}{\partial w_i}=-t\delta_iI_i+w_i\delta_i^2I_i^2+\sum_{j=1,j\neq i}^{n}w_j\delta_i\delta_jI_iI_j \tag{6.6}$$

因为δ_i服从伯努利分布，我们对其求期望，如式（6.7）所示。

$$\begin{aligned}\mathbb{E}\left(\frac{\partial E_D}{\partial w_i}\right)&=-tp_iI_i+w_ip_i^2I_i^2+w_i\text{Var}(\delta_i)I_i^2+\sum_{j=1,j\neq i}^{n}w_jp_ip_jI_iI_j\\&=\frac{\partial E_N}{\partial w_i}+w_i\text{Var}(\delta_i)I_i^2\\&=\frac{\partial E_N}{\partial w_i}+w_ip_i(1-p_i)I_i^2\end{aligned} \tag{6.7}$$

对比式（6.6）和式（6.7）我们可以看出，在$w'=pw$的前提下，带有Dropout的网络的梯度的期望等价于带有正则的普通网络。换句话说，Dropout起到了正则的作用，正则项为$w_ip_i(1-p_i)I_i^2$。

6.1.3 Dropout是一个正则网络

通过上面的分析我们知道，最小化含有 Dropout 的网络的损失等价于最小化带有正则项的普通网络，如式（6.8）所示。

$$E_R=\frac{1}{2}\left(t-\sum_{i=1}^{n}p_i w_i I_i\right)^2+\sum_{i=1}^{n}p_i(1-p_i)w_i^2 I_i^2 \tag{6.8}$$

也就是说，当我们对式（6.8）的 w_i 求偏导数时，会得到与式（6.4）的带有 Dropout 的网络对 w_i 求偏导数相同的结果。因此可以得到使用 Dropout 的几个技巧如下。

- **当丢失率为 0.5 时，Dropout 会有最强的正则效果**。因为 $p(1-p)$ 在 $p=0.5$ 时取得最大值。
- **丢失率的选择策略**：在比较深的网络中，使用 0.5 的丢失率是比较好的选择，因为这时 Dropout 能取到最好的正则效果。在比较浅的网络中，丢失率应该低于 0.2，因为过大的丢失率会导致丢失过多的输入数据，对模型的影响比较大；不建议使用大于 0.5 的丢失率，因为它在丢失过多节点的情况下并不会取得更好的正则效果。
- **在测试时需要使用丢失率对 w 进行缩放**：基于前面 $w'=pw$ 的假设，我们得知无 Dropout 的网络的权值相当于对含有 Dropout 的网络权值缩放了 $1-p$ 倍。在含有 Dropout 的网络中，测试时不会丢弃节点，这相当于它是一个普通网络，因此也需要进行 $1-p$ 倍的缩放，如式（6.9）所示。

$$\boldsymbol{y}=(1-p)f(\boldsymbol{Wx}) \tag{6.9}$$

关于 Dropout 的理论依据，业内还有很多讨论，除了上面的正则和缓解共适应的作用，还有以下比较有代表性的讨论。

- **模型集成**：Hinton 等人认为由于 Dropout 在训练过程中会随机丢弃节点，因此会在训练过程中产生大量不同的网络，而最终的网络相当于这些随机网络的模型集成。
- **贝叶斯理论**：在机器学习中，贝叶斯理论是指根据一些先验条件，在给定数据集的情况下确定参数的后验分布。一些作者认为，使用 Dropout 训练的方法可以使用确定近似值的贝叶斯模型来解释[1]。这么说可能不好理解，我们用更简单的方式来说明，一个神经网络往往有几百万个甚至更多的节点，在它的基础上丢弃节点后产生的子网络的数量是无限大的数字。如果我们使用装袋（bagging）算法训练这些模型，需要训练海量的参数独立的模型，然后对这些模型取均值。Dropout 不同于装袋算法的一点是 Dropout 的参数是共享的，而正是这种参数共享使得 Dropout 可以在有限的时间和硬件条件下实现对无限大量级的模型的训练。虽然很多模型并没有完整地参与到训练流程中，但是它的子网络参与了某个训练步，正是这个被训练的子网络先验，导致了剩余的子网络也可以有很好的参数设定。

笔记 如果要使用 SELU 激活函数对自归一化网络（self-normalization network）[2] 进行归一化，则应使用 Alpha Dropout，因为 Dropout 会破坏自归一化。Alpha Dropout 是 Dropout 的一个变种，它的特点是保留了输入的均值和标准差。

6.1.4 CNN的Dropout

不同于 MLP 的特征图是一个特征向量，CNN 的特征图是一个由宽、高、通道数组成的三维矩

1 参见 Sida I. Wang、Christopher D. Manning 的论文“Fast dropout training”。

2 参见 Günter Klambauer、Thomas Unterthiner、Andreas Mayr 等人的论文“Self-Normalizing Neural Networks”。

阵。按照传统的 Dropout 的理论，它丢弃的应该是特征图上的若干像素。但是这个方法在 CNN 中并不是十分奏效，一个重要的原因便是临近像素之间的相似性。因为它们不仅有非常接近的输入值，而且拥有相近的邻居、相似的感受野和相同的卷积核，所以直接丢掉一个像素点而丢失的信息可以很容易地通过其周围的像素弥补回来，因此我们需要针对 CNN 的特点单独设计 Dropout。

在 CNN 中，我们可以以通道为单位来随机丢弃，这样可以增加其他通道的建模能力并缓解通道之间的共适应问题，这个策略叫作空间（spatial）Dropout[1]。我们也可以随机丢弃特征图中的一大块区域，来避免临近像素的互相弥补，这个方法叫作 DropBlock。还有一个常见的策略叫作最大池化（max pooling)Dropout[2]，它的计算方式是在执行最大池化之前，将窗口内的像素随机替换为掩码，这样使得窗口内较小的值也有机会影响网络的效果。空间 Dropout、DropBlock 和最大池化 Dropout 的可视化如图 6.4 所示。

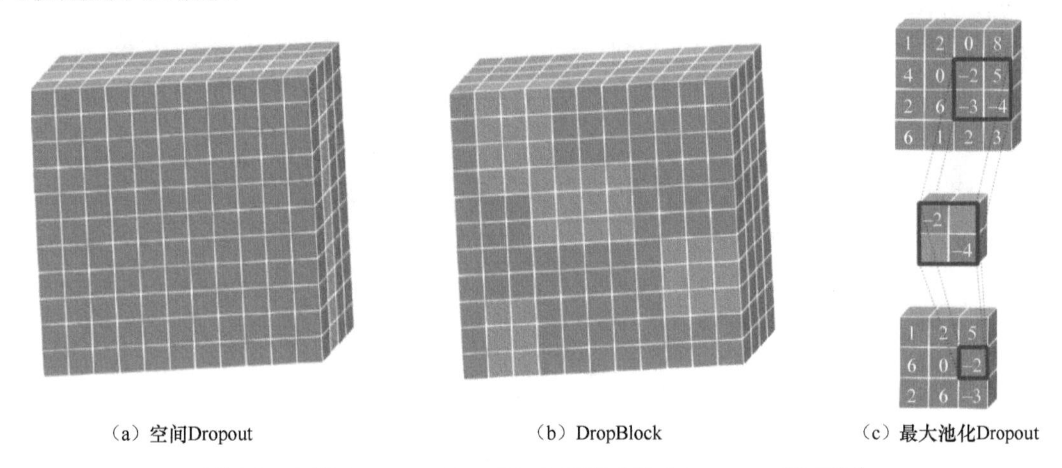

（a）空间Dropout　（b）DropBlock　（c）最大池化Dropout

图 6.4　空间 Dropout、DropBlock 和最大池化 Dropout 的可视化

6.1.5 RNN 的 Dropout

和 CNN 一样，传统的 Dropout 并不能直接用在 RNN 上，因为每个时间片的 Dropout 会限制 RNN 保留长期记忆的能力，所以一些专门针对 RNN 的 Dropout 被提了出来。针对 RNN 上的 Dropout 的研究主要集中在 LSTM 上。RNNDrop[3] 提出我们可以在 RNN 的循环开始之前生成一组掩码，这组掩码作用到 LSTM 的单元状态（cell state）上，然后在时间片的循环中保持这组掩码的值不变，如式（6.10）所示。

$$\boldsymbol{c}_t=(\boldsymbol{f}_t\circ \boldsymbol{h}_{t-1}+\boldsymbol{i}_t\circ \tilde{\boldsymbol{c}}_t)\circ \boldsymbol{m}, m_i \sim \text{Bernoulli}(p) \tag{6.10}$$

Recurrent Dropout[4] 则提出也可以将掩码作用到更新单元状态的地方，同样它的掩码值也保持不变，如式（6.11）所示。

$$\boldsymbol{c}_t=\boldsymbol{f}_t\circ \boldsymbol{h}_{t-1}+\boldsymbol{i}_t\circ \tilde{\boldsymbol{c}}_t\circ \boldsymbol{m}, m_i \sim \text{Bernoulli}(p) \tag{6.11}$$

Yarin Gal 等人[5] 提出 Dropout 也可以作用到 LSTM 的各个门上，如式（6.12）所示：

1　参见 Golnaz Ghiasi、Tsung-Yi Lin、Quoc V. Le 的论文“DropBlock: A regularization method for convolutional networks”。

2　参见 Haibing Wu、Xiaodong Gu 的论文“Towards dropout training for convolutional neural networks”。

3　参见 Taesup Moon、Heeyoul Choi、Hoshik Lee 等人的论文“Rnndrop: A novel dropout for RNNS in ASR”。

4　参见 Stanislau Semeniuta、Aliaksei Severyn、Erhardt Barth 的论文“Recurrent Dropout without Memory Loss”。

5　参见 Yarin Gal、Zoubin Ghahramani 的论文“A Theoretically Grounded Application of Dropout in Recurrent Neural Networks”。

$$\begin{pmatrix} i \\ f \\ g \end{pmatrix} = \begin{pmatrix} \sigma \\ \sigma \\ \sigma \\ \tanh \end{pmatrix} \left(\begin{pmatrix} x_t \circ z_x \\ h_{t-1} \circ z_h \end{pmatrix} \cdot W \right) \tag{6.12}$$

其中，z_x 和 z_h 是作用到输入数据和隐层节点状态的两个掩码，它们在整个时间步内保持不变；i、f、g 是 LSTM 的 3 个门。

6.1.6 Dropout 的变体

1. 高斯 Dropout

在传统的 Dropout 中，每个节点以 $1-p$ 的概率被替换为掩码。反映到式（6.5）中，它表示为使用权值乘 δ，$\delta \sim \text{Bernoulli}(p)$ 服从伯努利分布。式（6.5）相当于给每个权值一个伯努利的门，如图 6.5（a）所示。

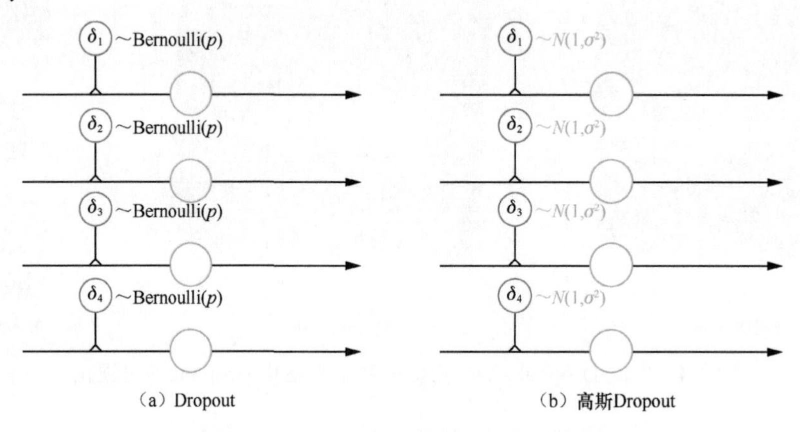

图 6.5 Dropout 和高斯 Dropout 的异同

高斯 Dropout 是指以高斯分布为每一个权值生成一个门，如图 6.5（b）所示。在使用高斯 Dropout 时，因为激活值保持不变，所以高斯 Dropout 在测试时不需要对权值进行缩放。在高斯 Dropout 中，所有节点都参与训练，这样对提升训练速度也有帮助。在高斯 Dropout 中，每个节点可以看作乘 $p(1-p)$，这相当于增熵，而 Dropout 丢弃节点的策略相当于减熵。在 Srivastava 等人的论文[1]中，他们指出增熵是比减熵更好的策略，因此高斯 Dropout 会有更好的效果。

2. DropConnect

DropConnect 的思想也很简单，它不是随机地将隐层节点的输出置 0，而是将节点中每个与其相连的输入权值以一定的概率置 0，Dropout 和 DropConnect 一个是输出，一个是输入，表示为式（6.13）：

$$r = a[(M \circ W)v], \ M_{i,j} \sim \text{Bernoulli}(p) \tag{6.13}$$

其中，M 是二值掩码矩阵，它里面的每一个元素服从伯努利分布，W 是权值矩阵，v 是特征向量，a 是激活函数。Dropout 可以看作对计算结果进行掩码，而 DropConnect 可以看作对输入权值进行掩码，如图 6.6 所示。

在测试时，使用所有可能的掩码的结果求均值的策略是不现实的，因为所有掩码的情况共有 $2^{|M|}$[2] 种，因此 DropConnect 通常采用高斯采样的方式来拟合全部枚举的结果。高斯分布的均值方差

1 参见 Nitish Srivastava、Geoffrey Hinton、Alex Krizhevsky 等人的论文“Dropout: A Simple Way to Prevent Neural Networks from Overfitting”。

2 其中 $|M|$ 表示 M 中元素的个数

和概率 p 有关：均值 $E_M(\boldsymbol{u})=p\boldsymbol{W}\boldsymbol{v}$，方差$V_M(\boldsymbol{u})=p(1-p)(\boldsymbol{W}\odot\boldsymbol{W})(\boldsymbol{v}\odot\boldsymbol{v})$。采样的结果经过激活函数 a 之后再进行求均值的操作。DropConnect 的测试过程表示为算法 1。

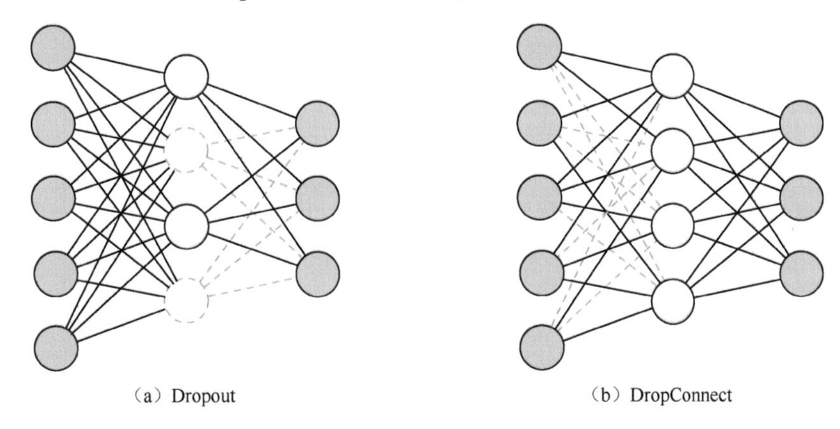

图 6.6　Dropout 和 DropConnect 的异同

算法 1　DropConnect 的测试过程

输入：样本 $\boldsymbol{x}$、参数 θ、采样的数量 Z

1: 提取特征：$\boldsymbol{v}\leftarrow g(\boldsymbol{x};\boldsymbol{W}_g)$

2: 归一化统计量计算：$\mu\leftarrow E_M(\boldsymbol{u})\sigma^2\leftarrow V_M(\boldsymbol{u})$

3: **for all** $z=1:Z$ **do**//遍历 Z 个样本

4: 　　**for all** $i=1:d$ **do**

5: 　　　　从 1 维高斯分布中采样 $\boldsymbol{u}_{i,z}\sim\mathcal{N}(\mu_i,\sigma_i^2)$

6: 　　　　$r_{i,z}\leftarrow a(\boldsymbol{u}_{i,z})$

7: 　　**end for**

8: **end for**

9: 将结果 $\hat{\boldsymbol{r}}=\sum_{z=1}^{Z}\boldsymbol{r}_z/Z$ 传递到下一层

10: **return** 预测结果 $\boldsymbol{u}$

3. StandOut

在 Dropout 中，每个节点以相同概率 p 的伯努利分布被丢弃，StantOut 提出丢弃的概率 p 应该是自适应的，它的值取决于权值，一般权值越大，节点被丢弃的概率越高。这样低权值的节点也可以逐渐学习到有用的特征，从而缓解共适应的问题。在训练时，StandOut 的节点被丢弃的概率表示为式（6.14）：

$$m_i\sim \text{Bernoulli}[g(\boldsymbol{W}_s\boldsymbol{x})] \tag{6.14}$$

其中，$\boldsymbol{W}_s$ 是网络权值，g 是激活函数，也可以是一个网络，如深度置信网络。实验结果表明深度置信网络可以近似为权重的仿射函数，例如我们可以采用 sigmoid 激活函数。在测试的时候，我们也需要对权值进行缩放。

如图 6.7 所示，在 StandOut 中，一个节点被替换为掩码的概率取决于它的权值，权值越高它被替换为掩码的概率越高，这样就避免了网络过分依赖少数节点的情况。

4. 蒙特卡洛 Dropout

蒙特卡洛方法本质上通过有限次的采样来拟合一个测试结果。这里要介绍的蒙特卡洛 Dropout

（MCDropout）[1] 可以应用到任何使用 Dropout 训练的网络中，在训练时 MCDropout 和原始的 Dropout 保持相同，但是在测试时它继续保留 Dropout 的丢弃操作，通过随机采样大量不同的测试结果来产生真实的结果，得到预测结果的均值和方差。因为 MCDropout 的多次预测是可以并行执行的，所以并不会耗费太长的时间。

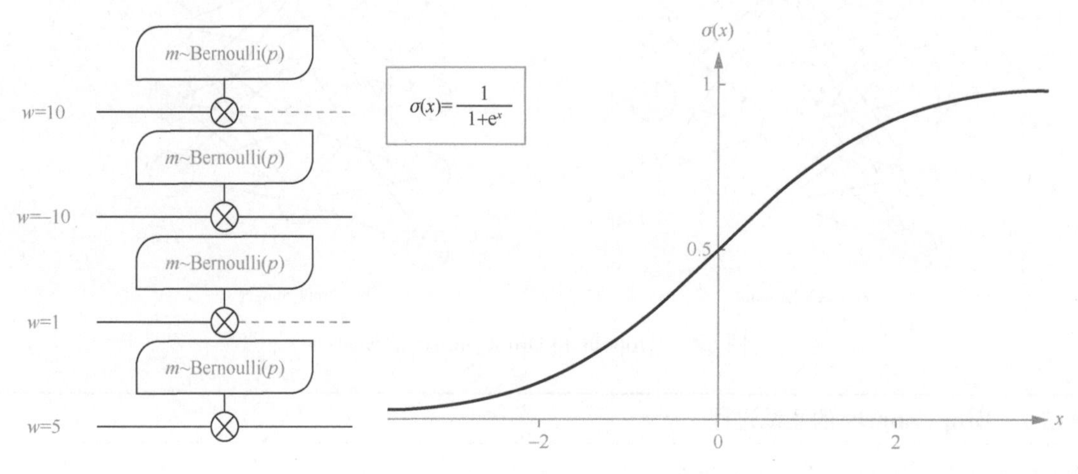

图 6.7　StandOut 示意

论文中 MCDropout 的理论证明非常复杂，这里我们大致阐述一下它的思想。MCDropout 的提出主要是因为作者认为 softmax 的值并不能反映样本分类的可靠程度。根据我们对 softmax 输出向量的观察，经过 Softmax 计算后的最大值往往是一个非常接近 0.99 的值，这个值作为模型的置信度是非常不可靠的。MCDropout 通过在不同的模型上的采样来对同一个数据进行预测，那么根据多次采样的结果便可以得到一个比 softmax 得到的更可靠的置信度。恰好 Dropout 是一个天然的不同模型的生成器，所以在测试的时候要保留 Dropout，如图 6.8 所示。

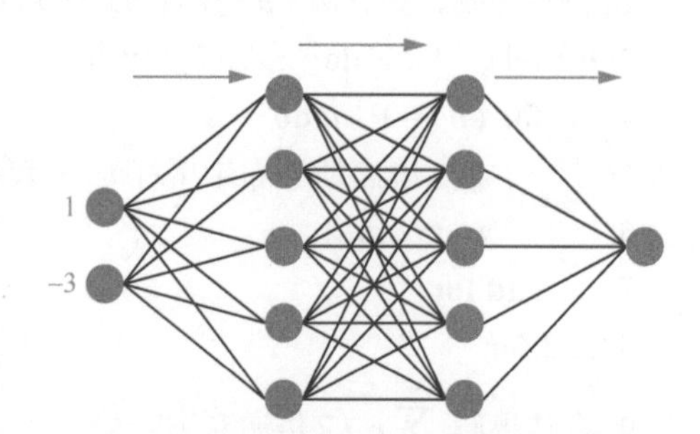

图 6.8　蒙特卡洛 Dropout（有动图）

6.1.7 小结

在这篇论文中我们对 Dropout 背后的数学原理进行了深入的分析，从而理解了“Dropout 是一个正则方法”的背后原理，通过对 Dropout 的数学分析，我们还得出了使用 Dropout 的几个小技巧：

- 丢失率设置为 0.5 时会取得最好的正则化效果；
- 不建议使用大于 0.5 的丢失率。

在 CNN 和 RNN 中，由于数据的特征和 MLP 不同，因此需要针对性地设计 Dropout，我们在这里讨论了 CNN 中的空间 Dropout、DropBlock 等。而 RNN 的 Dropout 需要在每个时间片中保持相同的掩码以保证模型捕捉长期依赖的能力，它们的不同点是作用到 LSTM 内部的不同门还是直接作用到输出结果。

1　参见 Yarin Gal 和 Zoubin Ghahramani 的论文“Dropout as a Bayesian Approximation: Representing Model Uncertainty in Deep Learning”。

6.2 BN

BN[1] 是在深度学习中缓解过拟合时选择的诸多技巧中使用频率非常高的一个经典算法，它不仅能够有效地解决梯度爆炸的问题，而且加入 BN 层的网络往往更加稳定且 BN 还起到了一定的正则化的作用。在这篇论文中，我们将详细介绍 BN 的技术细节及其背后的原理。

在提出 BN 的论文中，作者认为 BN 有用的原因是 BN 解决了普通网络的内部协变量偏移（internel covariate shift，ICS）的问题。所谓 ICS 是指网络各层的分布不一致，网络需要适应这种不一致从而增加了学习的难度。而在 Santurkar 等人的论文[2]中，他们通过实验验证了 BN 其实和 ICS 的关系并不大，其有用的原因是使损失平面更加平滑，并给出了其结论的数学证明。那么，孰对孰错呢？我们详细说明。

6.2.1 BN 详解

1. 内部协变量偏移

BN 是基于小批次 SGD 的，小批次 SGD 是介于单样本 SGD 和全样本 SGD 的折中方案，其优点是比全样本 SGD 有更小的硬件需求，比单样本 SGD 有更快的收敛速度和更好的并行能力。SGD 的缺点是对参数比较敏感，较大的学习率和不合适的初始化值均有可能导致训练过程中发生梯度消失或者梯度爆炸，BN 则有效地解决了这个问题。

在 Sergey Ioffe 等人的论文[1]中，他们认为 BN 的主要贡献是缓解了 ICS 的问题，论文中对 ICS 的定义是：the change in the distribution of network activations due to the change in network parameters during training（在训练过程中由网络参数变化导致网络激活的分布产生的变化）。作者认为 ICS 是导致网络收敛慢的罪魁祸首，因为模型需要学习在训练过程中会不断变化的隐层特征的分布。作者提出 BN 的动机是试图在训练过程中将每一层的隐层节点的特征的分布固定下来，这样就可以避免 ICS 的问题了。

在深度学习训练中，白化（whiten）是加速收敛的一个小技巧，所谓白化是指使图像像素点变化服从均值为 0、方差为 1 的正态分布。我们知道在深度学习中，第 i 层的输出会直接作为第 $i+1$ 层的输入，那么我们能不能对神经网络每一层的输入都做一次白化呢？其实 BN 就是这么做的。

2. 梯度饱和

我们知道 sigmoid 激活函数和 tanh 激活函数存在梯度饱和的区域，其原因是激活函数的输入值过大或者过小，导致得到的激活函数的梯度值非常接近于 0，使得网络的收敛速度减慢。传统的方法是使用不存在梯度饱和区域的激活函数，如 ReLU 等。BN 也可以解决梯度饱和的问题，它的策略是在调用激活函数之前将 $Wx+b$ 的值归一化到梯度值比较大的区域。假设激活函数为 g，BN 应在激活函数之前使用，如式（6.15）所示。

$$z=g[\mathrm{BN}(Wx+b)] \tag{6.15}$$

3. BN 的训练过程

如果按照传统白化的方法，整个网络的每个隐层节点都会使用整个训练集进行归一化统计量的

1 参见 Sergey Ioffe、Christian Szegedy 的论文“Batch Normalization: Accelerating Deep Network Training by Reducing Internal Covariate Shift”。

2 参见 Shibani Santurkar、Dimitris Tsipras、Andrew Ilyas 等人的论文“How Does Batch Normalization Help Optimization?”。

计算，但是这种过程无疑是非常耗时的。BN的训练过程是以批次为单位的。神经网络的BN如图6.9所示，假设一个批次有 m 个样本 $B=\{x_1,x_2,\cdots,x_m\}$，每个样本有 d 个特征，那么这个批次的每个样本第 k 个特征的归一化后的值如式（6.16）所示：

$$\hat{x}^{(k)}=\frac{x^{(k)}-E(x^{(k)})}{\sqrt{\mathrm{Var}(x^{(k)})}} \tag{6.16}$$

其中，$E(x^{(k)})$ 和 $\mathrm{Var}(x^{(k)})$ 分别表示在第 k 个特征上这个批次中所有样本的均值和方差。

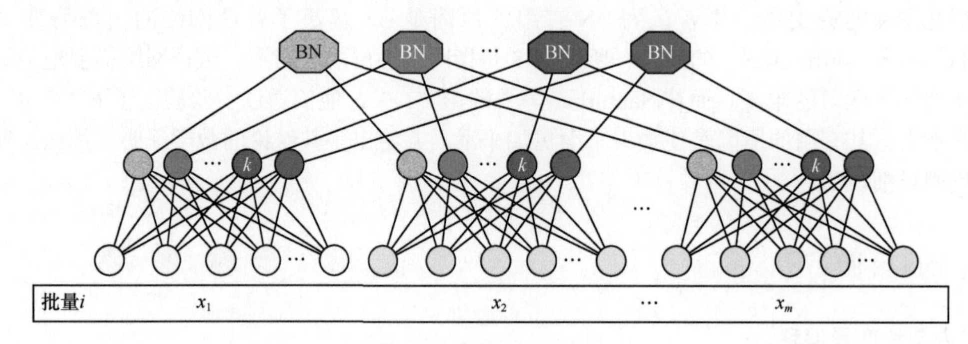

图6.9 神经网络的BN

这种表示会对模型的收敛有帮助，但是也可能破坏已经学习到的特征。为了解决这个问题，BN添加了两个可以学习的变量 β 和 γ，用于控制网络表达直接映射，也就是还原BN之前学习到的特征，如式（6.17）所示。

$$y^{(k)}=\gamma^{(k)}\hat{x}^{(k)}+\beta^{(k)} \tag{6.17}$$

当 $\gamma^{(k)}=\sqrt{\mathrm{Var}(x^{(k)})}$ 并且 $\beta^{(k)}=E(x^{(k)})$ 时，$y^{(k)}=x^{(k)}$，也就是说经过BN操作的网络容量是不小于没有经过BN操作的网络容量的。

综上所述，BN可以看作一个以 γ 和 β 为参数的、从 $x_{1,\cdots,m}$ 到 $y_{1,\cdots,m}$ 的映射，表示为式（6.18）。通过这个方式，BN将每一个隐层节点的分布都调整为正态分布，从而缓解了ICS的问题。

$$\mathrm{BN}_{\gamma,\beta}: x_{1,\cdots,m} \rightarrow y_{1,\cdots,m} \tag{6.18}$$

BN的伪代码如算法2所示。

算法2 BN

输入： 一个小批次 $B=\{x_{1,\cdots,m}\}$ 的值 x

BN的参数 γ、β

1: $\mu_B \leftarrow \frac{1}{m}\sum_{i=1}^{m} x_i$ //小批次均值

2: $\sigma_B \leftarrow \frac{1}{m}\sum_{i=1}^{m}(x_i-\mu_B)^2$ //小批次方差

3: $\hat{x}_i \leftarrow \frac{x_i-\mu_B}{\sqrt{\sigma_B^2+\epsilon}}$ //归一化

4: $y_i \leftarrow \gamma\hat{x}_i+\beta \equiv \mathrm{BN}_{\gamma,\beta}(x_i)\}$ //缩放和移位

5: **return**：$\{y_i=\mathrm{BN}_{\gamma,\beta}(x_i)\}$

在训练时，我们需要计算BN的反向传播过程，感兴趣的读者可以自行推导，这里直接给出结论（L 表示损失函数），如式（6.19）所示。

$$
\begin{aligned}
&\frac{\partial L}{\partial \hat{x}_i}=\frac{\partial L}{\partial y_i}\cdot\gamma\\
&\frac{\partial L}{\partial \sigma_B^2}=\sum_{i=1}^{m}\frac{\partial L}{\partial \hat{x}_i}\cdot(x_i-\mu_B)\cdot\frac{-1}{2}(\sigma_B^2+\epsilon)^{-\frac{3}{2}}\\
&\frac{\partial L}{\partial \mu_B}=\left(\sum_{i=1}^{m}\frac{\partial L}{\partial \hat{x}_i}\cdot\frac{-1}{\sqrt{\sigma_B^2+\epsilon}}\right)+\frac{\partial L}{\partial \sigma_B^2}\cdot\frac{\sum_{i=1}^{m}-2(x_i-\mu_B)}{m}\\
&\frac{\partial L}{\partial x_i}=\frac{\partial L}{\partial \hat{x}_i}\cdot\frac{1}{\sqrt{\sigma_B^2+\epsilon}}+\frac{\partial L}{\partial \sigma_B^2}\cdot\frac{2(x_i-\mu_B)}{m}+\frac{\partial L}{\partial \mu_B}\cdot\frac{1}{m}\\
&\frac{\partial L}{\partial \gamma}=\sum_{i=1}^{m}\frac{\partial L}{\partial y_i}\cdot\hat{x}_i\\
&\frac{\partial L}{\partial \beta}=\sum_{i=1}^{m}\frac{\partial L}{\partial y_i}
\end{aligned}
\tag{6.19}
$$

通过式（6.19）我们可以看出 BN 是处处可导的，因此可以直接以层的形式加入神经网络中。

4. BN 的测试过程

在训练的时候，我们采用 SGD 算法可以获得该批次中样本的均值和方差。但是在测试的时候，数据都是以单个样本的形式输入网络的。在计算 BN 层的输出的时候，我们需要获取的均值和方差是通过训练集统计得到的。具体地讲，我们会从训练集中随机取多个批次的数据集，每个批次的样本数是 m，测试的时候使用的均值和方差是这些批次的均值，如式（6.20）所示。

$$
\begin{aligned}
&E(x)\leftarrow E_\beta(\mu_\beta)\\
&\mathrm{Var}(x)\leftarrow\frac{m}{m-1}E_\beta(\sigma_\beta^2)
\end{aligned}
\tag{6.20}
$$

上面的过程需要在训练完再进行一次训练集的采样，非常耗时。更多的开源框架是在训练的时候，顺便就把采集到的样本的均值和方差保留了下来。在 Keras 中，这个变量叫作滑动平均（moving average），对应的均值叫作滑动均值（moving mean），方差叫作滑动方差（moving variance）。它们均使用 `moving_average_update()` 进行更新。在测试的时候则使用滑动均值和滑动方差代替上面的 $E(x)$ 和 $\mathrm{Var}(x)$，这样我们得到的统计量也更具有全局特征。滑动均值和滑动方差的更新如式（6.21）所示：

$$
\begin{aligned}
E_{\text{moving}}(x)&=m\times E_{\text{moving}}(x)+(1-m)\times E_{\text{sample}}(x)\\
\mathrm{Var}_{\text{moving}}(x)&=m\times \mathrm{Var}_{\text{moving}}(x)+(1-m)\times \mathrm{Var}_{\text{sample}}(x)
\end{aligned}
\tag{6.21}
$$

其中，$E_{\text{moving}}(x)$ 表示滑动均值，$E_{\text{sample}}(x)$ 表示采样均值，方差定义类似。m 表示遗忘因子（momentum），默认值是 0.99。滑动均值和滑动方差，以及可学习参数 β、γ 均是对输入特征的线性操作，因此可以将这两个操作合并起来，如式（6.22）所示。

$$
y=\frac{\gamma}{\sqrt{\mathrm{Var}(x)+\epsilon}}\cdot x+\left(\beta-\frac{\gamma E(x)}{\sqrt{\mathrm{Var}(x)+\epsilon}}\right)
\tag{6.22}
$$

5. CNN 中的 BN

BN 除了可以应用在 MLP 上，其在 CNN 中的表现也非常好，但是其在 RNN 上的表现并不好，具体原因后面解释，这里主要介绍 BN 在 CNN 中的使用方法。CNN 和 MLP 的不同点是 CNN 中每个样本的隐层节点的输出是三维（宽度、高度、通道数）的，而 MLP 的是一维的。当我们在 CNN 中使用 BN 时，归一化统计量的计算是以通道为单位的，如图 6.10 所示。

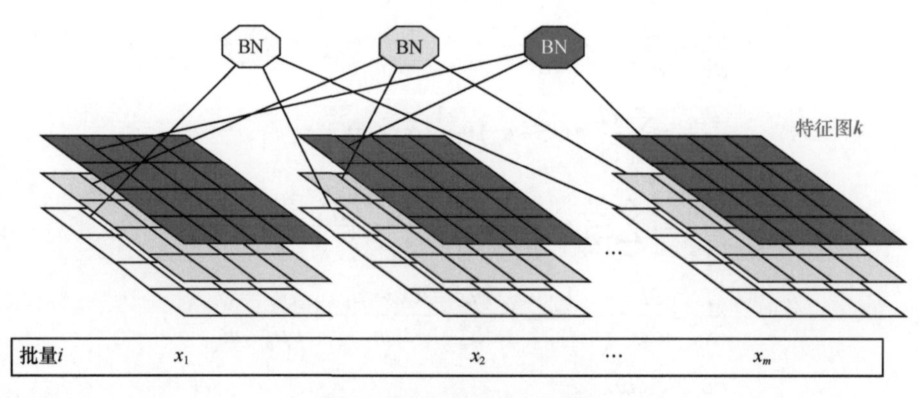

图 6.10　CNN 的 BN 示意

在图 6.10 中，假设一个批次有 m 个样本，特征图的尺寸是 $p \times q$，通道数是 d。在 CNN 中，BN 的操作是以特征图为单位的，因此一个 BN 要统计的数据的个数为 $m \times p \times q$，每个特征图使用一组 γ 和 β。

6.2.2 BN 的背后原理

1. BN 与 ICS 无关

在 2018 年，MIT 的一篇论文（即 Santurkar 等人的论文）否定了 BN 背后的原理是其缓解了 ICS 问题。在这篇论文中，作者通过两个实验验证了 ICS 和 BN 的关系非常小的观点。

第一个实验验证了 ICS 和网络性能的关系并不大，在这个实验中作者向使用了 BN 的网络中加入了随机噪声，目的是使这个网络的 ICS 问题更加严重。实验结果表明，虽然加入了随机噪声的使用 BN 的网络的 ICS 问题更加严重，但是它的性能是要优于没有使用 BN 的普通网络的，如图 6.11 所示。

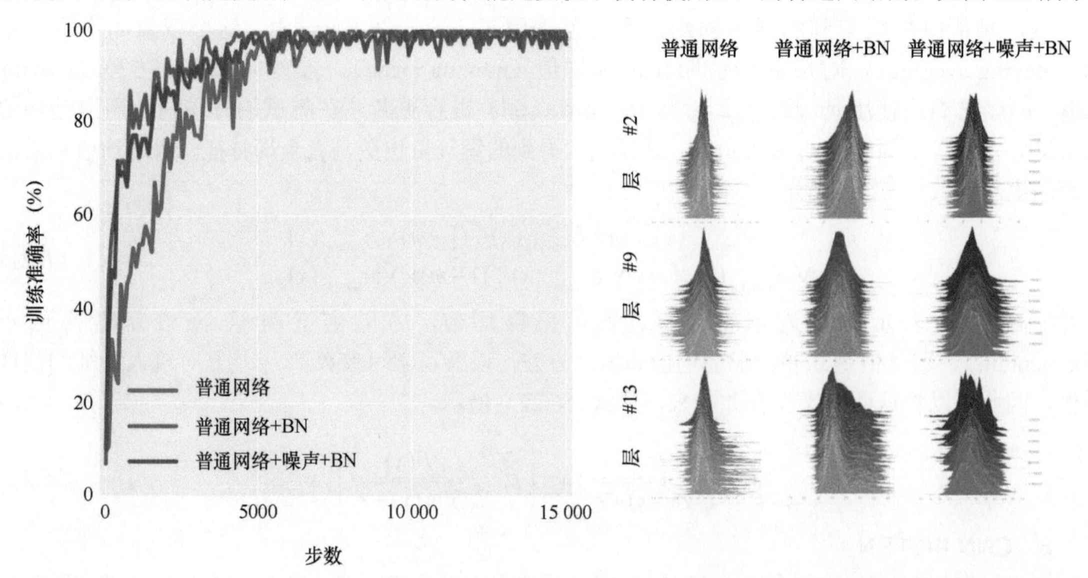

图 6.11　普通网络的 ICS、使用 BN 的网络的 ICS、加入噪声的使用 BN 的网络的 ICS 实验数据

第二个实验验证了 BN 并不会减小 ICS，有时候甚至还能增大 ICS。在这个实验中，作者对 ICS 的定义如下。

定义 6.1　内部协变量偏移（ICS）

假设 $\mathcal{L}$ 是损失值，$W_1^{(t)},\cdots,W_k^{(t)}$是在 k 个层中在时刻 t 的参数值，$(x^{(t)},y^{(t)})$ 是在 t 时刻的输入特征和标签值，ICS 定义为在时刻 t，第 i 个隐层节点的两个变量的距离$\|G_{t,i}-G'_{t,i}\|_2$，如式（6.23）所示。

$$
\begin{aligned}
G_{t,i} &= \nabla_{W_i^{(t)}}\mathcal{L}(W_1^{(t)},\cdots,W_k^{(t)};x^{(t)},y^{(t)}) \\
G'_{t,i} &= \nabla_{W_i^{(t)}}\mathcal{L}(W_1^{(t+1)},\cdots,W_{i-1}^{(t+1)},W_i^{(t)},W_{i+1}^{(t)},\cdots,W_k^{(t)};x^{(t)},y^{(t)})
\end{aligned}
\tag{6.23}
$$

两个变量的区别在于 $W_1,\cdots,W_{i-1}$ 是 t 时刻的还是 $t+1$ 时刻的，其中 $G_{t,i}$ 表示更新梯度时使用的参数，$G'_{t,i}$ 表示使用这批样本更新后的参数。在上面提到的欧氏距离中，值越接近 0 说明 ICS 越小。另外一个相似度指标是余弦夹角，值越接近于 1 说明 ICS 越小。图 6.12 的实验结果（25 层的深层神经网络）表明 BN 和 ICS 的关系并不是很大。

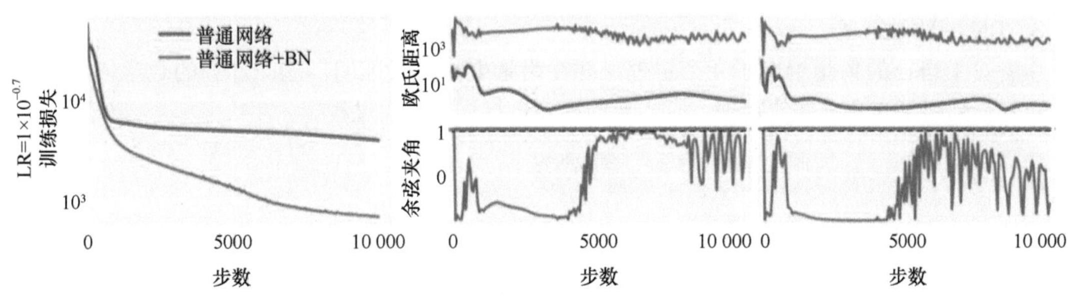

图 6.12　普通网络和带 BN 的网络在两个 ICS 指标上的实验结果

2. BN 与损失平面

通过上面两个实验，作者认为BN和ICS的关系不大，那么BN为什么效果好呢？作者认为BN的作用是平滑了损失平面，关于损失平面的介绍，参考Hao Li等人的论文[1]，这篇论文介绍了损失平面的概念，并指出残差网络和 DenseNet 均起到了平滑损失平面的作用，因此它们具有较快的收敛速度。

作者证明了 BN 处理之后的损失函数满足利普希茨（Lipschitz）连续，即损失函数的梯度小于一个常量，因此网络的损失平面不会振荡得过于剧烈，如式（6.24）所示。

$$
\|f(x_1)-f(x_2)\| \leqslant L\|x_1-x_2\| \tag{6.24}
$$

而且损失函数的**梯度**也满足利普希茨连续，这里叫作 β- 平滑，即斜率的斜率也不会超过一个常量，如式（6.25）所示。

$$
\|\nabla f(x_1)-\nabla f(x_2)\| \leqslant \beta\|x_1-x_2\| \tag{6.25}
$$

作者认为当两个常量的值均比较小的时候，损失平面就可以看作平滑的。图 6.13 所示的是没有加入跳跃连接的网络和加入跳跃连接的网络（残差网络）的损失平面的可视化，作者认为 BN 和残差网络对损失平面平滑的效果类似。

通过上面的分析，我们知道 BN 收敛快的原因是 BN 产生了更光滑的损失平面。其实类似于 BN 的能平滑损失平面的策略均能起到加速收敛的效果，作者在论文中尝试了 L1 正则或 L2 正则的策略（即通过取特征的 L1 正则或 L2 正则的均值的方式进行归一化）。实验结果表明 *lp*-norm 均取得了和 BN 类似的效果。

1　参见 Hao Li、Zheng Xu、Gavin Taylor 等人的论文“Visualizing the Loss Landscape of Neural Nets”。

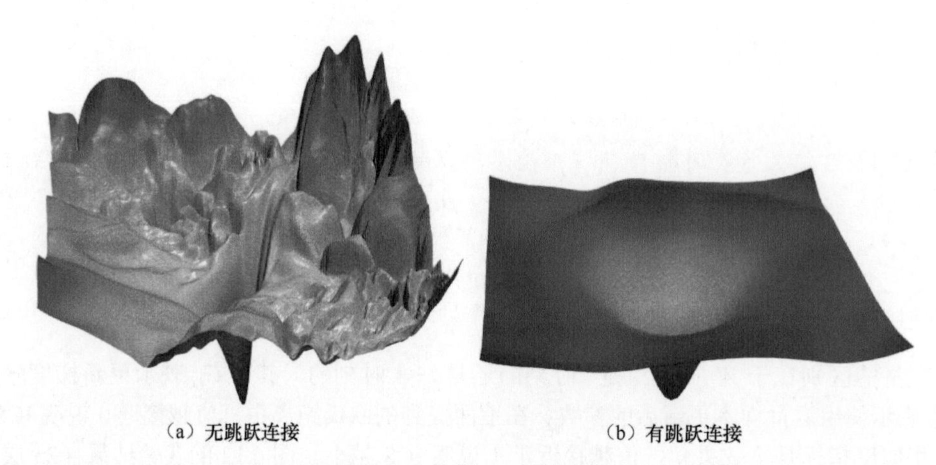

图 6.13　损失平面的可视化

3. BN 的数学定理

作者对于自己的猜想给出了 4 个定理，并在附录中给出了证明，这一部分的数学证明过于烦琐，我们只列出了 4 个重要的定理，有需要的读者自行查看证明过程。

定理 6.1　BN 使神经网络满足利普希茨连续

设$\hat{\mathcal{L}}$为使用 BN 的网络的损失函数，$\mathcal{L}$ 为普通网络的损失函数，它们满足式（6.26）。

$$\|\nabla_{y_j}\hat{\mathcal{L}}\|^2 \leqslant \frac{\gamma^2}{\sigma_j^2}(\|\nabla_{y_j}\mathcal{L}\|^2 - \frac{1}{m}<1,\nabla_{y_j}\mathcal{L}>^2 - \frac{1}{\sqrt{m}}<\nabla_{y_j}\mathcal{L},\widehat{\boldsymbol{y}_j}>^2) \tag{6.26}$$

在绝大多数场景中，σ 作为不可控的项往往值是要大于 γ 的，因此证明了 BN 可以使神经网络满足利普希茨连续。

定理 6.2　BN 使损失函数的梯度满足利普希茨连续

假设$\hat{\boldsymbol{g}}_j = \nabla_{y_j}\mathcal{L}$，$\boldsymbol{H}_{jj} = \frac{\partial \mathcal{L}}{\partial \boldsymbol{y}_j \partial \boldsymbol{y}_j}$是黑塞（Hessian）矩阵，如式（6.27）所示。

$$(\nabla_{y_j}\hat{\mathcal{L}})^{\mathrm{T}} \frac{\partial \hat{\mathcal{L}}}{\partial \boldsymbol{y}_j \partial \boldsymbol{y}_j}(\nabla_{y_j}\hat{\mathcal{L}}) \leqslant \frac{\gamma^2}{\sigma_j^2}(\hat{\boldsymbol{g}}_j^{\mathrm{T}}\boldsymbol{H}_{jj}\hat{\boldsymbol{g}}_j - \frac{1}{m\gamma}<\hat{\boldsymbol{g}}_j\hat{\boldsymbol{y}}_j>\left\|\frac{\partial \hat{\mathcal{L}}}{\partial \boldsymbol{y}_j}\right\|^2) \tag{6.27}$$

同理，定理 6.2 证明了 BN 使神经网络的损失函数的梯度也满足利普希茨连续。

由于 BN 可以还原为直接映射，因此普通神经网络的最优损失平面也一定存在于带 BN 的网络中。

定理 6.3　BN 可以降低损失函数梯度的上界

设带 BN 的网络的损失为$\hat{\mathcal{L}}$，与之等价的无 BN 的网络的损失为 $\mathcal{L}$，它们满足如果 $\boldsymbol{g}_j = \max_{\|X\|\leqslant\lambda}\|\nabla_w\mathcal{L}\|^2$，$\hat{\boldsymbol{g}}_j = \max_{\|X\|<\lambda}\|\nabla_w\hat{\mathcal{L}}\|^2$，我们可以推出式（6.28）。

$$\hat{\boldsymbol{g}}_j \leqslant \frac{\gamma^2}{\sigma^2}(\boldsymbol{g}_j^2 - m\mu_{g_j}^2 - \lambda^2<\nabla_{y_j},\widehat{\boldsymbol{y}_j}>^2) \tag{6.28}$$

定理 6.4 BN 对参数的初始化更加不敏感

假设 $\boldsymbol{W}^*$ 和 $\hat{\boldsymbol{W}}^*$ 分别是普通神经网络和带 BN 的神经网络的局部最优解的权值，对于任意的初始化 $\boldsymbol{W}_0$，我们有式（6.29）。

$$\|\boldsymbol{W}_0-\hat{\boldsymbol{W}}^*\|^2\leqslant\|\boldsymbol{W}_0-\boldsymbol{W}^*\|^2-\frac{1}{\|\boldsymbol{W}^*\|^2}(\|\boldsymbol{W}^*\|^2-<\boldsymbol{W}^*,\boldsymbol{W}_0>)^2 \tag{6.29}$$

6.2.3 小结

BN 是深度学习调参中非常好用的策略之一（另外一个是 Dropout），当你的模型发生梯度消失 / 爆炸或者损失值振荡比较剧烈的时候，在网络中加入 BN 往往能取得非常好的效果。BN 也有一些不是非常适用的场景，在遇见这些场景时要谨慎地使用 BN：

- 受制于硬件条件，每个批次的尺寸比较小，这时候谨慎使用 BN；
- 在类似于 RNN 的动态网络中谨慎使用 BN；
- 训练数据集和测试数据集方差较大的时候谨慎使用 BN。

在 Ioffe 等人的论文中，他们认为 BN 有用的原因是缓解了 ICS 的问题，而在 Santurkar 等人的论文中则对其进行了否定。他们结论的得出非常依赖他们自己给出的 ICS 的数学定义，这个定义不能说不对，但是似乎不够精确，BN 真的和 ICS 没有一点关系吗？我觉得不一定。

6.3 LN

在本节中，先验知识包括：

- ❑ BN（6.2 节）。

在 6.2 节的最后，我们指出 BN 并不适用于 RNN 等动态网络和批次的尺寸较小的场景。LN[1] 有效地解决了 BN 的这两个问题。LN 和 BN 的不同点是其归一化的维度是互相垂直的，如图 6.14 所示。在图 6.14 中 N 表示样本轴，C 表示通道轴，F 是每个通道的特征数。BN 如图 6.14（b）所示，它取不同样本的同一个通道的特征进行归一化；LN 则如图 6.14（a）所示，它取同一个样本的不同通道进行归一化。

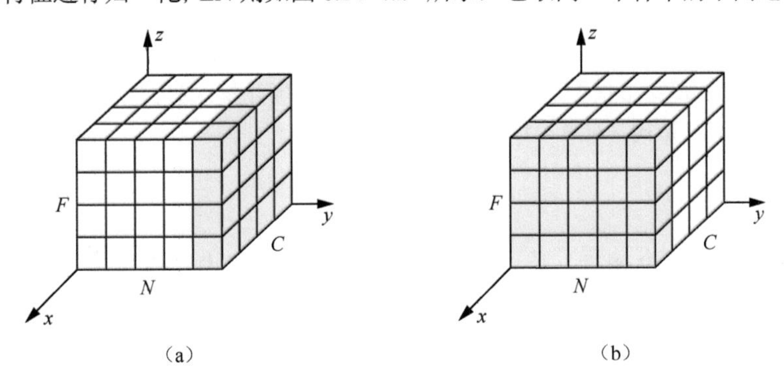

图 6.14 LN 和 BN 对比示意

1 参见 Jimmy Lei Ba、Jamie Ryan Kiros、Geoffrey E. Hinton 的论文“Layer Normalization”。

6.3.1 BN 的问题

1. BN 与批次大小

如图 6.14（b）所示，BN 是按照样本数计算归一化统计量的。当样本数很少时，例如只有 4 个，这 4 个样本的均值和方差便不能反映全局的统计分布信息，所以基于少量样本的 BN 的效果会变得很差。在一些场景中，例如硬件资源受限、在线学习等场景，BN 是非常不适用的。

2. BN 与 RNN

RNN 可以展开成一个隐层共享参数的 MLP，随着时间片的增多，展开后的 MLP 的层数也在增多，最终层数由输入数据的时间片的数量决定，所以 RNN 是一个动态的网络。在一个批次中，通常各个样本的长度都是不同的，当统计到比较靠后的时间片时，例如图 6.15 中 $z>4$ 时，只有一个样本还有数据，基于这个样本的统计信息不能反映全局分布，所以这时 BN 的效果并不好。另外如果在测试时我们遇到了长度大于任何一个训练样本的测试样本，我们无法找到保存的归一化统计量，所以 BN 无法运行。

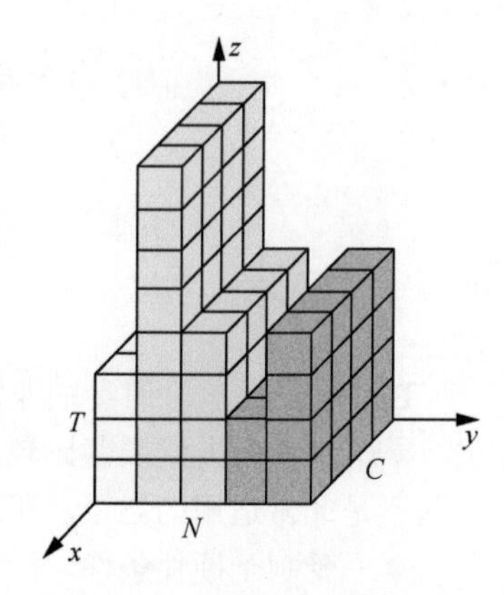

图 6.15　RNN 中使用 BN 会导致批次的尺寸过小的问题

6.3.2 LN 详解

1. MLP 中的 LN

通过上面的分析我们知道 BN 的两个缺点的产生原因均是计算归一化统计量时计算的样本数太少。LN 是一个独立于批次的算法，无论样本数多少都不会影响参与 LN 计算的数据量，所以它解决 BN 的两个问题。LN 的做法如图 6.14（a）所示：根据样本的特征数进行归一化。

先看 MLP 中的 LN。设 H 是一层中隐层节点的数量，l 是 MLP 的层数，我们可以计算 LN 的归一化统计量 μ 和 σ，如式（6.30）所示。

$$\mu^l = \frac{1}{H}\sum_{i=1}^{H}\boldsymbol{a}_i^l$$
$$\sigma^l = \sqrt{\frac{1}{H}\sum_{i=1}^{H}(\boldsymbol{a}_i^l - \mu^l)^2} \tag{6.30}$$

注意，上面统计量的计算和样本数量是没有关系的，它的数量只取决于隐层节点的数量，所以只要隐层节点的数量足够多，我们就能保证 LN 的归一化统计量足够具有代表性。通过 μ^l 和 σ^l 可以得到归一化后的值 $\hat{\boldsymbol{a}}^l$，如式（6.31）所示：

$$\hat{\boldsymbol{a}}^l = \frac{\boldsymbol{a}^l - \mu^l}{\sqrt{(\sigma^l)^2 + \epsilon}} \tag{6.31}$$

其中，ϵ（论文中忽略了这个参数）是一个很小的小数，用于防止除数为 0。在 LN 中我们也需要一组参数来保证归一化操作不会破坏之前的信息，在 LN 中这组参数叫作增益 $\boldsymbol{g}$ 和偏置 $\boldsymbol{b}$（等同于 BN 中的 γ 和 β）。假设激活函数为 f，最终 LN 的输出如式（6.32）所示。

$$\boldsymbol{h}^l = f(\boldsymbol{g}^l \odot \hat{\boldsymbol{a}}^l + \boldsymbol{b}^l) \tag{6.32}$$

合并式（6.31）、式（6.32）并忽略参数 l，得到式（6.33）。

$$h = f\left[\frac{g}{\sqrt{\sigma^2+\epsilon}}\odot(a-\mu)+b\right] \tag{6.33}$$

2. RNN 中的 LN

在 RNN 中，我们可以非常简单地在每个时间片中使用 LN，而且在任何时间片中我们都能保证归一化统计量统计的是 H 个节点的信息。对于 RNN 中时刻 t 的节点，其输入是 $t-1$ 时刻的隐层状态 $\boldsymbol{h}^{t-1}$ 和 t 时刻的输入数据 $\boldsymbol{x}_t$，可以表示为式（6.34）。

$$\boldsymbol{a}^t = W_{hh}\boldsymbol{h}^{t-1} + W_{xh}\boldsymbol{x}_t \tag{6.34}$$

接着我们便可以在 $\boldsymbol{a}^t$ 上采取和 MLP 中的 LN 完全相同的归一化过程，如式（6.35）所示。

$$\begin{aligned}
\boldsymbol{h}^t &= f\left[\frac{\boldsymbol{g}}{\sqrt{(\sigma^t)^2+\epsilon}}\odot(\boldsymbol{a}^t-\mu^t)+\boldsymbol{b}\right] \\
\mu^t &= \frac{1}{H}\sum_{i=1}^{H}\boldsymbol{a}_i^t \\
\sigma^t &= \sqrt{\frac{1}{H}\sum_{i=1}^{H}(\boldsymbol{a}_i^t-\mu^t)^2}
\end{aligned} \tag{6.35}$$

3. LN 与 ICS 和损失平面平滑

LN 能缓解 ICS 问题吗？当然可以，至少 LN 将每个训练样本都归一化到了相同的分布上。而在 BN 的论文中介绍过几乎所有的归一化方法都能起到平滑损失平面的作用。所以从原理上讲，LN 能加速收敛速度。

6.3.3 对照实验

这里我们设置了一组对照实验来对比普通网络、BN 和 LN 在 MLP 和 RNN 上的表现。这里使用的框架是 Keras。

1. MLP 上的归一化

这里使用的是 MNIST 数据集，但是归一化操作只添加到了后面的 MLP 部分。LN 的使用方法见如下代码：

```
# pip install keras-layer-normalization
from keras_layer_normalization import LayerNormalization
# 构建CNN中的LN
model_ln = Sequential()
model_ln.add(Conv2D(input_shape = (28,28,1), filters=6, kernel_size=(5,5),
             padding='valid', activation='tanh'))
model_ln.add(MaxPool2D(pool_size=(2,2), strides=2))
model_ln.add(Conv2D(input_shape=(14,14,6), filters=16, kernel_size=(5,5),
             padding='valid', activation='tanh'))
model_ln.add(MaxPool2D(pool_size=(2,2), strides=2))
model_ln.add(Flatten())
model_ln.add(Dense(120, activation='tanh'))
model_ln.add(LayerNormalization()) # 添加LN运算
model_ln.add(Dense(84, activation='tanh'))
model_ln.add(LayerNormalization())
model_ln.add(Dense(10, activation='softmax'))
```

另外两个对照实验也使用了这个网络结构，不同点在于归一化部分。图 6.16（a）是批次大小为128时得到的收敛曲线，从中我们可以看出BN和LN均能取得加速收敛的效果，且BN的效果要优于LN。图6.16（b）是批次大小为8时得到的收敛曲线，这时BN反而会减慢收敛速度，验证了我们上面的结论，对比之下LN要轻微地优于无归一化的网络，说明了LN在小尺寸批次上的有效性。得到图6.16运行结果的完整代码见随书资料。

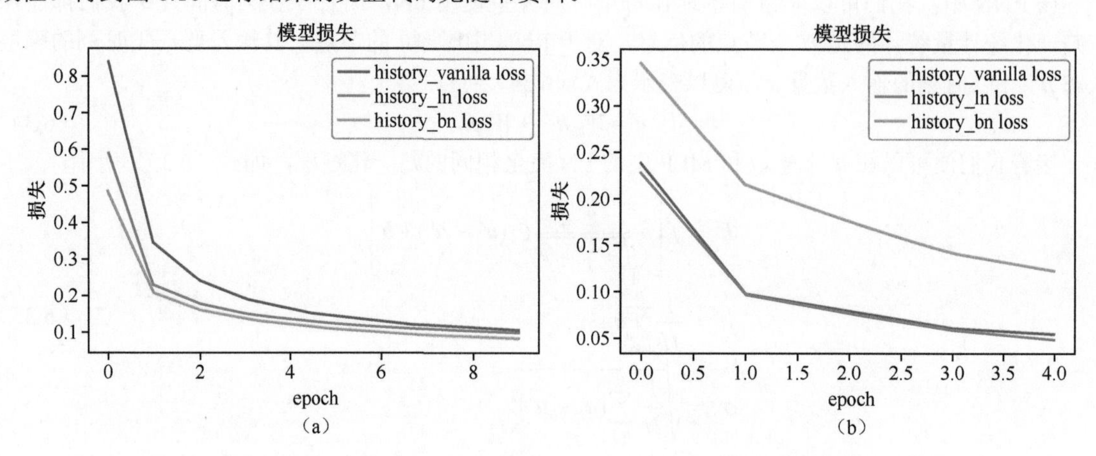

图6.16 批次大小为128时和批次大小为8时损失收敛曲线示意

2. LSTM上的归一化

另外一组对照实验是基于imdb的二分类任务，使用了GloVe作为词嵌入。这里设置了无LN的LSTM和带LN的LSTM作为实验对照。带LN的LSTM源码参考随书资料，构建其网络结构的代码如下：

```
from lstm_ln import LSTM_LN
model_ln = Sequential()
model_ln.add(Embedding(max_features,100))
model_ln.add(LSTM_LN(128))
model_ln.add(Dense(1, activation='sigmoid'))
model_ln.summary()
```

从图6.17所示的实验结果中我们可以看出LN对于RNN系列动态网络的收敛速度的提升是略有帮助的。LN的优点主要体现在如下两个方面。

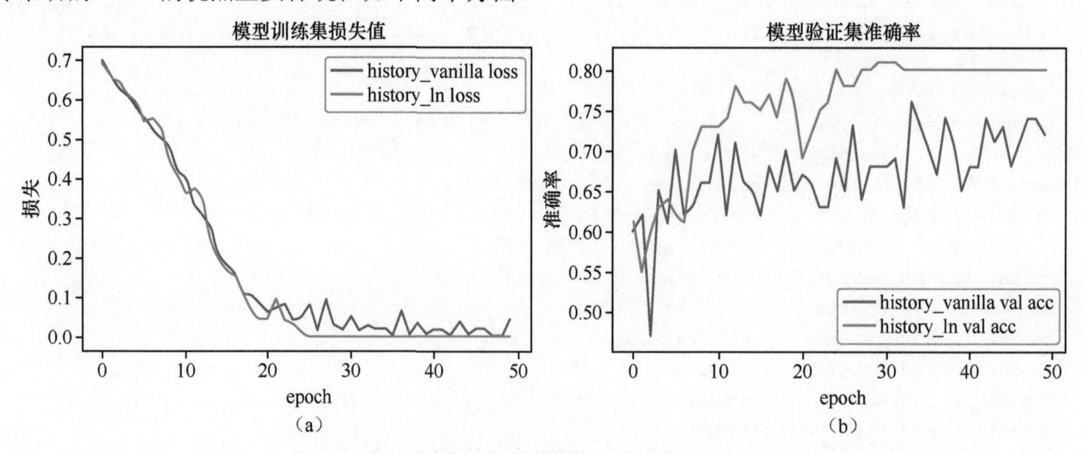

图6.17 训练集损失值和验证集准确率示意

- LN 得到的模型更稳定。
- LN 有正则化的作用，得到的模型更不容易过拟合。

至于论文中所说的加速收敛的效果，我们从实验结果上看不到明显的加速效果。

3. CNN 上的归一化

我们也尝试了将 LN 添加到 CNN 之后，实验结果发现 LN 破坏了卷积学习到的特征，模型无法收敛，所以在 CNN 之后使用 BN 是一个更好的选择。

6.3.4 小结

LN 是和 BN 非常近似的一种归一化方法，不同的是 BN 取的是不同样本的同一个特征，而 LN 取的是同一个样本的不同特征。在 BN 和 LN 都能使用的场景中，BN 的效果一般优于 LN，原因是基于不同样本、同一特征得到的归一化特征更不容易损失信息。

但是有些场景是不能使用 BN 的，例如批次较小或者在 RNN 中，这时候可以选择使用 LN，使用 LN 得到的模型更稳定且能起到正则化的作用。RNN 能应用到小批次和 RNN 中是因为 LN 的归一化统计量的计算和批次是没有关系的。

6.4 WN

在本节中，先验知识包括：

- ❑ BN（6.2 节）。

之前介绍的 BN 和 LN 都在数据的层面上进行归一化，而这篇论文介绍的 WN[1] 在权值的维度上进行归一化。WN 的做法是将权值向量 $\boldsymbol{w}$ 在其欧氏范数和其方向上解耦成了参数向量 $\boldsymbol{v}$ 和参数标量 g，然后使用 SGD 分别优化这两个参数。

WN 也是和样本量无关的，所以可以应用在批次较小的网络以及 RNN 等动态网络中；另外 BN 使用基于小批次的归一化统计量代替全局统计量，相当于在梯度计算中引入了噪声。而 WN 没有这个问题，所以在生成模型、强化学习等噪声敏感的环境中 WN 的效果也要优于 BN。WN 没有额外参数，这样更节约显存。同时，WN 的计算效率优于要计算归一化统计量的 BN。

6.4.1 WN 的计算

神经网络的一个节点计算可以表示为式（6.36）：

$$y = \phi(\boldsymbol{w} \cdot \boldsymbol{x} + b) \tag{6.36}$$

其中，$\boldsymbol{w}$ 是一个 k 维的特征向量，y 是该神经节点的输出，所以是一个标量。在得到损失值后，我们会根据损失函数的值使用 SGD 等优化策略更新 $\boldsymbol{w}$ 和 b。WN 提出的归一化策略是将 $\boldsymbol{w}$ 分解为一个参数向量 $\boldsymbol{v}$ 和一个参数标量 g，分解方法如式（6.37）所示，如图 6.18 所示。

$$\boldsymbol{w} = \frac{g}{\|\boldsymbol{v}\|}\boldsymbol{v} \tag{6.37}$$

1 参见 Tim Salimans、Diederik P. Kingma 的论文“Weight Normalization: A Simple Reparameterization to Accelerate Training of Deep Neural Networks”。

式（6.37）中 $\|v\|$ 表示 v 的欧氏范数。当 $v=w$ 且 $g=\|w\|$ 时，WN 的网络还原为普通的神经网络，所以 WN 网络的容量是要大于普通神经网络的。

当我们将 g 固定为 $\|w\|$ 时，我们只优化 v，这时候相当于只优化 w 的方向而保留其范数。当 v 固定为 w 时，这时候相当于只优化 w 的范数，而保留其方向，这样为我们优化权值提供了更多可以选择的空间，且解耦方向与范数的策略也能加速 WN 网络收敛。在优化 g 时，我们一般通过优化 g 的 log 级参数 s 来完成，即 $g=e^s$。v 和 g 的更新值可以通过 SGD 计算得到式（6.38）：

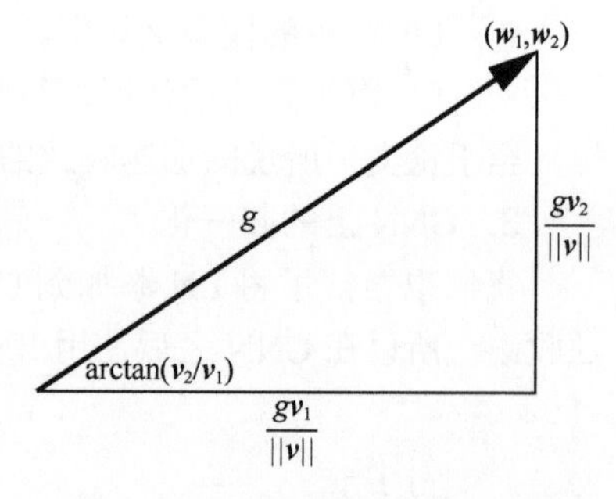

图 6.18　权值向量的分解可视化

$$\nabla_g \mathcal{L}=\frac{\nabla_w \mathcal{L}\cdot v}{\|v\|}$$
$$\nabla_v \mathcal{L}=\frac{g}{\|v\|}\nabla_w \mathcal{L}-\frac{g\nabla_g \mathcal{L}}{\|v\|^2}v \tag{6.38}$$

其中，$\mathcal{L}$ 为损失函数，$\nabla_w \mathcal{L}$ 为 w 在 $\mathcal{L}$ 下的梯度值，从式（6.37）中我们可以看出 WN 并没有引入新的参数。

6.4.2　WN 的原理

6.4.1 节的式（6.38）也可以写作式（6.39）：

$$\nabla_v \mathcal{L}=\frac{g}{\|v\|}M_w \nabla_w \mathcal{L} \text{ 且 } M_w=I-\frac{ww'}{\|w\|^2} \tag{6.39}$$

推导方式如式（6.40）所示：

$$\begin{aligned}\nabla_v \mathcal{L}&=\frac{g}{\|v\|}\nabla_w \mathcal{L}-\frac{g\nabla_g \mathcal{L}}{\|v\|^2}v\\&=\frac{g}{\|v\|}\nabla_w \mathcal{L}-\frac{g}{\|v\|^2}\frac{\nabla_w \mathcal{L}\cdot v}{\|v\|}v\\&=\frac{g}{\|v\|}\left(I-\frac{vv'}{\|v\|^2}\right)\nabla_w \mathcal{L}\\&=\frac{g}{\|v\|}\left(I-\frac{ww'}{\|w\|^2}\right)\nabla_w \mathcal{L}\\&=\frac{g}{\|v\|}M_w \nabla_w \mathcal{L}\end{aligned} \tag{6.40}$$

倒数第二步的推导是因为 v 是 w 的方向向量。

式（6.40）反映了 WN 两个重要特征：

- $\frac{g}{\|v\|}$ 表明 WN 会对权值梯度进行 $\frac{g}{\|v\|}$ 的缩放；
- $M_w \nabla_w \mathcal{L}$ 表明 WN 会将梯度投影到一个远离 $\nabla_w \mathcal{L}$ 的方向。

这两个特征都会加速模型的收敛。对于具体原因，论文的说法比较复杂，其核心思想有两点：

- 由于 w 垂直于 M_w，因此 $\nabla_v \mathcal{L}$ 非常接近垂直参数方向 w，这样对于矫正梯度更新方向是非常有效的；

- $\boldsymbol{v}$ 和梯度更新值中的噪声量成正比，而 $\boldsymbol{v}$ 和更新量成反比，所以当更新值中噪声较多时，更新值会变小，这说明 WN 有自稳定（self-stablize）的作用。这个特点使得我们可以在 WN 中使用比较大的学习率。

另一个角度是从新权值的协方差矩阵出发的，假设 $\boldsymbol{w}$ 的协方差矩阵是 $\boldsymbol{C}$，那么 $\boldsymbol{v}$ 的协方差矩阵 $\boldsymbol{D}=\left(\frac{g^2}{\|\boldsymbol{v}\|^2}\right)M_w\boldsymbol{C}M_w$，当去掉 $\boldsymbol{D}$ 中的特征值后我们发现新的 $\boldsymbol{D}$ 非常趋近于单位矩阵，这说明了 $\boldsymbol{w}$ 是 $\boldsymbol{C}$ 的主特征向量（dominant eigen vector），说明 WN 有助于提升收敛速度。

6.4.3 BN 和 WN 的关系

假设 $t=\boldsymbol{vx}$，$\mu[t]$ 和 $\sigma[t]$ 分别为 t 的均值和方差，BN 可以表示为式（6.41）。

$$t'=\frac{t-\mu[t]}{\sigma[t]}=\frac{\boldsymbol{v}}{\sigma[t]}\boldsymbol{x}-\frac{\mu[t]}{\sigma[t]} \tag{6.41}$$

当网络只有一层且输入样本服从均值为 0、方差为 1 的独立分布时，我们有 $\mu[t]=0$ 且 $\sigma[t]=\|\boldsymbol{v}\|$，此时 WN 和 BN 等价。

6.4.4 WN 的参数初始化

由于 WN 不像 BN 有规范化特征尺度的作用，因此 WN 的初始化需要慎重。作者建议的初始化策略是：

- $\boldsymbol{v}$ 使用均值为 0、标准差为 0.05 的正态分布进行初始化；
- g 和偏置 b 使用第一批训练样本的统计量进行初始化，如式（6.42）所示。

$$g\leftarrow\frac{1}{\sigma[t]},\ b\leftarrow\frac{-\mu[t]}{\sigma[t]} \tag{6.42}$$

由于使用了样本进行初始化，因此这种初始化方法不适用于 RNN 等动态网络。

6.4.5 均值 BN

基于 WN 的动机，论文提出了均值 BN，其是一个只进行减均值而不进行除方差的 BN，动机是 BN 的除方差操作会引入额外的噪声，实验结果表明 WN+均值 BN 虽然比标准 BN 收敛得慢，但它们在测试集上的精度要高于 BN。

6.4.6 小结

和目前主流归一化方法不同的是，WN 的归一化操作作用在了权值矩阵上。从其计算方法上来看，WN 完全不像是归一化方法，更像是基于矩阵分解的优化策略，它带来了 4 个好处：

- 更快的收敛速度；
- 更强的学习率健壮性；
- 可以应用在 RNN 等动态网络中；
- 对噪声更不敏感，更适用于 GAN、强化学习等场景中。

说 WN 不像是归一化方法的原因是它并没有对得到的特征范围进行约束的功能，所以 WN 依旧对参数的初始值非常敏感，这也是 WN 的一个比较严重的问题。

6.5 IN

在本节中，先验知识包括：

- ❑ BN（6.2 节）；
- ❑ LN（6.3 节）。

对图像风格迁移、图片生成等注重每个像素细节的任务来说，每个样本的每个像素点的信息都是非常重要的，于是像 BN 这种对每个批次的所有样本都做归一化的算法就不太适用了，因为 BN 计算归一化统计量时考虑了一个批次中所有图片的内容，从而造成了每个像素独特细节的丢失。同理，LN 这类需要考虑一个样本所有通道的算法可能忽略了不同通道的差异，也不太适用于图像风格迁移这类应用。

所以这篇论文提出了 IN[1]，一种更适合对单个像素有更高要求的场景（如图像风格迁移、GAN 等）的归一化算法。IN 的算法非常简单，计算归一化统计量时考虑单个样本、单个通道的所有元素。IN、BN 和 LN 的不同从图 6.1 中可以非常明显地看出。

6.5.1 IST 中的 IN

在 Gatys 等人的图像风格迁移（image style transfer，IST）[2] 算法中，他们提出的策略是通过 L-BFGS 算法优化生成图片、风格图片和内容图片在 VGG-19 上生成的特征图的均方误差。这种策略由于特征图的像素点数量过多导致优化起来非常消耗时间和内存。IN 的作者 Ulyanov 等人同在 2016 年提出了 Texture Network（见图 6.19）[3]。

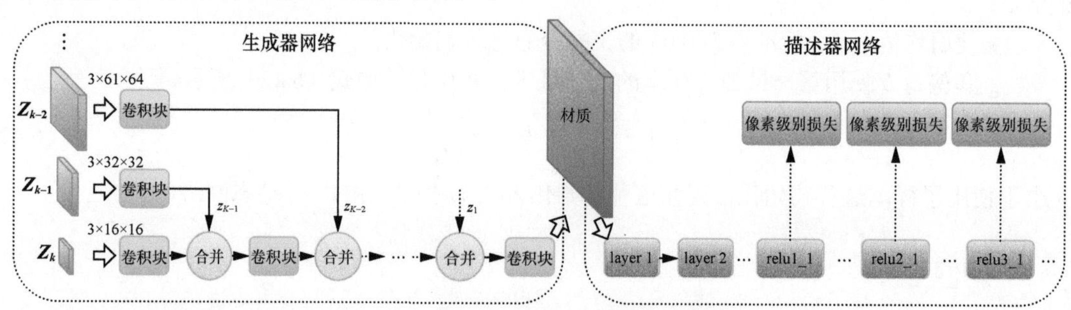

图 6.19 Texture Networks 的结构

图 6.19 中的生成器网络（generator network）是一个由卷积操作构成的全 CNN，在原始的 Texture Network 中，生成器使用的操作包括卷积、池化、上采样和 BN。但是作者发现当训练生成器网络时，使用的样本数越少（如 16 个），得到的效果越好。但是我们知道 BN 并不适用于样本数非常少的环境中，因此作者提出了 IN，一种不受限于批次大小的算法，专门用于 Texture Network 中的生成器网络。

6.5.2 IN 与 BN 对比

BN 的详细算法我们已经分析过，这里重复一下它的计算方式，如式（6.43）所示。

1 参见 Dmitry Ulyanov、Andrea Vedaldi、Victor Lempitsky 的论文“Instance Normalization: The Missing Ingredient for Fast Stylization”。

2 参见 Leon A. Gatys、Alexander S. Ecker、Matthias Bethge 的论文“Image Style Transfer Using Convolutional Neural Networks”。

3 参见 Dmitry Ulyanov、Vadim Lebedev、Andrea Vedaldi 等人的论文“Texture Networks: Feed-forward Synthesis of Textures and Stylized Images”。

$$\mu_i = \frac{1}{HWT}\sum_{t=1}^{T}\sum_{l=1}^{W}\sum_{m=1}^{H} x_{tilm}$$
$$\sigma_i^2 = \frac{1}{HWT}\sum_{t=1}^{T}\sum_{l=1}^{W}\sum_{m=1}^{H}(x_{tilm} - \mu_i)^2 \tag{6.43}$$
$$y_{tijk} = \frac{x_{tijk} - \mu_i}{\sqrt{\sigma_i^2 + \epsilon}}$$

正如我们之前所分析的，IN 在计算归一化统计量时并没有像 BN 那样跨样本、单通道，也没有像 LN 那样单样本、跨通道。它是取单通道、单样本上的数据进行计算的，如图 6.19（c）所示。所以对比 BN 的公式，它只需要去掉批次维的求和即可，如式（6.44）所示。

$$\mu_{ti} = \frac{1}{HW}\sum_{l=1}^{W}\sum_{m=1}^{H} x_{tilm}$$
$$\sigma_{ti}^2 = \frac{1}{HW}\sum_{l=1}^{W}\sum_{m=1}^{H}(x_{tilm} - \mu_{ti})^2 \tag{6.44}$$
$$y_{tijk} = \frac{x_{tijk} - \mu_{ti}}{\sqrt{\sigma_{ti}^2 + \epsilon}}$$

对于 BN 中的可学习参数 β 和 γ，从 IN 的 TensorFlow 源码中我们可以看出这两个参数是要使用的。但是我们也可以通过将其值置为 False 来停用它们，这一点和其他归一化方法在 TensorFlow 中的实现是相同的。

6.5.3 TensorFlow 中的 IN

IN 在 TensorFlow 中的函数声明如下：

```
def instance_norm(inputs,
                  center=True,
                  scale=True,
                  epsilon=1e-6,
                  activation_fn=None,
                  param_initializers=None,
                  reuse=None,
                  variables_collections=None,
                  outputs_collections=None,
                  trainable=True,
                  data_format=DATA_FORMAT_NHWC,
                  scope=None)
```

其中的 center 和 scale 便分别对应 BN 中的参数 β 和 γ。归一化统计量是通过 nn.moments() 函数计算的，决定如何从输入取值的是 axes 参数，对应源码中的 moments_axes 参数。

```
# 计算moments （示例激活）
mean, variance = nn.moments(inputs, moments_axes, keep_dims=True)
```

下面我们提取源码中的核心部分，并通过注释的方法对其进行解释（假设输入的张量是按批次数、高、宽、通道数的顺序排列的）：

```
inputs_rank = inputs.shape.ndims  # 取张量的维度，这里值是4
reduction_axis = inputs_rank - 1  # 取通道维的位置，值为3
```

```
moments_axes = list(range(inputs_rank))  # 初始化moments_axes链表，值为[0,1,2,3]
del moments_axes[reduction_axis]  # 删除第三个值（通道维），moments_axes变为[0,1,2]
del moments_axes[0]  # 删除第一个值（批次维），moments_axes变为[1,2]
```

6.5.4 小结

IN本身是一个非常简单的算法，尤其适用于批次较小且单独考虑每个像素点的场景，因为其计算归一化统计量时没有混合批次和通道的数据。

另外需要注意的一点是在图像这类应用中，每个通道上的值是比较大的，因此能够取得比较合适的归一化统计量。但是在两个场景中建议不要使用IN。

- MLP或者RNN中：因为在MLP或者RNN中，每个通道上只有一个数据，这时自然不能使用IN。
- 特征图比较小时：因为此时IN的采样数据非常少，得到的归一化统计量将不具有代表性。

6.6 GN

在本节中，先验知识包括：

- ❑ BN（6.2节）；
- ❑ LN（6.3节）；
- ❑ IN（6.5节）。

GN[1]是何恺明团队提出的一种归一化策略，它是介于LN和IN之间的一种折中方案，如图6.1最右所示。它通过将**通道**数据分成几组计算归一化统计量，GN也是和批次大小无关的算法，所以可以用在批次比较小的环境中。作者在论文中指出GN比LN和IN的效果要好。

6.6.1 GN算法

和之前所有介绍过的归一化算法相同，GN也根据该层的输入数据计算均值和方差，然后使用这两个值更新输入数据，如式（6.45）所示。

$$
\begin{aligned}
\mu_i &= \frac{1}{m}\sum_{k\in\mathcal{S}_i} x_k \\
\sigma_i &= \sqrt{\frac{1}{m}\sum_{k\in\mathcal{S}_i}(x_k-\mu_i)^2+\epsilon} \\
\hat{x}_i &= \frac{1}{\sigma_i}(x_i-\mu_i)
\end{aligned}
\tag{6.45}
$$

之前介绍的所有归一化方法均可以使用式（6.45）进行概括，区别是$\mathcal{S}_i$是如何取得的。对BN来说，$\mathcal{S}_i$是从不同批次的同一个通道上取所有的值：$\mathcal{S}_i=\{k|k_C=i_C\}$。而对LN来说，$\mathcal{S}_i$是从同一个批次的不同通道上取所有的值：$\mathcal{S}_i=\{k|k_N=i_N\}$。对IN来说，$\mathcal{S}_i$既不跨批次，也不跨通道：

1　参见Yuxin Wu、Kaiming He的论文“Group Normalization”。

$\mathcal{S}_i=\{k|k_N=i_N,k_C=i_C\}$。GN 将通道分成若干组，只使用组内的数据计算均值和方差。通常组数 G 是一个超参数，在 TensorFlow 中的默认值是 32，如式（6.46）所示。

$$\mathcal{S}_i=\left\{k\mid k_N=i_N,\left\lfloor\frac{k_C}{C/G}\right\rfloor=\left\lfloor\frac{i_C}{C/G}\right\rfloor\right\} \tag{6.46}$$

我们可以看出，当 GN 的组数为 1 时，GN 和 LN 等价；当 GN 的组数为通道数时，GN 和 IN 等价。GN 和其他算法一样，也可以添加参数 γ 和 β 来还原之前学习到的特征。

6.6.2 GN 的源码

论文中给出了基于 TensorFlow 的 GN 源码：

```
def GroupNorm(x, gamma, beta, G, eps=1e-5):
     # x: 输入特征，形状是[N,C,H,W]
     # gamma, beta: 缩放偏移, 形状是[1,C,1,1]
     # G: GN的组数
     N, C, H, W = x.shape
     x = tf.reshape(x, [N, G, C // G, H, W])
     mean, var = tf.nn.moments(x, [2, 3, 4], keep dims=True)
     x = (x - mean) / tf.sqrt(var + eps)
     x = tf.reshape(x, [N, C, H, W])
    return x * gamma + beta
```

第 6 行代码向张量中添加一个“组”的维度，形成一个五维张量。第 7 行的 `axes` 的值为 [2,3,4] 表明计算归一化统计量时既不会跨批次，也不会跨组。

6.6.3 GN 的原理

在使用深度学习之前，传统的尺度不变特征变换（scale-invariant feature transform，SIFT）、方向梯度直方图（histogram of oriented gradient，HOG）等算法均有按组统计特征的特性，它们一般将同一个种类的特征归为一组，然后进行组归一化。在深度学习中，每个通道的特征图也可以看作结构化的特征向量。如果一个特征图的卷积数足够多，那么必然有一些通道的特征是类似的，因此我们可以将这些类似的特征进行归一化处理。作者认为，GN 比 LN 效果好的原因是 GN 比 LN 的限制更少，因为 LN 假设了一个层的所有通道的数据共享一个均值和方差，而 IN 则丢失了探索通道之间依赖性的能力。

6.6.4 小结

作为一种介于 IN 和 LN 之间的归一化策略，GN 的效果反而优于另外两个算法，这令我非常困惑。虽然作者也尝试给出解释，但总是感觉这个解释有些过于主观，有根据结果推导原因的嫌疑。另外我也做了一些归一化方法的对照实验，实验结果并不如作者所说的那么理想。所以我们在设计网络时，如果批次比较大，BN 仍旧是最优的选择。但是如果批次比较小，也许通过对照实验选出最好的归一化策略是最优的选择。

6.7 SN

在本节中，先验知识包括：

- ❑ BN（6.2 节）；
- ❑ LN（6.3 节）；
- ❑ IN（6.5 节）。

在本章的前几节中，我们介绍了 BN、LN、IN 和 GN 的算法细节及适用的任务。虽然这些归一化方法往往能提升模型的性能，但是当你接收一个任务时，具体选择哪个归一化方法有时候仍然需要人工决定，这往往需要大量的对照实验或者依靠开发者丰富的经验。本文提出了 SN[1]，它的算法核心在于提出了一个可微的归一化层，可以让模型根据数据来学习每一层该选择的归一化方法，抑或是 3 个归一化方法的加权和，如图 6.20 所示。所以 SN 是一个与任务无关的归一化方法，不管是 LN 适用的 RNN 还是 IN 适用的图像风格迁移，均能使用 SN。作者在实验中直接将 SN 用到了分类、检测、分割、IST、LSTM 等各个方向的任务中，均取得了非常好的效果。

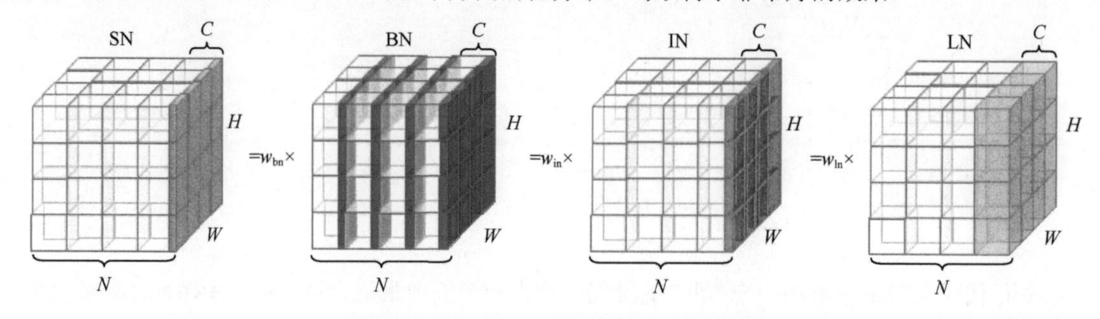

图 6.20 SN 是 LN、BN 和 IN 的加权和

6.7.1 SN 详解

1. 回顾

SN 实现了对 BN、LN 和 IN 的统一。以 CNN 为例，假设一个 4D 特征图的尺寸为 (N,C,W,H)，h_{ncij} 和 $\hat{h}_{ncij}$ 分别是归一化前后的像素点的值，其中 $n \in [1, N]$，$c \in [1, C]$，$i \in [1, H]$，$j \in [1, W]$，μ 和 σ 分别是均值和方差，上面所介绍的所有归一化方法均可以表示为式（6.47）：

$$\hat{h}_{ncij} = \gamma \frac{h_{ncij} - \mu}{\sqrt{\sigma^2 + \epsilon}} + \beta \tag{6.47}$$

其中，β 和 γ 分别是位移变量和缩放变量，ϵ 是一个非常小的数，用于防止除数为 0。式（6.47）概括了 BN、LN 和 IN 这 3 种归一化的计算式，唯一不同的是计算 μ 和 σ 时统计的像素点不同。我们可以将 μ 和 σ 表示为式（6.48）：

$$\begin{aligned} \mu_k &= \frac{1}{I_k} \sum_{(n,c,i,j)\in I_k} h_{ncij} \\ \sigma_k^2 &= \frac{1}{I_k} \sum_{(n,c,i,j)\in I_k} (h_{ncij} - \mu_k)^2 \end{aligned} \tag{6.48}$$

其中，$k \in \{\text{in, ln, bn}\}$。IN 统计的是单个批次、单个通道的所有像素点，如图 6.20 绿色部分所

1 参见 Ping Luo、Jiamin Ren、Zhanglin Peng 的论文“Differentiable learning-to-normalize via switchable normalization”。

示。BN 统计的是单个通道上所有像素点，如图 6.20 红色部分所示。LN 统计的是单个批次上的所有像素点，如图 6.20 黄色部分所示。它们依次可以表示为$I_{\text{in}}=\{(i,j)\mid i\in[1,H],j\in[1,W]\}$，$I_{\text{bn}}=\{(i,j)\mid n\in[1,N],i\in[1,H],j\in[1,W]\}$，$I_{\text{ln}}=\{(i,j)\mid c\in[1,C],i\in[1,H],j\in[1,W]\}$。

2. SN 算法介绍

SN 算法用于为 3 组不同的 μ_k 和 σ_k 分别学习 3 个、总共 6 个标量值（w_k 和 w_k'），$\hat{h}_{ncij}$的计算使用的是它们的加权和，如式（6.49）所示：

$$\hat{h}_{ncij}=\gamma\frac{h_{ncij}-\sum_{k\in\Omega}w_k\mu_k}{\sqrt{\sum_{k\in\Omega}w_k'\sigma_k^2+\epsilon}}+\beta \tag{6.49}$$

其中，$\Omega=\{\text{in, ln, bn}\}$。在计算 μ_{ln}、σ_{ln} 和 μ_{bn}、σ_{bn} 时，我们可以使用 μ_{in}、σ_{in} 作为中间变量以减少计算量，如式（6.50）至式（6.52）所示。

$$\begin{aligned}\mu_{\text{in}}&=\frac{1}{HW}\sum_{i,j}^{H,W}h_{ncij}\\ \sigma_{\text{in}}^2&=\frac{1}{HW}\sum_{i,j}^{H,W}(h_{ncij}-\mu_{\text{in}})^2\end{aligned} \tag{6.50}$$

$$\begin{aligned}\mu_{\text{ln}}&=\frac{1}{C}\sum_{c=1}^{C}\mu_{\text{in}}\\ \sigma_{\text{ln}}^2&=\frac{1}{C}\sum_{c=1}^{C}(\sigma_{\text{in}}^2+\mu_{\text{in}}^2)-\mu_{\text{ln}}^2\end{aligned} \tag{6.51}$$

$$\begin{aligned}\mu_{\text{bn}}&=\frac{1}{N}\sum_{n=1}^{N}\mu_{\text{in}}\\ \sigma_{\text{bn}}^2&=\frac{1}{N}\sum_{n=1}^{N}(\sigma_{\text{in}}^2+\mu_{\text{in}}^2)-\mu_{\text{bn}}^2\end{aligned} \tag{6.52}$$

w_k 是通过 softmax 计算得到的激活函数，如式（6.53）所示：

$$w_k=\frac{\mathrm{e}^{\lambda_k}}{\sum_{z\in\{\text{in,ln,bn}\}}\mathrm{e}^{\lambda_z}}\text{ 且 }k\in\{\text{in,ln,bn}\} \tag{6.53}$$

其中，$\{\lambda_{\text{in}},\lambda_{\text{bn}},\lambda_{\text{ln}}\}$ 是需要优化的，可以通过反向传播调整它们的值。同理，我们也可以计算 w' 对应的参数值 $\{\lambda'_{\text{in}},\lambda'_{\text{bn}},\lambda'_{\text{ln}}\}$。

从上面的分析中我们可以看出，SN 只增加了 6 个参数$\Phi=\{\lambda_{\text{in}},\lambda_{\text{bn}},\lambda_{\text{ln}},\lambda'_{\text{in}},\lambda'_{\text{bn}},\lambda'_{\text{ln}}\}$。假设原始网络的参数集为 Θ，带有 SN 的网络的损失函数可以表示为 $L(\Theta,\Phi)$，它可以通过反向传播联合优化 Θ 和 Φ。对 SN 的反向推导感兴趣的读者参考论文附件 H。

3. 测试

在 BN 的测试过程中，为了计算其归一化统计量，传统的 BN 方法是在训练过程中利用滑动平均的方法得到均值和方差。在 SN 的 BN 部分，它使用的是一种叫作**批平均**（batch average）的方法，它分成两步：

（1）固定网络中的 SN 层，从训练集中随机抽取若干个批次的样本，将样本输入网络中；

（2）计算这些批次在特定 SN 层的 μ 和 σ 的平均值，它们将会作为测试阶段的均值和方差。

实验结果表明，在 SN 中批平均的效果略微优于滑动平均。

6.7.2 SN 的优点

1. SN 的普遍适用性

SN 通过根据不同的任务调整不同归一化策略的权值来直接应用到不同的任务中，如图 6.21 所示。

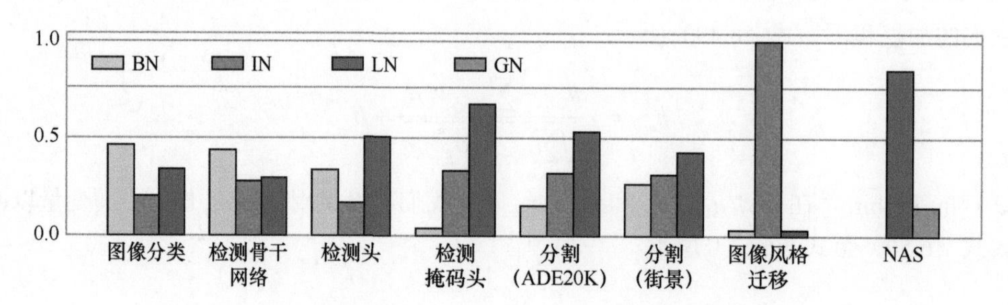

图 6.21　SN 在不同任务上不同归一化策略的权值比重的可视化

从图 6.21 中我们可以看出 LSTM（NAS 的训练）和图像风格迁移都学到了最适合它们本身的归一化策略。

2. SN 与批次大小

SN 也能根据批次大小自动调整不同归一化策略的比重，如果批次大小的值比较小，SN 学到的 BN 的权值就会很小，反之 BN 的权值就会很大，如图 6.22 所示。

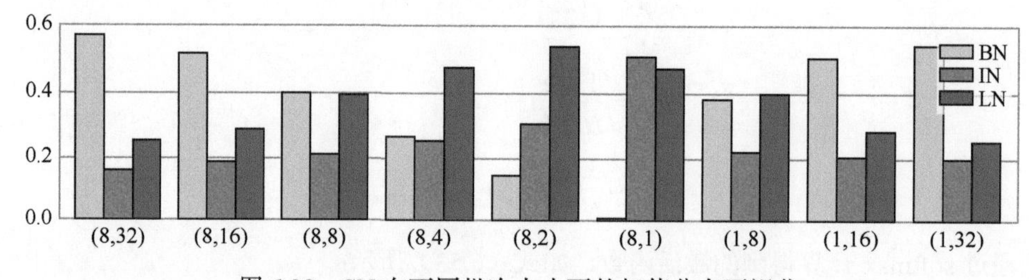

图 6.22　SN 在不同批次大小下的权值分布可视化

6.7.3 小结

这篇论文介绍了统一 BN、LN 和 IN 这 3 种归一化策略的 SN，SN 具有以下 3 个优点。

- 健壮性：无论批次大小如何，SN 均能取得非常好的效果。
- 通用性：SN 可以直接应用到各种类型的应用中，简化了人工选择归一化策略的过程。
- 多样性：由于网络的不同层在网络中起着不同的作用，SN 能够为每层学到不同的归一化策略，这种自适应的归一化策略往往要优于人工设定的单一方案的归一化策略。